# 红彩瑞猎蝽

## 生物学特性
## 及在害虫防控中的应用

邓海滨　陈德鑫　主编

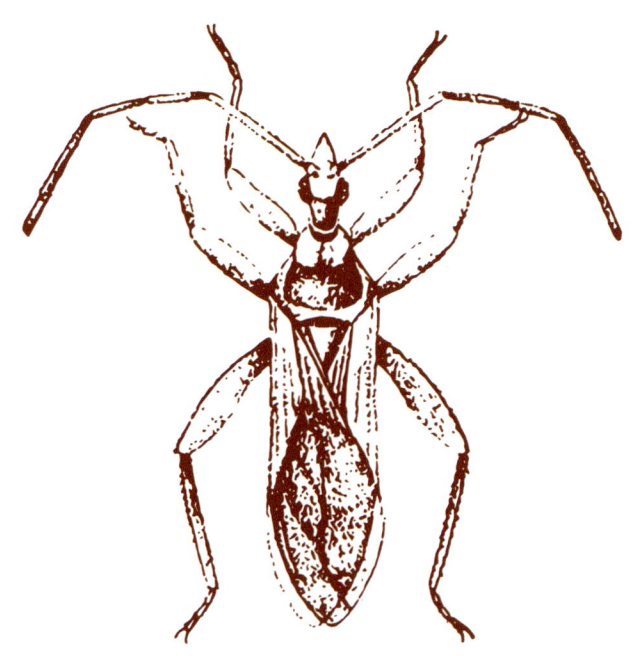

中国农业科学技术出版社

图书在版编目（CIP）数据

红彩瑞猎蝽生物学特性及在害虫防控中的应用 / 邓海滨，陈德鑫主编. -- 北京：中国农业科学技术出版社，2025.3. -- ISBN 978-7-5116-7365-7

Ⅰ . S43

中国国家版本馆CIP数据核字第 2025D94N37 号

| 责任编辑 | 白姗姗 |
| 责任校对 | 李向荣 |
| 责任印制 | 姜义伟　王思文 |

| 出　版　者 | 中国农业科学技术出版社 |
| | 北京市中关村南大街 12 号　　邮编：100081 |
| 电　　　话 | （010）82106638（编辑室）　　（010）82106624（发行部） |
| | （010）82109709（读者服务部） |
| 网　　　址 | https://castp.caas.cn |
| 经　销　者 | 各地新华书店 |
| 印　刷　者 | 北京建宏印刷有限公司 |
| 开　　　本 | 185 mm×260 mm　1/16 |
| 印　　　张 | 18 |
| 字　　　数 | 430 千字 |
| 版　　　次 | 2025 年 3 月第 1 版　2025 年 3 月第 1 次印刷 |
| 定　　　价 | 168.00 元 |

◁ 版权所有·侵权必究 ▷

# 《红彩瑞猎蝽生物学特性及在害虫防控中的应用》

## 编委会

主　　编：邓海滨　陈德鑫
副 主 编：夏长剑　郭　义　张　维
编　　委：（按姓氏拼音排序）
　　　　　蔡永占　陈德鑫　陈永明　陈泽鹏　邓海滨
　　　　　管成伟　郭　义　胡　燕　李　斌　刘晓辉
　　　　　刘英杰　乔　婵　孙　郑　王　军　王　行
　　　　　王卫峰　王秀芳　夏长剑　于佳敏　曾维爱
　　　　　张　维　张超群　周　挺

# 《红彩瑞猎蝽生物学特性及在害虫防控中的应用》

**参编人员**

| | |
|---|---|
| 邓海滨 | 广东省烟草科学研究所 |
| 陈德鑫 | 海南省烟草专卖局（公司） |
| 夏长剑 | 海南省烟草专卖局（公司） |
| 郭　义 | 广东省农业科学院植物保护研究所 |
| 张　维 | 贵州省烟草公司黔西南州公司 |
| 陈泽鹏 | 广东省烟草专卖局（公司） |
| 刘英杰 | 中国烟草总公司职工进修学院 |
| 乔　婵 | 中国烟草总公司黑龙江省公司烟草科学研究所 |
| 张超群 | 江西省烟草科学研究所 |
| 王秀芳 | 中国农业科学院烟草研究所 |
| 王卫峰 | 广西壮族自治区烟草专卖局（公司） |
| 曾维爱 | 湖南省烟草公司长沙市公司 |
| 孙　郑 | 广东省烟草科学研究所 |
| 陈永明 | 广东烟草韶关市有限公司 |
| 王　军 | 广东省烟草科学研究所 |
| 于佳敏 | 四川省烟草专卖局（公司） |
| 胡　燕 | 广东烟草韶关市有限公司 |
| 王　行 | 广东省烟草科学研究所 |
| 刘晓辉 | 广东烟草韶关市有限公司 |
| 李　斌 | 四川省烟草专卖局（公司） |
| 周　挺 | 福建省烟草专卖局（公司） |
| 蔡永占 | 云南省烟草公司曲靖市公司 |
| 管成伟 | 江西省烟草科学研究所 |

# 目 录
CONTENTS

绪 论 ········································································································· 1

第一章 天敌昆虫在害虫防治中的应用 ····································································· 2
    主要参考文献 ······························································································ 9

第二章 红彩瑞猎蝽的形态特征与生物学特性 ······················································· 14
    第一节 红彩瑞猎蝽的形态特征 ····································································· 14
    第二节 红彩瑞猎蝽生物学特性 ····································································· 21
    主要参考文献 ····························································································· 38

第三章 红彩瑞猎蝽对害虫的捕食作用 ································································ 43
    第一节 红彩瑞猎蝽对烟田害虫的捕食能力研究 ·············································· 43
    第二节 红彩瑞猎蝽对水稻害虫的捕食能力研究 ·············································· 89
    第三节 红彩瑞猎蝽对其他作物害虫的捕食能力研究 ······································ 114
    第四节 红彩瑞猎蝽对2种重大外来入侵害虫的捕食能力研究 ························ 142
    第五节 红彩瑞猎蝽与其他天敌昆虫的竞争性捕食作用 ··································· 164
    主要参考文献 ···························································································· 179

第四章 红彩瑞猎蝽在害虫防治上的应用 ···························································· 205
    第一节 红彩瑞猎蝽田间释放技术 ································································ 205
    第二节 红彩瑞猎蝽应用情况 ······································································· 216
    第三节 红彩瑞猎蝽为主的综合防治措施 ······················································ 218
    主要参考文献 ···························································································· 222

## 第五章 农药对红彩瑞猎蝽的安全性评价 225

第一节 斜纹夜蛾多角体病毒对红彩瑞猎蝽的安全性评价 226
第二节 氯虫苯甲酰胺对红彩瑞猎蝽的安全性评价 236
第三节 烟田烟蚜防治药剂筛选及其对红彩瑞猎蝽的安全性评价 247
第四节 几种常用除草剂和杀菌剂对红彩瑞猎蝽的安全性评价 255
主要参考文献 259

## 附 录 红彩瑞猎蝽人工饲养技术规程 272

附录A（资料性附录）红彩瑞猎蝽形态特征及生物学特性 276
附录B（资料性附录）红彩瑞猎蝽主要捕食对象及释放益害比 278
附录C（资料性附录）红彩瑞猎蝽自然猎物饲养方法 279
附录D（规范性附录）人工繁育红彩瑞猎蝽质量指标参数 280

# 绪 论

"国以民为本，民以食为天"，我国是农业生产大国，而有害生物频发严重影响农业的可持续生产和粮食安全。尽管化学防治一定程度上控制了有害生物暴发流行，但大量使用化学农药防治导致农残残留加重、抗药性问题突出及生态环境破坏，影响农业生产、农产品质量和农业生态安全。

粮食安全和绿色发展已经上升为国家战略，党的十八届五中全会提出了绿色发展新理念，党中央国务院高度重视绿色发展。党的二十大报告更是做出了"推动绿色发展，促进人与自然和谐共生"的重大部署。2017年，中共中央办公厅、国务院办公厅印发《关于创新体制机制推进农业绿色发展的意见》，提出要强化病虫害全程绿色防控，有力推动绿色防控技术的应用。另外，2020年颁布实施的《农作物病虫害防治条例》（以下简称《条例》）充分贯彻绿色发展新理念，落实绿色兴农、质量兴农新要求，坚持绿色防控原则。天敌生物防治害虫技术作为一项环境友好型的绿色防控技术，可以有效地减少化学农药的使用，降低农药残留，杜绝害虫抗药性和保护生态环境，是保障农业可持续发展和粮食安全的重要途径之一。随着国民经济发展，农副产品安全与生态环境安全日益受到重视，减少化学农药的使用，加大天敌昆虫及其他有效生物防治产品的应用，已成为发展现代绿色农业的必由之路。近年来，天敌昆虫的大规模生产和田间保护利用技术也成为各国积极研发和推广的环境友好型技术，是世界各国防治各种农林害虫的重要手段。

捕食性天敌昆虫红彩瑞猎蝽在全世界分布范围较广，目前已知国外越南、老挝、泰国、斯里兰卡、缅甸、印度、马来西亚和日本等国均有该天敌分布，国内贵州、西藏、四川、江西、湖南、福建、广东、云南和海南等地均有发生。据国外研究报道，红彩瑞猎蝽是褐飞虱、稻纵卷叶螟、二化螟、柚木野螟、斜纹夜蛾和棉铃虫等害虫的重要捕食性天敌。据笔者调查，红彩瑞猎蝽还是南方烟区烟田优势天敌昆虫种群，可在烟田发现该天敌捕食烟蚜、烟青虫和斜纹夜蛾等害虫，在稻田发现其捕食褐飞虱等害虫，因此，红彩瑞猎蝽在农田害虫生物防治中具有重大潜力。为此，本书介绍了红彩瑞猎蝽的形态学和生物学特性，以及其对烟蚜、斜纹夜蛾、烟青虫、小地老虎、褐飞虱、二化螟、小菜蛾、菜青虫、亚洲玉米螟、草地贪夜蛾和番茄潜叶蛾等害虫的捕食能力研究，以期为该天敌在害虫生物防治中的应用提供理论依据。

# 第一章

## 天敌昆虫在害虫防治中的应用

近年来，随着农药长期施用引起的"3R"问题，即害虫抗药性（Resistance）、害虫再猖獗（Resurgence）、农药残留（Residue），公众更加重视绿色环保理念，随着国家对生态文明建设的不断投入，害虫的生物防治和可持续治理已逐渐深入人心。随着害虫生物防治技术的不断发展，目前害虫生物防控主要包括三类：以虫治虫、利用微生物及其代谢产物防治害虫、开发转抗虫基因植物治虫（陈学新，2010）。使用天敌昆虫防治害虫不会污染环境，减少使用化学农药，从而保护生态环境和生物多样性；天敌昆虫的应用可以大幅度降低化学农药的使用量，符合当前减少农药使用的趋势，有助于保障农产品质量安全和环境安全；天敌昆虫在自然界中可以自然繁殖，不断扩充群体数量，形成持续、有效的防治效果，有助于维护生态平衡；相比化学防治，天敌昆虫防治的成本较低，且可以多年受益，具有较好的经济效益。

### 一、天敌昆虫防治害虫原理

以天敌昆虫防治作物害虫的"以虫治虫"策略，是生物防治的关键手段之一，能有效降低害虫种群数量，可以减少化学农药使用量，提升作物品质，是实现作物害虫绿色防控的主要手段之一。天敌昆虫的繁育和应用是害虫可持续治理的重要手段（胡尊瑞，2022）。根据天敌昆虫的取食特点，可分为寄生性天敌昆虫和捕食性天敌昆虫两大类群。寄生性天敌昆虫几乎都是以其幼虫体内寄生，其幼虫不能脱离寄主而独立生存，并且在单一寄主体内或体表发育，随着寄生性天敌昆虫幼体的完成发育，寄主则缓慢地死亡和毁灭（袁芳芳，2015）。寄生性天敌昆虫可分为卵寄生、幼虫寄生、蛹寄生和成虫寄生。卵寄生昆虫的成虫把卵产入寄主卵内，其幼虫在卵内取食、发育、化蛹，至成虫才咬破寄主卵壳外出自由生活，如赤眼蜂科的寄生蜂等。幼虫寄生昆虫的成虫把卵产入寄主幼虫体内或体外，其幼虫在寄主幼虫体内或体外取食、发育，成熟幼虫在寄主幼虫的体外或体内化蛹，羽化为成虫后自由生活，如小蜂总科的许多种类，寄蝇等。蛹寄生昆虫的成虫把卵产于寄主蛹内或蛹外，其幼虫在寄主蛹内或蛹外取食，在寄主蛹内或蛹外化蛹，成虫期自由生活，如小蜂总科、姬蜂总科、寄蝇等属。成虫寄生昆虫的成虫把卵产于寄主的成虫体内或附在寄主体上，其幼虫在寄主体内或附在寄主体上取食、发育，在寄主体内或离开寄主化蛹，如小蜂总科、姬蜂总科、寄蝇等的一些种。一般情况下，捕食性天敌昆虫的形态较其寄主猎物都大，它们捕获吞噬其肉体或吸食其体液。捕食性天敌昆虫在其发育过程中要捕食许多寄主，而且通常情况下，一种捕食性天敌昆虫在其幼虫和成虫阶段都是肉食性，都以同样的寄主为食，如螳螂目的螳螂和鞘翅目瓢虫科的绝大多数种类。捕食性天敌昆虫主要有瓢虫类、草蛉类、蜂类、螳螂、蜻蜓、蝇类、益蝽、猎蝽、步甲和蜘蛛等。利用捕食性天敌昆虫进行生物防治时提倡在害虫发生前或数量较少时释放天敌，同时采用慢速释放系统，分期分批释放捕食害虫，使害虫种群长期被控制在一个较低的水平（袁芳芳，2015）。

## 二、天敌昆虫利用方式

目前，利用天敌昆虫进行害虫生物防治较为成熟的策略主要包括引进、保育、助增（接种式、淹没式）和新经典生物防治四大类。引进生物防治（Importation biological control）指利用外来天敌昆虫长期抑制和调节入侵害虫的种群数量，也称为经典生物防治（Classical biological control）。保育生物防治（Conservation biological control）指通过改善栖境或管理策略，以有利于天敌的活动和种群发展（Nealis，1991）。助增生物防治（Augmentation biological control）指通过补充和释放本地天敌昆虫来加强对害虫的控制，其中，接种式生物防治（Inoculation biological control）指在天敌昆虫无法持续存在的情况下定期补充这些天敌，从而保证每次接种都能控制害虫的某一世代；而淹没式生物防治（Inundation biological control）指通过短期内释放大量天敌昆虫来控制某一害虫的某一世代或虫期（Naranjo et al.，2015；Waage and Greathead，1988）。新经典生物防治（Neoclassical biological control）指从其他地区引进天敌昆虫来防治本地害虫（Keerthana et al.，2023）。

## 三、国内外天敌昆虫应用概况

利用天敌昆虫防治害虫是一项特殊的防治方法，可以减少环境污染，维持生态平衡。随着各项新技术的引入与推动，天敌昆虫人工大量生产技术逐步走向成熟，以欧洲各国为先导的人工大量生产释放天敌昆虫辅助以田间保护利用成为世界各国研究应用的主流，大规模的天敌昆虫生产工厂在世界各地相继建立。目前，在北欧及北美，几乎所有的设施农业、温室蔬菜的生产都采用生物防治，美国环境保护署专门成立了服务和管理部门，负责全国生物防治体系的应用；法国政府计划到2018年农作物病虫害防治过程中生物农药和天敌昆虫的使用量占农业种植面积的50%。上述国家的天敌昆虫产品如赤眼蜂、蚜茧蜂、蚜小蜂、姬蜂、瓢虫、草蛉、花蝽、猎蝽、捕食螨等已广泛应用到蔬菜等作物害虫防治，市场化程度很高。在南非、东非、南美洲的集约化农业区、鲜食蔬菜和水果主产区，近年病虫害生物防治也取得了显著成效。由此出现了一批大型的天敌昆虫扩繁与销售的商业机构，年销售额超过3 000万美元的大型公司如英国BCP公司、荷兰Koppert公司、美国Greefire公司、澳大利亚Bugs for

Bugs公司等，以天敌昆虫产品结合微生物制剂，并辅以实用性强的生态调控措施，组建了实用程度高、技术水平发达的生物防治体系，较好地控制了蔬菜、水果的病虫害。

我国地理条件复杂，气候多样且多变，历史上受冰川影响较小，因此被公认是保存生物资源最多的国家。例如，我国的天敌昆虫种类比北美多4~5倍，比欧洲多3倍，比澳大利亚多10倍以上。但是我国又是利用天敌昆虫种类较少的国家。我国目前已经登记的天敌昆虫有赤眼蜂（防治鳞翅目害虫）和平腹小蜂（防治荔枝蝽）等。我国天敌昆虫的扩繁与利用取得了显著的成效，如从国外引进的防治苹果绵蚜 Eriosoma lanigerum 的日光蜂 Aphelinus mali，防治吹绵蚧 Icerya purchasi 的澳洲瓢虫 Rodolia cardinalis、孟氏隐唇瓢虫 Cryptolaemus montrouzieri，防治温室白粉虱的丽蚜小蜂，防治李始叶螨的西方盲走螨，防治二斑叶螨的智利小植绥螨，防治松突圆蚧的花角蚜小蜂，防治天牛的管氏肿腿蜂和川硬皮肿腿蜂等。20世纪70年代以来，我国已成功人工大量饲养赤眼蜂、平腹小蜂、草蛉、七星瓢虫、丽蚜小蜂、食蚜瘿蚊、小花蝽、蠋蝽、智利小植绥螨、西方盲走螨、侧沟茧蜂等捕食或寄生性天敌昆虫。虽然我国天敌资源十分丰富，天敌昆虫种类有370种之多（张帆，2015），但我国天敌昆虫产业还处在起步阶段，基础薄弱，与发达国家比仍存在巨大差距。目前，我国已能成功饲养的天敌昆虫及防治对象详见表1-1。

表1-1 国内常见天敌昆虫种类及其防治对象

| 天敌昆虫种类 | 防治对象 |
| --- | --- |
| 烟蚜茧蜂 Aphidius gifuensis | 烟蚜 Myzus persicae、甘蓝蚜 Brevicoryne brassicae、萝卜蚜 Lipaphis erysimi、麦长管蚜 Macrosiphum avenae、棉蚜 Aphis gossipii、玉米蚜 Rhopalosiphum maidis 等 |
| 赤眼蜂属（玉米螟赤眼蜂 Trichogramma ostriniae、松毛虫赤眼蜂 Trichogramma dendrolimi、螟黄赤眼蜂 Trichogramma chilonis、稻螟赤眼蜂、拟澳洲赤眼蜂 Trichogramma confusum、广赤眼蜂 Trichogramma evanescens） | 草地贪夜蛾 Spodoptera frugiperda、亚洲玉米螟 Ostrinia furnacalis、欧洲玉米螟 Ostrinia nubilalis、松毛虫 Dendrolimus superans、二化螟 Chilo suppressalis、黏虫 Mythimna separata、梨小食心虫 Grapholita molesta 等 |
| 肿腿蜂属（管氏肿腿蜂 Scleroderma guani、川硬皮肿腿蜂 Scleroderma sichuanensis、白蜡吉丁肿腿蜂 Sclerodermus pupariae） | 粗鞘双条杉天牛 Semanotus sinoauster Gressitt、双条杉天牛 Semanotus bifasciatus、松褐天牛 Monochamus alternatus、青杨天牛 Saperda populnea、星天牛 Anoplophora chinensis、光肩星天牛 Anoplophora glabripennis、桃红颈天牛 Aromia bungii、咖啡脊虎天牛 Xylotrechus grayii、中华锯花天牛 Apatophysis sinica、菊天牛 Phytoecia rufiventris、玫瑰多带天牛 Polyzonus fasciatus、梨眼天牛 Bacchisa fortunei、桑天牛 Apriona germari、杉棕天牛 Callidium villosulum、柏肤小蠹 Phloeosinus aubei、梳角窃蠹 Ptilinus fuscus、二齿茎长蠹 Sinoxylon japonicum、杨干象 Cryptorrhynchus lapathi、杨黄星象 Lepyrus japonicus、六星吉丁虫 Chrysobothris succedanea、白杨透翅蛾 Paranthrene tabaniformis、杨大透翅蛾 Aegeria apiformis 等 |

（续表）

| 天敌昆虫种类 | 防治对象 |
| --- | --- |
| 花绒寄甲Dastarcus helophoroides | 松褐天牛Monochamus alternatus、光肩星天牛A. glabripennis、云斑天牛Batocera horsfieldi、青杨天牛Saperda populnea、星天牛A. chinensis、桃红颈天牛A. bungii、粗鞘双条杉天牛S. sinoauster、双条杉天牛S. bifasciatus、麻竖毛天牛Thyestilla gebleri等 |
| 平腹小蜂Anastatus japonicus | 荔枝蝽Tessaratoma papillosa、茶翅蝽Halyomorpha halys、点蜂缘蝽Riptortus pedestris |
| 白蛾周氏啮小蜂Chouioia cunea | 美国白蛾Hyphantria cunea、椰子织蛾Opisina arenosella、杨扇舟蛾Clostera anachoreta |
| 丽蚜小蜂Encarsia formosa Gahan | 白粉虱Trialeurodes vaporariorum、烟粉虱Bemisia tabaci |
| 食蚜瘿蚊Aphidoletes aphidimyza | 萝卜蚜Lipaphis erysimi、禾谷缢管蚜Rhopalosiphum padi、豆蚜Aphis craccivora、桃蚜M. persicae、棉蚜Aphis gossypii、甘蓝蚜Brevicoryne brassicae等 |
| 侧沟茧蜂（管侧沟茧蜂Microplitis tuberculifer、中红侧沟茧蜂Microplitis mediator） | 大地老虎Agrotis tokionis、黄地老虎Agrotis segetum、银纹夜蛾Argyrogramma agnata、甜菜夜蛾Spodoptera exigua、棉铃虫Helicoverpa armigera、黏虫Mythimna separata、杨十斑吉丁虫Melanophila decastigma |
| 东亚小花蝽Orius sauteri 南方小花蝽Orius similis | 草地贪夜蛾S. frugiperda、西花蓟马Frankliniella occidentalis、二斑叶螨T. urticae、桃蚜M. persicae、茶网蝽Stephanitis chinensis、蚕豆蚜Aphis craccivora、豌豆蚜Acyrthosiphon pisum、甘蓝蚜Brevicoryne brassicae |
| 蠋蝽Arma chinensis | 茄二十八星瓢虫Henosepilachna vigintioctopunctata、瓜绢螟Diaphania indica、榆蓝叶甲Pyrrhalta aenescens、茶银尺蠖Scopula subpunctaria、茶谷蛾Agriophara rhombata、榆紫叶甲Ambrostoma quadriimopressum、草地贪夜蛾S. frugiperda、棉铃虫Helicoverpa armigera、斜纹夜蛾Spodoptera litura、马尾松毛虫Dendrolimus punctatus、黏虫Mythimna separata、小菜蛾Plutella xylostella、榆绿毛萤叶甲Pyrrhalta aenescens、马铃薯甲虫Leptinotarsa decemlineata、美国白蛾H. cunea、亚洲玉米螟Ostrinia furnacalis等 |
| 益蝽Picromerus lewisi | 黏虫M. separata、草地贪夜蛾S. frugiperda、番茄潜叶蛾Tuta absoluta、斜纹夜蛾S. litura、亚洲玉米螟O. furnacalis等 |
| 叉角厉蝽Eocanthecona furcellata | 草地贪夜蛾S. frugiperda、茶谷蛾A. rhombata、烟青虫Helicoverpa assulta、黏虫M. separata、斜纹夜蛾S. litura、黄野螟Heortia vitessoides、绿额翠尺蛾Thalassodes proquadraria、亚洲玉米螟O. furnacalis等 |
| 红彩瑞猎蝽Rhynocoris fuscipes | 草地贪夜蛾S. frugiperda、斜纹夜蛾S. litura、烟青虫Helicoverpa assulta、小地老虎Agrotis ypsilon、烟蚜M. persicae、棉二点红蝽Dysdercus cingulatus、棉铃虫H. armigera、埃及钻叶蛾Earias insulana、褐飞虱Nilaparvata lugens、稻纵卷叶螟Cnaphalocrocis medinalis、二化螟Chilo suppressalis、柚木野螟Eutectona machaeralis、点蜂缘蝽象Riptortus clavatus等 |

（续表）

| 天敌昆虫种类 | 防治对象 |
|---|---|
| 黄玛草蛉Mallada basalis、中华大草蛉Chrysopa pallens、丽草蛉Chrysopa formosa和中华草蛉Chrysopa sinica | 黑刺粉虱Aleurocanthus spiniferus、螺旋粉虱Aleurodicus disperses、白粉虱T. vaporariorum、烟粉虱B. tabaci、二斑叶螨Tetranychus. urticae、棉蚜Aphis gossypii、萝卜蚜Lipaphis erysimi、麦二叉蚜Schizaphis graminum、麦长管蚜Sitobion avenae、禾谷缢管蚜R. padi、豆蚜Aphis craccivora、桃蚜M. persicae、棉铃虫Helicoverpa armigera、银纹夜蛾Argyrogramma agnata |
| 七星瓢虫Coccinella septempunctata、异色瓢虫Harmonia axyridis、龟纹瓢虫Propylea japonica | 核桃黑斑蚜Chromaphis juglandicola、绣线菊蚜Aphis citricola、茶蚜Toxoptera aurantii、月季长管蚜Macrosiphum rosivorum、甘蓝蚜B. brassicae、豌豆修尾蚜Megoura crassicauda、萝卜蚜L. erysimi、枸杞木虱Paratrioza sinica、梨木虱Psylla chinensis、澳洲吹绵蚧Icerya purchase、草履蚧Drosicha corpulenta、雪松长足大蚜Cinara cedri、紫薇长斑蚜Tinocallis kahawaluokalani、桑蓟马Pseudodendrothrips mori、莲缢管蚜Rhopalosiphum nymphaeae、桃蚜M. persicae、红带滑胸针蓟马Selenothrips rubrocinctus等 |

自烟草行业启动烟草病虫害绿色防控重大专项研究以来，针对烟草上烟蚜、烟青虫和斜纹夜蛾等主要害虫开展的天敌研究已取得一些成果。目前对烟蚜防治效果比较好的天敌主要是蚜茧蜂和瓢虫（异色瓢虫和七星瓢虫）。已有大量文献对烟蚜及其烟蚜茧蜂的生物学生态学特性及田间发生规律进行了系统研究报道，自2010年，烟蚜茧蜂从云南省烟草系统推广应用，至2014年烟草行业将蚜茧蜂防治蚜虫技术作为生物防治主推技术，覆盖了云南、贵州、福建、四川、河南、湖北、重庆、湖南、山东、陕西、江西、广西、广东、安徽、吉林、辽宁和黑龙江17个烟叶主产省（区、市），推广面积超过全国植烟面积的90%，并在小麦、油菜、蔬菜和果树等农作物上大规模推广应用，累计推广面积达1亿亩[①]以上。我国烟蚜茧蜂的大规模应用从最初的"自繁自放"阶段，已跨入产品化生产阶段，各地也积累了丰富的繁育、应用烟蚜茧蜂经验，形成了多种繁蜂、放蜂方法，并获得烟蚜茧蜂僵蚜采集装置、僵蚜计数装置、僵蚜释放装置、长效储存技术等多项技术专利。业内的相关研究成果虽多，但未能实现产业应用，主要原因是采集效率低、成本高，无法进行商品化运作。异色瓢虫和七星瓢虫对烟蚜、棉蚜、豆蚜等多种蚜虫具有很好的控制作用。湖北省烟草公司恩施州公司联合华中农业大学，自2012年开始进行异色瓢虫的人工饲养和田间释放技术研究，人工饲料技术和室内人工养殖技术流程基本成熟。四川省烟草公司凉山州公司开展了利用废旧烤房饲养七星瓢虫等工作，建立了七星瓢虫繁育和应用技术体系。

捕食蝽在昆虫分类学中隶属于物种丰富多样的半翅目。比较有代表性的捕食蝽天敌昆虫包括蝽科Pentatomidae［蠋蝽Arma chinensis、益蝽Picromerus lewisi、叉角厉蝽Eocanthecona furcellata（Wolff）、合刺益蝽Podisus connexivus（Bergroth）、斑腹刺益蝽

---

① 1亩≈667m²，全书同。

*Podisus maculiventris*、黑刺益蝽*Podisus nigrispinus*（Dallas）、佛州优捕蝽*Euthyrhynchus floridanus*（L.）、纹头肃蝽*Supputius cincticeps*（Stål）]、猎蝽科Reduviidae [*Sycanus indagator*（Stål）、黑斑择猎蝽*Zelus armillatus*（Lepeletier et Serville）、长足择猎蝽*Zelus longipes*（L.）、长角择猎蝽*Zelus leucogrammus*（Perty）和任氏择猎蝽*Zelus renardi*]、长蝽科Lygaeidae [斑足大眼长蝽*Geocoris punctipes*（Say）、沼泽大眼长蝽*Geocoris uliginosus*（Say）]、花蝽科Anthocoridae [狡诈小花蝽*Orius insidiosus*（Say）、浅白翅小花蝽*Orius albidipennis*（Reuter）、东亚小花蝽*Orus sauteri*（Poppius）]、姬蝽科Nabidae [皱姬蝽*Nabis rugosus*（L.）、方形姬蝽*Nabis capsiformis*（Germar）]、盲蝽科Miridae （塔马尼猎盲蝽*Dicyphus tamaninii*、暗黑长脊盲蝽*Macrolophus caliginosus*、矮小长脊盲蝽*Macrolophus Pygmaeus*和烟盲蝽*Nesidiocoris tenuis*）等。

其中，益蝽科和猎蝽科多为大型捕食性天敌，对个体较大的害虫有较好的防控效果。近些年，蠋蝽、红彩瑞猎蝽、叉角厉蝽、红带犀猎蝽和黄带犀猎蝽等一些捕食蝽类天敌被发现对烟青虫/斜纹夜蛾等鳞翅目害虫幼虫具有较好控害能力（图1-1至图1-8）。2014年，贵州省烟草公司遵义市公司与中国农业科学院植物保护研究所合作引进蠋蝽，进行大规模人工繁殖，并在烟草上开展应用试验示范，在北京、吉林等地果蔬上示范；2018年，遵义市烟草公司通过绥阳县、凤冈县2个扩繁点向省内外示范区供应蠋蝽产品，在全国17个产烟省（区、市）推广应用面积超过10万亩。云南烟草开展了捕食性天敌昆虫叉角厉蝽虫种选育复壮、规模化繁育技术、田间释放应用等关键技术的研发，掌握了具有自主知识产权的叉角厉蝽规模化生产繁育技术和大田使用技术，申请发明专利和实用新型专利25项，在云南省布局繁育点4个，目前已具备年产1 000万头叉角厉蝽的能力，用于防治三季作物易发生的草地贪夜蛾、斜纹夜蛾、烟青虫、小菜蛾等多种鳞翅目害虫。广东省烟草科学研究所发现红彩瑞猎蝽是烟草上自然发生天敌种群，对烟草上烟蚜、烟青虫和斜纹夜蛾等害虫均具有较强捕食能力，掌握其在烟草上的发生规律后，开展了红彩瑞猎蝽人工规模化饲养和田间释放等技术研究，目前已在广东、湖南、福建和江西等烟区大力推广应用红彩瑞猎蝽防治烟青虫/斜纹夜蛾技术，推广面积累计超过30万亩。

图1-1 蠋蝽捕食草地贪夜蛾幼虫

图1-2 叉角厉蝽捕食菜粉蝶幼虫

图1-3　叉角厉蝽捕食烟青虫幼虫

图1-4　叉角厉蝽捕食斜纹夜蛾幼虫

图1-5　红带犀猎蝽捕食烟青虫幼虫

图1-6　黄带犀猎蝽捕食斜纹夜蛾幼虫

图1-7　红彩瑞猎蝽捕食斜纹夜蛾幼虫

图1-8　红彩瑞猎蝽成虫捕食斜纹夜蛾幼虫

## 主要参考文献

蔡仁莲,金道超,郭建军,等,2016. 南方小花蝽成虫对二斑叶螨的捕食作用研究[J]. 西南大学学报(自然科学版),38(7):40-45.

曹坤倩,2023. 蠋蝽对茶银尺蠖的种群适合度及生防潜能评价[D]. 贵阳:贵州大学.

曹雯星,张韬,杨欢,等,2020. 大草蛉对草地贪夜蛾低龄幼虫的捕食功能评价[J]. 植物保护学报,47(4):839-844.

陈沉,宋丽文,左彤彤,等,2022. 蠋蝽对美国白蛾的捕食行为观察和捕食能力评价[J]. 北京林业大学学报,44(1):94-102.

陈岗,曹敬东,付国润,等,2022. 叉角厉蝽不同龄期和不同释放方式对烤烟斜纹夜蛾防治效果研究初报[J]. 江西农业学报,34(9):135-139,145.

陈学新,2010. 21世纪我国害虫生物防治研究的进展、问题与展望[J]. 昆虫知识,47(4):615-625.

党国瑞,张莹,陈红印,等,2012. 人工饲料对大草蛉生长发育和繁殖力的影响[J]. 中国农业科学,45(23):4818-4825.

邓全,刘东阳,陈娟,等,2022. 烟田释放七星瓢虫对烟蚜的防治效果[J]. 植物医学,1(2):47-52.

杜一民,陈晗馨,程高祺,等,2023. 丽草蛉对柑橘木虱成虫的捕食功能反应及捕食偏好[J]. 植物保护学报,50(4):1025-1032.

符成悦,徐天梅,温绍海,等,2021. 益蝽对亚洲玉米螟幼虫的捕食行为及捕食功能反应[J]. 中国生物防治学报,37(5):956-962.

宫亚军,王泽华,王甦,等,2015. 智利小植绥螨对茄子二斑叶螨控制效果研究[J]. 应用昆虫学报,52(5):1123-1130.

龚雪娜,罗梓文,玉香甩,等,2023. 叉角厉蝽对于不同虫龄茶谷蛾幼虫的捕食功能反应[J]. 中国生物防治学报,39(5):1066-1075.

海飞,蒋月丽,武予清,等,2023. 黄玛草蛉对蚜虫的防治效果及对草莓光合特性与品质的影响[J]. 环境昆虫学报,45(3):770-777.

胡昌雄,刘增虎,杨伟克,等,2023. 龟纹瓢虫对桑蓟马的捕食作用及两者在桑树上的分布[J]. 植物保护,49(6):147-154.

黄海艺,刘亚男,亓永凤,等,2020. 中华通草蛉幼虫对草地贪夜蛾卵和低龄幼虫的捕食作用[J]. 应用昆虫学报,57(6):1333-1340.

江宏燕,陈世春,程令,等,2023. 军配盲蝽和南方小花蝽对茶网蝽若虫的捕食作用[J]. 环境昆虫学报,45(3):754-760.

赖艳,刘星月,2020. 中国草蛉科天敌昆虫及其生防应用研究进展[J]. 植物保护学报,47

（6）：1169-1187.

李东超，2020. 龟纹瓢虫人工饲料繁育方案的优化与评价[D]. 泰安：山东农业大学.

李宏，马小洁，杨林林，等，2024. 释放烟蚜茧蜂防治烟田烟蚜的生态效应评估技术[J]. 云南农业大学学报（自然科学），39（3）：46-55.

李姝，劳水兵，王甦，等，2014. 东亚小花蝽和丽蚜小蜂对烟粉虱的协同控制效果研究[J]. 环境昆虫学报，36（6）：978-982.

李文华，贾彩娟，陈惠平，等，2015. 叉角厉蝽对黄野螟幼虫的捕食功能反应[J]. 环境昆虫学报，37（4）：843-848.

李文敬，陈菊红，米倩倩，等，2021. 日本平腹小蜂对点蜂缘蝽的控害潜能研究[J]. 中国植保导刊，41（7）：26-31.

李玉艳，王孟卿，张莹莹，等，2021. 丽草蛉幼虫对草地贪夜蛾卵及低龄幼虫的捕食能力评价[J]. 植物保护，47（5）：178-184，197.

李志飞，2013. 丽草蛉人工饲料的研究[D]. 海口：海南大学.

廖江花，何浩锋，张江，2024. 蠋蝽对茄二十八星瓢虫的捕食功能反应[J]. 生物安全学报（中英文），33（2）：177-181.

廖贤斌，高平，赵航，等，2020. 叉角厉蝽成虫对粘虫幼虫的捕食功能反应[J]. 南方农业学报，51（8）：1992-1997.

刘超，罗怀海，伍兴隆，等，2022. 两种瓢虫对茶蚜的防治效果研究[J]. 湖北农业科学，61（10）：80-82.

刘娟，廖江花，李超，等，2021. 蠋蝽成虫对马铃薯甲虫卵和低龄幼虫的捕食能力[J]. 生物安全学报，30（4）：282-286.

刘梅，张昌容，尚小丽，等，2020. 南方小花蝽对非洲菊上西花蓟马控制效果评价[J]. 中国生物防治学报，36（6）：992-996.

刘思琪，王强，高桂珍，2020. 异色瓢虫和七星瓢虫对核桃黑斑蚜捕食能力比较[J]. 中国农学通报，36（17）：118-122.

卢泽彬，2023. 揭阳市紫薇长斑蚜与中华草蛉的分布动态[J]. 中南农业科技，44（12）：6-8.

罗梓文，龚雪娜，玉香甩，等，2023. 蠋蝽对不同龄期茶谷蛾幼虫的捕食效能评价[J]. 中国森林病虫，42（5）：19-25.

骆清兰，张春晖，李平东，等，2024. 半田间环境条件下叉角厉蝽对草地贪夜蛾幼虫的捕食能力[J]. 环境昆虫学报，46（3）：727-736.

吕兵，2015. 浅黄恩蚜小蜂与丽蚜小蜂的种间竞争及其生物防治潜能评估[D]. 长春：吉林农业大学.

马亚云，薛柳，滕玥，等，2024. 西山国家森林公园释放蠋蝽防治榆蓝叶甲试验[J]. 现代园艺，47（5）：118-120.

南俊科，宋丽文，左彤彤，等，2019. 丽草蛉和异色瓢虫对美国白蛾的捕食作用研究[J]. 沈阳农业大学学报，50（2）：161-166.

施琳琳，李子园，林丹敏，等，2022. 黄玛草蛉幼虫对草地贪夜蛾卵和低龄幼虫的捕食能力[J]. 昆虫学报，65（10）：1324-1333.

宋丽威，杜陈勇，刘白璐，等，2024. 白蛾周氏啮小蜂工厂化生产及应用进展[J]. 中国森林病虫，43（1）：17-21.

孙婧婧，王孟卿，唐艺婷，等，2021. 蠋蝽对棉铃虫幼虫的捕食功能反应[J]. 植物保护学报，48（5）：1081-1087.

孙婧婧，王孟卿，张长华，等，2022. 蠋蝽对亚洲玉米螟幼虫的捕食作用[J]. 植物保护学报，49（4）：1187-1193.

孙郑，游梓翊，陈德鑫，等，2024. 红彩瑞猎蝽对斜纹夜蛾幼虫的捕食能力评价[J]. 烟草科技，57（6）：55-63.

唐天成，张艳，李程锦，等，2018. 中华通草蛉和大草蛉幼虫对黑刺粉虱若虫的捕食功能反应[J]. 应用昆虫学报，55（2）：217-222.

唐艺婷，郭义，何国玮，等，2018. 不同龄期的益蝽对粘虫的捕食功能反应[J]. 中国生物防治学报，34（6）：825-830.

唐艺婷，郭义，潘明真，等，2020. 蠋蝽对小菜蛾幼虫的捕食作用[J]. 植物保护，46（4）：155-160.

唐艺婷，王孟卿，李玉艳，等，2020. 蠋蝽对斜纹夜蛾幼虫的捕食作用[J]. 中国烟草科学，41（1）：62-66.

王桦，王遥宁，王凯，等，2024. 蠋蝽若虫对瓜绢螟幼虫的捕食作用[J]. 中国生物防治学报，40（4）：813-819.

王平，王树娟，季彦华，等，2021. 蠋蝽对榆绿毛萤叶甲的室内捕食反应[J]. 中国森林病虫，40（5）：32-36.

王然，王甦，渠成，等，2016. 大草蛉幼虫对不同寄主植物上烟粉虱卵的捕食功能反应与搜寻效应[J]. 植物保护学报，43（1）：149-154.

王亚南，李萍，贺玮玮，等，2022. 丽草蛉三龄幼虫对斜纹夜蛾卵及低龄幼虫的捕食作用[J]. 中国生物防治学报，38（2）：321-327.

王燕，张红梅，李向永，等，2020. 益蝽不同龄期若虫对草地贪夜蛾幼虫的捕食能力[J]. 中国生物防治学报，36（4）：520-524.

王燕，张红梅，尹艳琼，等，2019. 蠋蝽成虫对草地贪夜蛾不同龄期幼虫的捕食能力[J]. 植物保护，45（5）：42-46.

吴沐秀，张晓媛，昝庆安，等，2022. 七星瓢虫对豌豆修尾蚜的捕食功能反应[J]. 南方农业学报，53（11）：3128-3136.

吴钰薇，2023. 异色瓢虫规模化饲养及其捕食甜菜夜蛾的潜能研究[D]. 长春：吉林农业大学.

肖峰，田翔，肖德波，等，2021. 益蝽对斜纹夜蛾3龄幼虫的捕食作用研究[J]. 山地农业生物学报，40（6）：66-70.

谢钦铭，梁广文，罗诗，等，2001. 叉角厉蝽对绿额翠尺蛾幼虫的捕食作用的初步研究[J]. 江西科学（1）：21-23.

熊跃芝，李密，伍绍龙，等，2020. 蠋蝽对3种主要松毛虫的捕食功能反应[J]. 湖南林业科技，47（3）：49-53.

游梓翊，曾涛，刘平平，等，2023. 红彩瑞猎蝽对草地贪夜蛾幼虫的控害能力[J]. 环境昆虫学报，45（6）：1653-1664.

游梓翊，刘平平，蒲小明，等，2023. 红彩瑞猎蝽对小地老虎捕食功能反应研究[J]. 天津农业科学，29（8）：49-55.

游梓翊，蒲小明，刘平平，等，2023. 不同虫态叉角厉蝽对烟青虫捕食功能反应的分析[J]. 江西农业学报，35（2）：110-115.

于静亚，董立坤，王志华，等，2023. 龟纹瓢虫成虫对3种害虫的捕食作用[J]. 环境昆虫学报，45（1）：189-195.

袁芳芳，2015. 生物防治中的多种天敌昆虫[J]. 河北林业科技（3）：84，90.

张帆，2015. 天敌昆虫资源的保护利用——害虫控制的终极和谐之选[J]. 中国农村科技（10）：34-37.

张晓军，张健，孙守慧，2016. 蠋蝽对榆紫叶甲的捕食作用[J]. 中国森林病虫，35（1）：13-15，30.

赵灿，张宝鑫，李敦松，2022. 两种平腹小蜂的研究进展[J]. 植物保护，48（5）：23-29.

赵航，廖贤斌，高平，等，2022. 叉角厉蝽对亚洲玉米螟幼虫的捕食功能反应[J]. 环境昆虫学报，44（2）：422-429.

周兴苗，2008. 南方小花蝽大量繁殖关键技术及其田间释放生态学基础研究[D]. 武汉：华中农业大学.

AMBROSE D P, CLAVER M A, 1997. Functional and numerical responses of the reduviid predator, *Rhynocoris fuscipes* F. （Het., Reduviidae）to cotton leafworm *Spodoptera litura* F. （Lep., Noctuidae）[J]. Journal of Applied Entomology，121（1-5）：331-336.

AMBROSE D P, NAGARAJAN K, 2010. Functional response of *Rhynocoris fuscipes* （Fabricius）（Hemiptera：Reduviidae）to teak skeletonizer *Eutectona machaeralis* Walker （Lepidoptera：Pyralidae）[J]. Journal of Biological Control，24（2）：175-178.

CLAVER M A, AMBROSE D P, 2002. Functional response of the predator, *Rhynocoris fuscipes* （Heteroptera：Reduviidae）to three pests of pigeon pea[J]. Shashpa，9：47-51.

KEERTHANA M, SHASHANK D U, SINGH M K, et al., 2023. Introducing natural enemies of insect pests as biological control: scope and future prospects[J]. Vigyan Varta, 4（6）: 203-205.

NEALIS V G, 1991. Natural enemies and forest pest management[J]. The Forestry Chronicle, 67（5）: 500-505.

TOMSON M, SAHAYARAJ K, KUMAR V, et al., 2017. Mass rearing and augmentative biological control evaluation of *Rhynocoris fuscipes*（Hemiptera: Reduviidae）against multiple pests of cotton[J]. Pest management science, 73（8）: 1743-1752.

WAAGE J K, GREATHEAD D J, 1988. Biological control: challenges and opportunities[J]. Philosophical Transactions of the Royal Society B: Biological Sciences, 318（1189）: 111-128.

# 第二章

## 红彩瑞猎蝽的形态特征与生物学特性

昆虫形态学是研究昆虫的结构、机能、起源及演化的一门学科，具体包括昆虫结构形态学、昆虫功能形态学、昆虫发育形态学、昆虫超微形态学、昆虫动力形态学等分支。本章主要聚焦红彩瑞猎蝽的结构形态学，结构形态学特征是昆虫各虫态形体特征的外在表现形式，是识别昆虫种类的主要依据之一。

昆虫在长期的演化过程中，为适应外界环境条件变化，逐步形成了各自的生活特点及生活习性，即昆虫的生物学特性。昆虫的生物学特性是研究昆虫的个体发育史，包括昆虫的繁殖发育与变态，以及从卵到成虫各个时期的生活史。通过研究昆虫生物学可进一步了解昆虫共同的活动规律，对害虫防治和益虫利用都有重要意义。

## 第一节　红彩瑞猎蝽的形态特征

红彩瑞猎蝽 *Rhynocoris fuscipes*（Fabricius）［异名：红彩真猎蝽（*Harpactor fuscipes*）］属半翅目 Hemiptera 猎蝽科 Reduviidae 昆虫。该天敌在全世界分布范围较广，目前已知国外越南、老挝、泰国、斯里兰卡、缅甸、印度、马来西亚和日本等地均有该天敌分布，国内贵州、西藏、四川、江西、湖南、福建、广东、云南和海南等地均有发生。据国外研究报道，红彩瑞猎蝽是褐飞虱、稻纵卷叶螟、二化螟、柚木野螟、斜纹夜蛾和棉铃虫等害虫的重要捕食性天敌。

红彩瑞猎蝽为不完全变态昆虫，一生分为卵、若虫、成虫3个时期，其中若虫有5个龄期。我们在室内试验条件下观察红彩瑞猎蝽的各时期形态特征，具体操作如下：将红彩瑞猎蝽雌雄配对，分别放在室内置有盆栽烟株的120 cm×120 cm×140 cm 养虫笼中，烟株上定期补充斜纹夜蛾幼虫作为猎物。成虫产卵24 h后，把卵块取出，移至直径为12 cm的培养皿中，每个培养皿放1个卵块。将孵化的若虫收集起来，单头接入直径为8 cm的培养皿内，以斜纹夜蛾低龄幼虫喂食。成虫羽化后，将成虫移至80 cm×60 cm×60 cm的养成笼继续饲养，观察记录成虫的发育情况。

## 一、卵的形态特征

红彩瑞猎蝽成虫产卵多产于烟叶背面，有时也产于烟叶正面。刚产下时，卵块呈浅黄色半透明状，卵粒呈柱形紧密竖立排列成卵块，每个卵块由25～65粒卵组成，单卵长约1.05 mm，宽约0.34 mm，卵上端有白色的圆形卵盖，后期卵块颜色变红褐色，孵化时，若虫刺破卵盖而出（图2-1至图2-4）。

图2-1 红彩瑞猎蝽卵块（示白色卵盖）　　图2-2 烟叶正面和背面的红彩瑞猎蝽单个卵块

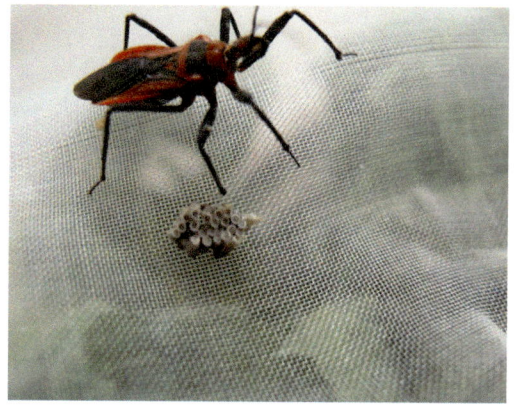

图2-3 烟叶背面的红彩瑞猎蝽多个卵块　　图2-4 产在纱网上的红彩瑞猎蝽卵块

## 二、若虫的形态特征

红彩瑞猎蝽的若虫分为5个龄期，分别为1龄若虫、2龄若虫、3龄若虫、4龄若虫和5龄若虫。各虫龄形态特征如下（图2-5）。

1龄若虫：刚孵化时，虫体颜色半透明或浅黄色，体长1.5～1.9 mm，头宽约0.25 mm，体最宽处约0.95 mm，头部和中间部位较窄，尾部稍大，腹部末端背部及足为暗褐色，头胸及腹中部和口器为淡红色。

2龄若虫：体长2.5～3.2 mm，体最宽处约1.02 mm，头部和中间部位较窄，尾部较宽大，腹部末端背部及足为暗褐色，头胸及腹中部和口器为暗红色。

3龄若虫：体长4.1~5.6 mm，体最宽处约2.15 mm，腹部较宽大，开始出现翅芽。

4龄若虫：体长6.5~8.1 mm，体最宽处约2.25 mm，有翅芽，但中胸翅芽不超过后胸末端。

5龄若虫：体长8.5~10.9 mm，体最宽处约2.55 mm，翅芽比4龄若虫更长更大，中胸翅芽已显著过后胸末端。

1龄若虫　　　2龄若虫　　　3龄若虫　　　4龄若虫　　　5龄若虫

图2-5　红彩瑞猎蝽若虫形态特征

## 三、成虫的形态特征

### （一）成虫形态特征概述

成虫体长12.5~14.2 mm，头长2.5~2.8 mm，头宽1.11~1.25 mm，腹部宽3.6~4.8 mm，体重48~62 mg；触角4节，均为黑色，第1节、第4节等长，约等于第2节、第3节长度之和；喙为黑色，第1节达复眼的前缘；复眼黑色；头部背面与复眼后部有三角形黑色斑纹，单眼两个着生于黑斑内；前胸背板分成前、后叶，前胸背板长3.0 mm左右，前叶短于后叶，前叶前缘角呈锥形突出，后叶前半部黑色，后半部红色；小盾片基部黑色；前翅膜质区黑褐色；前、中、后足均为黑色，各腿节内、外侧间有不规则的黄褐色斑点；腹部红色，2~7节腹面各节两侧有白色椭圆斑1个，各斑之间相连处为黑色；雌虫体型较雄虫大，雄虫生殖节后缘中央呈舌状突起（图2-6至图2-9）。

图2-6　红彩瑞猎蝽成虫

图2-7　交配中的红彩瑞猎蝽

图2-8 红彩瑞猎蝽雌雄成虫腹部特征
（左为雌成虫，右为雄成虫）

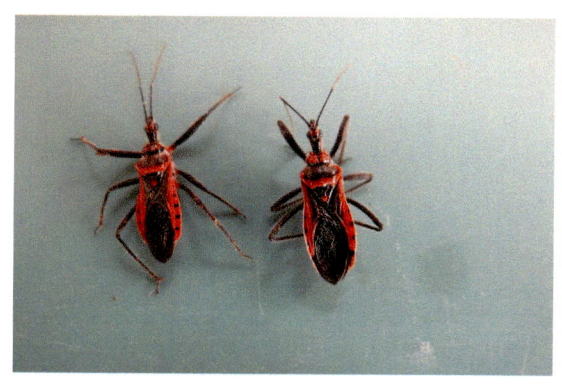

图2-9 红彩瑞猎蝽雌雄成虫背部特征
（左为雌成虫，右为雄成虫）

## （二）触角及其感受器

红彩瑞猎蝽的触角、口器及前足均参与其觅食行为，三者相互配合完成整个捕食行为。触角在猎物搜寻过程中极为活跃，不停地在空中摆动；而当接近猎物时，主要通过口器来对猎物进行刺探；前足则在红彩瑞猎蝽取食时辅助固定猎物，以及取食完毕后梳理触角与口器。触角、口器中的喙、前足表面都具有感受器，这些感受器在搜寻猎物、判断猎物适合度、确定猎物位置及活动范围等方面发挥着重要的作用。

红彩瑞猎蝽成虫触角呈丝状，从基部至端部共4节，均为黑色，直径为91~98 μm。第1节至第4节长度分别为3.2~3.8 mm、1.3~1.6 mm、1.3~1.6 mm和3.3~3.9 mm。通过扫描电镜观察发现，红彩瑞猎蝽成虫触角上具有4种类型感受器，分别为毛形感受器（Sensilla Trichodea，ST）、刺形感受器（Sensilla Chaetica，SC）、锥形感受器（Sensilla Basiconica，SB）和腔锥形感受器（Sensilla Coeloconica，COE），感受器的类型和数量从第1节至第4节逐步增加，其中第4节即末节的类型与种类最为丰富。雌雄成虫触角感受器的类型、数量和分布相似（图2-10）。

### 1. 毛形感受器（ST）

毛形感受器呈毛状突起，主要分布在红彩瑞猎蝽触角的第3~4节，是数量最多的一类感受器。按具体形状和长度差异可分为Ⅰ型（STⅠ）、Ⅱ型（STⅡ）和Ⅲ型（STⅢ）。

（1）毛形感受器Ⅰ型（STⅠ）：外形细长弯曲，基部稍膨大，端部尖细，表面具纵纹，主要分布在触角第4节末端。雌成虫基部直径为1.80~2.00 μm，长度为51.10~53.10 μm；雄成虫基部直径为1.83~2.02 μm，长度为49.24~53.02 μm。

（2）毛形感受器Ⅱ型（STⅡ）：基部膨大侧扁，由基部至顶端逐渐变细，表面具纵纹，前倾呈30°~45°角，主要分布在触角第3~4节。雌成虫基部直径为3.57~3.98 μm，长度为34.18~39.59 μm；雄成虫基部直径为3.00~3.19 μm，长度为37.77~41.41 μm。

（3）毛形感受器Ⅲ（STⅢ）：竖直挺立于触角表面，基部附近表皮下陷形成一个圆形凹腔，凹腔边缘隆起，感受器表面光滑，整体较细长，长度为Ⅰ型与Ⅱ型感受器的3～4倍，排成一列分布于触角第2节。雌成虫基部直径为2.00～2.33 μm，长度为141.00～164.67 μm；雄成虫基部直径为2.38～2.63 μm，长度为153.00～155.25 μm。

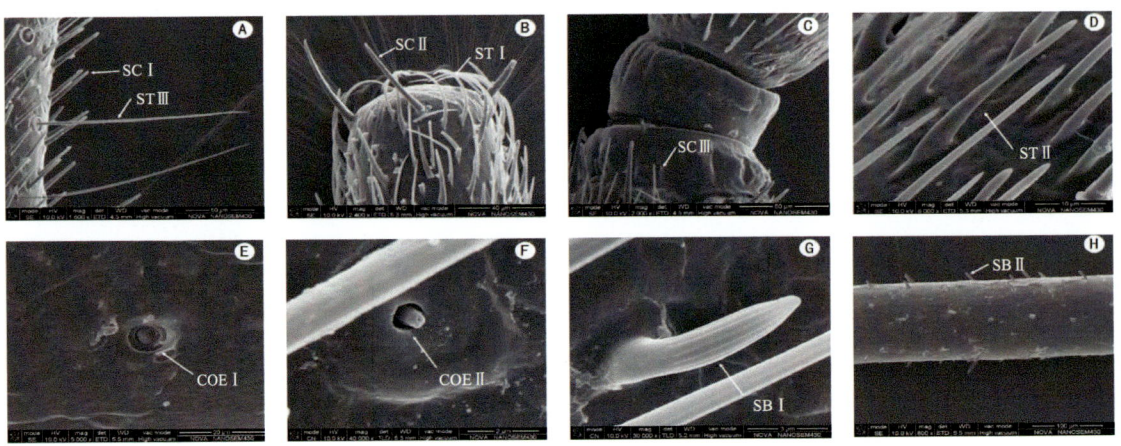

图2-10 红彩瑞猎蝽成虫触角感受器

注：ST Ⅰ、ST Ⅱ、ST Ⅲ分别为毛形感受器 Ⅰ 型、毛形感受器 Ⅱ 型、毛形感受器 Ⅲ 型；SC Ⅰ、SC Ⅱ、SC Ⅲ 分别为刺形感受器 Ⅰ 型、刺形感受器 Ⅱ 型、刺形感受器 Ⅲ 型；SB Ⅰ、SB Ⅱ 分别为锥形感受器 Ⅰ 型、锥形感受器 Ⅱ 型；COE Ⅰ、COE Ⅱ 分别为腔锥形感受器 Ⅰ 型、腔锥形感受器 Ⅱ 型。

### 2. 刺形感受器（SC）

外形刚直如刺，基部有臼状窝，端部钝圆，表面具纵向条纹，触角各节均有分布。根据具体形状差异可分为 Ⅰ 型（SC Ⅰ）、Ⅱ 型（SC Ⅱ）和 Ⅲ 型（SC Ⅲ）。

（1）刺形感受器 Ⅰ 型（SC Ⅰ）：整体呈细圆柱形，由基部向端部逐渐变细，端部圆钝，前倾呈45°～60°角，主要分布在触角第1节端部与第2节基部区域，数量多。雌成虫基部直径为4.00～4.87 μm，长度为44.66～49.33 μm；雄成虫基部直径为3.25～4.05 μm，长度为35.40～44.00 μm。

（2）刺形感受器 Ⅱ 型（SC Ⅱ）：形状与SC Ⅰ 相似，但端部斜切，较尖锐，主要分布于触角第3～4节，其中第4节末端分布较为密集。雌成虫基部直径为3.64～4.20 μm，长度为44.54～48.4 μm；雄成虫基部直径为3.67～4.30 μm，长度为45.00～53.33 μm。

（3）刺形感受器 Ⅲ（SC Ⅲ）：紧贴着触角表面匍匐向前，与SC Ⅰ、SC Ⅱ 相比，形态短小，主要分布在触角第2节与第3节末端，数量较少。雌成虫基部直径为1.62～2.20 μm，长度为9.17～16.20 μm；雄成虫基部直径为2.10～2.55 μm，长度为10.80～14.00 μm。

### 3. 锥形感受器（SB）

散生于触角上，为小圆锥体或乳状突，锥体基部着生处的表皮略凹，锥体顶端钝圆，根据表面是否具纵纹分为 Ⅰ 型与 Ⅱ 型。

（1）锥形感受器 Ⅰ 型（SB Ⅰ）：锥体表面具纵纹，触角各节表面均有分布，但第3

节与第4节端部数量较多。雌成虫基部直径为1.67～1.74 μm，长度为7.43～9.28 μm；雄成虫基部直径为1.64～1.95 μm，长度为8.90～9.45 μm。

（2）锥形感受器Ⅱ（SBⅡ）：锥体表面光滑，前倾呈30°～45°角，主要分布在触角第1节与第2节的端半部。雌成虫基部直径为1.69～1.77 μm，长度为5.60～7.31 μm；雄成虫基部直径为3.45～3.61 μm，长度为11.34～12.51 μm。

#### 4. 腔锥形感受器（COE）

基部着生于由触角表皮下陷而形成的一个圆形腔穴中，腔穴的中心有一直立感觉锥。腔锥形感受器主要分布在触角第1节，数量极少。根据形态差异可分为Ⅰ型（COEⅠ）与Ⅱ型（COEⅡ）。

（1）腔锥形感受器Ⅰ型（COEⅠ）：感觉锥着生于由表皮两次内陷形成的腔穴中，锥体不突出腔穴，感觉锥端部平面具褶皱，腔穴外径约8.48 μm。

（2）腔锥形感受器Ⅱ型（COEⅡ）：感觉锥着生于圆形深腔中，锥体突出腔体，感觉锥端部表面具褶皱，中央有一小孔，基部直径约为0.99 μm。

### （三）喙及其感受器

红彩瑞猎蝽成虫口器由口针和喙组成，其中由下唇形成的喙（共3节）将口针包藏其中，喙的背面中央有一条纵向凹槽。扫描电镜观察发现，红彩瑞猎蝽成虫喙末端上具有3类感受器，分别为毛形感受器（Sensilla Trichodea，ST）、刺形感受器（Sensilla Chaetica，SC）和锥形感受器（Sensilla Basiconica，SB）（图2-11）。

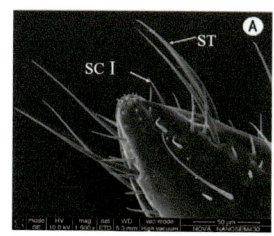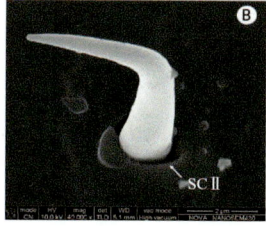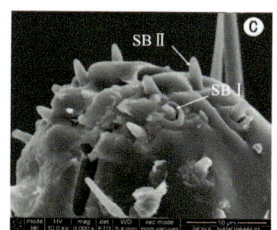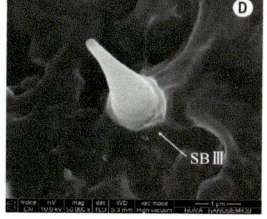

**图2-11　红彩瑞猎蝽成虫喙感受器**

注：ST，毛形感受器；SCⅠ、SCⅡ分别为刺形感受器Ⅰ型、刺形感受器Ⅱ型；SBⅠ、SBⅡ、SBⅢ分别为锥形感受器Ⅰ型、锥形感受器Ⅱ型、锥形感受器Ⅲ型。

#### 1. 毛形感受器（ST）

位于喙顶端中央及周围，沿喙的凹槽为对称轴呈对称分布，感受器细长略弯，由基部至顶端逐渐变细，表面具纵纹。基部直径为1.67～1.74 μm，长度为93.25～120.25 μm。

#### 2. 刺形感受器（SC）

外形如刺，均匀分布在喙的顶端，根据形态差异分为Ⅰ型与Ⅱ型。

（1）刺形感受器Ⅰ型（SCⅠ）：基部着生于凹陷的基窝中，由基部至端部逐渐变细，顶端尖锐，前倾呈30°～45°角，表面具纵纹，喙的各节均有分布。基部直径为

2.02~2.96 μm，长度为24.06~29.70 μm。

（2）刺形感受器Ⅱ型（SCⅡ）：感受器基部直立于凹陷的腔穴中，由基部至端部逐渐变细，在距端部约1/4处呈90°角弯曲向前，表面光滑。基部直径为2.82 μm，长度为18.55~18.95 μm。

### 3. 锥形感受器（SB）

呈小圆锥体，基部着生处表面凹陷，顶端钝圆，密集分布于喙的顶端，数量较多，根据外部形态特征差异分为Ⅰ型、Ⅱ型与Ⅲ型。

（1）锥形感受器Ⅰ型（SBⅠ）：基部着生于凸起的圆形凹腔中，锥体短小，约1/2锥体凸出凹腔，锥体表面光滑。圆形腔穴直径为1.68~1.71 μm，锥体长度为3.20~3.71 μm。

（2）锥形感受器Ⅱ型（SBⅡ）：感受器基部着生处浅凹，末端钝圆，锥体表面光滑。基部直径为1.41~1.86 μm，长度为3.20~4.59 μm。

（3）锥形感受器Ⅲ型（SBⅢ）：基部着生处浅凹，基部膨大粗壮，末端钝圆，锥体表面光滑。基部直径为0.82~0.84 μm，长度为2.71~2.87 μm。

### （四）前足跗节及其感受器

红彩瑞猎蝽雌雄成虫前足跗节为3节。扫描电镜观察发现，红彩瑞猎蝽成虫的前足跗节第3节上具有2种类型的感受器，分别为刺形感受器（Sensilla Chaetica，SC）和锥形感受器（Sensilla Basiconica，SB）；前跗节侧爪中央具两个刺形感受器（图2-12）。

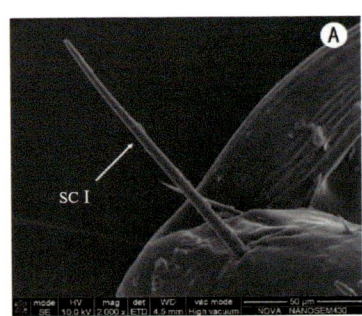
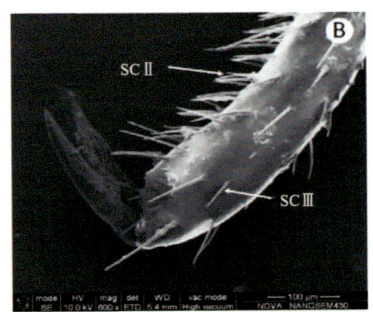
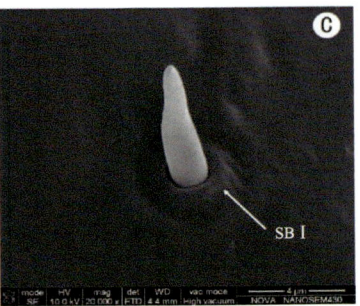
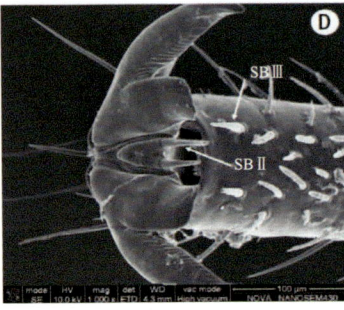
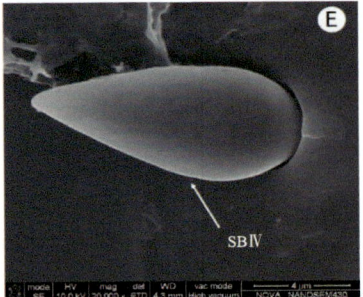

**图2-12 红彩瑞猎蝽成虫前足跗节感受器**

注：SCⅠ、SCⅡ、SCⅢ分别为刺形感受器Ⅰ型、刺形感受器Ⅱ型、刺形感受器Ⅲ型；SBⅠ、SBⅡ、SBⅢ、SBⅣ分别为锥形感受器Ⅰ型、锥形感受器Ⅱ型、锥形感受器Ⅲ型、锥形感受器Ⅳ型。

### 1. 刺形感受器（SC）

在前足跗节末节大量分布，其中跗节背部分布稀疏，腹面密集，根据形态差异可分为Ⅰ型、Ⅱ型与Ⅲ型。

（1）刺形感受器Ⅰ型（SCⅠ）：外形刚直如刺，前倾呈60°角，基部具可活动的环形基窝，表面有纵向条纹。基部直径为4.21～5.80 μm，长度为66.20～132.30 μm。

（2）刺形感受器Ⅱ型（SCⅡ）：形态与刺形感受器Ⅰ型相似，但顶端稍弯。基部直径为2.60～3.61 μm，长度为52.61～58.80 μm，比刺形感受器Ⅰ型短。

（3）刺形感受器Ⅲ型（SCⅢ）：形态与刺形感受器Ⅰ型、刺形感受器Ⅱ型相似，前倾呈30°角，末端尖细。基部直径为3.40～3.60 μm，长度为37.41～48.08 μm，比刺形感受器Ⅱ型短。

### 2. 锥形感受器（SB）

小圆锥形，主要分布于跗节腹面，根据形态差异可分为Ⅰ型、Ⅱ型、Ⅲ型与Ⅳ型。

（1）锥形感受器Ⅰ型（SBⅠ）：基部着生于由表皮隆起形成的圆形凹穴中，锥体顶端钝圆，锥体表面光滑。基部直径为1.61～1.82 μm，长度为5.62～6.91 μm。

（2）锥形感受器Ⅱ型（SBⅡ）：着生于前跗节侧爪中央，数量较少，仅发现2个。感受器基窝呈圆形凸出，窝缘棱线明显，锥体直立，尖端钝圆。基部直径为8.40～8.80 μm，长度为34.04～42.60 μm。

（3）锥形感受器Ⅲ型（SBⅢ）：主要分布在跗节腹面，数量较多。感受器基部凹陷，距基部起1/4处沿纵轴轻度弯曲，锥体表面光滑。基部直径为1.75～1.91 μm，长度为5.01～5.28 μm。

（4）锥形感受器Ⅳ型（SBⅣ）：锥体基部被腔穴包藏，中部膨大，末端圆尖，表面光滑，整体形如花蕾。基部直径为2.84 μm，长度为11.32 μm。

## 第二节　红彩瑞猎蝽生物学特性

红彩瑞猎蝽以其高效且特化的捕食行为在生态系统中占据了一席之地，其生物学特性是在长期的进化过程中为适应自然环境而形成的，具体包括年生活史、生活习性、捕食机制以及与环境因素的相互作用等。深入探讨和揭示红彩瑞猎蝽的生物学特性，为充分利用红彩瑞猎蝽作为天敌资源进行生物防治提供了科学依据。

### 一、年生活史

红彩瑞猎蝽为不完全变态昆虫，一生分为卵、若虫和成虫3个时期。其中若虫又具有5

个龄期，分别为1龄若虫、2龄若虫、3龄若虫、4龄若虫和5龄若虫。温度是影响红彩瑞猎蝽发育及繁殖的重要因子，其在低温15℃和高温35℃条件下均能完成生长发育，各虫态历期随温度升高而缩短。红彩瑞猎蝽在广东南雄1年发生2代，成虫从11月中下旬开始越冬到翌年3月上中旬，3月中下旬可见第一代卵，4月上旬见第一代若虫，5月下旬见第一代成虫。7月中下旬可见第二代卵，9月下旬见第二代成虫，11月后成虫进入滞育越冬期；翌年2月下旬至3月上旬气温回升，越冬成虫开始活动（表2-1，图2-13）。

表2-1 红彩瑞猎蝽在广东南雄地区的年生活史

| 世代 | 3月 上中下 | 4月 上中下 | 5月 上中下 | 6月 上中下 | 7月 上中下 | 8月 上中下 | 9月 上中下 | 10月 上中下 | 11月 上中下 | 12月 上中下 |
|---|---|---|---|---|---|---|---|---|---|---|
| 越冬代 | * * * | | | | | | | | | |
| 第一代 |   ※※ | ※※※ | - - - | - - - | + + + + | | | | | |
| 越冬代 | | | | | + ※※※※ | | - - - | |   * * * * * | |
| | | | | | ※ - - - | - | + + + + | + | | |

注：*表示越冬代成虫，※表示卵，-表示若虫，+表示成虫。

a—成虫；b—卵；c—1龄若虫；d—2龄若虫；e—3龄若虫；f—4龄若虫；g—5龄若虫。

图2-13 红彩瑞猎蝽生活史

## 二、不同温度和光周期对红彩瑞猎蝽生长发育的影响

高质量规模化繁育红彩瑞猎蝽是其得以大面积推广应用的前提，而温度和光周期等环境因素是影响天敌昆虫生长发育的重要因子，也是红彩瑞猎蝽工厂化繁育中的关键因素。温度会影响昆虫性腺发育和能量代谢，从而影响昆虫生长发育、产卵和孵化等生殖能力，光照的变化会使昆虫自发调节体内生理生化过程，以适应环境变化。研究表明，较高的温度有利于虎斑蝶 *Danaus genutia* 蛹的羽化，而较低的温度则更利于卵的孵化和幼虫的存活，长光照利于虎斑蝶幼虫的存活，短光照则更利于卵的孵化和蛹的羽化。徐子英等发现，管侧沟茧蜂 *Microplitis tuberculifer* Wesmael 在光周期10L∶14D和14L∶10D条件下，温度为20～28℃时，对草地贪夜蛾 *Spodoptera frugiperda* Smith 的寄生效果均较好，而在16℃和32℃时寄生能力降低。在不同光周期和温度条件下，对豇豆荚螟 *Maruca testulalis* Geyer 的产卵节律研究结果表明，光周期起主导作用，而温度对产卵节律的影响较小。温度对烟粉虱 *Bemisia tabaci* Gennadius 的子代发育历期有极显著的影响，而光周期的长短对烟粉虱子代性比、成虫每雌产卵量的影响显著。过长光照或过短光照在一定程度上会延长玉米蚜的发育历期，缩短其生殖期，降低其生殖力。通过调节温度和光周期，可以实现对小黑瓢虫 *Delphastus catalinae* Horn 的滞育诱导、滞育持续及滞育解除。不同种类的昆虫对温度和光周期变化的适应能力不同，掌握昆虫对温度和光周期的反应类型和特点，对天敌昆虫的保护和利用具有重要意义。

迄今为止，温度对红彩瑞猎蝽生长发育的影响已逐渐清晰，而光周期与温度协同影响红彩瑞猎蝽生长发育及繁殖的研究鲜见报道。为进一步加快红彩瑞猎蝽规模化繁育和产业化应用，有必要深入研究光照和温度等环境因素对红彩瑞猎蝽的生长发育和繁殖等生物学特性产生的影响。本节在室内测定了不同温度和光周期组合条件下红彩瑞猎蝽发育历期、存活率、羽化率、成虫寿命、产卵前期、产卵量和卵孵化率等生物学指标，以期为该天敌的规模化繁育提供理论依据。

### （一）材料与方法

#### 1. 供试昆虫

供试红彩瑞猎蝽采于广东省南雄市古市镇东厢圃村烟田，1～2龄若虫用烟蚜饲喂，3～5龄若虫和成虫用面包虫幼虫饲喂，室内饲养多代后供试。

#### 2. 试验方法

试验设置24℃、28℃和32℃共3个温度处理，各处理温度误差±1℃。每个温度下分别设置24L∶0D、18L∶6D、12L∶12D、6L∶18D和0L∶24D 5个光周期处理，相对湿度设置为（65±5）%。将红彩瑞猎蝽初孵若虫单头挑至饲养盒，1～2龄若虫用烟蚜饲喂，3～5龄若虫和成虫用面包虫幼虫饲喂，观察初孵化若虫在不同温度和光照周期组合下发育历期和存活数量；若虫羽化为成虫后，测量记录其体长、体重和寿命；将雌雄成虫以1∶1性比配对，观察记录雌成虫产卵前期、产卵期、产卵量和产卵次数等繁殖特性。

### 3. 数据处理

所有数据先用Excel 2010进行整理，再用SPSS 22.0进行统计分析，红彩瑞猎蝽若虫发育历期、体重、体长、产卵前期、产卵量和雌雄成虫寿命等用单因素方差分析进行差异显著性分析（Tukey HSD），并进行方差齐性检测（$F$检测），所有数据均采用平均值±标准误（Mean ± SE）表示，若虫存活率和卵孵化率先经过反正弦转换后再进行差异显著性分析。

## （二）结果与分析

### 1. 温度和光照周期对若虫发育历期的影响

温度和光周期对红彩瑞猎蝽各个阶段的若虫发育历期均有较明显的影响（表2-2），由表2-2可以看出，在同一发育温度下，随着光周期中的光照时间增加，红彩瑞猎蝽若虫在各个龄期均呈现出发育时间缩短的趋势，整个若虫发育历期也随着光照时间增加而缩短。而在相同光周期下，红彩瑞猎蝽若虫各龄期在24℃、28℃和32℃各温度下相互间均有显著性差异，说明在相同光周期条件下，红彩瑞猎蝽若虫发育历期随着温度升高而缩短。

表2-2 不同温度和光周期条件下红彩瑞猎蝽1~5龄若虫的发育历期

| 温度 | 光周期 | 发育历期/d | | | | | |
|---|---|---|---|---|---|---|---|
| | | 1龄 | 2龄 | 3龄 | 4龄 | 5龄 | 若虫期 |
| 24℃ | 24L：0D | 9.54 ± 1.14c | 9.69 ± 1.13b | 9.65 ± 1.07c | 9.61 ± 1.03c | 10.17 ± 1.07c | 48.74 ± 2.11c |
| | 18L：6D | 9.63 ± 0.88c | 9.92 ± 1.06b | 9.71 ± 0.99c | 9.83 ± 0.96c | 10.29 ± 1.08c | 49.38 ± 2.36c |
| | 12L：12D | 10.33 ± 1.01b | 10.54 ± 0.88a | 10.29 ± 0.91b | 10.54 ± 0.83b | 10.96 ± 1.16b | 52.67 ± 1.34b |
| | 6L：18D | 10.71 ± 1.04b | 10.75 ± 1.07a | 10.70 ± 0.97b | 10.61 ± 0.78b | 11.09 ± 0.85b | 53.91 ± 2.21b |
| | 0L：24D | 11.42 ± 1.18a | 11.08 ± 1.02a | 11.35 ± 0.93a | 11.30 ± 1.11a | 11.91 ± 1.31a | 57.13 ± 2.12a |
| 28℃ | 24L：0D | 7.38 ± 0.71e | 7.13 ± 0.81d | 6.96 ± 0.64f | 7.30 ± 0.70e | 7.30 ± 0.55f | 36.08 ± 1.28f |
| | 18L：6D | 7.58 ± 0.83e | 7.71 ± 0.65d | 7.30 ± 0.70ef | 7.39 ± 0.58e | 7.82 ± 0.77e | 37.35 ± 1.11ef |
| | 12L：12D | 8.17 ± 0.92d | 7.39 ± 0.84d | 7.39 ± 0.78ef | 7.56 ± 0.79e | 7.52 ± 0.67ef | 38.04 ± 1.87ef |
| | 6L：18D | 8.41 ± 0.88d | 7.65 ± 0.65d | 7.43 ± 0.66e | 7.65 ± 0.71e | 7.91 ± 0.73e | 39.04 ± 1.18e |
| | 0L：24D | 8.71 ± 0.86d | 8.09 ± 0.87d | 8.32 ± 0.84d | 8.81 ± 0.85d | 8.77 ± 0.61d | 42.72 ± 1.96e |
| 32℃ | 24L：0D | 5.25 ± 0.53g | 6.00 ± 0.80e | 6.10 ± 0.68g | 6.73 ± 0.45f | 7.14 ± 0.56f | 31.27 ± 0.94g |
| | 18L：6D | 5.83 ± 0.64g | 6.39 ± 0.58e | 6.43 ± 0.59f | 6.61 ± 0.50f | 7.04 ± 0.47g | 32.30 ± 1.22g |
| | 12L：12D | 6.04 ± 0.75f | 6.42 ± 0.50e | 6.48 ± 0.51f | 7.09 ± 0.67f | 7.22 ± 0.60f | 33.26 ± 1.14g |
| | 6L：18D | 6.46 ± 0.88f | 7.00 ± 0.67d | 6.39 ± 0.59f | 6.97 ± 0.56f | 7.30 ± 0.65f | 33.52 ± 1.46g |
| | 0L：24D | 6.58 ± 0.58f | 6.68 ± 1.09de | 6.95 ± 0.59f | 7.81 ± 0.68e | 8.19 ± 0.51e | 36.48 ± 1.75f |
| $F_{(14, 345)}$ | | 114.163 | 98.838 | 112.662 | 93.186 | 92.850 | 300.694 |

注：所有数据为平均值±标准误。同一列中同一类型数据后的不同字母代表处理组在$P<0.05$水平上差异显著（Tukey HSD）。

### 2. 温度和光照周期对成虫体重和体长的影响

不同温度和光照周期对红彩瑞猎蝽成虫体重和体长的影响结果见表2-3。在较低的温度（24℃）下，光周期对红彩瑞猎蝽成虫的体重和体长没有影响，各光周期处理之间均无显著性差异。28℃时，12L：12D的雄成虫体长最大，而在较高温度（32℃）时，随着光照时间的减少，雌雄成虫的体重和体长均有下降的趋势。

在相同的光周期条件下，不同温度对红彩瑞猎蝽雌雄成虫的体重没有显著性影响，而雌雄成虫体长均有随着温度降低而增加的趋势，雄成虫体长和体重受温度影响更明显，24℃与32℃两组处理在所有光周期下均有显著性差异。

表2-3 不同温度和光照周期对成虫体重和体长的影响

| 温度 | 光周期 | 体重/g | | 体长/mm | |
|---|---|---|---|---|---|
| | | 雌 | 雄 | 雌 | 雄 |
| 24℃ | 24L：0D | 0.059 ± 0.004a | 0.056 ± 0.004a | 14.77 ± 0.72a | 14.12 ± 0.60a |
| | 18L：6D | 0.060 ± 0.003a | 0.056 ± 0.005a | 14.84 ± 0.57a | 14.26 ± 0.82a |
| | 12L：12D | 0.059 ± 0.004a | 0.055 ± 0.005a | 14.63 ± 0.85a | 14.00 ± 0.71ab |
| | 6L：18D | 0.058 ± 0.003a | 0.057 ± 0.004a | 14.57 ± 0.34a | 13.92 ± 0.51ab |
| | 0L：24D | 0.057 ± 0.004ab | 0.053 ± 0.012ab | 14.51 ± 0.66a | 13.99 ± 0.61ab |
| 28℃ | 24L：0D | 0.060 ± 0.004a | 0.054 ± 0.013a | 14.71 ± 0.72a | 13.62 ± 0.72b |
| | 18L：6D | 0.060 ± 0.005a | 0.054 ± 0.013a | 14.93 ± 0.51a | 13.96 ± 0.53ab |
| | 12L：12D | 0.060 ± 0.004a | 0.054 ± 0.013a | 14.91 ± 0.45a | 14.18 ± 0.39a |
| | 6L：18D | 0.060 ± 0.003a | 0.055 ± 0.013a | 14.79 ± 0.51a | 13.79 ± 0.70ab |
| | 0L：24D | 0.059 ± 0.003a | 0.051 ± 0.017ab | 14.63 ± 0.49a | 13.35 ± 0.62bc |
| 32℃ | 24L：0D | 0.060 ± 0.004a | 0.052 ± 0.005ab | 14.35 ± 0.53ab | 12.96 ± 0.43c |
| | 18L：6D | 0.059 ± 0.004a | 0.052 ± 0.004ab | 14.53 ± 0.61a | 13.61 ± 0.52b |
| | 12L：12D | 0.057 ± 0.004ab | 0.051 ± 0.004ab | 13.69 ± 0.43b | 12.81 ± 0.48c |
| | 6L：18D | 0.057 ± 0.004ab | 0.051 ± 0.004ab | 13.78 ± 0.60b | 13.13 ± 0.34bc |
| | 0L：24D | 0.055 ± 0.005b | 0.049 ± 0.003b | 13.62 ± 0.33b | 12.76 ± 0.41c |
| $F_{(14, 149)}$ | | 5.214 | 2.921 | 7.511 | 8.015 |

注：所有数据为平均值±标准误。同一列中同一类型数据后的不同字母代表处理组在$P<0.05$水平上差异显著（Tukey HSD）。

### 3. 温度和光照周期对若虫存活率和成虫寿命的影响

若虫存活率方面，表2-4的结果显示，各处理的数据之间均无显著性差异，说明不同温度与光周期对红彩瑞猎蝽若虫存活率没有显著性影响。

在雌成虫寿命方面，在24℃与28℃条件下，不同的光周期对雌成虫寿命无显著性影响，32℃下，除了0L∶24D组的寿命显著低于12L∶12D和6L∶18D组外，其余组间没有显著性差异。在相同光周期下，温度为28℃条件下，雌成虫寿命高于24℃处理，但没有显著性差异，3组温度处理中，32℃的雌成虫寿命最低，且在24L∶0D、6L∶18D、0L∶24D的光周期下雌成虫寿命显著低于28℃处理。

在温度相同条件下，不同光周期处理的各组雄成虫的寿命均没有显著性差异。而在相同光周期下，24℃与28℃处理之间雄成虫寿命没有显著性差异，且均显著高于32℃处理（除28℃与32℃的6L∶18D处理外）。

从数据的整体趋势看，光周期对于红彩瑞猎蝽的成虫寿命没有较为显著的影响，而温度则影响较大，32℃下红彩瑞猎蝽雌雄成虫的寿命均短于24℃与28℃处理。

表2-4　不同温度不同光周期条件下红彩瑞猎蝽的若虫存活率与成虫寿命

| 温度 | 光周期 | 若虫存活率/% | 雌成虫寿命/d | 雄成虫寿命/d |
| --- | --- | --- | --- | --- |
| 24℃ | 24L∶0D | 95.83 ± 8.33a | 52.50 ± 3.91bc | 47.88 ± 3.34cd |
|  | 18L∶6D | 100.00 ± 0.00a | 52.54 ± 4.26bc | 49.13 ± 4.43d |
|  | 12L∶12D | 100.00 ± 0.00a | 52.53 ± 5.07bc | 48.33 ± 2.48d |
|  | 6L∶18D | 95.83 ± 8.33a | 52.17 ± 4.84bc | 48.50 ± 3.31d |
|  | 0L∶24D | 95.83 ± 8.33a | 52.71 ± 4.15bc | 46.38 ± 3.12bc |
| 28℃ | 24L∶0D | 95.83 ± 8.33a | 53.96 ± 4.52c | 47.50 ± 4.63cd |
|  | 18L∶6D | 95.83 ± 8.33a | 54.51 ± 7.34c | 49.33 ± 4.04d |
|  | 12L∶12D | 95.83 ± 8.33a | 55.17 ± 5.66c | 49.08 ± 4.30d |
|  | 6L∶18D | 95.83 ± 8.33a | 55.50 ± 6.32c | 48.04 ± 3.86cd |
|  | 0L∶24D | 91.67 ± 9.62a | 52.38 ± 4.04bc | 48.17 ± 3.02cd |
| 32℃ | 24L∶0D | 91.67 ± 9.62a | 47.25 ± 6.49ab | 42.75 ± 3.14ab |
|  | 18L∶6D | 95.83 ± 8.33a | 50.54 ± 8.22bc | 44.75 ± 4.55abc |
|  | 12L∶12D | 95.83 ± 8.33a | 49.88 ± 7.43bc | 43.38 ± 3.75ab |
|  | 6L∶18D | 91.67 ± 9.62a | 47.92 ± 5.57ab | 44.46 ± 4.69abc |
|  | 0L∶24D | 87.50 ± 8.33a | 43.63 ± 5.60a | 42.58 ± 3.16a |
| $F_{(14, 344)}$ |  | 0.512 | 7.601 | 10.101 |

注：所有数据为平均值±标准误。同一列中同一类型数据后的不同字母代表处理组在$P<0.05$水平上差异显著（Tukey HSD）。

### 4. 温度和光照周期对红彩瑞猎蝽成虫繁殖特性的影响

不同温度与光周期对红彩瑞猎蝽的繁殖特性也有一定影响（表2-5）。从表2-5中可知，在同一温度下，产卵前期会随着光照时间减少而变长，而在同一光周期下，产卵前期表现为随着温度上升而缩短。

**表2-5 不同温度和光周期条件下红彩瑞猎蝽的繁殖特性**

| 温度 | 光周期 | 产卵前期/d | 产卵期/d | 单雌产卵量/粒 | 雌虫产卵次数/次 | 卵孵化率/% |
|---|---|---|---|---|---|---|
| 24℃ | 24L：0D | 8.58 ± 1.06de | 42.91 ± 3.49bc | 52.29 ± 15.73abc | 3.75 ± 0.74ab | 85.86 ± 4.25cd |
|  | 18L：6D | 8.67 ± 1.05de | 43.42 ± 4.22bcd | 65.67 ± 16.26cd | 4.33 ± 0.82bcd | 90.02 ± 2.86d |
|  | 12L：12D | 9.21 ± 0.98ef | 42.38 ± 4.92bcd | 55.46 ± 15.59abc | 3.92 ± 0.83abc | 86.74 ± 4.48cd |
|  | 6L：18D | 9.83 ± 1.05fg | 41.88 ± 4.56bcd | 53.33 ± 12.01a | 3.67 ± 0.64ab | 84.12 ± 3.94c |
|  | 0L：24D | 10.21 ± 1.28g | 41.13 ± 3.89bcd | 44.83 ± 16.08ab | 3.29 ± 0.81a | 78.94 ± 5.55ab |
| 28℃ | 24L：0D | 7.08 ± 0.93abc | 44.17 ± 4.90bcd | 89.75 ± 27.08ef | 4.88 ± 1.04def | 87.57 ± 4.72cd |
|  | 18L：6D | 7.33 ± 0.87bc | 46.25 ± 6.15d | 91.38 ± 25.77ef | 5.50 ± 1.10f | 90.46 ± 3.74d |
|  | 12L：12D | 7.88 ± 0.85cd | 45.75 ± 5.69d | 90.38 ± 22.26ef | 5.17 ± 1.24ef | 87.61 ± 7.93cd |
|  | 6L：18D | 8.88 ± 0.90ef | 45.13 ± 6.37cd | 63.79 ± 15.16cd | 3.83 ± 0.76abc | 86.50 ± 4.29cd |
|  | 0L：24D | 9.75 ± 1.54fg | 41.42 ± 3.86bcd | 53.08 ± 16.06abc | 3.46 ± 0.83a | 78.74 ± 5.36ab |
| 32℃ | 24L：0D | 6.17 ± 0.64a | 39.38 ± 5.31b | 95.92 ± 20.03ef | 4.92 ± 0.65def | 86.01 ± 3.63cd |
|  | 18L：6D | 6.54 ± 0.85ab | 42.75 ± 6.85bcd | 104.79 ± 22.71f | 5.33 ± 0.82ef | 90.14 ± 5.11d |
|  | 12L：12D | 6.71 ± 0.69ab | 42.08 ± 7.06bcd | 97.50 ± 18.11f | 4.88 ± 0.54def | 88.03 ± 3.63cd |
|  | 6L：18D | 7.04 ± 0.69abc | 39.92 ± 5.02bc | 77.46 ± 17.66de | 4.58 ± 0.72cde | 83.41 ± 5.57bc |
|  | 0L：24D | 7.79 ± 0.78cd | 33.54 ± 5.45a | 62.21 ± 16.21bcd | 3.71 ± 0.62ab | 74.29 ± 8.46a |
| $F_{(14, 345)}$ |  | 42.648 | 8.195 | 27.088 | 18.588 | 9.487 |

注：所有数据为平均值±标准误。同一列中同一类型数据后的不同字母代表处理组在$P<0.05$水平上差异显著（Tukey HSD）。

温度为24℃和28℃条件下产卵期在随光周期的变化不明显，32℃下也仅有0L：24D相比于其他组有显著性差异。而在相同光周期下，温度28℃时红彩瑞猎蝽的产卵期最长，在32℃时产卵期最短，但除0L：24D处理以外，其他相同光周期的处理间均没有显著性差异。

在各处理中，温度为32℃，光照周期为18L：6D时，红彩瑞猎蝽单雌产卵量最高（104.79 ± 22.71）粒。在相同温度下，18L：6D光周期处理的红彩瑞猎蝽单雌产卵量最高，12L：12D、24L：0D次之，0L：24D处理则最低。而当光周期相同时，温度越高，单雌产卵量越高，32℃的单雌产卵量高于28℃和24℃处理，24℃处理产卵量最低。

温度与光周期对红彩瑞猎蝽的产卵次数和卵孵化率也有一定的影响。产卵次数方面，相同温度下，光周期为18L：6D的产卵次数最多，24L：0D、12L：12D处理次之，0L：24D最少，且各温度下其他光周期处理的产卵次数均显著低于18L：6D处理。而相同光周期下，24℃的产卵次数低于28℃和32℃处理，尤其是在光照时间较长的3个光周期处理24L：0D、18L：6D、12L：12D相比于其他组有显著性差异。

卵孵化率方面，在相同温度下，光周期为18L：6D的卵孵化率最高，0L：24D最低，且均显著低于24L：0D、18L：6D和12L：12D 3组处理。同一光周期下，24℃、28℃和32℃温度处理间红彩瑞猎蝽的卵孵化率均无显著性差异。

## （三）结论与讨论

本试验结果表明，温度和光周期对红彩瑞猎蝽生长发育和繁殖有一定影响。红彩瑞猎蝽在温度为（32±1）℃、湿度为（65±5）%、光周期为18L：6D时，若虫能更快速地生长发育，成虫各项繁殖指标较好。其若虫发育历期和存活率分别为（32.30±1.22）d和（95.83±8.33）%；雌成虫产卵前期为（6.54±0.85）d、单雌产卵次数为（5.33±0.82）次、单雌产卵量为（104.79±22.71）粒，平均孵化率可达90.14%。

温度和光周期是调控昆虫生长发育、交配和产卵等繁殖特性的重要环境因素。红彩瑞猎蝽各龄期若虫的发育历期随着温度和光照时间的增加而缩短，这与黑带食蚜蝇 *Episyrphus balteatus* Geer在光周期恒定条件下在15～30℃蛹的发育历期随温度的升高而缩短、日本食蚧蚜小蜂 *Coccophagus japonicus* Compere的发育历期在18～30℃随温度的升高而缩短等研究结论相似。不同温度与光周期对红彩瑞猎蝽若虫存活率没有显著性影响，与虎斑蝶 *Danaus genutia* Cramer不同龄期幼虫的存活率与光周期之间相关性不显著结果一致。温度和光周期对红彩瑞猎蝽成虫的体长、体重和寿命的影响没有显著影响。在较高温度（32℃）条件下，随着光照时间增加，雌雄成虫的体重和体长均有上升的趋势。相同光周期下，成虫寿命随着温度升高逐渐缩短。在一定温度条件下，不同光周期对条纹小斑蛾 *Artona zebraia* 蛹期、蛹重存在显著差异，香梨优斑螟 *Euzophera pyriella* Yang雌雄成虫的寿命随着光照时间的增加而延长等结论均支持本节研究结果。在一定温度下，红彩瑞猎蝽雌成虫产卵前期随着光照时间减少而变长，而在同一光周期下，产卵前期表现为随着温度上升而缩短，这与美洲斑潜蝇 *Liriomyza sativae* Blanchard、桃蛀螟 *Conogethes punctiferalis* Guenee和草地螟 *Loxostege sticticalis* Linnaeus的产卵前期节律性相似。在一定温度范围内，红彩瑞猎蝽雌成虫产卵量呈现随着光照时间先增加后降低的趋势，与广聚萤叶甲 *Ophraella communa* Lesage、蠋蝽 *Arma chinensis* Fallou、叉角厉蝽 *Eocanthecona furcellata* Wolff、异色瓢虫 *Harmonia axyridis* Pallas和六斑月瓢虫 *Cheilomenes sexmaculata* Fabricius产卵量受温度和光周期影响的规律相似。

综合若虫发育历期、存活率、成虫产卵量和孵化率等因素考虑，红彩瑞猎蝽种群增长的适宜温度为温度28～32℃，光照周期为18L：6D。

## 三、相对湿度对红彩瑞猎蝽生长发育的影响

温度、湿度和光照等气候因素与昆虫的个体发育和种群发生数量密切相关。其中外界湿度会对昆虫体内和体表的水分产生影响，体内的水平衡被破坏，进而影响其个体生长发育及种群动态。不同昆虫在不同发育虫态受相对湿度的影响程度也不相同，通常情况下，极端的干旱和高湿条件不利于昆虫生长发育，例如在相对湿度10%下，益蝽 *Picromerus lewisi* 若虫存活率显著降低，发育历期和卵发育时间显著延长，孵化率显著降低，雌成虫寿命显著缩短；棉铃虫 *Helicoverpa armigera* 在相对湿度为95%左右时，死亡速度最快，死亡率最高；南方圆头犀金龟的卵孵化率随着湿度降低而显著降低；高温高湿时螟黄足盘绒茧蜂 *Cotesia flavipes* 雌雄成虫的寿命均明显短于其在10~30℃下的寿命。随着环境湿度增大，稻绿蝽 *Nezara viridula*（L.）若虫存活率和成虫寿命降低，卵孵化率和成虫繁殖力升高；而荔枝蒂蛀虫 *Conopomorpha sinensis* 虫蛹的羽化率降低。在降雨导致的高湿环境下，棉铃虫蛹和成虫的死亡率明显增加，在一定温度范围内，番茄刺皮瘿螨 *Aculops lycopersici* 的发育随着湿度升高而延缓。春秋季蜻蜓的种类随着湿度的上升呈现先增加后减少的趋势，湿度适中时蜻蜓的数量相对较多，湿度过高或过低，蜻蜓的数量都相对较少。蚕卵催青湿度在70%~80%日孵化率最高，平均84.3%，当湿度超过90%，日孵化率降低，平均74.6%；而胭脂虫 *Dactylopius coccus costa* 在湿度为80%时生长发育情况最好。高湿和低湿条件对一些昆虫的发育反而是有利的，松墨天牛 *Monochamus alternatus* 在高湿环境下的越冬存活率显著提高，稻纵卷叶螟 *Cnaphalocrocis medinalis* 胚胎发育周期随湿度增加变短，孵化率相应提高；相对湿度90%条件下，八角黄瘿蚊 *Anabremia sp.* 卵孵化率和幼虫存活率最高达到96.61%和95.49%，幼虫发育历期最短；昆嵛山腮扁叶蜂越冬蛹更适宜低温高湿环境，小地老虎 *Agrotis ipsilon* 在高湿条件下会促进求偶及交配行为。Ismael等对粉螨 *Acarus farris*、瓜食酪螨 *Tyrophagus neiswanderi* 和腐食酪螨 *Tyrophagus putrescentiae* 的研究结果显示，这3种螨虫在高湿的环境下生长发育的质量更高，而最适合剑毛帕厉螨 *Stratiolaelaps scimitus* 生长发育的相对湿度为100%。在高温和80%~94.14%高湿条件下，斜纹夜蛾 *Spodoptera litura* 生长发育历期和成虫寿命缩短，各虫态存活率明显提高。而温度26~30℃、相对湿度达到80%以上的条件，更适合甜菜夜蛾 *Spodoptera exigua* 的生长发育与繁殖。10%湿度提高了铜绿丽金龟 *Anomala corpulenta* 的卵孵化率，卵孵化历期明显缩短，土壤湿度为10%~15%条件时最有利于山茱萸蛀果蛾 *Carposina coreana* 老熟幼虫入土结茧，这些研究说明不同昆虫在生长发育过程中对湿度的要求截然不同。

红彩瑞猎蝽 *Rhynocoris fuscipes* 是半翅目 Hemiptera 猎蝽科 Reduviidae 天敌昆虫。该天敌在全世界分布范围较广，能捕食棉铃虫、烟蚜 *Myzus persicae*、斜纹夜蛾、小地老虎和褐飞虱 *Nilaparvata lugens* 等多种农田害虫。在我国南方烟区，红彩瑞猎蝽被广泛用于防控斜纹夜蛾，曾涛等报道了该天敌不同虫态在不同温度条件下对斜纹夜蛾3龄幼虫都有较强的捕食作用，其捕食功能反应类型均属于Holling Ⅱ型，其中雌成虫对斜纹夜蛾3龄幼虫的日

最大捕食量可达15.5头以上，在斜纹夜蛾生物防治中具有很好的应用潜力。但不同湿度条件对红彩瑞猎蝽的生长发育及对捕食量的影响还尚不明确，为了进一步合理利用红彩瑞猎蝽，需要对该虫的繁育条件进行深入探索，研究了不同湿度条件对红彩瑞猎蝽生长发育和捕食斜纹夜蛾的影响，以便进一步明确扩繁该天敌昆虫的最适环境要求，提高天敌繁育质量，为下一步更好发挥红彩瑞猎蝽的生物防治作用奠定理论基础。

## （一）材料与方法

### 1. 供试昆虫

供试红彩瑞猎蝽于2021年采自广东省韶关市南雄市古市镇溪口村，用人工饲料室内饲养多代，斜纹夜蛾幼虫购自河南省济源白云实业有限公司。

### 2. 试验方法

（1）不同湿度条件下对红彩瑞猎蝽生长发育影响的测定：将红彩瑞猎蝽产出时间在24 h以内的卵和初孵24 h以内的1龄若虫分别放置于温度28℃，湿度为15%、35%、55%、75%、95%的5个恒温恒湿培养箱内，每个湿度处理取150粒卵，每15粒卵分装于一个直径为8 cm、高为6 cm的饲养盒中，直至卵全部孵化；设置4个重复处理，每个处理取红彩瑞猎蝽的1龄若虫15头，分别单头饲养在28 mL的养虫杯中，饲喂低龄米蛾幼虫直至红彩瑞猎蝽发育为成虫。分别记录红彩瑞猎蝽的卵孵化率、卵与各龄若虫发育历期以及存活率、成虫获得率和雌雄成虫寿命。从3龄开始，将蜕皮24 h以内的各龄期若虫及成虫分别称重，记录其体质量。

（2）不同湿度条件下红彩瑞猎蝽对斜纹夜蛾幼虫捕食量的测定：在不同湿度处理的红彩瑞猎蝽禁食24 h后，取单头红彩瑞猎蝽4龄若虫和雌雄成虫测试对斜纹夜蛾3龄幼虫的捕食量，每个处理重复6次，24 h后统计被捕食的斜纹夜蛾数量。

### 3. 数据统计与分析

使用IBM SPSS Statistics 25软件进行数据的统计分析，并用OriginPro 2019软件绘制图表。采用单因素方差分析（One-way ANOVA）（Tukey法）进行多重比较，分析不同湿度水平对各指标的影响。

## （二）结果与分析

### 1. 不同湿度对红彩瑞猎蝽卵孵化历期的影响

不同湿度水平对红彩瑞猎蝽的卵孵化历期具有显著性影响（$F_{4,45}$=72.199，$P<0.001$）（图2-14）。相对湿度15%处理的卵孵化历期最长，为（11.1±0.74）d；而相对湿度75%和95%条件下红彩瑞猎蝽的卵孵化历期分别为（6.2±0.92）d与（6.5±0.84）d，显著低于其他湿度处理。

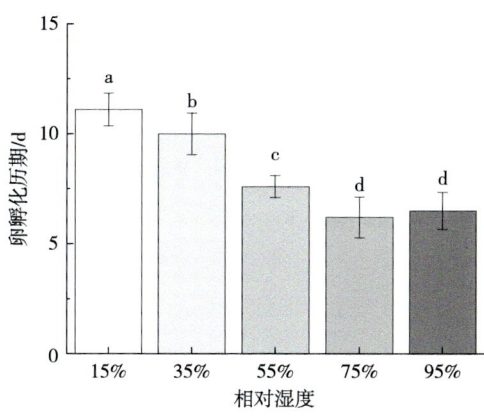

**图2-14　不同相对湿度水平下红彩瑞猎蝽的卵孵化历期**

**2. 不同湿度对红彩瑞猎蝽卵孵化率的影响**

不同湿度水平对红彩瑞猎蝽的卵孵化率有显著性影响（$F_{4,45}$=83.018，$P<0.001$）（图2-15）。其中相对湿度为75%的孵化率最高，为（91.33±3.20）%，但与相对湿度为55%的处理间无显著差异，二组均显著高于其他湿度处理下的孵化率，在各处理中，相对湿度为15%的孵化率最低，为（48.67±7.73）%，显著低于其他湿度处理。

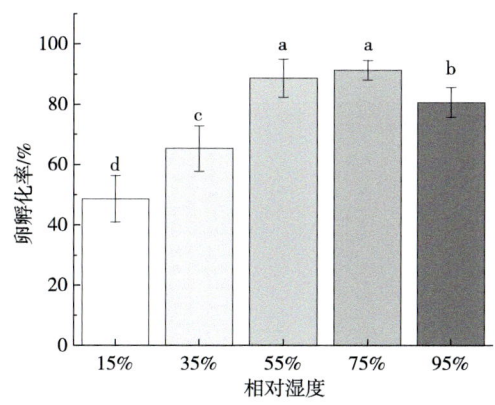

**图2-15　不同相对湿度水平下红彩瑞猎蝽的卵孵化率**

**3. 不同湿度对红彩瑞猎蝽若虫发育历期的影响**

不同湿度对红彩瑞猎蝽若虫发育历期有显著性影响（图2-16）。由图2-16可知，不同湿度处理的1龄若虫（$F_{4,250}$=18.192，$P<0.001$）、2龄若虫（$F_{4,240}$=4.776，$P=0.001$）、3龄若虫（$F_{4,229}$=10.369，$P<0.001$）、4龄若虫（$F_{4,222}$=17.318，$P<0.001$）和5龄若虫（$F_{4,216}$=22.357，$P<0.001$）发育历期差异均呈显著水平。1龄若虫和2龄若虫在相对湿度55%条件下发育历期最短，分别为（8.80±0.74）d和（8.77±0.72）d，在15%的相对湿度条件下发育历期最长，分别为（10.12±0.98）d和（9.37±0.76）d，且1龄若虫15%相对湿度的处理显著长于其他处理。2龄若虫在15%的相对湿度条件下发育历期最长，显著长于

55%和75%湿度处理。而3龄若虫在相对湿度95%下发育历期最长，为（9.72±0.90）d，在相对湿度55%下发育历期最短，为（8.92±0.65）d。4龄若虫在相对湿度15%下的发育历期显著长于其他处理，为（10.52±1.00）d；在相对湿度75%处理下发育历期最短，为（8.96±0.85）d。5龄若虫在相对湿度75%下发育历期最短，为（9.1±0.89）d，而在相对湿度15%下发育历期最长，为（10.85±1.10）d，且显著长于其他处理。总体上看，在相对湿度为55%与75%时，红彩瑞猎蝽的各龄期发育历期相比于其他相对湿度条件处理较短，而相对湿度为15%时各龄期发育历期则最长，95%其次。

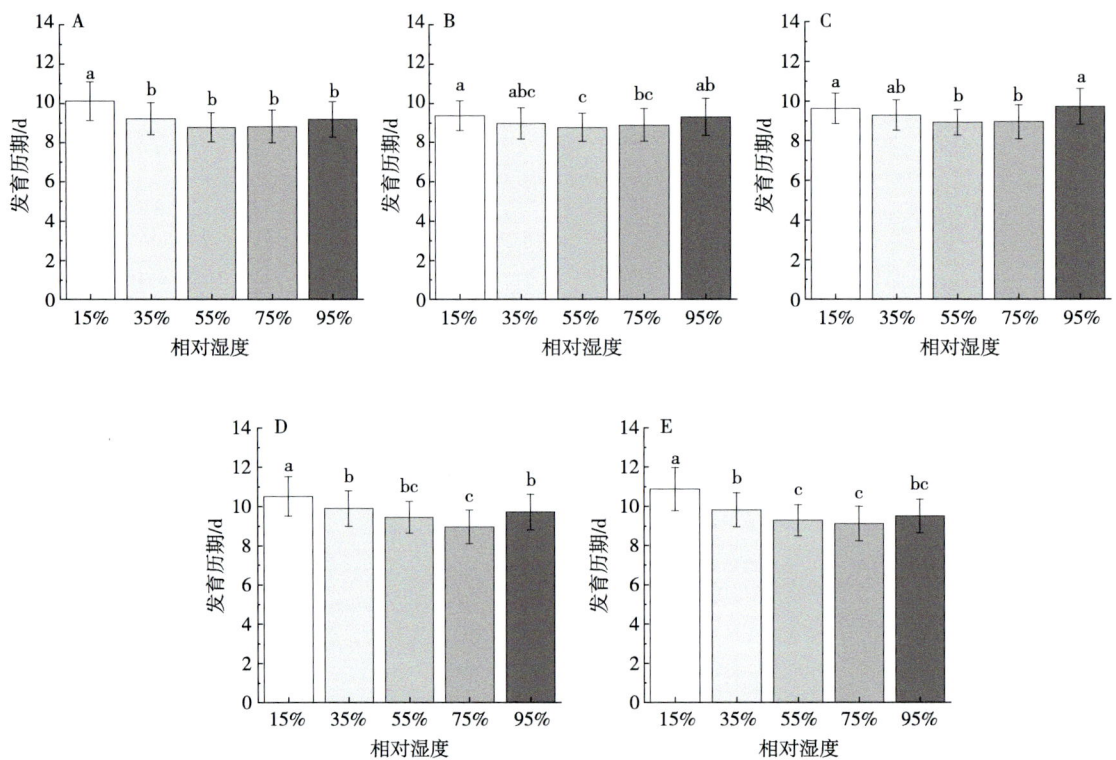

A—1龄若虫；B—2龄若虫；C—3龄若虫；D—4龄若虫；E—5龄若虫。

**图2-16 不同湿度水平下红彩瑞猎蝽若虫的发育历期**

### 4. 不同湿度对红彩瑞猎蝽若虫存活率的影响

不同湿度水平下红彩瑞猎蝽若虫的存活率由图2-17所示。湿度对1龄若虫（$F_{4,15}=31.328$，$P<0.001$）与2龄若虫（$F_{4,15}=17.191$，$P<0.001$）的存活率有显著影响，但对3龄后若虫并没有显著性影响。在相对湿度15%的条件下，1龄若虫、2龄若虫的存活率显著低于55%、75%、95%的处理，分别为（78.33±3.34）%与（86.14±5.00）%。但在红彩瑞猎蝽发育至3龄后，极端湿度对红彩瑞猎蝽的发育没有显著性影响。

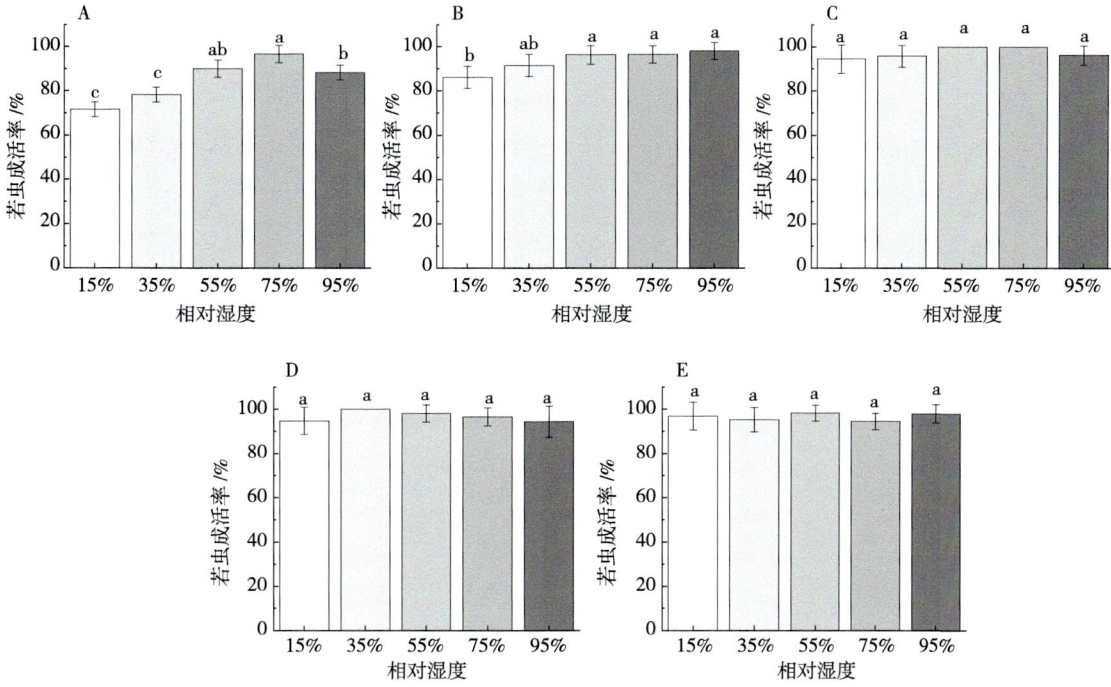

A—1龄若虫；B—2龄若虫；C—3龄若虫；D—4龄若虫；E—5龄若虫。

图2-17　不同湿度水平下红彩瑞猎蝽若虫存活率

**5. 不同湿度对红彩瑞猎蝽若虫体质量的影响**

不同湿度处理对红彩瑞猎蝽若虫的体质量有显著性影响（图2-18）。在相对湿度15%处理下，3龄若虫（$F_{4,233}=21.708$，$P<0.001$）、4龄若虫（$F_{4,230}=6.838$，$P<0.001$）、5龄若虫（$F_{4,219}=9.044$，$P<0.001$）的体质量最小，分别为（9.72±1.19）mg、（20.42±1.00）mg和（48.50±4.68）mg。而3龄若虫、4龄若虫、5龄若虫在相对湿度为55%、75%、95%的处理下体质量均无显著差异。结果显示，在相对湿度过低时，3龄若虫、4龄若虫、5龄若虫的发育会受到显著性影响，而较高的相对湿度则没有显著性影响。

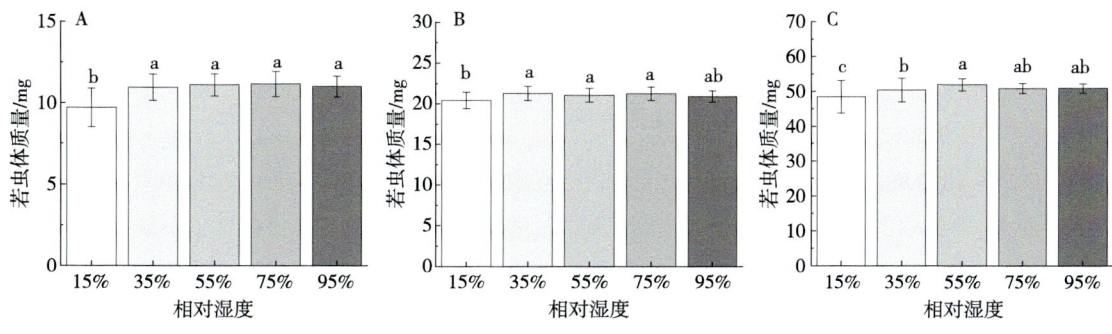

A—3龄若虫；B—4龄若虫；C—5龄若虫。

图2-18　不同湿度水平下红彩瑞猎蝽若虫体质量

### 6. 不同湿度对红彩瑞猎蝽成虫获得率

不同湿度处理之间，红彩瑞猎蝽的成虫获得率具有显著差异（$F_{4,15}=22.793$，$P<0.001$）（图2-19）。当相对湿度为55%、75%、95%时，3组的成虫获得率均显著高于相对湿度15%和35%处理。在相对湿度为55%与75%时，成虫的获得率最高，分别为（85.00±6.38）%和（85.00±3.33）%；相对湿度为15%时，红彩瑞猎蝽成虫获得率最低，为（55.00±6.38）%，说明较低的相对湿度会显著降低成虫获得率。

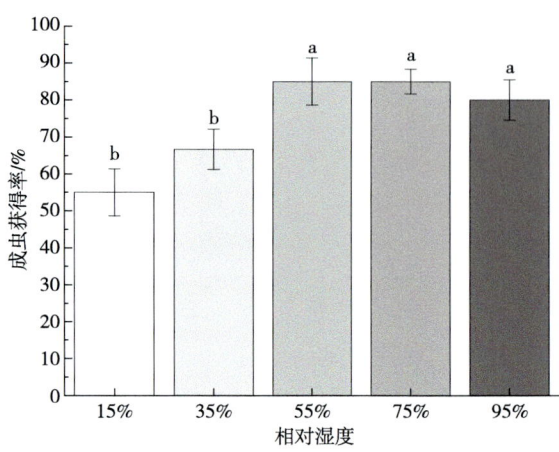

图2-19 不同湿度水平下红彩瑞猎蝽成虫获得率

### 7. 不同湿度下对红彩瑞猎蝽成虫体质量和寿命的影响

不同湿度处理对红彩瑞猎蝽的成虫体质量具有显著性影响（图2-20）。在相对湿度75%处理下，雌成虫（$F_{4,106}=7.871$，$P<0.001$）和雄成虫（$F_{4,104}=5.018$，$P<0.001$）的体质量最大，分别为（60.87±2.77）mg、（58.54±2.81）mg；在相对湿度15%处理下，雌雄成虫的体质量最小，分别为（58.29±2.26）mg、（55.11±1.67）mg，且显著低于55%、75%、95%的处理。

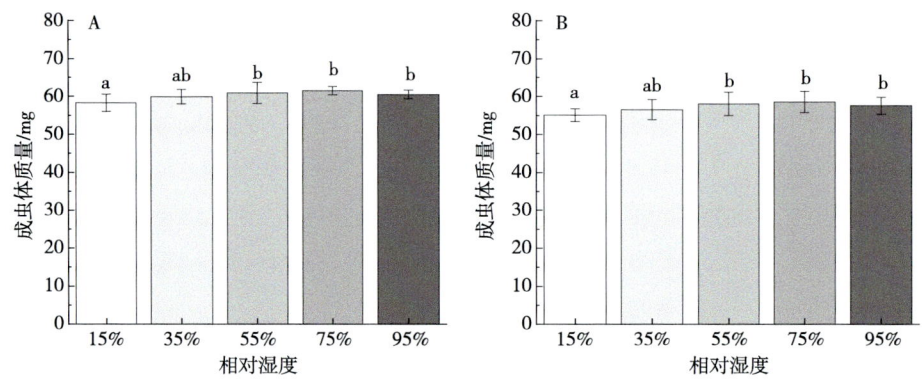

A—雌成虫；B—雄成虫。

图2-20 不同湿度水平下红彩瑞猎蝽成虫体质量

不同湿度处理对红彩瑞猎蝽的雌雄成虫寿命也具有显著性影响（图2-21）。雌成虫（$F_{4,106}=37.178$，$P<0.001$）在相对湿度为75%处理时寿命最长，为（50.85±2.49）d，雄成虫（$F_{4,103}=22.877$，$P<0.001$）在相对湿度为55%时寿命最长，为（42.67±2.63）d，雄成虫在相对湿度为55%与75%处理下寿命显著比其他处理长。在相对湿度15%处理下，雌雄成虫的寿命均最短，分别为（42.76±2.49）d和（37.80±2.81）d。在相对湿度低于35%和相对湿度为95%时，雌雄成虫的寿命均降低。

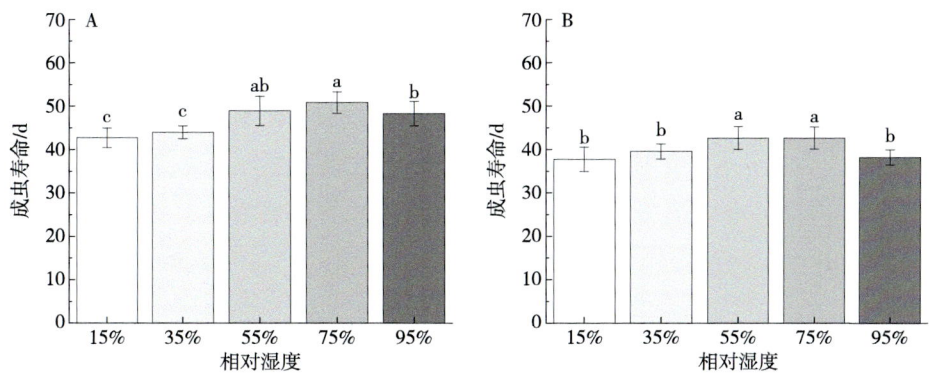

A—雌成虫；B—雄成虫。

图2-21 不同湿度水平下红彩瑞猎蝽成虫寿命

**8. 不同湿度对红彩瑞猎蝽捕食量的影响**

由图2-22可知，相对湿度对红彩瑞猎蝽4龄若虫及雌雄成虫的捕食量均无显著性影响，红彩瑞猎蝽4龄若虫和雌雄成虫均在相对湿度为95%时对斜纹夜蛾3龄幼虫捕食量最低，分别为（9.21±1.08）头、（11.62±1.25）头和（10.85±1.17）头；在相对湿度75%时对斜纹夜蛾3龄幼虫捕食量均最高，分别为（10.23±1.14）头、（11.86±1.27）头和（11.41±1.21）头。

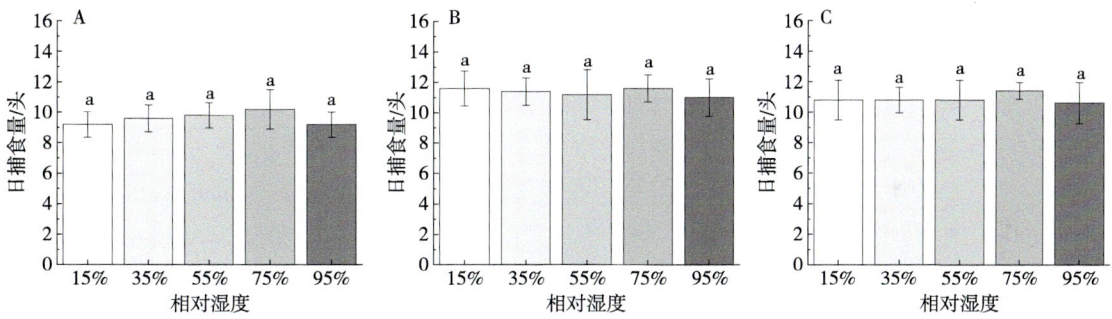

A—4龄若虫；B—雌成虫；C—雄成虫。

图2-22 不同湿度下红彩瑞猎蝽对斜纹夜蛾3龄幼虫的日平均捕食量

## （三）结论与讨论

对大部分昆虫来说，极端低湿和高湿条件均不利于昆虫生长发育和存活。本试验结果表明，在一定温度条件下，相对湿度对红彩瑞猎蝽各虫态的生长发育和存活率有显著影响。红彩瑞猎蝽生长发育最适相对湿度为55%~75%，此湿度范围有利于红彩瑞猎蝽卵发育和孵化，可缩短若虫生长发育历期，提高若虫和成虫的存活率。姚明勇研究表明，相对湿度70%条件下，叉角厉蝽 *Eocanthecona furcellata* 的雌雄成虫寿命最长，产卵前期最短，雌成虫产卵次数最多。王丽荣等发现刺兵蝽 *Podisus maculiventris* 在相对湿度80%~85%环境下更适宜生存。相对湿度为60%~80%时，草地螟 *Loxostege sticticalis* 存活率最高，生殖能力最强；拟澳洲赤眼蜂 *Trichogramma confusum* 在相对湿度为62%条件下，羽化出蜂率最高，单蜂产卵量最高；暗黑赤眼蜂*Trichogramma pintoi*在相对湿度25%～75%条件下对番茄潜叶蛾卵的寄生率随着湿度增大逐渐增大达到峰值；在27℃相同温度下，草地贪夜蛾*Spodoptera frugiperda*幼虫在湿度为70%时的成活率最高，且发育期更短，成虫产卵量较多。当相对湿度为75%时，斑翅果蝇*Drosophila suzukii*雌虫的飞行能力最强，相对湿度为58%时黑腹果蝇*D. melanogaster*雌雄成虫的总飞行距离均达到最大，飞行时间最长；烟蚜茧蜂*Aphidius gifuensis*成蜂在相对湿度为70%时寿命最长，后足胫节最长；青斑蝶*Tirumala limniace*卵和幼虫在相对湿度60%下最适宜生存。这表明红彩瑞猎蝽生长发育的最适湿度范围与大部分昆虫相似。在相对湿度为15%和95%条件下，红彩瑞猎蝽的卵孵化率显著降低，且发育历期显著延长。这可能是由于极端低湿下，卵发育所需要的水分不足，部分卵不能完成发育，极端高湿条件可能会引起卵粒感染细菌发霉造成胚胎死亡，最后使卵孵化率偏低。这个结果与相对湿度为10%的低湿和90%的高湿环境不利于益蝽*Picromerus lewisi*卵发育和孵化的结论相似，也与橄榄果实蝇*Bactrocera oleae*在相对湿度为12%条件下产卵量和卵孵化率偏低的结论相似。

在低湿环境条件下，红彩瑞猎蝽的若虫存活率降低、发育历期延长、成虫获得率较低，雌雄成虫的质量和寿命都低于其他处理。这可能是由于在过低湿度环境下，干燥胁迫会使昆虫体表水分蒸发更为激烈，虫体内不能形成足够的液压，红彩瑞猎蝽低龄若虫本身储备的营养水分无法保证其正常的生长代谢，若虫蜕皮难度增加，进一步使其代谢受到影响，甚至有个体会因为脱水变干而死亡。这与二点委夜蛾*Athetis lepigone* 1龄幼虫在相对湿度为10%的低湿环境下适应性最差，成虫不能完成交配和产卵，以及草地螟在温度30℃和湿度20%条件下幼虫和成虫存活率最低的研究结论相似。虽然低湿环境不利于大多数昆虫的生长发育和繁殖，但也有研究表明低湿利于刺吸式口器的蚜虫螨类的繁殖。而红彩瑞猎蝽在95%高湿环境下发育历期较长，存活率较低的原因可能是由于过高的湿度环境会滋生多种昆虫病原物，例如病毒和微孢子虫等，减缓昆虫的身体活动，最终可能使昆虫虫体化水。这与叉角厉蝽在90%的高湿度下若虫发育历期最短的研究结论有所不同，说明不同昆虫在不同发育阶段对湿度的要求是不同的。

温度对天敌昆虫捕食作用的影响较大，而不同湿度对天敌的捕食或寄生影响研究较少。陈乾锦研究表明，在一定的湿度范围内，湿度与侧沟茧蜂*Microplitis prodeniae*对斜纹夜蛾幼虫的寄生率、存活率、羽化率和成蜂寿命有正相关变化趋势。本节研究结果表明，随着相对湿度的升高，红彩瑞猎蝽对斜纹夜蛾幼虫的捕食量呈先增加后降低的趋势，但不同湿度处理间无显著差异。这说明影响红彩瑞猎蝽捕食行为的主要环境因素可能是温度，湿度对其行动力及感官的影响并不显著，不同温度和湿度组合对红彩瑞猎蝽捕食行为的影响，未来还需要进一步研究，以明确影响红彩瑞猎蝽捕食斜纹夜蛾的关键环境因子。

## 四、习性和行为

成虫：红彩瑞猎蝽成虫羽化后，可以作一定距离的飞翔迁移。觅食时通过不断舞动触角进行猎物的搜寻,发现猎物后,成虫捕食时喙向前伸,选择合适的位置把喙刺入虫体吸食猎物的体液,通常会用第1对和第2对足紧紧抓住猎物,第3对足跟随猎物的挣扎而移动;成虫羽化10 d后,开始进行交尾,交尾在白天和夜晚均可进行,交尾时间通常维持在5~12 h;交尾后48 h即可产卵,产卵时先产下1粒卵,然后再紧挨着第1粒卵继续产卵,初产卵粒淡黄色,渐变成暗红色,一个卵块常由25~65粒卵组成;每头雌成虫一生可以产2~4次卵,累计产卵量为52~256粒。

若虫:红彩瑞猎蝽初孵若虫具有群集性,活动力很强,1龄若虫必须捕食猎物后才能蜕皮,能捕食低龄斜纹夜蛾、烟青虫和烟蚜等害虫,蜕皮后开始分散独立活动,2龄若虫在饥饿条件下会出现互相残杀现象;在不供给食物的情况下,低龄若虫通常可以耐饥存活3~7 d。若虫的捕食量随着虫龄增大也明显增加,1龄若虫一天可以捕食1~2头若蚜,2龄若虫可以捕食2~5头若蚜或1~2头低龄斜纹夜蛾幼虫,5龄若虫一天可以捕食3~10头若蚜或2~6头低龄斜纹夜蛾幼虫。

## 五、捕食机制

红彩瑞猎蝽成虫和若虫是斜纹夜蛾[*Spodoptera litura*(Fab.)]、烟青虫[*Helicoverpa assulta*(Guenee)]和烟蚜[*Myzus persicae*(Sulzer)]等重要烟草害虫的天敌。红彩瑞猎蝽对斜纹夜蛾2龄幼虫的捕食功能反应为Holling Ⅱ型,其捕食作用不仅受到种内自身密度的影响,还受到空间异质性的影响。红彩瑞猎蝽的捕食量受温度的影响,在17~33℃内,红彩瑞猎蝽捕食量随着温度的上升而增大,捕食量与温度均为极显著相关。但是在33~39℃内,捕食量和捕食效能随温度升高而降低,红彩瑞猎蝽各虫态对斜纹夜蛾的捕食功能反应类型符合Holling Ⅱ型,随着猎物密度的增加,对猎物的搜寻效应逐渐减弱,个体间存在竞争和相互干扰作用。红彩瑞猎蝽对高温逆境有一定的耐受能力,其适宜生存的高温范围为33~36℃。

广东省烟草科学研究所通过室内连续观察,把红彩瑞猎蝽成虫的捕食行为分为:搜寻、取食、梳理、静息、展翅和排泄6个阶段。

捕食性动物的嗅觉通常与其许多行为包括捕食活动有密切关系。红彩瑞猎蝽在搜寻猎物的过程中,当进入猎物存在区域时,红彩瑞猎蝽触角上下摆动,然后,朝着猎物来源方向搜索前进。不同猎物不仅对红彩瑞猎蝽吸引力显著不同,而且在红彩瑞猎蝽搜寻猎物花费的时间上表现出显著的差异。红彩瑞猎蝽搜寻害虫所需时间长短顺序依次为烟蚜高龄若蚜>烟青虫3龄幼虫>斜纹夜蛾3龄幼虫,表明红彩瑞猎蝽对斜纹夜蛾3龄幼虫反应更加灵敏。红彩瑞猎蝽存在对猎物选择的偏好性,在对烟蚜若蚜、烟青虫3龄幼虫和斜纹夜蛾3龄幼虫3种猎物选择时,更显著地偏好斜纹夜蛾3龄幼虫。

当接近斜纹夜蛾幼虫时,红彩瑞猎蝽伸出口器,通过口器对斜纹夜蛾试探性接触,大多数红彩瑞猎蝽会迅速将口器刺入斜纹夜蛾幼虫体内立即吸食。红彩瑞猎蝽会连续就近取食猎物。

红彩瑞猎蝽捕食斜纹夜蛾幼虫时的各种行为时间及时间所占比例随捕食者和猎物龄期的不同而异。红彩瑞猎蝽捕食斜纹夜蛾幼虫时的第一次刺入时间和最长取食时间随捕食者和猎物龄期的不同而异。第一次刺入时间一定程度上反映出红彩瑞猎蝽的捕食能力强弱，第一次刺入时间短说明了捕食能力强。红彩瑞猎蝽龄期越大须补充的营养越多，取食量就越大。红彩瑞猎蝽捕食1～3龄斜纹夜蛾低龄幼虫时，随着红彩瑞猎蝽龄期的增加，捕食斜纹夜蛾的取食量有增加的趋势。

## 主要参考文献

常晓娜，高慧璟，陈法军，等，2008. 环境湿度和降雨对昆虫的影响[J]. 生态学杂志，177（4）：619-625.

陈法军，翟保平，张孝羲，2003. 棉铃虫蛹期土壤水分对其种群发生的影响[J]. 昆虫学报（1）：112-121.

陈乾锦，曾强，张玉珍，等，2004. 温湿度对斜纹夜蛾侧沟茧蜂的影响[J]. 烟草科技（10）：40-41，44.

陈珍珍，宋暖，郭亚楠，等，2013. 中华通草蛉自然越冬成虫在长、短光周期下滞育解除中体内相关酶活力变化[J]. 昆虫学报，56（9）：982-988.

陈祯，周成理，2020. 光周期和温度对虎斑蝶卵、幼虫及蛹存活的影响[J]. 环境昆虫学报，42（4）：938-943.

程予奇，谭琳，伍绍龙，等，2019. 温度和光周期对黑带食蚜蝇蛹及食蚜蝇姬蜂羽化的影响[J]. 贵州农业科学，47（4）：56-59，173.

邓海滨，吕永华，邱妙文，等，2014. 捕食性天敌红彩真猎蝽的生物学特性研究[J]. 中国烟草科学，35（2）：109-112.

邓海滨，吕永华，田明义，等，2015. 红彩真猎蝽对烟蚜的捕食功能反应及寻找效应[J]. 中国烟草学报，21（5）：74-78.

邓海滨，王珍，陈永明，等，2012. 红彩真猎蝽对斜纹夜蛾和烟青虫的捕食功能反应[J]. 广东农业科学（13）：107-109.

刁毅，李勇，郑毅，2010. 温湿度对胭脂虫生长的影响[J]. 安徽农业科学，38（15）：7884，7955.

杜军利，藏绮罗，武德功，等，2018. 光周期对玉米蚜生长发育及种群参数的影响[J]. 浙江农业学报，30（9）：1534-1540.

杜艳丽，郭洪梅，孙淑玲，等，2012. 温度对桃蛀螟生长发育和繁殖的影响[J]. 昆虫学报，55（5）：561-569.

段爱菊，王淑枝，王利霞，等，2019. 温湿度对铜绿丽金龟卵生长发育的影响[J]. 陕西农业科学，65（10）：71-74.

方容，宋春霞，黄令富，等，2019. 温度和湿度对八角黄瘿蚊生长发育的影响[J]. 安徽农业科学，47（16）：113-115.

方源松，廖怀建，钱秋，等，2013. 温湿度对稻纵卷叶螟卵的联合作用[J]. 昆虫学报，56（7）：786-791.

付开赟，李爱梅，丁新华，等，2023. 不同生态因子对暗黑赤眼蜂寄生番茄潜叶蛾卵的影响[J]. 中国生物防治学报，39（3）：507-513.

顾俊荣，杨代凤，邓金花，等，2012. 温湿度对拟澳洲赤眼蜂生长发育与生殖力的影响[J]. 江苏农业科学，40（4）：129-130.

郭义，肖俊健，李敦松，等，2021. 低温饲养对红彩瑞猎蝽生长发育的影响[C]//病虫防护与生物安全——中国植物保护学会2021年学术年会论文集. 宜昌：中国植物保护学会第十三次全国会员代表大会暨2021年学术年会.

何海敏，杨慧中，肖亮，等，2011. 温度和光周期对甜菜夜蛾发育历期和繁殖的影响[J]. 江西植保，34（3）：93-96.

侯国辉，2023. 温度和光周期对香梨优斑螟繁殖生物学特性的影响[D]. 阿拉尔：塔里木大学.

胡瑞瑞，张英军，梁军，等，2020. 温湿度对昆嵛山腮扁叶蜂的影响[J]. 林业科学研究，33（1）：107-112.

黄霞，2007. 广西猎蝽科昆虫分类研究[D]. 桂林：广西师范大学.

纪宇桐，薛传振，王孟卿，等，2022. 湿度对益蝽生长发育的影响[J]. 中国生物防治学报，38（4）：975-981.

蒋丰泽，郑灵燕，郭技星，等，2015. 温度对昆虫繁殖力的影响及其生理生化机制[J]. 环境昆虫学报，37（3）：653-663.

荆英，黄建，黄蓬英，2002. 湿度对小黑瓢虫生长发育及存活的影响[J]. 华东昆虫学报（2）：88-91.

孔维娜，王慧，李捷，等，2006. 温湿度对松墨天牛越冬幼虫寿命的影响[J]. 山西农业大学学报（自然科学版）（3）：294-295.

李贤，符悦冠，陈俊谕，等，2021. 温度及光周期对日本食蚧蚜小蜂发育与繁殖的影响[J]. 植物保护学报，48（4）：848-854.

李向永，谌爱东，尹艳琼，等，2015. 环境因子对烟粉虱子代发育历期的影响[J]. 环境昆虫学报，37（2）：242-249.

李小卫，杨增军，杨建利，2019. 气象条件对花椒蚜虫发生的影响分析[J]. 现代农业科技（21）：137-138.

李志强，邱燕萍，向旭，等，2009. 湿度对荔枝蒂蛀虫生长发育的影响初探[J]. 广东农业科学，226（1）：63-64.

李姿莹，杜钦祥，谢鹏飞，等，2021. 温度对蠋蝽*Arma chinensis*及其子代生物学特性的影响[J]. 中国植保导刊, 41（6）: 17-22.

刘莎, 高欢欢, 陈浩, 等, 2019. 温度和相对湿度对斑翅果蝇和黑腹果蝇飞行能力的影响[J]. 植物保护学报, 46（6）: 1284-1291.

罗礼智, 李光博, 1993. 温度对草地螟成虫产卵和寿命的影响[J]. 昆虫学报（4）: 459-464.

罗敏, 郭建英, 周忠实, 等, 2011. 短时低温胁迫对广聚萤叶甲发育和生殖的影响[J]. 昆虫学报, 54（1）: 76-82.

吕婷, 张如芳, 余丹, 等, 2021. 温湿度和光照强度对青斑蝶卵·幼虫及蛹存活率和发育历期的影响[J]. 安徽农业科学, 49（3）: 93-94, 99.

马继芳, 李立涛, 甘耀进, 等, 2014. 湿度对二点委夜蛾生长发育及繁殖的影响[J]. 中国植保导刊, 34（7）: 46-50.

孟佳, 黄建, 2021. 温度和光周期对小黑瓢虫滞育的调节作用[J]. 中国生物防治学报, 37（5）: 927-935.

邱军, 傅荣恕, 2004. 土壤温湿度对甲螨和跳虫数量的影响[J]. 山东师范大学学报（自然科学版）（4）: 72-74.

苏湘宁, 2016. 红彩真猎蝽捕食行为及其扩散能力研究[D]. 广州: 华南农业大学.

苏湘宁, 李传瑛, 黄少华, 等, 2019. 草地贪夜蛾人工饲料及饲养条件的优化[J]. 环境昆虫学报, 41（5）: 992-998.

孙鲁娟, 吴孔明, 郭予元, 2001. 不同温、湿度下白僵菌对棉铃虫幼虫的致病力[J]. 昆虫学报, 44（4）: 501-506.

唐继洪, 2017. 草地螟对温湿度变异的适应与反应[D]. 北京: 中国农业科学院.

王丽荣, 王秀华, 陈琳, 等, 1998. 天敌: 刺兵蝽在不同湿度条件下饲养研究[J]. 沈阳农业大学学报, 29（1）: 98-99.

王音, 雷仲仁, 问锦曾, 等, 2000. 温度对美洲斑潜蝇发育、取食、产卵和寿命的影响[J]. 植物保护学报（3）: 210-214.

王梓清, 王伯明, 胡小叶, 等, 2009. 温湿度对剑毛帕厉螨生长发育的影响[J]. 江西农业大学学报, 31（6）: 1039-1043.

吴珂珂, 顾钢, 赖荣泉, 等, 2022. 光周期和温湿度对烟蚜茧蜂寄生能力和繁殖的影响[J]. 昆虫学报, 65（11）: 1488-1497.

向玉勇, 刘同先, 张世泽, 2018. 温湿度、光照周期和寄主植物对小地老虎求偶及交配行为的影响[J]. 植物保护学报, 45（2）: 235-242.

徐金汉, 关雄, 黄志鹏, 等, 1999. 不同温湿度组合对甜菜夜蛾生长发育及繁殖力的影响[J]. 应用生态学报（3）: 80-82.

徐璐, 陈玲棚, 王真祯, 等, 2016. 温湿度的季节性变化对蜻蜓目昆虫数量和种类的影响[J]. 湖北农业科学, 55（3）: 643-646.

徐子英，路子云，杨小凡，等，2021. 温度和光周期对管侧沟茧蜂寄生草地贪夜蛾效果的影响[J]. 中国生物防治学报，37（6）：1133-1139.

许翔，李琳一，王冬生，等，2006. 温湿度对番茄刺皮瘿螨实验种群的影响[J]. 昆虫学报（5）：816-821.

姚明勇，2021. 叉角厉蝽生物学及捕食作用研究[D]. 贵阳：贵州大学.

姚明勇，周吕，王岚，等，2020. 光周期对叉角厉蝽生长发育及繁殖的影响[J]. 西南师范大学学报（自然科学版），45（3）：109-114.

游梓翊，刘平平，蒲小明，等，2023. 红彩瑞猎蝽对小地老虎捕食功能反应研究[J]. 天津农业科学，29（8）：49-55.

张鸿宇，张国磊，张雨晴，等，2023. 山茱萸蛀果蛾幼虫入土结茧习性及其影响因素研究[J]. 应用昆虫学报，60（6）：1804-1816.

张晓滢，彭之琦，陆永跃，等，2022. 不同温度条件下叉角厉蝽对草地贪夜蛾幼虫的捕食作用[J]. 环境昆虫学报，44（2）：273-280.

张孝羲，2002. 昆虫生态及预测预报[M]. 北京：中国农业出版社.

赵萍，袁继林，2011. 贵州真猎蝽亚科昆虫名录及区系分析[J]. 贵州农业科学，39（7）：99-102.

曾涛，游梓翊，夏长剑，等，2023. 高温胁迫对红彩瑞猎蝽存活率及捕食作用的影响[J]. 中国烟草科学，44（3）：53-61.

钟国洪，梁广文，莫蒙异，等，2001. 温湿度对斜纹夜蛾实验种群的影响[J]. 华南农业大学学报（3）：29-32.

周媛，汪海洋，王小平，2016. 光周期和温度对豇豆荚螟产卵节律的影响[J]. 华中昆虫研究，12（1）：209-212.

周忠实，陈泽鹏，邓海滨，等，2007. 不同干扰因素对斜纹猫蛛（*Oxyopes sertatus*）和红彩真猎蝽（*Harpactor fuscipes*）捕食作用的影响（英文）[J]. 生态学报，27（8）：3341-3347.

AMBROSE D P, 1986. Bioecology of *Rhinocoris fuscipes* Fabr.（Reduviidae）a potential predator on insect pests [J]. Uttar Pradesh J. Zool, 6（1）：36-39.

AMBROSE D P, CLAVER M A, 2010. Functional and numerical responses of the reduviid predator, *Rhynocoris fuscipes* F.（Het. Reduviidae）to cotton leafworm *Spodoptera litura* F.（Lep. Noctuidae）[J]. Journal of Applied Entomology, 121（1）：331-336.

BELOZEROV V N, FOURIE L J, KOK D J, 2002. Photoperiodic control of developmental diapause in nymphs of prostriate ixodid ticks（Acari：Ixodidae）[J]. Experimental & Applied Acarology, 28（1）：163-168.

BELYAKOVA N A, PAZYUK I M, OVCHINNIKOV A N, et al., 2016. The influence of temperature, photoperiod, and diet on development and reproduction in the four-spot lady beetle *Harmonia quadripunctata*（Pontoppidan）（Coleoptera, Coccinellidae）[J]. Entomological Review, 96（1）：1-11.

BROUFAS G D, PAPPAS M L, KOVEOS D S, 2009. Effect of relative humidity on longevity, ovarian maturation, and egg production in the olive fruit fly（Diptera：Tephritidae）[J]. Annals of the Entomological Society of America, 102（1）：70-75.

BROUFAS G D, PAPPAS M L, KOVEOS D S, 2009. Effect of relative humidity on longevity, ovarian maturation, and egg production in the olive fruit fly（Diptera：Tephritidae）[J]. Annals of the Entomological Society of America, 102（1）：70-75.

CHANTHY P, MARTIN R J, GUNNING R V, et al., 2015. Influence of temperature and humidity regimes on the developmental stages of green vegetable bug, '*Nezara viridula*'（L.）（Hemiptera：Pentatomidae）from inland and coastal populations in Australia[J]. General and Applied Entomology：The Journal of the Entomological Society of New South Wales, 43：37-55.

EMANA G D, 2007. Comparative studies of the influence of relative humidity and temperature on the longevity and fecundity of the parasitoid, Cotesia flavipes[J]. Journal of Insect Science, 7：1-7.

FABIO H N, MADOKA N, YASUHISA K, 2005. Effects of temperature and photoperiod on the development and reproduction of *Adoxophyes honmai*（Lepidoptera：Tortricidae）[J]. Appl. Entomol. Zool, 40（2）：231-238.

ISMAEL S R, FERNANDO A A, PEDRO C, 2007. Effects of relative humidity on development, fecundity and survival of three storage mites[J]. Experimental and Applied Acarology, 41：87-100.

POTTER D A, 1983. Effect of soil moisture on oviposition, water absorption, and survival of Southern Masked Chafer（Coleoptera：Scarabaeidae）eggs[J]. J Environmental Entomology, 12（4）：1223-1227.

RESNIK S Y, VAGHINA N P, 2011. Photoperiodic control of development and reproduction in *Harmonia axyridis*（Coleoptera：Coccinellidae）[J]. European journal of entomology, 108（3）：385-390.

SHANKER C, 2018. Biology, predatory potential and functional response of *Rhynocoris fuscipes*（Fabricius）（Hemiptera：Reduviidae）on rice brown planthopper, *Nilaparvata lugens*（Stål.）（Homoptera：Delphacidae）[J]. J. Exp. Zool. India, 21（1）：259-263.

TAKEUCHI I, SHIMAMURA Y, KAKAMI Y, et al., 2019. Transdermal delivery of 40-nm silk fibroin nanoparticles[J]. Colloids and Surfaces B-Biointerfaces, 175：564-568.

# 第三章

## 红彩瑞猎蝽对害虫的捕食作用

在烟田病虫害调查中发现，红彩瑞猎蝽在烟田自然种群数量尤其多，是烟田优势天敌种群，通过观察，发现红彩瑞猎蝽能捕食烟草上的烟蚜、烟青虫和斜纹夜蛾等害虫。为了充分挖掘该天敌的控害潜能，评价了红彩瑞猎蝽对斜纹夜蛾、烟青虫、烟蚜、小地老虎、草地贪夜蛾、番茄潜叶蛾、菜青虫和小菜蛾等害虫的捕食功能反应等捕食能力，以期为红彩瑞猎蝽的保护利用提供科学理论。

### 第一节 红彩瑞猎蝽对烟田害虫的捕食能力研究

#### 一、红彩瑞猎蝽对斜纹夜蛾幼虫捕食行为及室内扩散能力的研究

捕食性天敌的捕食行为和扩散能力是决定其捕食效果的主要因子之一，可直接影响它们的控制效应。捕食性天敌捕食行为和扩散能力的研究是评价天敌的基础，是开展生物防治的依据。在以前对天敌捕食行为和扩散能力的研究对象主要是瓢虫，然而，有关红彩瑞猎蝽对斜纹夜蛾捕食行为和室内扩散能力的研究国内外未见相关文献。为了充分利用红彩瑞猎蝽对烟草害虫进行有效的控制，本试验以红彩瑞猎蝽成虫及1～5龄若虫为对象，研究其对各龄期斜纹夜蛾的捕食行为和扩散能力。

##### （一）材料与方法

###### 1. 供试材料

红彩瑞猎蝽于2014年采自广东省烟草南雄科学研究所试验烟田，室内用斜纹夜蛾2龄幼虫在$(27 \pm 1)$℃，相对湿度为$(60 \pm 15)$%，光照L∶D=16 h∶8 h的条件下饲养，并扩繁约6代后用于试验。斜纹夜蛾采自广东省烟草南雄科学研究所试验烟田，在网室烟草上饲养至少2代作为试验种群。供试红彩瑞猎蝽成虫为羽化8 h内的健康虫，若虫为蜕皮8 h内的健康虫。

**2. 试验方法**

（1）红彩瑞猎蝽捕食斜纹夜蛾幼虫的各行为阶段时间分配：试验方法参考姚松林等方法并略加改进。培养皿直径5 cm，高1 cm，在培养皿内放入新鲜烟草嫩叶片（$\phi$ =2 cm），并在叶片上接入大小一致的斜纹夜蛾1~5龄幼虫，供试1~2龄幼虫的数量为10头，3~4龄幼虫为5头，5龄幼虫为3头，所有试验在（25±1）℃、相对湿度（60±15）%、光线均匀、相对封闭的室内完成。在培养皿内（$\phi$ =5 cm）接入饥饿24 h的红彩瑞猎蝽成虫或1~5龄若虫1头，目测观察并记录60 min内红彩瑞猎蝽爬行、取食、休息、清洁时间。每头红彩瑞猎蝽猎蝽仅实验1次，每个处理10头虫，重复3次。

（2）红彩瑞猎蝽捕食斜纹夜蛾幼虫时的第一次刺入斜纹夜蛾时间和最长取食时间：试验方法同上，不同的是记录60 min内红彩瑞猎蝽第一次刺入斜纹夜蛾的时间，即从红彩瑞猎蝽接入培养皿到第一次刺入斜纹夜蛾体内所需的时间；记录红彩瑞猎蝽在多次取食中最长的取食时间。

（3）红彩瑞猎蝽捕食斜纹夜蛾幼虫的刺探次数：试验方法同上，不同的是记录60 min内红彩瑞猎蝽刺探猎物的次数，即口器试探猎物但没有取食猎物的次数。

（4）红彩瑞猎蝽捕食斜纹夜蛾幼虫的取食量：试验方法同上，不同的是记录60 min内红彩瑞猎蝽取食斜纹夜蛾的头数。

（5）红彩瑞猎蝽室内水平爬行能力测定：室内扩散能力试验采用自制仪器装置。水平扩散试验装置直径1 m、高2 cm透明塑料圆筒，圆筒顶部放一张透明塑料板，并将1 m长的红色细线粘在上部塑料板正中央一个点，圆筒底部放置画有正方形（5 cm×5 cm）格子的纸，方格纸粘在透明玻璃柜子上，透明柜子下面用日光灯向上打光，周围环境保持黑暗。将1头1~5龄红彩瑞猎蝽若虫或成虫轻轻垂直放入粘细线点下面的圆筒中部，用细线代表若虫爬行轨迹，拐点处用透明胶粘在塑料板上，观察记录包括10 min内红彩瑞猎蝽爬行的总距离、10 min内的爬行时间和休息时间、红彩瑞猎蝽爬行1 m、红彩瑞猎蝽爬行3 m所需要的时间、轨迹。每个处理10头，重复3次。计算各龄期红彩瑞猎蝽水平爬行速度。

（6）红彩瑞猎蝽室内垂直攀爬能力测定：垂直攀爬试验装置采用直径5 cm、高50 cm透明圆纸筒。将1头红彩瑞猎蝽1~5龄若虫或成虫轻轻放入透明圆纸筒底部，如果红彩瑞猎蝽爬到圆筒顶部，立即将圆筒倒转。每个龄期红彩瑞猎蝽的每个处理10头，重复3次。观察30 min内红彩瑞猎蝽爬行情况，观察记录包括红彩瑞猎蝽垂直攀爬的总高度、攀爬时间和休息时间、红彩瑞猎蝽爬完50 cm所需时间。每个处理10头，重复3次。计算各龄期红彩瑞猎蝽垂直攀爬速度。

**3. 数据处理**

红彩瑞猎蝽对猎物的捕食行为及扩散能力所有数据采用SPSS 11.5软件统计分析。差异显著性比较采用one-way ANOVA法和LSD法，$P \leq 0.05$和0.01分别表示显著和极显著差异。

## （二）结果与分析

### 1. 红彩瑞猎蝽捕食斜纹夜蛾幼虫的各行为阶段时间分配

（1）红彩瑞猎蝽捕食斜纹夜蛾1龄幼虫的各行为阶段时间分配：在红彩瑞猎蝽捕食斜纹夜蛾1龄幼虫的行为试验中，由表3-1可以看出，红彩瑞猎蝽各行为所占的时间依次为取食时间>爬行时间>休息时间>清洁时间。红彩瑞猎蝽1龄若虫的爬行时间最短，为8.30 min。红彩瑞猎蝽1龄若虫、5龄若虫和成虫的爬行时间三者间有显著差异（$df=6$，$F=4.463$，$P_{1龄,雌成虫}=0.002$；$P_{1龄,雄成虫}=0.004$；$P_{5龄,雌成虫}=0.019$；$P_{5龄,雄成虫}=0.033$）。红彩瑞猎蝽3龄若虫取食时间最短，为39.03 min，红彩瑞猎蝽4龄若虫和5龄若虫取食时间最长，为45.32～45.51 min，占总观测时间的75.53%～75.85%。红彩瑞猎蝽4龄若虫和5龄若虫的休息时间最短，分别为4.19 min和4.94 min，两者没有差异（$df=6$，$F=7.135$，$P_{4龄,5龄}=0.353$）。在所有行为中，清洁时间为0.13～0.76 min，占总观测时间的0.22%～1.27%，在各行为时间中所占比例最少。

表3-1 不同龄期的红彩瑞猎蝽捕食斜纹夜蛾1龄幼虫的行为时间

| 红彩瑞猎蝽龄期 | 行为时间/min | | | |
| --- | --- | --- | --- | --- |
| | 爬行 | 取食 | 休息 | 清洁 |
| 1龄若虫 | 8.30 ± 0.30b | 43.66 ± 1.04abc | 7.49 ± 0.48a | 0.56 ± 0.30ab |
| 2龄若虫 | 10.44 ± 1.28ab | 41.34 ± 2.18cd | 7.68 ± 0.91a | 0.60 ± 0.12ab |
| 3龄若虫 | 12.08 ± 0.79a | 39.03 ± 0.99d | 8.13 ± 0.31a | 0.76 ± 0.12a |
| 4龄若虫 | 9.98 ± 0.38ab | 45.51 ± 0.88a | 4.19 ± 0.87b | 0.32 ± 0.15ab |
| 5龄若虫 | 9.26 ± 0.37b | 45.32 ± 0.57ab | 4.94 ± 0.28b | 0.51 ± 0.21ab |
| 雌成虫 | 11.74 ± 0.28a | 41.78 ± 0.33bcd | 6.34 ± 0.09ab | 0.13 ± 0.04b |
| 雄成虫 | 11.46 ± 0.56a | 41.35 ± 0.84cd | 7.05 ± 0.39a | 0.14 ± 0.02b |

注：表中数据为平均数±标准误；同一列数据后面相同字母表示在0.05水平上差异不显著（DMRT法）；下同。

（2）红彩瑞猎蝽捕食斜纹夜蛾2龄幼虫的各行为阶段时间分配：由表3-2可知，在各龄期红彩瑞猎蝽捕食斜纹夜蛾2龄幼虫行为试验中，红彩瑞猎蝽5龄若虫和雌雄成虫爬行时间最少，且差异不显著（$df=6$，$F=23.073$，$P_{5龄,雌成虫}=0.959$；$P_{5龄,雄成虫}=0.162$；$P_{雌成虫,雄成虫}=0.148$），分别为5.01 min、4.97 min和6.16 min，3龄若虫爬行时间最长，为11.45 min。5龄若虫取食时间最长，为52.49 min，3龄若虫取食时间最短，为40.04 min。红彩瑞猎蝽5龄若虫休息时间最短，为2.00 min，红彩瑞猎蝽3龄若虫休息时间最长为8.08 min。红彩瑞猎蝽1～5龄若虫清洁时间的差异性不显著（$df=6$，$F=13.338$，$P_{1～5龄}=0.203$），雌成虫和雄成虫差异性不显著（$df=6$，$F=13.338$，$P_{1～5龄}=0.120$）。成虫的清洁时间比若虫多。

表3-2 不同龄期的红彩瑞猎蝽捕食斜纹夜蛾2龄幼虫的行为时间

| 红彩瑞猎蝽龄期 | 行为时间/min | | | |
|---|---|---|---|---|
| | 爬行 | 取食 | 休息 | 清洁 |
| 1龄若虫 | 9.45 ± 0.90b | 45.80 ± 0.63de | 4.68 ± 0.34bc | 0.07 ± 0.03b |
| 2龄若虫 | 10.47 ± 0.66ab | 44.75 ± 0.23e | 4.31 ± 0.46cd | 0.45 ± |
| 3龄若虫 | 11.45 ± 0.65a | 40.04 ± 0.65f | 8.08 ± 0.24a | 0.33 ± 0.13b |
| 4龄若虫 | 7.46 ± 0.59c | 46.79 ± 0.78cd | 5.44 ± 0.19b | 0.31 ± 0.01b |
| 5龄若虫 | 5.01 ± 0.12d | 52.49 ± 0.23a | 2.00 ± 0.32e | 0.29 ± 0.04b |
| 雌成虫 | 4.97 ± 0.20d | 49.80 ± 0.59b | 3.40 ± 0.37d | 1.84 ± 0.42a |
| 雄成虫 | 6.16 ± 0.23cd | 47.93 ± 0.55c | 4.50 ± 0.28bc | 1.41 ± 0.19a |

（3）红彩瑞猎蝽捕食斜纹夜蛾3龄幼虫的各行为阶段时间分配：在红彩瑞猎蝽捕食斜纹夜蛾3龄幼虫的试验中未发现红彩瑞猎蝽1龄若虫成功取食斜纹夜蛾3龄幼虫的行为。由表3-3可知，随着红彩瑞猎蝽若虫龄期的增加，爬行时间减少。红彩瑞猎蝽2～5龄若虫爬行时间差异显著，雌成虫和雄成虫爬行时间差异不显著（$df=5$，$F=44.370$，$P_{雌,雄}=0.396$）。红彩瑞猎蝽5龄若虫的取食时间最长，为52.78 min，红彩瑞猎蝽成虫取食时间少于5龄若虫，3龄若虫的取食时间最短，为46.37 min，红彩瑞猎蝽2龄若虫与4龄若虫的取食时间差异不显著（$df=5$，$F=34.859$，$P_{2龄,4龄}=0.939$）。红彩瑞猎蝽2龄若虫休息时间最短为1.98 min，红彩瑞猎蝽3龄若虫休息时间最长为5.46 min。随着红彩瑞猎蝽龄期的增加，其清洁时间有增多趋势。红彩瑞猎蝽2龄若虫和3龄若虫清洁时间差异性不显著（$df=5$，$F=6.760$，$P=0.588$）。红彩瑞猎蝽4龄若虫、5龄若虫、雌成虫和雄成虫的清洁时间差异不显著（$df=5$，$F=6.760$，$P=0.402$）。

表3-3 不同龄期的红彩瑞猎蝽捕食斜纹夜蛾3龄幼虫的行为时间

| 红彩瑞猎蝽龄期 | 行为时间/min | | | |
|---|---|---|---|---|
| | 爬行 | 取食 | 休息 | 清洁 |
| 2龄若虫 | 10.25 ± 0.37a | 47.66 ± 0.22d | 1.98 ± 0.20e | 0.08 ± 0.00b |
| 3龄若虫 | 7.97 ± 0.55b | 46.37 ± 0.57e | 5.46 ± 0.28a | 0.20 ± 0.08b |
| 4龄若虫 | 6.50 ± 0.28c | 47.70 ± 0.22d | 4.96 ± 0.34ab | 0.79 ± 0.28a |
| 5龄若虫 | 3.44 ± 0.33e | 52.78 ± 0.53a | 2.99 ± 0.24de | 0.79 ± 0.06a |
| 雌成虫 | 4.78 ± 0.25d | 50.75 ± 0.33b | 3.58 ± 0.57cd | 0.90 ± 0.05a |
| 雄成虫 | 5.24 ± 0.36d | 49.51 ± 0.38c | 4.27 ± 0.29bc | 0.99 ± 0.19a |

（4）红彩瑞猎蝽捕食斜纹夜蛾4龄幼虫的各行为阶段时间分配：在红彩瑞猎蝽捕食

斜纹夜蛾4龄幼虫的试验中未发现红彩瑞猎蝽1龄若虫和红彩瑞猎蝽2龄若虫成功取食斜纹夜蛾4龄幼虫的行为。由表3-4可知，红彩瑞猎蝽若虫的爬行时间随若虫龄期的增大而减少，红彩瑞猎蝽3龄若虫爬行时间最长，为13.92 min，占总行为时间的23.20%，雌雄成虫爬行时间较短，分别为3.10 min和3.46 min，红彩瑞猎蝽5龄若虫、雌成虫和雄成虫的爬行时间差异不显著（$df=4$，$F=41.399$，$P=0.125$）。红彩瑞猎蝽的爬行时间随其龄期的增大而增加。红彩瑞猎蝽4龄若虫、5龄若虫、雌成虫和雄成虫的取食时间差异不显著（$df=4$，$F=58.829$，$P=0.062$）。红彩瑞猎蝽3龄若虫的休息时间最长，为9.99 min，红彩瑞猎蝽4龄若虫休息时间最短，为2.77 min。红彩瑞猎蝽3龄若虫的清洁时间最短，为0.09 min，红彩瑞猎蝽雌雄成虫的清洁时间较长，分别为0.82 min和0.94 min。

表3-4 不同龄期的红彩瑞猎蝽捕食斜纹夜蛾4龄幼虫的行为时间

| 红彩瑞猎蝽龄期 | 行为时间/min | | | |
| --- | --- | --- | --- | --- |
| | 爬行 | 取食 | 休息 | 清洁 |
| 3龄若虫 | 13.92 ± 1.01a | 36.00 ± 0.96b | 9.99 ± 0.11a | 0.09 ± 0.02c |
| 4龄若虫 | 7.29 ± 1.06b | 49.45 ± 1.56a | 2.77 ± 0.68c | 0.50 ± 0.10b |
| 5龄若虫 | 4.81 ± 0.27c | 50.15 ± 0.29a | 4.41 ± 0.17b | 0.62 ± 0.16ab |
| 雌成虫 | 3.10 ± 0.30c | 52.23 ± 0.59a | 3.85 ± 0.31bc | 0.82 ± 0.02ab |
| 雄成虫 | 3.46 ± 0.27c | 51.50 ± 0.24a | 4.10 ± 0.07b | 0.94 ± 0.13a |

**2. 红彩瑞猎蝽捕食斜纹夜蛾的第一次刺入时间和最长取食时间**

由表3-5可以看出，红彩瑞猎蝽成虫和1～5龄若虫捕食斜纹夜蛾1龄幼虫的第一次刺入时间没有规律性，其中红彩瑞猎蝽3龄若虫的第一次刺入时间最长，为11.33 min，红彩瑞猎蝽1龄若虫的第一次刺入时间最短，为6.80 min。红彩瑞猎蝽成虫和1～5龄若虫捕食斜纹夜蛾2～4龄幼虫时，随着红彩瑞猎蝽龄期的增加，其第一次刺入时间逐渐减少。在红彩瑞猎蝽捕食斜纹夜蛾2龄幼虫中，红彩瑞猎蝽2龄若虫和3龄若虫的第一次刺入时间差异不显著（$df=6$，$F=42.505$，$P=0.448$），红彩瑞猎蝽5龄若虫、雌成虫和雄成虫第一次刺入时间差异性不显著（$df=6$，$F=42.505$，$P=0.650$）；在红彩瑞猎蝽捕食斜纹夜蛾3龄幼虫中，红彩瑞猎蝽5龄若虫、雌成虫和雄成虫第一次刺入时间差异性不显著（$df=5$，$F=9.12$，$P=0.454$）；在红彩瑞猎蝽捕食斜纹夜蛾4龄幼虫中，红彩瑞猎蝽4龄若虫和5龄若虫第一次刺入时间差异不显著（$df=4$，$F=18.474$，$P=0.123$），5龄若虫、雌成虫和雄成虫第一次刺入时间差异不显著（$df=4$，$F=18.474$，$P=0.209$）。

由表3-6可知，红彩瑞猎蝽成虫和1～5龄若虫捕食斜纹夜蛾1～3龄幼虫的最长取食时间，随着红彩瑞猎蝽龄期的增加，其最长时间逐渐减少；红彩瑞猎蝽成虫和1～5龄若虫捕食斜纹夜蛾4龄幼虫的最长取食时间，随着红彩瑞猎蝽龄期的增加，其最长时间逐渐增加。在红彩瑞猎蝽捕食斜纹夜蛾1龄幼虫中，红彩瑞猎蝽4龄若虫和5龄若虫最长取食时间差异不显著，雌成虫和雄成虫的最长取食时间差异不显著；在红彩瑞猎蝽捕食斜纹夜蛾4龄幼虫中，红彩瑞猎蝽3龄若虫最长取食时间最短，为36.00 min，红彩瑞猎蝽4龄若虫、5龄若虫、雌成虫和雄成虫的最长取食时间差异不显著（$df=4$，$F=57.708$，$P=0.064$）。

表3-5 不同龄期红彩瑞猎蝽捕食斜纹夜蛾时的第一次刺入时间

| 红彩瑞猎蝽龄期 | 第一次刺入时间/min | | | |
| --- | --- | --- | --- | --- |
| | 斜纹夜蛾1龄幼虫 | 斜纹夜蛾2龄幼虫 | 斜纹夜蛾3龄幼虫 | 斜纹夜蛾4龄幼虫 |
| 1龄若虫 | 6.80 ± 0.42b | 13.52 ± 0.85a | — | — |
| 2龄若虫 | 10.79 ± 0.86a | 9.79 ± 0.80b | 11.26 ± 0.10a | — |
| 3龄若虫 | 11.33 ± 0.76a | 9.03 ± 1.25b | 7.74 ± 0.31b | 12.40 ± 1.27a |
| 4龄若虫 | 6.83 ± 1.17b | 4.92 ± 0.19c | 5.66 ± 0.25c | 7.39 ± 0.64b |
| 5龄若虫 | 6.94 ± 0.54b | 2.44 ± 0.27d | 3.73 ± 0.39d | 5.40 ± 0.97bc |
| 雌成虫 | 9.08 ± 1.21ab | 2.61 ± 0.40d | 3.69 ± 0.28d | 3.74 ± 0.44c |
| 雄成虫 | 9.93 ± 0.50a | 2.14 ± 0.31d | 3.49 ± 0.10d | 3.79 ± 0.59c |

表3-6 不同龄期红彩瑞猎蝽捕食斜纹夜蛾时的最长取食时间

| 红彩瑞猎蝽龄期 | 最长取食时间/min | | | |
| --- | --- | --- | --- | --- |
| | 斜纹夜蛾1龄幼虫 | 斜纹夜蛾2龄幼虫 | 斜纹夜蛾3龄幼虫 | 斜纹夜蛾4龄幼虫 |
| 1龄若虫 | 43.66 ± 1.04a | 45.80 ± 0.63a | — | — |
| 2龄若虫 | 30.93 ± 1.16b | 44.75 ± 0.23a | 47.66 ± 0.22a | — |
| 3龄若虫 | 22.82 ± 0.69c | 40.04 ± 0.65b | 46.37 ± 0.57a | 36.00 ± 0.96b |
| 4龄若虫 | 18.78 ± 0.63d | 26.01 ± 0.92c | 42.22 ± 2.08b | 49.45 ± 1.56a |
| 5龄若虫 | 17.35 ± 0.74d | 24.89 ± 1.17cd | 32.66 ± 1.07c | 50.15 ± 0.29a |
| 雌成虫 | 12.81 ± 0.01e | 25.59 ± 0.64cd | 29.68 ± 0.36cd | 52.23 ± 0.59a |
| 雄成虫 | 13.01 ± 0.41e | 23.05 ± 1.21d | 28.71 ± 0.43d | 51.33 ± 0.33a |

**3. 红彩瑞猎蝽取食斜纹夜蛾的刺探次数**

由表3-7可知，在红彩瑞猎蝽成虫和1～5龄若虫捕食斜纹夜蛾1龄幼虫中，刺探次数均差异不显著（$df=6$，$F=0.833$，$P=0.256$）；在红彩瑞猎蝽成虫和1～5龄若虫捕食斜纹夜蛾2龄幼虫中，红彩瑞猎蝽1龄若虫刺探次数最多，为1.30次，红彩瑞猎蝽2～5龄若虫及成虫刺探次数均差异不显著（$df=6$，$F=4.136$，$P=0.095$）；在红彩瑞猎蝽成虫和1～5龄若虫捕食斜纹夜蛾3龄幼虫中，红彩瑞猎蝽2龄若虫刺探次数最多，为1.20次，红彩瑞猎蝽2龄若虫和3龄若虫刺探次数差异不显著（$df=5$，$F=9.120$，$P=0.454$），红彩瑞猎蝽4龄若虫、5

龄若虫、雌成虫和雄成虫差异不显著（$df=5$，$F=9.120$，$P=0.486$）；在红彩瑞猎蝽成虫和1~5龄若虫捕食斜纹夜蛾4龄幼虫中，红彩瑞猎蝽3龄若虫刺探次数最多，为1.87次，红彩瑞猎蝽5龄若虫、雌成虫和雄成虫差异不显著（$df=4$，$F=52.9$，$P=0.644$）。

表3-7 不同龄期红彩瑞猎蝽捕食斜纹夜蛾时的刺探次数

| 红彩瑞猎蝽龄期 | 刺探次数/次 | | | |
| --- | --- | --- | --- | --- |
| | 斜纹夜蛾1龄幼虫 | 斜纹夜蛾2龄幼虫 | 斜纹夜蛾3龄幼虫 | 斜纹夜蛾4龄幼虫 |
| 1龄若虫 | 1.03 ± 0.03a | 1.30 ± 0.17a | — | — |
| 2龄若虫 | 1.03 ± 0.03a | 1.17 ± 0.21ab | 1.20 ± 0.06a | — |
| 3龄若虫 | 1.00 ± 0.00a | 1.00 ± 0.00b | 1.17 ± 0.03a | 1.87 ± 0.07a |
| 4龄若虫 | 1.00 ± 0.00a | 1.00 ± 0.00b | 1.03 ± 0.03b | 1.33 ± 0.03b |
| 5龄若虫 | 1.00 ± 0.00a | 1.00 ± 0.00b | 1.00 ± 0.00b | 1.07 ± 0.03c |
| 雌成虫 | 1.00 ± 0.00a | 1.00 ± 0.00b | 1.00 ± 0.00b | 1.07 ± 0.06c |
| 雄成虫 | 1.00 ± 0.00a | 1.00 ± 0.00b | 1.00 ± 0.00b | 1.10 ± 0.06c |

**4. 红彩瑞猎蝽捕食斜纹夜蛾的取食量**

由表3-8可知，在红彩瑞猎蝽成虫和1~5龄若虫捕食斜纹夜蛾1~3龄幼虫中，随着红彩瑞猎蝽龄期的增加，其取食量有增加的趋势；在红彩瑞猎蝽成虫和1~5龄若虫捕食斜纹夜蛾4龄幼虫中，红彩瑞猎蝽均只取食1头。在红彩瑞猎蝽捕食斜纹夜蛾1龄幼虫中，2龄若虫和3龄若虫的取食头数为1.93头，取食量差异不显著，雌成虫和雄成虫的取食量差异不显著；在红彩瑞猎蝽捕食斜纹夜蛾2龄幼虫中，红彩瑞猎蝽1~3龄若虫取食头数均为1头，雌成虫和雄成虫的取食量差异不显著（$df=6$，$F=297.961$，$P=0.091$）；在红彩瑞猎蝽捕食3龄斜纹夜蛾幼虫中，红彩瑞猎蝽2~3龄若虫的取食头数均为1头，雌成虫和雄成虫取食头数差异不显著（$df=5$，$F=84.533$，$P=0.712$）。

表3-8 不同龄期红彩瑞猎蝽捕食斜纹夜蛾时的取食量

| 红彩瑞猎蝽龄期 | 取食量/头 | | | |
| --- | --- | --- | --- | --- |
| | 斜纹夜蛾1龄幼虫 | 斜纹夜蛾2龄幼虫 | 斜纹夜蛾3龄幼虫 | 斜纹夜蛾4龄幼虫 |
| 1龄若虫 | 1.00 ± 0.00e | 1.00 ± 0.00d | — | — |
| 2龄若虫 | 1.93 ± 0.07d | 1.00 ± 0.00d | 1.00 ± 0.00d | — |
| 3龄若虫 | 1.93 ± 0.07d | 1.00 ± 0.00d | 1.00 ± 0.00d | 1.00 ± 0.00a |
| 4龄若虫 | 3.30 ± 0.06c | 2.07 ± 0.03c | 1.37 ± 0.13c | 1.00 ± 0.00a |
| 5龄若虫 | 3.77 ± 0.07b | 2.60 ± 0.10b | 1.93 ± 0.03b | 1.00 ± 0.00a |
| 雌成虫 | 4.17 ± 0.12a | 2.93 ± 0.07a | 2.23 ± 0.07a | 1.00 ± 0.00a |
| 雄成虫 | 4.03 ± 0.03a | 2.80 ± 0.06a | 2.20 ± 0.00a | 1.00 ± 0.00a |

## 5. 红彩瑞猎蝽水平爬行试验

（1）红彩瑞猎蝽水平爬行距离：红彩瑞猎蝽水平爬行距离随其龄期的增加而增加。红彩瑞猎蝽成虫水平爬行距离显著高于各龄期红彩瑞猎蝽若虫。红彩瑞猎蝽雄成虫和雌成虫水平爬行距离分别为416.65 cm和421.58 cm，差异不显著（$n=3$，$P=0.765$），红彩瑞猎蝽1~5龄若虫的水平爬行距离分别为103.54 cm、125.62 cm、164.41 cm、211.52 cm和294.68 cm。红彩瑞猎蝽1龄若虫和2龄若虫水平爬行距离差异不显著（$n=3$，$P=0.194$）（图3-1）。

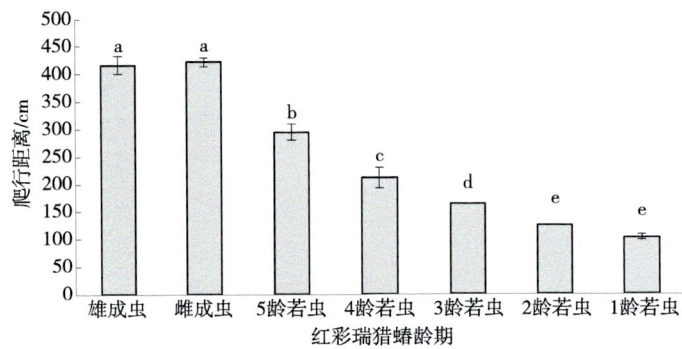

**图3-1　红彩瑞猎蝽水平爬行距离**

注：柱上有相同小写英文字母表示在0.05水平差异不显著，下同。

（2）红彩瑞猎蝽水平爬行时间：红彩瑞猎蝽雌雄成虫的爬行时间相同，为4.53 min，红彩瑞猎蝽1~5龄若虫的爬行时间分别为3.61 min、3.65 min、3.90 min、4.11 min和4.32 min。红彩瑞猎蝽成虫与4龄若虫和5龄若虫爬行时间差异不显著（$n=3$，$P=0.069$），红彩瑞猎蝽3~5龄若虫爬行时间差异不显著（$n=3$，$P=0.062$），红彩瑞猎蝽1~3龄若虫爬行时间差异不显著（$n=3$，$P=0.192$）（图3-2）。

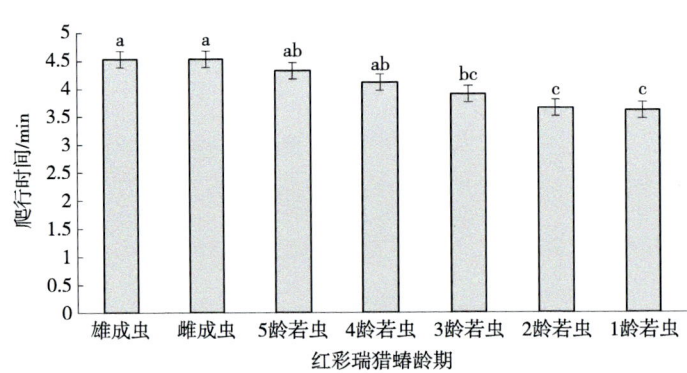

**图3-2　红彩瑞猎蝽水平爬行时间**

（3）红彩瑞猎蝽水平爬行1 m所需时间：红彩瑞猎蝽水平爬行1 m所需时间随其龄期的增加而减少。红彩瑞猎蝽成虫爬行1 m所需时间显著少于各龄期红彩瑞猎蝽若虫所需时间。红彩瑞猎蝽雌雄成虫爬行1 m所需时间差异不显著（$n=3$，$P=0.867$），红彩瑞猎蝽3龄若虫和4龄若虫水平爬行距离差异不显著（$n=3$，$P=0.145$）（图3-3）。

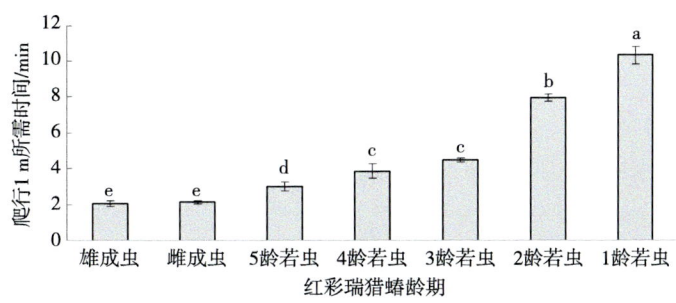

图3-3　红彩瑞猎蝽水平爬行1 m所需时间

（4）红彩瑞猎蝽水平爬行3 m所需时间：红彩瑞猎蝽水平爬行3 m所需时间随其龄期的增加而减少。红彩瑞猎蝽成虫爬行3 m所需时间显著少于各龄期红彩瑞猎蝽若虫所需时间。红彩瑞猎蝽雌雄成虫爬行3 m所需时间差异不显著（$n=3$，$P=0.867$）；红彩瑞猎蝽若虫爬行3 m所需时间差异显著（图3-4）。

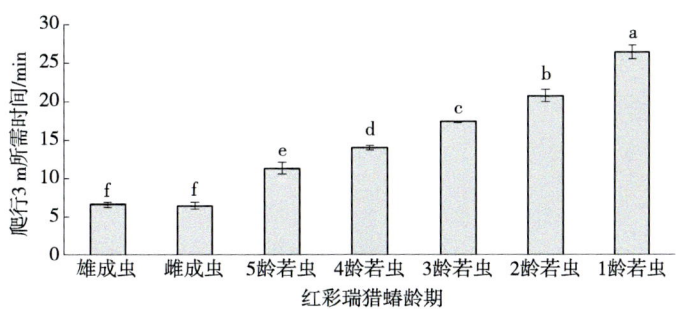

图3-4　红彩瑞猎蝽水平爬行3 m所需时间

（5）红彩瑞猎蝽水平爬行速度：红彩瑞猎蝽水平爬行速度随其龄期的增加而增加。红彩瑞猎蝽雌雄成虫水平爬行平均速度差异不显著（$n=3$，$P=0.657$），各龄期红彩瑞猎蝽若虫水平爬行平均速度差异显著（图3-5）。因此，在10 min的时间内，红彩瑞猎蝽龄期越大，水平爬行距离越长，其中红彩瑞猎蝽成虫爬行距离最长，各龄期若虫中5龄若虫爬行距离最长，1龄若虫最短。红彩瑞猎蝽龄期越大，水平爬行速度越快，其中红彩瑞猎蝽成虫水平爬行平均速度最快，红彩瑞猎蝽各龄期若虫中5龄若虫水平爬行平均速度最快，1龄若虫最慢。所以，红彩瑞猎蝽龄期越大，其水平扩散能力越强。

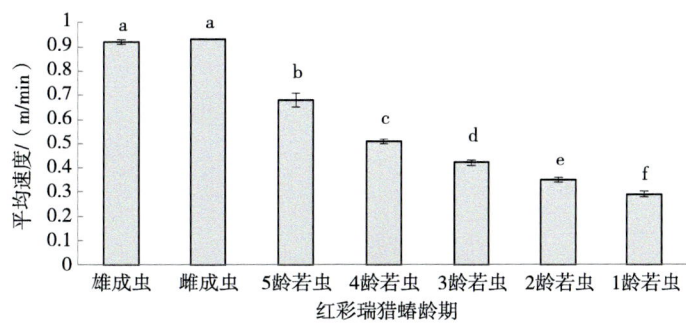

图3-5　红彩瑞猎蝽水平爬行速度

### 6. 红彩瑞猎蝽垂直攀爬试验

（1）红彩瑞猎蝽垂直攀爬高度：红彩瑞猎蝽垂直攀爬高度随其龄期的增加而增加。红彩瑞猎蝽成虫垂直攀爬高度显著高于各龄期红彩瑞猎蝽若虫。红彩瑞猎蝽雌雄成虫垂直攀爬高度差异不显著（$n=3$，$P=0.084$），红彩瑞猎蝽1龄若虫和2龄若虫垂直攀爬高度差异不显著（$n=3$，$P=0.061$），红彩瑞猎蝽2龄若虫和3龄若虫垂直攀爬高度差异不显著（$n=3$，$P=0.185$），红彩瑞猎蝽3龄若虫和4龄若虫垂直攀爬高度差异不显著（$n=3$，$P=0.097$）（图3-6）。

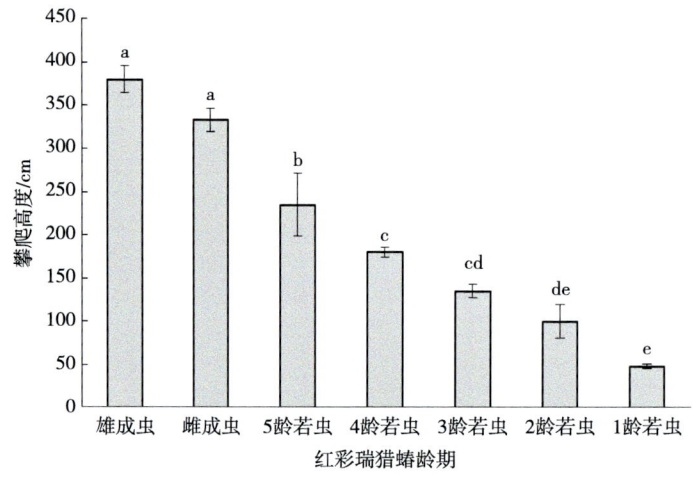

**图3-6　红彩瑞猎蝽垂直攀爬高度**

（2）红彩瑞猎蝽垂直攀爬时间：红彩瑞猎蝽雄成虫的垂直攀爬时间为17.59 min，红彩瑞猎蝽雌成虫的垂直攀爬时间为15.70 min，红彩瑞猎蝽1~5龄若虫的垂直攀爬时间分别为9.66 min、9.99 min、10.93 min、11.39 min和13.62 min。红彩瑞猎蝽雌雄成虫垂直攀爬时间差异不显著（$n=3$，$P=0.178$），红彩瑞猎蝽雌成虫和5龄若虫垂直攀爬时间差异不显著（$n=3$，$P=0.140$）。红彩瑞猎蝽3~5龄若虫垂直攀爬时间差异不显著（$n=3$，$P=0.074$），红彩瑞猎蝽1~4龄若虫垂直攀爬时间差异不显著（$n=3$，$P=0.250$）（图3-7）。

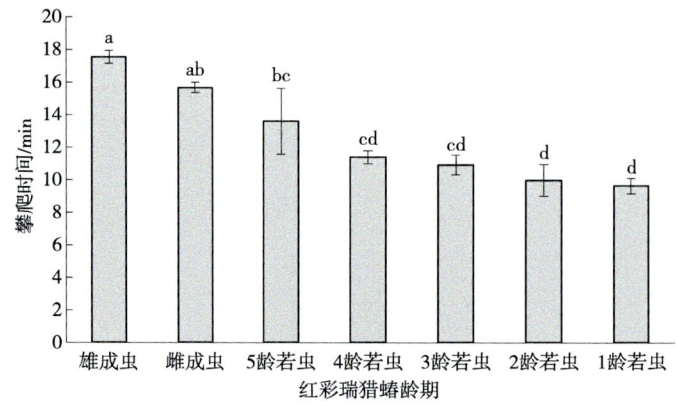

**图3-7　红彩瑞猎蝽垂直攀爬时间**

（3）红彩瑞猎蝽垂直攀爬50 cm所需时间：红彩瑞猎蝽垂直攀爬50 cm所需时间随其龄期的增加而减少。红彩瑞猎蝽成虫垂直攀爬50 cm所需时间显著少于各龄期红彩瑞猎蝽若虫所需时间。红彩瑞猎蝽雌雄成虫垂直攀爬50 cm所需时间差异不显著（$n=3$，$P=0.892$），红彩瑞猎蝽3~5龄若虫垂直攀爬50 cm所需时间差异不显著（$n=3$，$P=0.143$）（图3-8）。

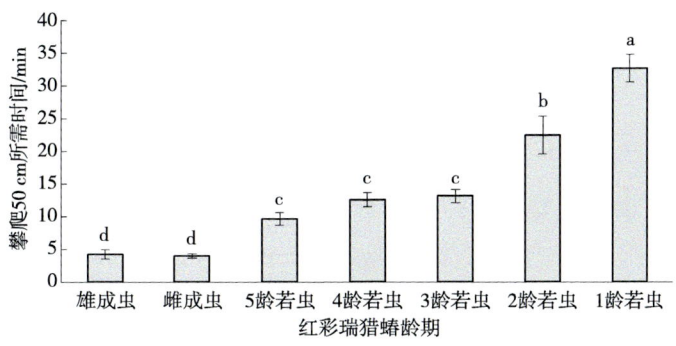

图3-8　红彩瑞猎蝽垂直攀爬50 cm所需时间

（4）红彩瑞猎蝽垂直攀爬平均速度：红彩瑞猎蝽垂直攀爬平均速度随其龄期的增加而增加。红彩瑞猎蝽雌雄成虫垂直攀爬平均速度差异不显著（$n=3$，$P=0.370$），红彩瑞猎蝽4龄和5龄若虫垂直攀爬平均速度差异不显著（$n=3$，$P=0.071$）（图3-9）。因此，在30 min的时间内，红彩瑞猎蝽龄期越大，垂直攀爬高度越大，其中红彩瑞猎蝽成虫垂直攀爬高度最大。各龄期若虫中5龄若虫垂直攀爬高度最大，1龄若虫最小。红彩瑞猎蝽龄期越大，垂直攀爬速度越快，其中红彩瑞猎蝽成虫垂直攀爬平均速度最快，红彩瑞猎蝽各龄期若虫中5龄若虫垂直攀爬平均速度最快，1龄若虫最慢。所以，红彩瑞猎蝽龄期越大，其垂直扩散能力越强。

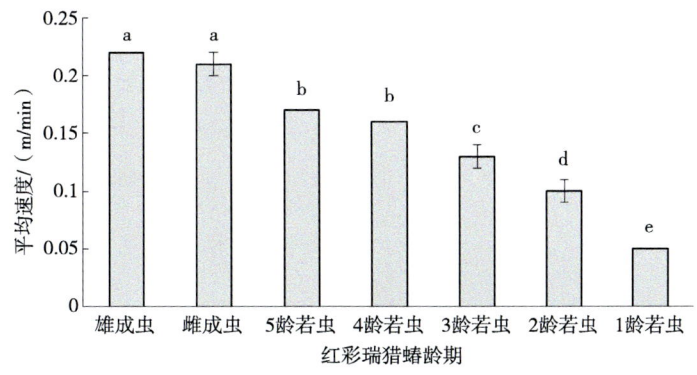

图3-9　红彩瑞猎蝽垂直攀爬平均速度

## （三）结论与讨论

红彩瑞猎蝽成虫的捕食行为过程包括6个部分：搜寻、取食、梳理、静息、展翅和排泄。本试验把搜寻行为并入爬行行为中，红彩瑞猎蝽的爬行行为包括向前后和左右运动的搜索行为；把梳理和展翅行为归入清洁行为中，捕食性瓢虫的清洁行为的主要作用就是清洁梳理头部的喙、触角、翅和足；由于试验观察时间较短，几乎没有排泄行为，本试验对排泄时间忽略不计。当饥饿24 h的红彩瑞猎蝽捕食斜纹夜蛾5龄幼虫和6龄幼虫时，在目测观察60 min时间内没有观察到取食行为，仅观察到爬行、休息、清洁和刺探行为，可能是红彩瑞猎蝽捕食斜纹夜蛾高龄幼虫稍有难度或观察时间较短所致。红彩瑞猎蝽接近斜纹夜蛾幼虫时，其伸出口器，通过口器对斜纹夜蛾试探性接触，大多数红彩瑞猎蝽会迅速将口器刺入斜纹夜蛾幼虫体内立即吸食，在试验中会出现未吸尽体液就放弃猎物的行为，会连续取食就近猎物，并且在取食一定数量的猎物后会出现清洁行为。

### 1. 红彩瑞猎蝽捕食斜纹夜蛾幼虫时的各行为阶段时间分配

红彩瑞猎蝽捕食斜纹夜蛾幼虫时的各行为阶段时间分配及时间所占比例根据捕食者和猎物龄期的不同而异。红彩瑞猎蝽捕食斜纹夜蛾幼虫时，取食时间占总行为时间的比例最大，清洁时间占总行为时间的比例最小。其中红彩瑞猎蝽3龄若虫的爬行和休息时间较长，取食时间较短。可能的原因是红彩瑞猎蝽3龄若虫的捕食能力较其他龄期红彩瑞猎蝽弱。红彩瑞猎蝽5龄若虫和红彩瑞猎蝽雌雄成虫的取食时间比较长，所占行为时间比例较大，说明红彩瑞猎蝽5龄若虫和雌雄成虫的捕食能力强。这与大多数瓢虫幼虫的典型行为相似。这些结论与烟粉虱天敌日本刀角瓢虫 *Serangium japonicum* 捕食烟粉虱的行为类似。

### 2. 红彩瑞猎蝽捕食斜纹夜蛾幼虫时的第一次刺入时间和最长取食时间

红彩瑞猎蝽捕食斜纹夜蛾幼虫时的第一次刺入时间和最长取食时间随捕食者和猎物龄期的不同而异。第一次刺入时间的长短一定程度上反映出红彩瑞猎蝽的捕食能力强弱。本试验可以得出龄期越大的红彩瑞猎蝽捕食能力越强。最长取食时间的长短一定程度上反映出捕食者对猎物的取食效率高低。本试验的研究结果证明了红彩瑞猎蝽龄期越大取食效率越高，红彩瑞猎蝽4~5龄若虫和成虫的取食效率较高。

### 3. 红彩瑞猎蝽取食斜纹夜蛾的刺探次数

对斜纹夜蛾的刺探次数在一定程度上能反映出红彩瑞猎蝽对不同龄期猎物取食的难易程度。只有在红彩瑞猎蝽较低龄若虫捕食斜纹夜蛾高龄幼虫时才出现刺探多次的现象，可能原因是斜纹夜蛾高龄幼虫虫体大，红彩瑞猎蝽低龄若虫在捕食过程中比较难刺入斜纹夜蛾高龄幼虫导致的。

### 4. 红彩瑞猎蝽捕食斜纹夜蛾的取食量

本试验中，我们发现，由于红彩瑞猎蝽龄期越大需要补充的营养越多，取食量就越大。

目前有关捕食效能和捕食行为的研究有明显进步，已经从室内利用培养皿中放置叶片向利用透明观察罩内放置寄主植株进行模拟田间的观察，并从目测观察向利用3台摄像机自动记录的方向发展。在本次试验设置上，采用培养皿（直径5 cm、高1 cm）中放置叶片、目测观察1 h的方法进行了捕食行为观测。因此，试验结果的可靠性与实际情况可能存在差距。但是,仍然可以在一定程度上反映出红彩瑞猎蝽捕食斜纹夜蛾的行为特征。

### 5. 红彩瑞猎蝽扩散能力

捕食性天敌的扩散能力的强弱直接影响捕食者对害虫的控制效果。例如,根据龟纹瓢虫的扩散飞行能力强弱可以来制订特定区域内的害虫控制策略。关于捕食性天敌扩散能力强弱研究报道并不多,但有研究表明,植物的生物学特性、温度、猎物因素和释放高度对大草蛉 *Chrysopa pallens*(Rambur)和丽草蛉 *Chrysopa formosa* Brauer的扩散行为有显著影响。关于红彩瑞猎蝽室内扩散能力的研究国内外未见报道。本试验结果表明红彩瑞猎蝽的室内爬行扩散能力随红彩瑞猎蝽龄期的增加而增大,成虫的爬行扩散能力最强,5龄若虫其次,而1龄若虫最弱。

但在室外条件下红彩瑞猎蝽成虫会到处飞,甚至放飞到种植大棚里它们也会飞到棚外,并不能保持长效的灭虫效果。如果红彩瑞猎蝽成虫飞行扩散能力极强,则不利于对特定区域内的害虫防治。例如,采用飞行能力测试的方法测定瓢虫本地种和外来种的扩散能力,瓢虫成虫飞行能力很强,增加了防治害虫的难度。吴迪研究表明飞行能力低的法国种群异色瓢虫4龄幼虫、2龄幼虫及成虫对豆蚜有较强的控制能力。目前日本有研究报道,有些瓢虫飞行能力较低,通过30多代能力较低的瓢虫个体交配,培育出不能飞行的异色瓢虫,取得了满意的灭蚜效果。因此,有关红彩瑞猎蝽成虫烟田扩散飞行能力及若虫烟田扩散能力的测定、温湿度、烟草的高度、烟田周围植物的气味对红彩瑞猎蝽的扩散行为的影响值得今后进一步研究和探讨。

综上所述,对红彩瑞猎蝽的捕食行为研究能确定出其捕食能力的强弱。红彩瑞猎蝽成虫和4~5龄高龄若虫对斜纹夜蛾幼虫的捕食能力很强。对红彩瑞猎蝽扩散能力的研究确定了室内红彩瑞猎蝽5龄若虫及成虫的扩散能力很强。本试验中,红彩瑞猎蝽的捕食行为在培养皿中观察研究,扩散能力在透明圆筒中研究。因此,需要进一步进行田间试验,可为有效应用红彩瑞猎蝽防治斜纹夜蛾等烟草重要害虫奠定基础。我们的研究结果不仅为烟草生产中利用红彩瑞猎蝽防治害虫提供了科学理论依据,而且对广泛用于生物防治农作物害虫保障农产品安全生产提供了保障。

## 二、红彩瑞猎蝽对斜纹夜蛾的捕食功能反应

斜纹夜蛾(*Spodoptera litura*)属鳞翅目夜蛾科,又称莲纹夜蛾、夜盗虫、乌头虫,是一种世界性分布的广食性和暴发性农业害虫,斜纹夜蛾寄主范围极其广泛,能取食109科389种寄主植物(秦厚国等,2006),主要包括十字花科(白菜、花椰菜、甘蓝、萝卜等)、禾本科(高粱、玉米等)、豆科(黄豆、豇豆、花生等)、茄科(烟草、辣椒、马铃薯、番茄等)、葫芦科(南瓜、冬瓜等)、藜科(甜菜、菠菜等)、木本植物(茶、桑、杨柳等)及人参、何首乌等药材(秦厚国等,2004;李卫等,2006;田太安等,2019)。斜纹夜蛾具有很强的繁殖力,平均每头雌虫可产卵800粒,其幼虫共6个龄期,3龄后时进食量大增,为害较大,世界各地均有分布,在国外主要分布于中东、亚洲大部

分区域、美洲、非洲及南太平洋等地区，在中国各烟区均有分布，主要集中在华南、西南、华中和华东地区。斜纹夜蛾适应环境能力极强，容易大面积暴发成灾，给国内外许多农作物造成了较大的经济损失。在印度，斜纹夜蛾是花椰菜上为害最严重的害虫，可造成31%~100%的产量损失，同时也是印度其他常见作物上的重要害虫之一，导致产量损失10%~30%（Lingappa，2004）；在巴西，斜纹夜蛾可对大豆造成约35%的叶片数量的损害，而在印度尼西亚可造成大豆叶片损伤率高达80%（Bueno et al.，2011；Bayu and Krisnawati，2016）；2002年在江西吉水，斜纹夜蛾幼虫大面积取食槟榔芋叶片，造成产量损失超过50%（陈凤英，2004）。2003年，浙江仙居全县旱地作物50%~60%的面积受害，其中大豆受害最严重，高达80%的大豆田受害（张惠琴等，2004）。

斜纹夜蛾也是烟草上重要的食叶害虫之一，其幼虫喜食旺长期烟株中下部叶片，影响烟叶品质和产量（邝中山，2015；余帆，2019；胡中雯，2023）。有调查表明，斜纹夜蛾在南宁烟田一年可发生8~9代，每代历期约需要20 d，越冬现象不明显（贤小勇，1995）；于福建一年可发生7代，无明显的越冬现象（姚文辉，2005）。在云南玉溪与西双版纳地区，斜纹夜蛾虫害发生较严重，且虫害时间从3月持续到11月（张志豪等，2018）。由于斜纹夜蛾的最适生长发育温度在28~30℃，故在烟草大田的生长中期，较高气温特别有利于斜纹夜蛾种群的扩大，给烟草的生产造成巨大为害。斜纹夜蛾幼虫多在烟草前期为害中下部烟叶，随着龄期的增加会逐渐转移到上部烟叶，亦取食花与嫩枝，严重影响烟叶的产量与质量。初孵化的幼虫群集于叶背取食叶肉，使叶片仅留下叶脉和叶表皮。幼虫从3龄开始分散转株取食，4龄后进入暴食期，为害叶片时使叶面呈现虫孔严重甚至缺刻仅剩叶脉，当斜纹夜蛾虫口密度大时，可取食完烟株上所有叶片，对烟草造成毁灭性损失（孙光军等，2003）；当食物短缺时，叶脉茎秆亦会受到严重为害，高龄幼虫甚至可以钻到茎秆内部，造成烟草减产甚至绝收（林莉等，2013）。

目前关于斜纹夜蛾的防治包括农业防治、物理防治、化学防治和生物防治方法。化学防治见效快、防效好，可快速降低幼虫数量，仍是目前防治斜纹夜蛾的主要方法，目前广泛使用的化学杀虫剂有氨基甲酸酯、有机磷、有机氯、拟除虫菊酯、除虫脲和阿维菌素等，但长期大量使用杀虫剂会导致斜纹夜蛾产生抗药性。刘佳等（2016）的研究表明，湖南5地斜纹夜蛾田间种群对有机磷类杀虫剂产生了26.9~220.2倍的抗性，对氨基甲酸酯类杀虫剂产生了68.3~890.8倍的抗性，对拟除虫菊酯类杀虫剂产生了21.0~267.2倍的抗性，对阿维菌素、茚虫威和溴虫腈产生了5.2~53.4倍的抗性。郝强（2016）研究表明，四川地区所有斜纹夜蛾田间种群对高效氯氰菊酯表现为极高抗水平（抗性倍数达到了237.9~432.3倍）；毒死蜱表现为中低抗性水平（抗性水平达到8.3~22.6倍）；除乐山种群对茚虫威的抗性倍数达到6.2之外，其他种群均表现为敏感或敏感性降低；所有田间种群对甲氧虫酰肼和甲维盐都表现为敏感。严重的抗药性导致烟农不得不通过提高施药浓度、增加施药次数、使用高度农药的办法来保证对斜纹夜蛾的控制作用，一方面导致对天敌直接间接的伤害，减弱天敌对斜纹夜蛾的控制作用；另一方面造成农药残留超标，影响烟叶品质并威胁生态环境安全。生物防治这一利用有益生物来控制、消灭有害生物的害虫防治策略也受到了越来越多的关注与研究。

生物防治是指利用天敌、寄生性昆虫、微生物等自然敌害或通过引进外来生物对害虫进行控制的方法。目前已知的斜纹夜蛾天敌来自7个纲、11个目、52个科，共约169种（杜浩等，2021）。捕食性天敌有中华刀螳 *Tenodera sinensis*、烟盲蝽 *Nesidiocoris tenuis*、红彩瑞猎蝽、环斑猛猎蝽 *Sphedanolestes impressicollis*、耶气步甲 *Pheropsophus jessoensis*、叉角厉蝽 *Eocanthecona furcellata*、益蝽 *Picromerus lewisi*、蠋蝽 *Arma chinensis* 和黄带犀猎蝽 *Sycanus croceovittatus* 等。寄生性天敌包括斜纹夜蛾侧沟茧蜂 *Microplitis prodeniae*、斜纹夜蛾盾脸姬蜂 *Metopius rufus*、斑痣悬茧蜂 *Meteorus pulchricornis* 和夜蛾黑卵蜂 *Telenomus remus* Nixon等。利用天敌昆虫进行生物防治可实现对害虫的绿色防控。红彩瑞猎蝽对斜纹夜蛾低龄幼虫捕食作用的相关研究已有报道。周忠实等研究发现红彩瑞猎蝽是烟草斜纹夜蛾的重要捕食性天敌，且红彩瑞猎蝽雌成虫对斜纹夜蛾2龄幼虫的捕食功能反应符合Holling Ⅱ模型；Ambrose等发现红彩瑞猎蝽4龄若虫对棉花上斜纹夜蛾3龄幼虫的捕食功能反应符合Holling Ⅱ模型。烟田斜纹夜蛾存在世代重叠现象，同一生长季节存在不同虫龄的斜纹夜蛾幼虫为害烟草，而不同虫态红彩瑞猎蝽对斜纹夜蛾不同虫龄幼虫捕食能力的相关研究还未见报道。因此，在室内条件下分析红彩瑞猎蝽3~5龄若虫和雌雄成虫对斜纹夜蛾3龄幼虫及红彩瑞猎蝽雌成虫对斜纹夜蛾2~5龄幼虫的捕食功能反应、搜寻效应及不同虫态红彩瑞猎蝽密度对捕食斜纹夜蛾3龄幼虫的干扰作用，以期明确红彩瑞猎蝽对斜纹夜蛾的捕食能力，为斜纹夜蛾幼虫的绿色防控提供参考（图3-10至图3-14）。

图3-10　红彩瑞猎蝽3龄若虫捕食斜纹夜蛾3龄幼虫　　图3-11　红彩瑞猎蝽4龄若虫捕食斜纹夜蛾3龄幼虫　　图3-12　红彩瑞猎蝽5龄若虫捕食斜纹夜蛾3龄幼虫

图3-13　红彩瑞猎蝽成虫捕食斜纹夜蛾3龄幼虫　　图3-14　红彩瑞猎蝽成虫捕食斜纹夜蛾4龄幼虫

## （一）材料与方法

### 1. 供试材料

供试天敌为红彩瑞猎蝽，猎物为斜纹夜蛾，均采自广东南雄市古市镇烟田。斜纹夜蛾参照孙庚（孙庚，2015）报道的方法用人工饲料饲养3代以上，红彩瑞猎蝽用烟蚜和米蛾幼虫混合饲养3代以上。所有供试昆虫均饲养于人工气候培养箱（ARMA-580，宁波江南仪器厂）中，参照文献设置培养箱温度、湿度及光照条件。

### 2. 试验方法

（1）红彩瑞猎蝽对斜纹夜蛾幼虫的捕食功能反应：

①不同虫态红彩瑞猎蝽对斜纹夜蛾3龄幼虫的捕食功能反应：将红彩瑞猎蝽雌雄成虫和3～5龄若虫各1头分别放入玻璃培养皿（直径12.0 cm、高2.4 cm，江苏华鸥玻璃有限公司）中，每个培养皿中放置1块浸湿的脱脂棉。将红彩瑞猎蝽禁食24 h后，放入斜纹夜蛾3龄幼虫。红彩瑞猎蝽3龄若虫的猎物（斜纹夜蛾）密度梯度设置分别为3头/皿、6头/皿、9头/皿、12头/皿和15头/皿；红彩瑞猎蝽4～5龄若虫和成虫的猎物密度梯度设置分别为5头/皿、10头/皿、15头/皿、20头/皿和25头/皿，每个处理重复5次。放入斜纹夜蛾3龄幼虫24 h后统计斜纹夜蛾的存活数量。

②红彩瑞猎蝽雌成虫对斜纹夜蛾2～5龄幼虫的捕食功能反应：红彩瑞猎蝽雌成虫对斜纹夜蛾幼虫捕食量较大，故设置红彩瑞猎蝽雌成虫对斜纹夜蛾不同龄期幼虫的捕食试验。将1头禁食24 h的红彩瑞猎蝽雌成虫放入培养皿中，每个培养皿中放置1块浸湿的脱脂棉，再在每个培养皿中放入1种虫龄（2～5龄）的斜纹夜蛾幼虫。斜纹夜蛾2～3龄幼虫密度梯度均设置分别为10头/皿、15头/皿、20头/皿、25头/皿和30头/皿（培养皿直径12.0 cm、高2.4 cm），4龄幼虫密度梯度设置分别为5头/皿、10头/皿、15头/皿、20头/皿和25头/皿（培养皿直径18.0 cm、高3.0 cm），5龄幼虫密度梯度设置分别为4头/皿、8头/皿、12头/皿、16头/皿和20头/皿（培养皿直径18.0 cm、高3.0 cm），每个处理重复5次。放入斜纹夜蛾幼虫24 h后统计斜纹夜蛾的存活数量。为避免斜纹夜蛾幼虫因饥饿发生自残行为，所有捕食试验均在每个培养皿中央放置1块（5 g）斜纹夜蛾人工饲料供斜纹夜蛾取食。

红彩瑞猎蝽对斜纹夜蛾的捕食功能反应分析参考Juliano的方法进行。首先，根据Logistic模型对斜纹夜蛾的被捕食比例和初始数量进行Logistic回归分析，使用SAS 9.4软件的PROC CATMOD程序对Logistic模型的参数进行最大似然估计，获得回归参数的估计值。Logistic模型如下：

$$\frac{N_a}{N_0}=\frac{\exp(P_0+P_1N_0+P_2N_0^2+P_3N_0^3)}{1+\exp(P_0+P_1N_0+P_2N_0^2+P_3N_0^3)}$$

式中，$N_0$为猎物初始数量，头；$N_a$为猎物被捕食的数量，头；$N_a/N_0$为猎物被捕食的比例；$P_0$、$P_1$、$P_2$和$P_3$分别为截距、一次方、二次方和三次方系数。

如果$P_1=0$，则对应的功能反应属于Ⅰ型；如果$P_1>0$且$P_2<0$，则对应的功能反应是Ⅲ

型；如果$P_1<0$，则对应的功能反应是Ⅱ型。再根据捕食功能反应类型，使用对应的捕食功能反应方程拟合红彩瑞猎蝽对斜纹夜蛾的捕食功能反应。使用HollingⅡ型捕食功能反应方程拟合红彩瑞猎蝽对斜纹夜蛾的Ⅱ型捕食功能反应，该方程如下：

$$N_a = \frac{aNT_r}{1+aT_hN}$$

式中，$N_a$为猎物被捕食的数量，头；$a$为瞬时攻击率；$T_r$为总试验时长（$T_r$=1 d）；$N$为猎物初始密度，头/皿；$T_h$为处理时间（捕食1头猎物所需要的时间），d。

计算$a$与$T_h$的比值（$a/T_h$），分析不同虫态红彩瑞猎蝽对斜纹夜蛾3龄幼虫、红彩瑞猎蝽雌成虫对斜纹夜蛾2～5龄幼虫的捕食效能。计算$T_r$与$T_h$的比值，分析不同虫态红彩瑞猎蝽对斜纹夜蛾3龄幼虫、红彩瑞猎蝽雌成虫对斜纹夜蛾2～5龄幼虫的日最大捕食量。

使用HollingⅢ型功能反应新模型方程拟合红彩瑞猎蝽对斜纹夜蛾的Ⅲ型捕食功能反应，该方程如下：

$$N_a = a' \cdot \exp(-bN^{-1})$$

式中，$b$为最佳寻找密度，头/皿；$a'$为捕食上限，头。

（2）红彩瑞猎蝽对斜纹夜蛾幼虫的搜寻效应：根据上文中HollingⅡ型捕食功能反应方程拟合得到瞬时攻击率（$a$）和处理时间（$T_h$），通过搜寻效应方程计算不同虫态红彩瑞猎蝽对斜纹夜蛾幼虫的搜寻效应，该方程如下：

$$S = a/(1+aT_hN)$$

式中，$S$为搜寻效应；$a$为瞬时攻击率；$T_h$为处理时间，d；$N$为猎物初始密度，头/皿。

（3）红彩瑞猎蝽密度对捕食斜纹夜蛾3龄幼虫的干扰作用：将各虫态的红彩瑞猎蝽密度均设置为1头/皿、2头/皿、3头/皿、4头/皿和5头/皿，红彩瑞猎蝽3～4龄若虫的猎物（斜纹夜蛾3龄幼虫）密度设置为20头/皿，红彩瑞猎蝽5龄若虫和雌雄成虫的猎物密度设置为40头/皿。试验前红彩瑞猎蝽禁食24 h，每个处理重复5次，24 h后统计斜纹夜蛾幼虫的存活数量。使用Watt提出的干扰与竞争模型拟合红彩瑞猎蝽密度对捕食斜纹夜蛾的干扰作用，该模型如下：

$$A = aP^{-b}$$

式中，$P$为红彩瑞猎蝽密度，头/皿；$A$为竞争条件下每头红彩瑞猎蝽对斜纹夜蛾3龄幼虫的日捕食量，头；$a$为常数，是在无竞争条件下每头红彩瑞猎蝽对斜纹夜蛾3龄幼虫的日最大捕食量估计值，头；$b$为竞争参数。

（4）红彩瑞猎蝽对烤烟斜纹夜蛾的防治效果：红彩瑞猎蝽防治烤烟斜纹夜蛾的大田试验于广东省南雄市古市镇溪口管理区斜纹夜蛾常年发生的烟田进行。处理前调查每个小区的斜纹夜蛾幼虫虫口基数，调查采用五点取样法，每点取10株，共计50株（每株挂牌标记）。将红彩瑞猎蝽成虫释放于烟叶叶面，并立即用高2.0 m、长1.5 m、宽1.5 m、孔径0.2 mm的网罩套住烟株。试验设置6个处理［释放的红彩瑞猎蝽与斜纹夜蛾的数量比例分别为1∶5（T1）、1∶10（T2）、1∶15（T3）、1∶20（T4），2%甲氨基阿维菌素苯甲酸盐乳油（江苏沿益农化有限公司）3 000倍稀释液（T5），空白对照（CK，T6）]，每个处理重复3次。处理后3 d、5 d、10 d调查各小区斜纹夜蛾虫口数量，计算各处理虫口减退率和防治效果，计算公式如下：

$$虫口减退率（\%）=（防治前斜纹夜蛾存活数-防治后斜纹夜蛾存活数）/防治前斜纹夜蛾存活数×100$$

$$防治效果（\%）=（处理区虫口减退率-对照虫口减退率）/（1-对照虫口减退率）×100$$

### 3. 数据分析

使用Excel 2010软件对试验数据进行统计，使用SPSS 26.0软件对试验数据进行单因素方差分析，并用Duncan's新复极差法进行差异显著性检验。使用Graph Pad Prism 8软件拟合红彩瑞猎蝽对斜纹夜蛾的捕食功能反应、搜寻效应和干扰作用方程及绘图。

## （二）结果与分析

### 1. 红彩瑞猎蝽对斜纹夜蛾的捕食功能反应

（1）不同虫态红彩瑞猎蝽对斜纹夜蛾3龄幼虫的捕食功能反应：红彩瑞猎蝽3～5龄若虫和雌雄成虫对斜纹夜蛾3龄幼虫的日捕食量如图3-15所示。不同虫态红彩瑞猎蝽对斜纹夜蛾3龄幼虫的日捕食量随着斜纹夜蛾密度增加整体呈上升趋势。当斜纹夜蛾密度为设置的最大值时，3～5龄若虫和雌雄成虫对斜纹夜蛾3龄幼虫的日捕食量分别为3.93头、5.53头、6.67头、8.53头和8.33头。

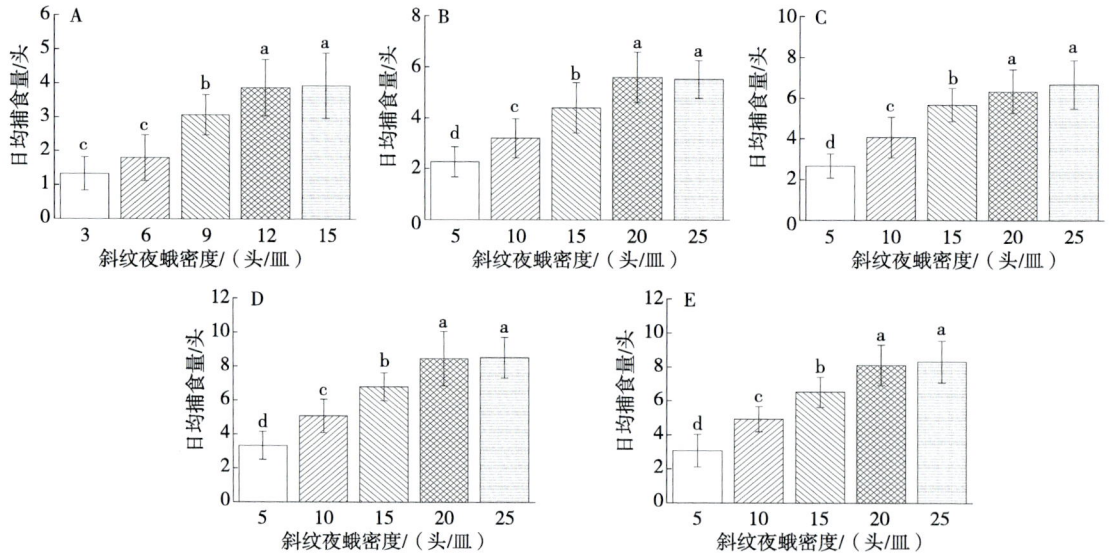

A—红彩瑞猎蝽3龄若虫；B—红彩瑞猎蝽4龄若虫；C—红彩瑞猎蝽5龄若虫；
D—红彩瑞猎蝽雌成虫；E—红彩瑞猎蝽雄成虫。

**图3-15　不同虫态红彩瑞猎蝽对斜纹夜蛾3龄幼虫的日捕食量**

注：柱形图上标记的不同小写字母表示红彩瑞猎蝽对不同密度斜纹夜蛾的日捕食量间差异达到显著（$P<0.05$）水平。下同。

不同虫态红彩瑞猎蝽捕食斜纹夜蛾3龄幼虫时斜纹夜蛾的被捕食比例与初始数量的Logistic回归分析结果如表3-9所示。红彩瑞猎蝽虫态不同时$P_1$估计值均小于0，说明红彩瑞猎蝽3～5龄若虫和雌雄成虫对斜纹夜蛾3龄幼虫的捕食功能反应均符合HollingⅡ模型，捕食功能反应方程如表3-10所示。红彩瑞猎蝽雌成虫对斜纹夜蛾3龄幼虫的瞬时攻击率（0.85）最大，其次为雄成虫（0.76）和5龄若虫（0.69），4龄若虫和3龄若虫的瞬时攻击率相对较弱，分别为0.59和0.51。红彩瑞猎蝽雌成虫对斜纹夜蛾3龄幼虫的日最大捕食量最大，为15.38头，3龄若虫最小，为7.52头。

表3-9 斜纹夜蛾3龄幼虫的被捕食比例与初始数量的Logistic回归分析

| 红彩瑞猎蝽虫态 | 参数 | 估计值 | 标准误 | $R^2$ | $P$ |
|---|---|---|---|---|---|
| 3龄若虫 | $P_0$ | 1.381 0 | 0.647 0 | 0.952 | 0.000 0 |
|  | $P_1$ | -0.774 0 | 0.289 0 |  | 0.000 1 |
|  | $P_2$ | 0.088 0 | 0.036 0 |  | 0.000 0 |
|  | $P_3$ | -0.003 1 | 0.001 3 |  | 0.000 0 |
| 4龄若虫 | $P_0$ | 1.146 0 | 0.040 0 | 0.993 | 0.000 0 |
|  | $P_1$ | -0.367 0 | 0.011 0 |  | 0.000 1 |
|  | $P_2$ | 0.022 0 | 0.001 0 |  | 0.000 0 |
|  | $P_3$ | -0.000 4 | 0.000 0 |  | 0.000 0 |
| 5龄若虫 | $P_0$ | 1.029 0 | 0.407 0 | 0.991 | 0.000 0 |
|  | $P_1$ | -0.238 0 | 0.108 0 |  | 0.000 0 |
|  | $P_2$ | 0.013 0 | 0.008 0 |  | 0.000 0 |
|  | $P_3$ | -0.000 2 | 0.000 1 |  | 0.000 0 |
| 雌成虫 | $P_0$ | 2.139 0 | 0.026 0 | 0.987 | 0.000 2 |
|  | $P_1$ | -0.390 0 | 0.007 0 |  | 0.000 0 |
|  | $P_2$ | 0.022 0 | 0.000 0 |  | 0.000 0 |
|  | $P_3$ | -0.000 4 | 0.000 0 |  | 0.000 0 |
| 雄成虫 | $P_0$ | 1.480 0 | 0.101 0 | 0.999 | 0.000 0 |
|  | $P_1$ | -0.270 0 | 0.026 0 |  | 0.000 0 |
|  | $P_2$ | 0.015 0 | 0.002 0 |  | 0.000 0 |
|  | $P_3$ | -0.000 3 | 0.000 0 |  | 0.000 0 |

表3-10 不同虫态红彩瑞猎蝽捕食斜纹夜蛾3龄幼虫的捕食功能反应方程及相关参数

| 红彩瑞猎蝽虫态 | 捕食功能反应方程 | 瞬时攻击率 | 处理时间/d | 捕食效能 | 日最大捕食量/头 | $R^2$ | $P$ |
|---|---|---|---|---|---|---|---|
| 3龄若虫 | $N_a=0.51N/(1+0.068N)$ | 0.51 | 0.133 | 3.83 | 7.52 | 0.911 | 0.007 0 |
| 4龄若虫 | $N_a=0.59N/(1+0.067N)$ | 0.59 | 0.114 | 5.18 | 8.77 | 0.963 | 0.002 0 |
| 5龄若虫 | $N_a=0.69N/(1+0.061N)$ | 0.69 | 0.089 | 7.75 | 11.24 | 0.990 | 0.000 2 |
| 雌成虫 | $N_a=0.85N/(1+0.059N)$ | 0.85 | 0.069 | 12.32 | 15.38 | 0.987 | 0.000 4 |
| 雄成虫 | $N_a=0.76N/(1+0.049N)$ | 0.76 | 0.065 | 11.69 | 14.49 | 0.995 | 0.000 0 |

（2）红彩瑞猎蝽雌成虫对斜纹夜蛾2～5龄幼虫的捕食功能反应：随着斜纹夜蛾密度不断增加，红彩瑞猎蝽雌成虫对不同龄期斜纹夜蛾幼虫的日捕食量整体呈上升趋势（图3-16）。当斜纹夜蛾密度为设置的最大值时，红彩瑞猎蝽雌成虫对斜纹夜蛾2龄幼虫、3龄幼虫、4龄幼虫和5龄幼虫的日捕食量分别为13.27头、8.80头、6.60头和4.47头。

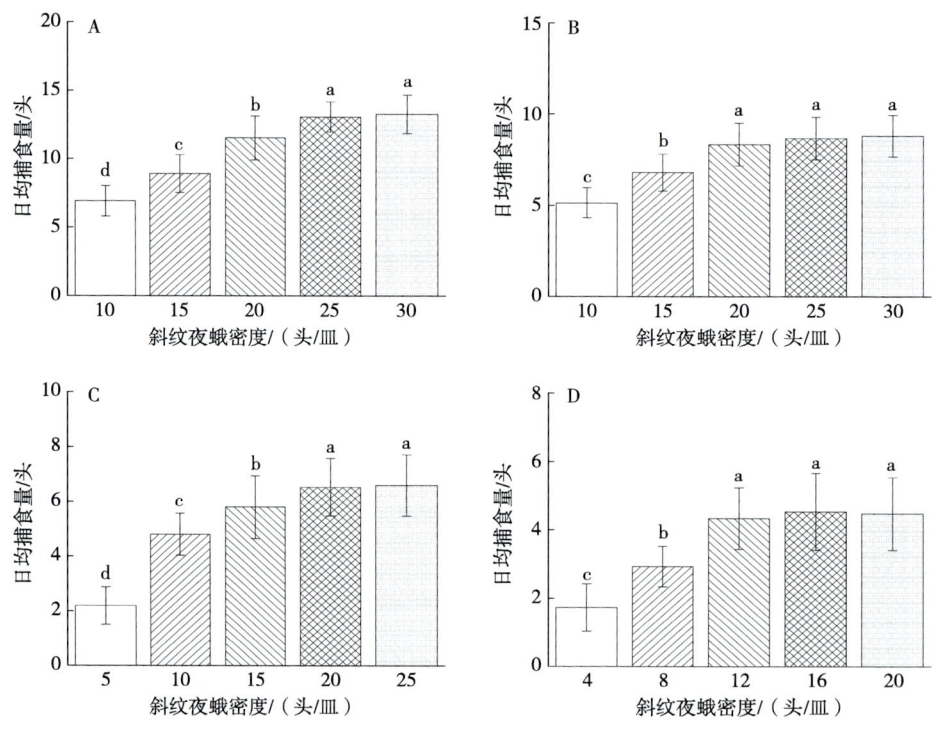

A—斜纹夜蛾2龄幼虫；B—斜纹夜蛾3龄幼虫；C—斜纹夜蛾4龄幼虫；D—斜纹夜蛾5龄幼虫。

图3-16 红彩瑞猎蝽雌成虫对斜纹夜蛾2～5龄幼虫的日捕食量

红彩瑞猎蝽雌成虫捕食斜纹夜蛾2～5龄幼虫时，斜纹夜蛾的被捕食比例与初始数量的Logistic回归分析结果如表3-11所示。当红彩瑞猎蝽雌成虫捕食斜纹夜蛾2龄幼虫和3龄幼虫时，$P_1$均小于0，表明红彩瑞猎蝽雌成虫对斜纹夜蛾2～3龄幼虫的捕食功能反应均符合Holling Ⅱ模型，捕食功能反应方程如表3-12所示。红彩瑞猎蝽雌成虫对斜纹夜蛾2龄幼虫的瞬时攻击率（0.92）大于3龄幼虫（0.78），对2~3龄幼虫的日最大捕食量分别为27.78头和15.63头。当红彩瑞猎蝽雌成虫捕食斜纹夜蛾4龄幼虫和5龄幼虫时，$P_1$>0且$P_2$<0，表明红彩瑞猎蝽雌成虫对斜纹夜蛾4~5龄幼虫的捕食功能反应符合Holling Ⅲ型，捕食功能反应方程如表3-13所示。红彩瑞猎蝽雌成虫对斜纹夜蛾4~5龄幼虫的最佳寻找密度分别为7.04头/皿和5.05头/皿，捕食上限分别为9.19头和6.00头。

表3-11　斜纹夜蛾2~5龄幼虫的被捕食比例与初始数量的Logistic回归分析

| 斜纹夜蛾虫龄 | 参数 | 估计值 | 标准误 | $R^2$ | $P$ |
| --- | --- | --- | --- | --- | --- |
| 2龄幼虫 | $P_0$ | 3.178 0 | 0.911 0 | 0.993 | 0.000 0 |
|  | $P_1$ | -0.389 0 | 0.155 0 |  | 0.000 2 |
|  | $P_2$ | 0.018 0 | 0.008 0 |  | 0.000 2 |
|  | $P_3$ | -0.000 2 | 0.000 1 |  | 0.000 0 |
| 3龄幼虫 | $P_0$ | 0.579 0 | 0.722 0 | 0.995 | 0.000 1 |
|  | $P_1$ | -0.065 0 | 0.125 0 |  | 0.000 0 |
|  | $P_2$ | 0.002 0 | 0.007 0 |  | 0.000 0 |
|  | $P_3$ | -0.000 0 | 0.000 1 |  | 0.000 0 |
| 4龄幼虫 | $P_0$ | -0.988 0 | 0.475 0 | 0.982 | 0.000 8 |
|  | $P_1$ | 0.234 0 | 0.126 0 |  | 0.000 2 |
|  | $P_2$ | -0.018 0 | 0.009 0 |  | 0.000 4 |
|  | $P_3$ | 0.000 3 | 0.000 2 |  | 0.000 0 |
| 5龄幼虫 | $P_0$ | 0.130 0 | 0.545 0 | 0.975 | 0.003 1 |
|  | $P_1$ | 0.010 0 | 0.182 0 |  | 0.004 3 |
|  | $P_2$ | -0.137 0 | 0.017 0 |  | 0.002 1 |
|  | $P_3$ | -0.000 3 | 0.000 4 |  | 0.000 0 |

表3-12　红彩瑞猎蝽雌成虫捕食斜纹夜蛾2~3龄幼虫的捕食功能反应方程及相关参数

| 斜纹夜蛾虫龄 | 捕食功能反应方程 | 瞬时攻击率 | 处理时间/d | 捕食效能 | 日最大捕食量/头 | $R^2$ | $P$ |
| --- | --- | --- | --- | --- | --- | --- | --- |
| 2龄幼虫 | $N_a$=0.92$N$/（1+0.033$N$） | 0.92 | 0.036 | 25.56 | 27.78 | 0.983 | 0.001 0 |
| 3龄幼虫 | $N_a$=0.78$N$/（1+0.050$N$） | 0.78 | 0.064 | 12.19 | 15.63 | 0.965 | 0.002 0 |

表3-13  红彩瑞猎蝽雌成虫捕食斜纹夜蛾4～5龄幼虫的捕食功能反应方程及相关参数

| 斜纹夜蛾虫龄 | 捕食功能反应方程 | 最佳寻找密度/（头/皿） | 捕食上限/头 | $R^2$ | $P$ |
|---|---|---|---|---|---|
| 4龄幼虫 | $N_a=9.197\exp(-7.041N^{-1})$ | 7.04 | 9.19 | 0.990 | 0.000 1 |
| 5龄幼虫 | $N_a=6.003\exp(-5.055N^{-1})$ | 5.05 | 6.00 | 0.962 | 0.001 0 |

**2. 红彩瑞猎蝽对斜纹夜蛾3龄幼虫的搜寻效应**

随着斜纹夜蛾密度增加，不同虫态红彩瑞猎蝽对斜纹夜蛾3龄幼虫的搜寻效应整体呈现减小的趋势（图3-17）。在斜纹夜蛾3龄幼虫密度为25头/皿时，不同虫态红彩瑞猎蝽对斜纹夜蛾3龄幼虫的搜寻效应从高到低依次为0.380 3（雌成虫）>0.344 7（雄成虫）>0.272 2（5龄若虫）>0.220 0（4龄若虫）。

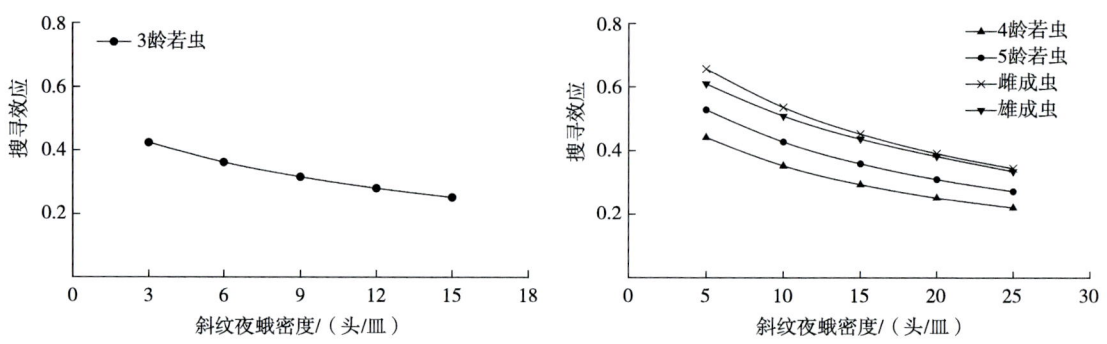

图3-17  不同虫态红彩瑞猎蝽对斜纹夜蛾3龄幼虫的搜寻效应

随着斜纹夜蛾2～3龄幼虫密度增加，红彩瑞猎蝽雌成虫对斜纹夜蛾幼虫的搜寻效应整体呈现减小的趋势（图3-18）。在斜纹夜蛾密度分别为10头/皿、15头/皿、20头/皿、25头/皿和30头/皿时，红彩瑞猎蝽对斜纹夜蛾2龄幼虫的搜寻效应均高于3龄幼虫。

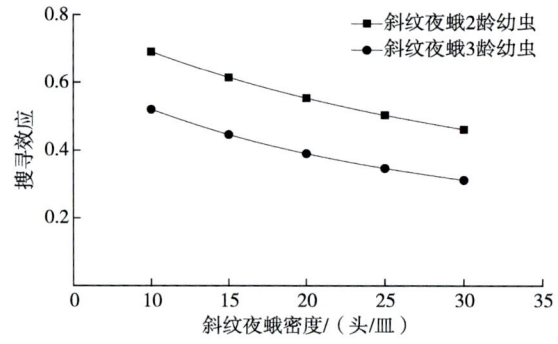

图3-18  红彩瑞猎蝽雌成虫对斜纹夜蛾2～3龄幼虫的搜寻效应

**3. 红彩瑞猎蝽密度对捕食斜纹夜蛾3龄幼虫的干扰作用**

由表3-14可见，随着红彩瑞猎蝽密度增加，不同虫态红彩瑞猎蝽对斜纹夜蛾3龄幼虫的日捕食量减小，说明红彩瑞猎蝽之间存在种内竞争和相互干扰作用。使用Watt模型拟合不同密度红彩瑞猎蝽对斜纹夜蛾3龄幼虫的捕食量，结果如表3-15所示。其中，雄成虫干扰作用最强，竞争参数为0.339；雌成虫次之，为0.325；3龄若虫干扰作用最弱，为0.194。

表3-14　不同密度的红彩瑞猎蝽对斜纹夜蛾3龄幼虫的日捕食量

| 红彩瑞猎蝽虫态 | 斜纹夜蛾密度/（头/皿） | 日捕食量/头 | | | | |
| --- | --- | --- | --- | --- | --- | --- |
| | | 红彩瑞猎蝽/（1头/皿） | 红彩瑞猎蝽/（2头/皿） | 红彩瑞猎蝽/（3头/皿） | 红彩瑞猎蝽/（4头/皿） | 红彩瑞猎蝽/（5头/皿） |
| 3龄若虫 | 20 | 4.40±0.55a | 4.10±0.42a | 3.93±0.28ab | 3.55±0.33bc | 3.12±0.23c |
| 4龄若虫 | 20 | 5.40±1.14a | 4.90±0.65ab | 4.40±0.43b | 3.80±0.37bc | 3.40±0.32c |
| 5龄若虫 | 40 | 7.20±0.84a | 6.50±0.79a | 5.46±0.38b | 5.15±0.52bc | 4.68±0.33c |
| 雌成虫 | 40 | 8.60±1.14a | 7.40±0.74b | 6.20±0.38c | 5.65±0.34cd | 5.12±0.29d |
| 雄成虫 | 40 | 8.40±0.89a | 7.30±0.57b | 5.87±0.61c | 5.45±0.33cd | 4.92±0.29d |

注：表中数据为平均值±标准误，同行中不同小写字母表示不同密度红彩瑞猎蝽对斜纹夜蛾的日捕食量间差异达到显著（$P<0.05$）水平。

表3-15　红彩瑞猎蝽密度对斜纹夜蛾日捕食量的干扰作用方程

| 红彩瑞猎蝽虫态 | 干扰作用方程 | 日最大捕食量/头 | 竞争参数 | $R^2$ | $P$ |
| --- | --- | --- | --- | --- | --- |
| 3龄若虫 | $A=4.56P^{-0.194}$ | 4.56 | 0.194 | 0.846 | 0.027 0 |
| 4龄若虫 | $A=5.66P^{-0.282}$ | 5.65 | 0.282 | 0.919 | 0.100 0 |
| 5龄若虫 | $A=7.41P^{-0.270}$ | 7.41 | 0.270 | 0.948 | 0.003 0 |
| 雌成虫 | $A=8.84P^{-0.325}$ | 8.84 | 0.325 | 0.973 | 0.001 0 |
| 雄成虫 | $A=8.66P^{-0.339}$ | 8.66 | 0.339 | 0.960 | 0.002 0 |

**4. 红彩瑞猎蝽对烤烟斜纹夜蛾的防治效果**

在田间释放不同密度红彩瑞猎蝽对斜纹夜蛾幼虫的防治效果如表3-16所示。释放后10 d，除2%甲氨基阿维菌素苯甲酸盐乳油处理外，T1处理防治效果最高，为88.07%；其次为T2处理，防治效果为87.16%；T1和T2两个处理的防治效果与药剂防治处理差异不显著；防治效果最低的是T4处理，为75.72%。

表3-16　红彩瑞猎蝽对斜纹夜蛾的田间防治效果

| 处理 | 释放后3 d | | 释放后5 d | | 释放后10 d | |
| --- | --- | --- | --- | --- | --- | --- |
| | 虫口减退率/% | 防治效果/% | 虫口减退率/% | 防治效果/% | 虫口减退率/% | 防治效果/% |
| T1 | 63.83 | 63.44±8.26a | 77.51 | 77.14±9.12b | 88.45 | 88.07±8.25a |

（续表）

| 处理 | 释放后3 d | | 释放后5 d | | 释放后10 d | |
| --- | --- | --- | --- | --- | --- | --- |
| | 虫口减退率/% | 防治效果/% | 虫口减退率/% | 防治效果/% | 虫口减退率/% | 防治效果/% |
| T2 | 60.77 | 60.35 ± 5.73a | 76.51 | 76.13 ± 8.46b | 87.57 | 87.16 ± 7.48a |
| T3 | 55.13 | 54.65 ± 6.35b | 71.13 | 70.79 ± 6.58b | 82.69 | 82.13 ± 6.95ab |
| T4 | 47.02 | 46.45 ± 5.24b | 64.31 | 63.73 ± 5.39c | 76.49 | 75.72 ± 5.32b |
| T5 | 75.81 | 75.56 ± 8.91a | 92.12 | 91.99 ± 11.73a | 93.21 | 92.98 ± 11.25a |
| CK | 1.07 | | 1.59 | | 3.19 | |

注：表中数据为平均值±标准误，同列数据后不同小写字母表示不同处理的防治效果间差异达显著（$P<0.05$）水平。

## （三）结论与讨论

本试验中红彩瑞猎蝽3～5龄若虫和雌雄成虫对斜纹夜蛾2～3龄幼虫的捕食功能反应符合Holling Ⅱ模型，这与Ambrose报道的红彩瑞猎蝽4龄若虫对斜纹夜蛾3龄幼虫捕食功能反应符合Holling Ⅱ模型的结论一致。通常猎物密度增加会导致天敌搜寻效应减小，例如烟盲蝽（*Nesidiocoris tenuis*）对高密度斜纹夜蛾幼虫的捕食效率低于对低密度猎物的捕食，不同虫态叉角厉蝽对草地贪夜蛾和烟青虫等的搜寻效应均随猎物密度的增加而减小，而在本试验中红彩瑞猎蝽若虫和成虫对斜纹夜蛾3龄幼虫的搜寻效应随斜纹夜蛾密度的增加而减小，说明猎物密度对红彩瑞猎蝽的搜寻效应具有干扰作用，这与烟盲蝽和叉角厉蝽等天敌昆虫搜寻效应随猎物密度变化的规律相似。红彩瑞猎蝽在捕食斜纹夜蛾时存在个体间的干扰作用，红彩瑞猎蝽密度越大，单头红彩瑞猎蝽日捕食量越小，这与蒋文丽等对环斑猛猎蝽捕食斜纹夜蛾和陈苏怡等对黄带犀猎蝽捕食斜纹夜蛾幼虫研究的结果相似。本试验中发现红彩瑞猎蝽成虫对斜纹夜蛾2龄幼虫捕食量较高，由于斜纹夜蛾2龄幼虫末期从聚集为害烟株转为分散为害，故在田间使用红彩瑞猎蝽防治斜纹夜蛾时，宜在斜纹夜蛾低龄幼虫发生初始期释放捕食能力较强的红彩瑞猎蝽成虫进行防治，且为避免日间高温对防治效果的影响，释放时间应选择上午和傍晚。本试验在笼罩条件下以不同益害比释放红彩瑞猎蝽防治斜纹夜蛾，随着红彩瑞猎蝽与斜纹夜蛾益害比加大，对斜纹夜蛾的防治效果也增加，这与释放蠋蝽防治白菜斜纹夜蛾时防治效果随益害比加大而增加的规律相似。高卓等研究表明，蠋蝽防治甜菜夜蛾时以益害比1∶15释放蠋蝽，对甜菜夜蛾田间防治效果达63.8%，可对甜菜夜蛾种群增长起到良好的抑制作用。本试验中按照1∶15的益害比释放红彩瑞猎蝽成虫后10 d，对斜纹夜蛾防治效果达82.13%，对斜纹夜蛾控制效果明显。

在室内条件下，红彩瑞猎蝽3～4龄若虫和雄成虫对斜纹夜蛾3龄幼虫以及红彩瑞猎蝽雌成虫对斜纹夜蛾2～3龄幼虫的捕食功能反应均符合Holling Ⅱ模型，红彩瑞猎蝽雌成虫对斜纹夜蛾4～5龄幼虫捕食功能反应符合Holling Ⅲ型功能反应新模型。红彩瑞猎蝽雌成虫对斜纹夜蛾幼虫的捕食能力最强，其搜寻效应随着斜纹夜蛾幼虫密度增加而降低。随着红彩瑞猎蝽密度增加，红彩瑞猎蝽种间干扰和竞争增大，对斜纹夜蛾幼虫的捕食量减小。

## 三、红彩瑞猎蝽对烟青虫的捕食功能反应

烟青虫 *Helicoverpa assulta*（Guenée），也称烟夜蛾、烟实夜蛾，属节肢动物门昆虫纲鳞翅目夜蛾科 *Helicoverpa* 属。该虫是烟草上一种重要的害虫，在全球范围内广泛分布，在国外分布于日本、朝鲜、印度、缅甸等地，在我国除西藏外，各省、区、市均有发生。烟青虫作为一种寡食性害虫，主要为害茄科作物尤其是烟草及辣椒，在我国主要烟草种植区都有烟青虫的分布和为害，其中以西南烟区和黄淮烟区发生较严重。为害烟草时，幼虫多集中于顶部叶心和侧叶上取食，造成透明斑痕、孔洞缺刻或无头苗，甚至将叶肉吃光；除为害叶片外，也为害烟株的花蕾和果实。为害辣椒时，主要取食辣椒的果实、花、嫩茎、嫩芽和叶片等部位，造成叶片缺刻或嫩茎穿孔，严重时可把叶片、嫩茎全部吃光，整个幼虫钻入果内，啃食果皮并有大量粪便排出，造成果实不能食用。

目前对烟青虫的防控措施主要还是以化学防治为主，但由于化学防治容易引起环境污染、害虫抗药性等问题。为减少化学农药的不利影响，越来越多的研究者将焦点聚集于烟青虫生物防治方法，例如在辣椒种植地块的四周种植玉米、高粱等非茄科作物，引诱成虫产卵后集中消灭的方法，在烟青虫生物防治药剂的筛选上，短稳杆菌、白僵菌和多角体病毒等微生物制剂对烟青虫也有一定的防治效果，研究发现，性诱是烟青虫防治成虫的较好方法，使用烟青虫雄性不育剂和雌性不育剂及辐射不育的方法均可以显著减少烟青虫田间子代虫量。近年来，包括赤眼蜂和叉角厉蝽等天敌昆虫烟青虫的生物防治应用中显示出较好的效果，在未来，使用天敌昆虫为主的生物防治技术是可持续控制烟青虫的重要手段。

在田间调查发现，不同虫态红彩瑞猎蝽均可捕食烟青虫和棉铃虫幼虫，而红彩瑞猎蝽对烟青虫的捕食能力评估尚未见研究报道。本试验在室内条件下测定了红彩瑞猎蝽不同虫态对烟青虫2龄幼虫的捕食功能反应、搜寻效应和种内干扰作用等，以期为合理利用红彩瑞猎蝽在田间防治烟青虫幼虫提供理论依据。

### （一）材料与方法

#### 1. 供试材料

红彩瑞猎蝽为广东省烟草科学研究所人工气候室内长期饲养3代以上的稳定种群，烟青虫采自广东省南雄市古市镇东厢铺烟田，用人工饲料喂养2代以上，试验所用人工气候培养箱型号为江南仪器厂RXZ型，设定条件为温度（28±1）℃，相对湿度（60±5）%，光周期16L∶8D。

#### 2. 试验方法

（1）不同虫态红彩瑞猎蝽对烟青虫2龄幼虫的捕食量及功能反应：试验在直径为15 cm、高2.5 cm玻璃培养皿盒中进行，红彩瑞猎蝽设3龄若虫、4龄若虫、5龄若虫和雌成虫4个虫态处理，各处理选取个体大小一致的红彩瑞猎蝽，用足量的草地贪夜蛾2龄幼虫供

其取食24 h后再饥饿24 h。每个处理培养皿放1头红彩瑞猎蝽和不同密度烟青虫，烟青虫2龄幼虫分别设置密度为3头/皿、6头/皿、9头/皿、12头/皿、15头/皿和20头/皿6个处理，每个处理重复5次，24 h后统计烟青虫幼虫存活数量。

参考Juliano的方法，根据猎物密度与被捕食量之间的逻辑斯蒂回归方程先确定捕食反应的功能反应类型，然后对所得试验数据用Holling Ⅱ模型进行拟合，得到捕食功能反应方程：

$$N_a=aNT_r/(1+aT_hN)$$

式中，$N$为猎物密度，头/皿；$N_a$为捕食者猎物的数量，头；$a$为捕食者对猎物的瞬时攻击率；$T_r$为本试验的总时间（1 d）；$T_h$为处理时间，即红彩瑞猎蝽捕食1头草地贪夜蛾所需要的时间，d。当猎物密度$N$趋向于无穷时，$1/N$趋近于0，从而获得捕食者理论最大日捕食量$N_{a\,max}=1/T_h$。

（2）不同虫态红彩瑞猎蝽对烟青虫2龄幼虫的搜寻效应：

搜寻效应方程：$S=a/(1+aT_hN)$

式中，$S$为搜寻效应；$a$为红彩瑞猎蝽对烟青虫幼虫的瞬时攻击率；$T_h$为捕食1头烟青虫所需要的时间，d；$N$为烟青虫密度，头/皿。

（3）种内干扰作用对红彩瑞猎蝽5龄若虫捕食作用率的影响：以10头、20头、30头、40头、50头烟青虫2龄幼虫分别与1头、2头、3头、4头、5头红彩瑞猎蝽雌成虫组合，观察相互干扰对红彩瑞猎蝽捕食作用的影响，每个处理重复5次，24 h后检查结果。用$E=QP^{-m}$（$E$为捕食作用率，$P$为天敌密度，$Q$为寻找系数，$m$为互相干扰系数）进行捕食者自身密度反应拟合。

3. 数据分析

先用Ecxel 2010对所得试验数据进行统计，使用SPSS 19.0软件进行单因素方差分析（One-Way ANOVA），应用Duncan氏新复极差法比较不同数据间差异。使用SigmaPlot 13.0软件对相关方程进行曲线拟合和线性回归分析，使用Grphpad Prism 8.0分析并作图。

## （二）结果与分析

### 1. 不同虫态红彩瑞猎蝽对烟青虫2龄幼虫的捕食行为观察

红彩瑞猎蝽成虫或若虫对烟青虫幼虫的取食行为，表现为在爬行过程中不停的摆动触角，偶尔用前足清理触角和喙，当触角感觉到猎物的方位后，会慢慢爬向猎物，用触角定位好方位，然后瞬间用喙刺入猎物头部、前胸或腹部等位置，同时用两对前足按住猎物，猎物在被刺入初始会拼命挣扎，但通常会在10 s左右被麻醉而减少反抗，红彩瑞猎蝽在成功刺入猎物后，前足松开猎物，改用两只前足支撑住地面，抵御猎物的反抗，并一边吸食猎物体液，一边拖着猎物慢慢往后退，直至猎物不再抵抗，才停下来继续吸食，通常没有外界的惊扰情况下，会吸食猎物至饱食状态之后才离开猎物（图3-19至图3-21）。

图3-19　红彩瑞猎蝽若虫和成虫捕食烟青虫2龄幼虫

图3-20　红彩瑞猎蝽成虫捕食烟青虫4龄幼虫　　图3-21　红彩瑞猎蝽成虫捕食烟青虫5龄幼虫

### 2. 不同虫态红彩瑞猎蝽对烟青虫2龄幼虫的捕食能力

不同虫态红彩瑞猎蝽均能捕食烟青虫2龄幼虫，日平均捕食量随着烟青虫幼虫密度增加整体呈上升趋势（图3-22）。当烟青虫幼虫密度达到20头/皿时，红彩瑞猎蝽3龄若虫、4龄若虫、5龄若虫和雌成虫的日平均捕食量达到最大值，分别为4.20头、5.20头、7.20头和6.80头。由图3-22可知，红彩瑞猎蝽3龄若虫对不同密度烟青虫幼虫处理的日平均捕食量之间差异显著。当烟青虫幼虫密度为12头/皿、15头/皿、20头/皿时，红彩瑞猎蝽4龄若虫、5龄若虫和雌成虫的日平均捕食量之间差异不显著。

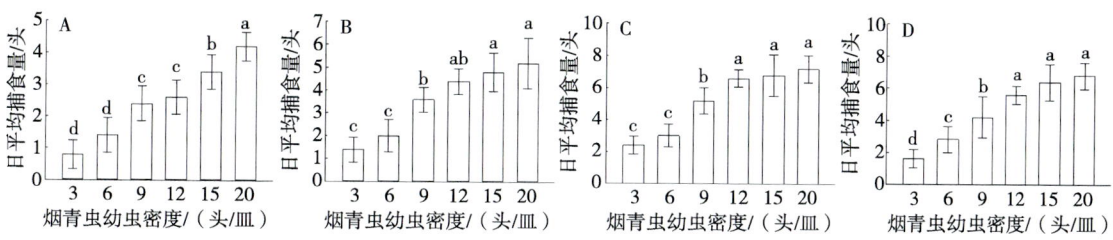

A—3龄若虫；B—4龄若虫；C—5龄若虫；D—雌成虫。

图3-22　不同虫态红彩瑞猎蝽对烟青虫2龄幼虫的日平均捕食量

### 3. 不同虫态红彩瑞猎蝽对烟青虫2龄幼虫的捕食功能反应

回归分析结果显示，本次试验的功能回归分析的一次方系数$P_1$在各个虫态下均小于0（表3-17），并且随着猎物密度的增加红彩瑞猎蝽对烟青虫2龄幼虫的捕食量均逐渐增加，然后变成缓慢增加或不再增加，并趋于稳定，呈负密度制约关系，表明红彩瑞猎蝽各虫态对烟青虫2龄幼虫的捕食功能类型均属于Holling Ⅱ型，由此建立红彩瑞猎蝽对烟青虫2龄幼虫的捕食功能反应方程（表3-18），不同虫态红彩瑞猎蝽对烟青虫2龄幼虫的捕食量随着烟青虫密度增加而增加，当烟青虫幼虫密度增加到20头/皿时，红彩瑞猎蝽的捕食量趋向饱和，增加不明显，捕食量与猎物密度间的关系表现为逆密度制约，功能反应曲线呈现为负加速曲线或上升渐进线。从表3-18可知，红彩瑞猎蝽不同虫态捕食效能从大到小依次为雌成虫（12.031 5）、5龄若虫（10.869 0）、4龄若虫（5.711 6）和3龄若虫（4.422 0），日最大捕食量分别为从大到小依次为雌成虫、3龄若虫、5龄若虫和4龄若虫，分别为21.008 4头、15.923 6头、11.494 3头和11.135 9头；瞬时攻击率从高到低依次为5龄若虫、雌成虫、4龄若虫和3龄若虫，分别为0.945 6、0.572 7、0.512 9和0.277 7。综合比较不同虫态红彩瑞猎蝽的瞬时攻击率、处置时间、捕食效能和日最大捕食量等因子，红彩瑞猎蝽雌成虫对烟青虫2龄幼虫的捕食效果要优于其他虫态。

**表3-17 不同虫态红彩瑞猎蝽对烟青虫2龄幼虫的功能捕食回归分析**

| 虫态 | 参数 | 估值 | 标准误 | t | $r^2$ |
|---|---|---|---|---|---|
| 3龄若虫 | $P_0$ | −0.967 | 0.428 | −2.809 | 0.834 |
|  | $P_1$ | −0.024 | 0.155 | −0.691 |  |
|  | $P_2$ | 0.001 | 0.015 | 0.002 |  |
|  | $P_3$ | −0.000 | 0.000 | −0.004 |  |
| 4龄若虫 | $P_0$ | −0.396 | 0.679 | −2.526 | 0.841 |
|  | $P_1$ | −0.259 | 0.247 | −1.321 |  |
|  | $P_2$ | −0.023 | 0.025 | 0.083 |  |
|  | $P_3$ | −0.000 | 0.000 | −0.004 |  |
| 5龄若虫 | $P_0$ | 0.526 | 0.203 | 1.042 | 0.965 |
|  | $P_1$ | −0.670 | 0.494 | 0.147 |  |
|  | $P_2$ | 0.056 | 0.047 | 0.147 |  |
|  | $P_3$ | −0.001 | 0.001 | −0.007 |  |
| 雌成虫 | $P_0$ | 0.526 | 0.203 | 1.402 | 0.988 |
|  | $P_1$ | −0.067 | 0.494 | −2.794 |  |
|  | $P_2$ | 0.056 | 0.047 | 0.147 |  |
|  | $P_3$ | −0.000 | 0.000 | −0.001 |  |

表3-18 红彩瑞猎蝽对烟青虫2龄幼虫的捕食功能反应（Holling Ⅱ圆盘方程）

| 红彩瑞猎蝽虫态 | Holling Ⅱ圆盘方程 | 瞬时攻击率$a$ | 处置时间$T_h$/d | 捕食效能$a/T_h$ | 日最大捕食量$1/T_h$ | $R^2$ | $P$ |
|---|---|---|---|---|---|---|---|
| 3龄若虫 | $N_a=0.277\,7N/(1+0.017\,4N)$ | 0.277 7 | 0.062 8 | 4.422 0 | 15.923 6 | 0.926 | <0.001 |
| 4龄若虫 | $N_a=0.512\,9N/(1+0.046\,1N)$ | 0.512 9 | 0.089 8 | 5.711 6 | 11.135 9 | 0.885 | <0.01 |
| 5龄若虫 | $N_a=0.945\,6N/(1+0.082\,3N)$ | 0.945 6 | 0.087 0 | 10.869 0 | 11.494 3 | 0.874 | <0.01 |
| 雌成虫 | $N_a=0.572\,7N/(1+0.027\,3N)$ | 0.572 7 | 0.047 6 | 12.031 5 | 21.008 4 | 0.912 | <0.01 |

**4. 不同虫态红彩瑞猎蝽对烟青虫2龄幼虫的搜寻效应**

红彩瑞猎蝽3龄若虫、4龄若虫、5龄若虫和雌成虫对烟青虫2龄幼虫的搜寻效应均表现为随着猎物密度的增加而降低的趋势（图3-23）。当烟青虫2龄幼虫密度为3头/皿、6头/皿、9头/皿和15头/皿时，不同虫态红彩瑞猎蝽对烟青虫的搜寻效应从高到低排序依次为5龄若虫、雌成虫、4龄若虫和3龄若虫。当烟青虫幼虫密度为20头/皿时，不同虫态红彩瑞猎蝽对烟青虫的搜寻效应从高到低依次为雌成虫、5龄若虫、4龄若虫和3龄若虫。

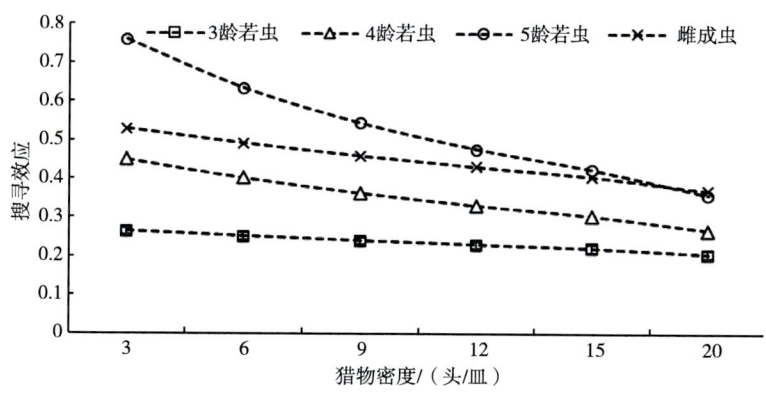

图3-23 红彩瑞猎蝽对烟青虫2龄幼虫的搜寻效应

**5. 种内干扰对红彩瑞猎蝽雌成虫捕食作用的影响**

种内干扰对红彩瑞猎蝽雌成虫捕食烟青虫2龄幼虫作用的影响结果见表3-19。结果表明，随着红彩瑞猎蝽密度增加，对烟青虫幼虫的平均捕食量增速逐渐降低，说明单位空间内红彩瑞猎蝽密度的增加其干扰作用也增大，其自身密度干扰反应符合Hasse Ⅱ型。由观测数据计算得知搜索常数$Q=0.763\,9$，干扰系数$m=0.717$，干扰方程$E=0.763\,9P^{-0.717}$。

表3-19 干扰作用对红彩瑞猎蝽成虫捕食烟青虫幼虫的影响

| 猎蝽密度/（头/皿） | 猎物密度/（头/皿） | 总捕食量/头 | 平均捕食量/头 | 捕食作用率 实测值 | 捕食作用率 理论值 |
|---|---|---|---|---|---|
| 1 | 10 | 32 | 6.4 | 0.64 | 0.763 9 |

（续表）

| 猎蝽密度/（头/皿） | 猎物密度/（头/皿） | 总捕食量/头 | 平均捕食量/头 | 捕食作用率 | |
|---|---|---|---|---|---|
| | | | | 实测值 | 理论值 |
| 2 | 20 | 56 | 11.2 | 0.28 | 0.464 7 |
| 3 | 30 | 69 | 13.8 | 0.153 3 | 0.347 5 |
| 4 | 40 | 79 | 15.8 | 0.098 7 | 0.282 7 |
| 5 | 50 | 91 | 18.2 | 0.072 8 | 0.240 9 |

### （三）结论与讨论

本试验结果表明，红彩瑞猎蝽3龄若虫、4龄若虫、5龄若虫和雌成虫均能捕食烟青虫2龄幼虫，对烟青虫的捕食行为表现为搜索、攻击和捕食等几个阶段，对烟青虫的捕食部位主要集中于头部、前胸部和腹部几个部位，其捕获烟青虫后，会吸食虫体汁液至饱食状态才离开，这与益蝽捕食草地贪夜蛾幼虫未吸食完便会攻击其他草地贪夜蛾幼虫的行为有所不同。

天敌对害虫的捕食功能反应是定量评价天敌对害虫控制效能的一个重要方法。在本试验中，红彩瑞猎蝽雌成虫有最大的日最大捕食量（21.008 4头）和捕食效能（12.031 5），各虫态对烟青虫幼虫捕食功能反应模型符合Holling Ⅱ型圆盘方程，这与蠋蝽和叉角厉蝽等捕食蝽对烟青虫幼虫的捕食功能反应模型一致。红彩瑞猎蝽对烟青虫2龄幼虫的瞬时攻击率，5龄若虫比成虫、4龄若虫和3龄若虫更高，原因可能是5龄若虫即将蜕皮羽化为成虫，需要储备能量，因此急于捕食，这与叉角厉蝽和蠋蝽黄带犀猎蝽5龄若虫对草地贪夜蛾瞬时攻击率高于4龄若虫的结果类似。

搜寻效应是天敌对害虫敌捕食过程中的一种行为特征，搜寻效应的大小决定了天敌对害虫种群的抑制作用的大小。在本试验中，随着烟青虫幼虫密度的增加，红彩瑞猎蝽搜寻效应逐渐降低，说明这种现象在捕食者与猎物系统中是普遍存在的。在同一猎物密度下，雌成虫的搜寻效应最大，说明红彩瑞猎蝽雌成虫对烟青虫幼虫控制作用较强。当红彩瑞猎蝽雌成虫和烟青虫幼虫的比例不变，而红彩瑞猎蝽密度不断增加时，会产生种内干扰作用，表现为对烟青虫幼虫总捕食量不断增加，而捕食作用率却随着捕食者密度增加而逐渐降低。

自然界中存在丰富的鳞翅目害虫寄生性和捕食性天敌，通过天敌昆虫"以虫治虫"控制烟青虫是有效可行的防控措施。红彩瑞猎蝽对烟青虫具有较强的捕食能力，其对烟青虫的控害机理还有待深入研究。本试验在室内条件下完成，与自然环境还存在温湿度、猎物种类及数量、天敌饥饿程度和天敌种群捕食竞争等多种影响因素的不同，受环境因子的影响，红彩瑞猎蝽对烟青虫的捕食效能甚至还会有所下降。因此，红彩瑞猎蝽对烟青虫的实际捕食能力还需要在大田环境条件下做进一步研究。

## 四、红彩瑞猎蝽对小地老虎的捕食作用

小地老虎 *Agrotis ipsilon*（Rottemberg）属鳞翅目 Lepidoptera 夜蛾科 Noctuidae，是一种世界性的地下害虫，在我国各地区均有分布。该虫具有迁飞性、食性杂等特点，能为害玉米、烟草和高粱等100多种农作物。小地老虎为害烟草主要在烟苗移栽至团棵期，以1~2龄幼虫在烟苗上取食嫩叶，3龄以后幼虫钻入地下咬食植株嫩茎，严重时可咬断整株烟茎，造成烟田缺苗，为害严重的田块可造成20%~30%烟田缺苗。化学防治由于具有见效快、可应急的优点，目前依然是防治小地老虎的主要方法，由于幼虫在3龄后喜欢钻进地下，给防治带来很大困难。虽有研究报道可以使用拌种的方法增加防效，但需要残留期更长的农药，由此带来土壤农药残留超标，害虫产生抗药性，引起环境污染、食品安全和降低田间生态多样性等诸多问题。为转变过度依赖化学农药防治作物病虫害局面，进一步实施农药减量增效计划，农业农村部《到2025年化学农药减量化行动方案》提出，"十四五"期间要更大力推进病虫害防治向绿色防控和可持续治理转变。因此，探索天敌昆虫防治小地老虎等生物防治方法具有重要意义。

目前有关小地老虎的生物防治研究报道主要涉及病原线虫、昆虫病毒、微孢子虫、细菌、真菌、捕食和寄生性天敌昆虫等。苏云金芽孢杆菌 *Bacillus thuringiensis* 和核型多角体病毒 Nucleo polyhedro virus 等被证实在防治小地老虎上有较好潜能，谷星慧等报道在移栽烟草幼苗时使用昆虫病原线虫（EPN）*Steinernemacarpocapsae* All 粉剂，对烟苗具有显著保苗效果，Bailey 的研究结果表明，螟蛉绒茧蜂 *Cotesiaruficrus*（Haliday）对小地老虎的寄生率达80%以上，另外中黑盲蝽 *Adelphocoris suturalis*（Jakovlev）、赤眼蜂 *Trichogrammadendrolimi* 和伏虎悬茧蜂 *Meteorus rubens*（Nees）等天敌昆虫对小地老虎均有较佳控害潜力。可见，挖掘和开发利用天敌昆虫防治害虫是当前小地老虎生物防治研究的热点方向之一。

基于红彩瑞猎蝽对害虫强大的捕食能力，而红彩瑞猎蝽对小地老虎的捕食作用尚未见相关研究报道，本试验在室内观察了红彩瑞猎蝽对小地老虎的捕食行为（图3-24、图3-25），测定了红彩瑞猎蝽对小地老虎3龄幼虫的捕食功能反应，以期为下一步将红彩瑞猎蝽应用于田间防治小地老虎提供理论依据。

**图3-24　红彩瑞猎蝽成虫捕食小地老虎3龄幼虫**　　**图3-25　红彩瑞猎蝽若虫捕食小地老虎3龄幼虫**

## （一）材料与方法

### 1. 供试材料

红彩瑞猎蝽为广东省烟草科学研究所人工气候室内用烟蚜与面包虫饲养3代以上的稳定种群，小地老虎为广东省农业科学院植物保护研究所室内饲养3代以上种群，试验所用人工气候培养箱型号为江南仪器厂RXZ型，环境条件为温度（28±1）℃，相对湿度（60±5）%，光周期16L：8D。

### 2. 试验方法

（1）不同虫态红彩瑞猎蝽对小地老虎3龄幼虫的捕食量及功能反应：试验在直径为15 cm、高2.5 cm玻璃培养皿中进行，培养皿底部平铺直径12 cm的圆形滤纸。红彩瑞猎蝽设3龄若虫、4龄若虫、5龄若虫、雌成虫和雄成虫5个虫态处理，各处理选取蜕皮或羽化后48 h内的红彩瑞猎蝽若虫或成虫，供试小地老虎3龄幼虫试验前饥饿24 h。每个处理培养皿放1头红彩瑞猎蝽和不同密度小地老虎3龄幼虫，设置密度梯度分别为5头、10头、15头、20头、25头、30头6个处理，每个处理重复5次，观察红彩瑞猎蝽对小地老虎的捕食行为，24 h后统计小地老虎幼虫被捕食数量。

捕食功能反应：根据猎物密度与被捕食量之间的逻辑斯蒂回归分析可以确定捕食功能反应类型，具体方程如下：

$$\frac{N_a}{N_0}=\frac{\exp(P_0+P_1N_0+P_2N_0^2+P_3N_0^3)}{1+\exp(P_0+P_1N_0+P_2N_0^2+P_3N_0^3)}$$

式中，$N_0$为小地老虎最初数量；$N_a$为被捕食的小地老虎数量。$P_0$、$P_1$、$P_2$和$P_3$分别为常数、一次方、二次方和三次方系数。当方程中$P_1=0$时，表示红彩瑞猎蝽的捕食量随着小地老虎的数量增加而呈现直线上升，说明功能反应类型属于Holling Ⅰ型；如果方程中$P_1<0$，而且红彩瑞猎蝽的捕食量随着小地老虎的密度增加而增加，之后不再增加，渐渐变为平稳状态，则说明功能反应类型属于Holling Ⅱ型；如果方程中$P_1>0$，即红彩瑞猎蝽的捕食量随小地老虎的密度变化呈"S"形波动，说明功能反应类型为Holling Ⅲ型。

Holling Ⅱ圆盘方程：$N_a=aNT/(1+aT_hN)$

式中，$N_a$为小地老虎被捕食数量；$a$为红彩瑞猎蝽对小地老虎的瞬时攻击率；$N$为小地老虎的初始密度；$T$为红彩瑞猎蝽搜寻小地老虎的总时间（本试验中$T=1$ d）；$T_h$为处理时间，即红彩瑞猎蝽捕食一头小地老虎的时间。

（2）不同虫态红彩瑞猎蝽对小地老虎3龄幼虫的搜寻效应：

搜寻效应方程：$S=a/(1+aT_hN)$，式中参数同上。

（3）种内干扰作用对红彩瑞猎蝽捕食作用率的影响：以10头、20头、30头、40头、50头小地老虎3龄幼虫分别与1头、2头、3头、4头、5头红彩瑞猎蝽雌成虫组合，每个处理重复5次，24 h后调查记录小地老虎死亡数量。用丁岩钦提出的种内干扰方程$E=QP^{-m}$分析捕食者自身密度干扰反应。

分摊竞争强度：$I=(E1-Ep)/E1$

式中，$I$ 为分摊竞争强度；$E1$ 为1头天敌的捕食作用率；$Ep$ 为密度为 $P$ 的天敌捕食作用率。

3. 数据分析

所有数据先使用Excel 2010处理，再使用SPSS 22.0软件进行One-Way ANOVA单因素方差分析，不同数据组间差异用Duncan氏新复极差法比较。

## （二）结果与分析

### 1. 不同虫态红彩瑞猎蝽对小地老虎3龄幼虫的捕食量

红彩瑞猎蝽不同虫态对小地老虎3龄幼虫的捕食能力存在显著差异（表3-20）。在相同猎物密度条件下，红彩瑞猎蝽捕食量随着虫态增加而逐渐增大，其中红彩瑞猎蝽雌成虫捕食量最大，其次为雄成虫和5龄若虫，3龄若虫的捕食量最低。相同虫态红彩瑞猎蝽捕食量随着猎物密度的增加而增加，在猎物密度达到25~30头/皿时，捕食量趋于饱和，增加量不明显或不再增加。当小地老虎密度达到25头/皿时，红彩瑞猎蝽雌成虫捕食量达到最大值（8.9±1.45）头，雄成虫最大捕食量为（8.6±0.97）头，5龄若虫最大捕食量为（8.5±1.08）头，3龄若虫最大捕食量为（4.7±0.97）头；4龄若虫在猎物密度为30头时达到最大值（6.2±1.35）头。

表3-20　不同虫态红彩瑞猎蝽对小地老虎3龄幼虫的捕食能力

| 虫态 | 猎物密度/（头/皿） | | | | | | $F(df=5)$ |
| --- | --- | --- | --- | --- | --- | --- | --- |
| | 5 | 10 | 15 | 20 | 25 | 30 | |
| 3龄若虫 | 1.1±0.57bD | 2.1±0.74cC | 2.9±0.74cB | 4.2±1.23cA | 4.7±0.97cA | 4.6±0.97cA | 21.49 |
| 4龄若虫 | 1.4±0.52bC | 2.6±0.99bB | 4.1±1.53bB | 5.3±1.48bA | 6.1±1.17bA | 6.2±1.35bA | 28.12 |
| 5龄若虫 | 2.1±0.57aE | 3.8±.79abD | 6.0±1.25aC | 7.5±1.58aB | 8.5±1.08aA | 8.5±1.08aA | 56.90 |
| 雌成虫 | 2.2±0.79aE | 4.0±1.15aD | 6.1±1.20aC | 7.7±1.34aB | 8.9±1.45aA | 8.8±1.32aA | 49.41 |
| 雄成虫 | 2.1±0.57aE | 3.9±0.88abD | 5.9±1.10aC | 7.5±1.27aB | 8.6±0.97aA | 8.5±1.58aA | 56.94 |
| $F(df=4)$ | 6.66 | 7.48 | 14.58 | 12.01 | 49.49 | 19.94 | |

注：表中数据为平均值±标准误，同一行和同一列数据后不同小写字母者表示处理间差异显著（$P<0.05$）。下同。

### 2. 不同虫态红彩瑞猎蝽对小地老虎3龄幼虫的捕食功能反应

回归分析结果显示，本次试验的功能回归分析的一次方系数 $P_1$ 在各个虫态下均小于0（表3-21），并且随着猎物密度的增加，红彩瑞猎蝽对小地老虎3龄幼虫的捕食量均逐渐增加，然后变成缓慢增加或不再增加，并趋于稳定（图3-26），呈负密度制约关系，表明红彩瑞猎蝽各虫态对小地老虎3龄幼虫的捕食功能类型均属于Holling Ⅱ型，由此建立红彩瑞猎蝽对小地老虎3龄幼虫的捕食功能反应方程（表3-22）。结果表明，红彩瑞猎蝽4龄若虫、5龄若虫与成虫对小地老虎3龄幼虫的理论日最大捕食量相近，均为32~34头，3龄若虫略低于其他虫态，为20.41头。瞬时攻击率由高到低依次为雌成虫（0.47）、5龄若虫与雄成虫（0.45）、4龄若虫（0.29）、3龄若虫（0.23），从捕食效能指标来看，红彩瑞猎蝽捕食能力的大小顺序为雌成虫（15.16）>雄成虫=5龄若虫（15.00）>4龄若虫（10.00）>3龄若虫（4.69）。由此可知，针对小地老虎3龄幼虫，成虫及5龄若虫的捕食效果好于3龄若虫与4龄若虫。

表3-21 不同虫态红彩瑞猎蝽对小地老虎3龄幼虫的功能捕食回归分析

| 虫态 | 参数 | 估值 | 标准误 | $t$ | $r^2$ |
|---|---|---|---|---|---|
| 3龄若虫 | $P_0$ | −0.960 | 0.209 | −1.860 | |
| | $P_1$ | −0.085 | 0.049 | −0.295 | |
| | $P_2$ | 0.006 | 0.003 | 0.019 | 0.936 |
| | $P_3$ | −0.000 | 0.000 | −0.000 | |
| 4龄若虫 | $P_0$ | −1.018 | 0.350 | −2.525 | |
| | $P_1$ | −0.023 | 0.080 | −0.322 | |
| | $P_2$ | −0.001 | 0.005 | −0.023 | 0.851 |
| | $P_3$ | −0.000 | 0.000 | −0.000 | |
| 5龄若虫 | $P_0$ | −0.096 | 0.220 | −1.042 | |
| | $P_1$ | −0.069 | 0.051 | −0.287 | |
| | $P_2$ | 0.005 | 0.003 | 0.190 | 0.965 |
| | $P_3$ | −0.000 | 0.000 | −0.000 | |
| 雌成虫 | $P_0$ | 0.044 | 0.131 | 0.608 | |
| | $P_1$ | −0.081 | 0.030 | −0.211 | |
| | $P_2$ | 0.005 | 0.002 | 0.130 | 0.988 |
| | $P_3$ | −0.000 | 0.000 | −0.000 | |
| 雄成虫 | $P_0$ | −0.096 | 0.092 | −0.490 | |
| | $P_1$ | −0.065 | 0.021 | −0.156 | |
| | $P_2$ | 0.004 | 0.001 | 0.010 | 0.994 |
| | $P_3$ | −0.000 | 0.000 | −0.000 | |

表3-22 红彩瑞猎蝽对小地老虎3龄幼虫的捕食功能反应

| 虫态 | HollingⅡ圆盘方程 | 瞬时攻击率$a$ | 处置时间/d | 捕食效能$a/T_h$ | 日最大捕食量$1/T_h$ | $R^2$ | $t$ | $P$ |
|---|---|---|---|---|---|---|---|---|
| 3龄若虫 | $N_a=0.23N/(1+0.011N)$ | 0.230 | 0.049 | 4.690 | 20.410 | 0.995 | 31.513 | <0.001 |
| 4龄若虫 | $N_a=0.29N/(1+0.029N)$ | 0.290 | 0.029 | 10.000 | 34.480 | 0.988 | 20.327 | <0.001 |
| 5龄若虫 | $N_a=0.45N/(1+0.014N)$ | 0.450 | 0.030 | 15.000 | 33.330 | 0.994 | 28.202 | <0.001 |
| 雌成虫 | $N_a=0.47N/(1+0.015N)$ | 0.470 | 0.031 | 15.160 | 32.260 | 0.995 | 32.919 | <0.001 |
| 雄成虫 | $N_a=0.45N/(1+0.014N)$ | 0.450 | 0.030 | 15.000 | 33.330 | 0.996 | 33.552 | <0.001 |

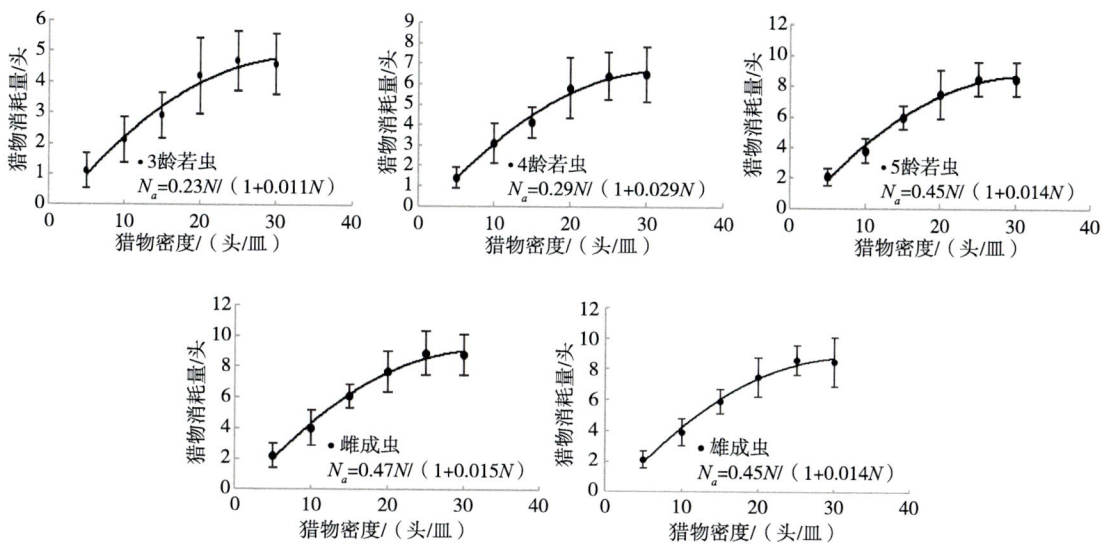

**图3-26 红彩瑞猎蝽对小地老虎3龄幼虫的捕食功能反应曲线**

### 3. 不同虫态红彩瑞猎蝽对小地老虎3龄幼虫的搜寻效应

红彩瑞猎蝽3龄若虫、4龄若虫、5龄若虫和雌雄成虫对小地老虎3龄幼虫的搜寻效应见图3-27。由图3-27可知，不同虫态红彩瑞猎蝽对小地老虎3龄幼虫的搜寻效应均随着猎物密度增加而逐渐减小，呈负相关关系。不同虫态红彩瑞猎蝽对小地老虎3龄幼虫的搜寻效应以雌成虫为最高，其次为5龄若虫和雄成虫，4龄若虫再次，3龄若虫搜寻效应最低。

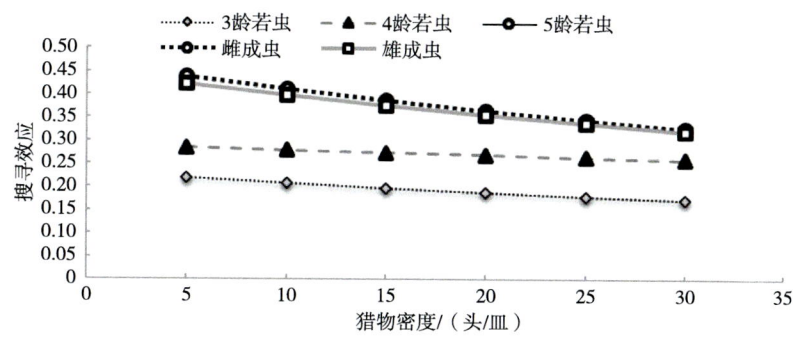

**图3-27 红彩瑞猎蝽对小地老虎3龄幼虫的搜寻效应**

### 4. 种内干扰对红彩瑞猎蝽雌成虫捕食作用的影响

保持红彩瑞猎蝽和小地老虎的数量比例不变，随着红彩瑞猎蝽雌成虫数量增加，捕食者密度会对捕食猎物的数量变化产生影响，红彩瑞猎蝽对小地老虎平均捕食量和捕食作用率随着捕食者和猎物密度增加而逐渐下降（表3-23）。每皿红彩瑞猎蝽雌成虫密度分别为1头、2头、3头、4头、5头时，对小地老虎3龄幼虫的平均捕食量分别为4.2头、4.0头、3.73头、3.35头和2.84头，说明分摊竞争强度随着红彩瑞猎蝽的密度增大而增大，分别为0、0.524、0.705、0.802、0.864，捕食作用率分别为0.420、0.200、0.124、0.083、0.057，计算出搜索常数$Q$为0.437，干扰系数$m$为1.212，建立红彩瑞猎蝽雌成虫捕食小地老虎3龄幼虫的干扰反应方程为$E=0.436\ 6p^{-1.212}$（$R^2=0.959$，$\chi^2=0.038<\chi^2_{(4,0.005)}=9.49$）。

表3-23　干扰作用对红彩瑞猎蝽雌成虫捕食小地老虎3龄幼虫的影响

| 红彩瑞猎蝽密度/<br>（头/皿） | 猎物密度/<br>（头/皿） | 总捕食量/头 | 平均捕食量/头 | 捕食作用率 | | 分摊竞争强度 |
|---|---|---|---|---|---|---|
| | | | | 实测值 | 理论值 | |
| 1 | 10 | 4.200 | 4.200 | 0.420 | 0.437 | 0.000 |
| 2 | 20 | 8.000 | 4.000 | 0.200 | 0.188 | 0.524 |
| 3 | 30 | 11.200 | 3.730 | 0.124 | 0.115 | 0.705 |
| 4 | 40 | 13.400 | 3.350 | 0.083 | 0.081 | 0.802 |
| 5 | 50 | 14.200 | 2.840 | 0.057 | 0.062 | 0.864 |

## （三）结论与讨论

天敌对害虫的捕食功能反应是定量评价天敌对害虫控制效能的一个重要方法。本试验结果表明，不同虫态红彩瑞猎蝽对小地老虎3龄幼虫的捕食量，与小地老虎的密度呈负加速曲线，各虫态对小地老虎3龄幼虫的捕食功能反应类型符合HollingⅡ型圆盘方程。这与不同虫态蠋蝽对棉铃虫和玉米螟等猎物的捕食作用、叉角厉蝽、黄带犀猎蝽和大红犀猎蝽等捕食蝽对草地贪夜蛾幼虫的捕食功能反应模型相一致。天敌昆虫的捕食能力与自身的虫龄大小有着密切关系，本试验中，红彩瑞猎蝽对小地老虎的捕食量随着虫龄的增大而增加，其中成虫捕食效能最高，5龄若虫和4龄若虫次之。这与中黑盲蝽捕食小地老虎、红彩瑞猎蝽捕食烟蚜、斜纹夜蛾和褐飞虱等猎物的捕食效能结果一致。数据表明，红彩瑞猎蝽高龄若虫与成虫对小地老虎3龄若虫的理论日最大捕食量均大于32头，明显高于中黑盲蝽对小地老虎的理论日最大捕食量（6.8头），说明红彩瑞猎蝽对小地老虎具有较强的捕食能力。田间应用时，尽量选择在小地老虎幼虫3龄前释放天敌进行防控，可选择红彩瑞猎蝽成虫或5龄幼虫。

不同虫态的红彩瑞猎蝽对小地老虎3龄幼虫的搜寻效应均随着猎物的密度增大而下降，其雌成虫的搜寻效应略高于5龄若虫和雄成虫，3龄若虫、4龄若虫的搜寻效应较低。这与食虫齿爪盲蝽捕食枸杞木虱、蠋蝽捕食草地贪夜蛾的搜寻效应结果相似。当空间和猎物的比例一定时，随着红彩瑞猎蝽密度的增加，其日捕食率逐渐降低，说明红彩瑞猎蝽对小地老虎的捕食效应存在种内竞争和自我干扰作用，红彩瑞猎蝽成虫对小地老虎3龄幼虫的平均捕食量与捕食者自身和被捕食者密度呈负相关，分摊竞争强度也随之上升，这表明了二者之间存在种内竞争和干扰反应。这和叉角厉蝽捕食草地贪夜蛾幼虫的密度干扰作用相似，也和红彩瑞猎蝽捕食烟青虫的干扰作用结果一致。

综上所述，红彩瑞猎蝽对小地老虎3龄幼虫有较强的捕食能力，在应用红彩瑞猎蝽于田间防治小地老虎时，应结合田间害虫发生监测和预报，在小地老虎幼虫3龄前释放捕食能力较强的红彩瑞猎蝽成虫或5龄若虫。本试验结果在室内取得，只是对红彩瑞猎蝽的捕食功能进行初步试验，考虑到大田自然环境因子也会影响红彩瑞猎蝽的捕食效能，更精准的结果仍需通过田间观察及笼罩试验进行修正，如果能与食诱和性诱等其他绿色防控措施结合应用，应能取得更好的防治效果。

## 五、红彩瑞猎蝽对烟蚜的捕食功能反应

烟蚜 *Myzus persicae*（Sulzer）是烟叶生产中的重要害虫，常以若、成蚜聚集在烟株的叶片和幼嫩的组织上刺吸汁液为害，烟叶易发生煤污病，影响烟叶的品质（郭线茹，1990）。此外，烟蚜还是烟草黄瓜花叶病毒（CMV）、烟草马铃薯Y病毒（PVY）和烟草蚀纹病毒（TEV）等多种病毒病的传播媒介（张宏瑞，2001），由于烟蚜对化学药剂易产生抗药性（顾春波，2005），应用生物防治措施防治烟蚜是发展方向。

利用天敌昆虫对烟蚜进行生物防治是当前研究热点，已有研究表明，七星瓢虫 *Coccinella septempunctata*（Linnaeus）（侯茂林，2004）、异色瓢虫 *Harmonia axyridis*（Pallas）（任广伟，2005）和烟蚜茧蜂 *Aphidius gifuensis*（Ashmaed）（吴兴富，2003）等天敌对烟蚜有较好的控制作用。已有报道表明，红彩瑞猎蝽能捕食斜纹夜蛾和烟青虫幼虫（周忠实，2007；邓海滨，2012），我们在烟田调查中发现，该天敌还能捕食烟蚜。红彩瑞猎蝽的生物学特性和自然种群生命表组建已有研究（邓海滨，2013，2014），但关于该天敌对烟蚜的捕食功能研究尚未见报道。

本试验开展了红彩瑞猎蝽各虫态对烟蚜的捕食作用、捕食者密度和猎物密度、空间异质性对功能反应的影响研究，以期为正确评价该种天敌对烟蚜的控制作用提供科学依据（图3-28、图3-29）。

图3-28　红彩瑞猎蝽1龄若虫捕食烟蚜若蚜

图3-29　红彩瑞猎蝽1龄若虫捕食烟蚜有翅蚜

## （一）材料和方法

### 1. 供试材料

试验于2012年4月进行，烟蚜和红彩瑞猎蝽采自广东省烟草南雄科学研究所试验烟田，烟蚜以烟叶喂养多代供试，红彩瑞猎蝽以人工饲养的烟蚜为猎物喂养。试验所用的器具为15 cm×2.5 cm的玻璃培养皿，人工气候培养箱为韶关科力试验仪器有限公司出厂的PVY-250H-B，饲养条件为（27±1）℃，相对湿度为（60±15）%，光照L：D=16 h：8 h。

### 2. 试验方法

（1）不同猎物密度下红彩瑞猎蝽对烟蚜的捕食功能：分别将一头饥饿24 h的红彩瑞猎蝽雌成虫及1～5龄若虫与20头、30头、40头、50头、60头、70头烟蚜接入直径为8 cm的玻璃培养皿中，内置湿棉球保湿，每个处理重复3次。24 h后调查记录各处理剩余的烟蚜数。

（2）相互干扰对红彩瑞猎蝽雌成虫功能反应的影响：分别将1头、2头、3头、4头、5头、6头饥饿24 h的红彩瑞猎蝽雌成虫和50头烟蚜接入8 cm×10 cm的玻璃瓶中，瓶中内置湿棉球，共6个处理，每个处理重复3次。24 h后调查记录各处理剩余的活蚜数。

（3）空间异质性对红彩瑞猎蝽雌成虫捕食功能反应的影响：在高×宽为10 cm×8 cm的玻璃瓶中，分别放入含有0片、1片、2片、3片、4片、5片烟叶的烟权，作为空间异质性的不同处理，再分别接入20头、30头、40头、50头、60头、70头烟蚜（3～4龄无翅蚜）和1头饥饿了24 h的红彩瑞猎蝽雌成虫，每个处理重复3次。24 h后调查记录各处理剩余的活蚜数。

### 3. 数据处理

（1）功能反应：根据记录结果，利用Holling圆盘方程建立不同虫态红彩瑞猎蝽的捕食量与烟蚜密度的关系方程：

$$N_a = T_t a N / (1 + T_h a N)$$

式中，$N_a$为被捕食的猎物数；$a$为瞬时的猎物发现率；$N$为猎物密度；$T_h$为处理时间；即捕食者用于捕食猎物所需的时间；$T_t$为捕食者的总搜寻时间（在本试验中，$T_t$=24 h）。

将上式转化为线性方程：

$$1/N_a = T_h + 1/a \times 1/N$$

令$T_h=A$，$1/a=B$，则$1/N_a=A+B\times 1/N$

将数据代入上式，用线性最小二乘法可求得各红彩瑞猎蝽各虫态24 h捕食烟蚜的功能反应模型。将所得方程求得的红彩瑞猎蝽在烟蚜不同密度下的理论捕食量，与实际捕食量进行$X^2$检验。

（2）搜寻效应估计方程：

$$S = a / (1 + a T_h N)$$

式中，$S$为搜寻效应，其他参数同上。

(3）干扰反应：

$$捕食作用率：E（\%）=100 \times N_d/NtP$$

式中，$E$为捕食作用；$P$为天敌数量，头。

搜索常数和干扰系数可用公式：$E=Qp^{-m}$ $[E=N_e/(N_e \times P)]$

式中，$Q$为搜索常数；$m$为干扰系数；$N_e$为捕食的猎物总数；$N$为猎物密度。

所有数据均用SPSS 12.0软件进行统计分析，用新复极差法进行平均数的极限显著性检验。

### （二）结果与分析

#### 1. 不同密度下红彩瑞猎蝽对烟蚜的捕食作用

红彩瑞猎蝽对不同密度烟蚜下的捕食量见表3-24。可以看出不同虫态的红彩瑞猎蝽在不同烟蚜密度下的日平均捕食量有差异，其中以成虫的捕食量最大；1~5龄若虫中，1~2龄若虫取食量较小，3龄若虫开始取食量大幅增加，5龄若虫的捕食量最大，若虫捕食量由大到小依次为5龄>4龄>3龄>2龄>1龄。不同烟蚜密度条件下，红彩瑞猎蝽1~5龄若虫及成虫实际日最大捕食量为：8.2头、16.7头、38.3头、48.1头、53.3头和54.2头。对1~5龄若虫及成虫捕食量与烟蚜密度进行相关性检验，相关系数$r$分别为：0.571、0.845、0.897、0.949、0.957和0.925，红彩瑞猎蝽各虫态的捕食量与烟蚜密度均存在极显著的相关性（$P<0.01$），其中1龄若虫捕食量与烟蚜密度相关性最小，成虫捕食量与烟蚜密度相关性最大。

表3-24 红彩瑞猎蝽不同虫态在不同烟蚜密度下的捕食量（捕食量单位：头；烟蚜密度单位：头/皿）

| 处理 | 1龄若虫 | | 2龄若虫 | | 3龄若虫 | | 4龄若虫 | | 5龄若虫 | | 成虫 | |
|---|---|---|---|---|---|---|---|---|---|---|---|---|
| | 烟蚜密度 | 捕食量 | 烟蚜密度 | 捕食量 | 烟蚜密度 | 捕食量 | 烟蚜密度 | 捕食量 | 烟蚜密度 | 捕食量 | 烟蚜密度 | 捕食量 |
| 1 | 20 | 4.8±0.5 | 20 | 8.3±1.2 | 20 | 15.5±2.6 | 20 | 16.2±2.8 | 20 | 17.5±3.5 | 20 | 17.3±2.4 |
| 2 | 30 | 5.8±0.8 | 30 | 10.5±1.3 | 30 | 21.3±2.5 | 30 | 23.5±1.8 | 30 | 24.7±2.1 | 30 | 26.4±2.7 |
| 3 | 40 | 6.5±1.2 | 40 | 13.4±1.5 | 40 | 29.4±3.1 | 40 | 35.2±3.1 | 40 | 37.1±1.5 | 40 | 37.3±3.2 |
| 4 | 50 | 7.2±1.1 | 50 | 15.4±0.9 | 50 | 35.7±2.7 | 50 | 41.3±2.5 | 50 | 43.1±1.8 | 50 | 43.3±3.1 |
| 5 | 60 | 7.8±1.0 | 60 | 16.1±1.6 | 60 | 38.1±1.6 | 60 | 47.6±3.5 | 60 | 52.8±5.2 | 60 | 53.5±4.3 |
| 6 | 70 | 8.2±0.7 | 70 | 16.7±1.4 | 70 | 38.3±2.4 | 70 | 48.1±5.1 | 70 | 53.3±5.7 | 70 | 54.2±4.5 |

图3-30是红彩瑞猎蝽各虫态在不同烟蚜密度下的日平均捕食量，可见红彩瑞猎蝽成虫和各龄若虫的日平均捕食量随烟蚜密度的增大而增大，当到达一定程度时捕食量会趋于稳定，其功能反应曲线呈负加速曲线，是逆密度制约的。此曲线与Holling Ⅱ描述的捕食功能反应模型相符合，所以可以使用Holling Ⅱ圆盘方程进行拟合，用线性最小二乘法可求得各红彩瑞猎蝽各虫态24 h捕食烟蚜的功能反应模型。将计算所得的红彩瑞猎蝽在

烟蚜不同密度下的理论捕食量，与实际捕食量进行$X^2$检验。所得$X^2$均小于$X^2_{0.05}$=11.35（表3-25），可见拟合效果很好，表明所得模型能够反映红彩瑞猎蝽在不同烟蚜密度下的捕食变化规律。

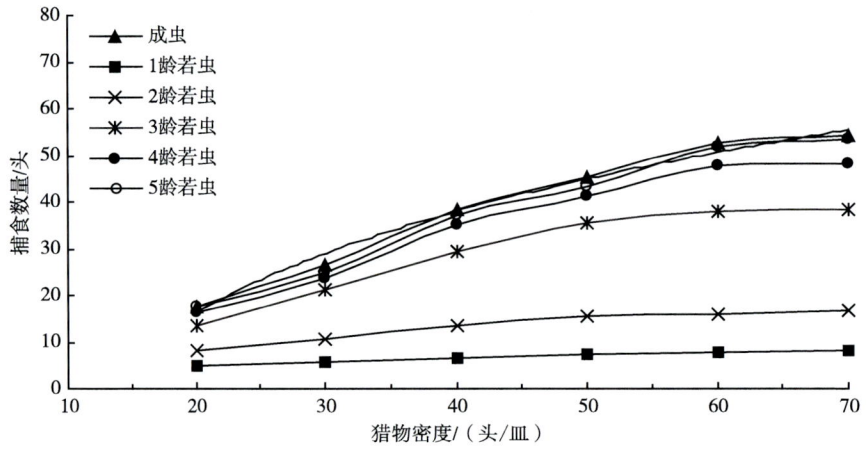

**图3-30 红彩瑞猎蝽各虫态对烟蚜的捕食量**

**表3-25 红彩瑞猎蝽各虫态的捕食功能反应方程**

| 虫态 | 瞬间攻击率 $a'$ | 处理时间 $T_h$/d | 日最大捕食量 $N_{max}$/头 | 捕食量理论公式 | 相关系数 $r$ | $X^2$检验 |
|---|---|---|---|---|---|---|
| 1龄若虫 | 1.023 5 | 0.021 7 | 41.315 6 | 1.023 5$t$/（1+0.025 21$t$） | 0.913 5 | 0.575 8 |
| 2龄若虫 | 1.137 9 | 0.012 5 | 90.913 0 | 1.137 9$t$/（1+0.092 61$t$） | 0.937 3 | 0.560 1 |
| 3龄若虫 | 1.130 4 | 0.009 8 | 115.115 6 | 1.130 4$t$/（1+0.011 35$t$） | 0.935 6 | 0.437 8 |
| 4龄若虫 | 1.116 7 | 0.008 5 | 165.679 7 | 1.116 7$t$/（1+0.012 19$t$） | 0.946 7 | 0.516 7 |
| 5龄若虫 | 1.150 2 | 0.006 8 | 189.130 2 | 1.150 2$t$/（1+0.023 51$t$） | 0.950 3 | 0.546 9 |
| 成虫 | 1.165 3 | 0.006 5 | 194.887 8 | 1.165 3$t$/（1+0.016 35$t$） | 0.964 5 | 0.941 5 |

当烟蚜密度$N \to \infty$时，$N_a=1/A$，由方程可以求得红彩瑞猎蝽各虫态理论最大捕食量（表3-25）。表现为随着龄期的增加，红彩瑞猎蝽若虫的食量相应增大，成虫的取食量最大，其次为5龄若虫和4龄若虫，成虫和1~5龄若虫捕食1头烟蚜所需平均时间分别为0.006 5 d、0.021 7 d、0.012 5 d、0.009 8 d、0.008 5 d和0.006 8 d。功能系数分别为1.165 3、1.023 5、1.137 9、1.130 4、1.116 7和1.150 2。

在评价天敌对害虫的控制效果时，要考虑捕食者对猎物的搜索和处理过程两方面，经常用攻击系数和处理时间之比（$a'/T_h$）来分析控害能力，该比值越大，表示对害虫的控制能力越强。从表3-25可知，红彩瑞猎蝽成虫及1~5龄若虫的$a'/T_h$值分别为179.276 9、47.165 9、91.032、115.346 9、131.376 5和169.147 1；当$N \to \infty$时，理论最大日捕食量分别为194.887 8头、41.315 6头、90.913 0头、115.115 6头、165.679 7头和189.130 2头，说明红彩瑞猎蝽对烟蚜的捕食潜力很大。结合考虑烟蚜在烟株的分布空间、其他天敌影响等田间因素，红彩瑞猎蝽在烟田对烟蚜的实际日最大捕食量可能会小于理论最大捕食量。

### 2. 相互干扰对红彩瑞猎蝽雌成虫功能反应的影响

根据 $E=N_a/N \cdot P$（式中，$N_a$ 为捕食烟蚜头数；$N$ 为供试烟蚜数；$P$ 为天敌头数），可得到红彩瑞猎蝽捕食作用率，根据Hassell和Varly提出的模型 $E=QP^{-m}$ 进行模拟，求出干扰常数 $m$。数据见表3-26。

表3-26　红彩瑞猎蝽雌成虫的捕食作用率与干扰常数值

| 捕食者密度/（头/皿） | 猎物密度/（头/皿） | 捕食量$N_a$/头 | 搜寻效应$E$ | 干扰常数$m$ |
| --- | --- | --- | --- | --- |
| 1 | 20 | 16.67 | 0.833 5 | 0.545 4 |
| 2 | 40 | 31.53 | 0.394 1 | 0.833 7 |
| 3 | 60 | 50.15 | 0.278 6 | 0.927 3 |
| 4 | 80 | 64.83 | 0.202 6 | 0.953 5 |
| 5 | 100 | 80.24 | 0.160 5 | 0.962 6 |

从表3-26可知，随着红彩瑞猎蝽从1头增加到5头，干扰常数从0.545 4增加到0.962 6，即随着猎物密度的增加，干扰常数也变大，个体间存在着明显的干扰反应，导致其捕食作用率的降低，随着捕食者密度的不断增加，相互干扰作用越加明显，而其搜寻效应也相应减小。

### 3. 空间异质性对红彩瑞猎蝽雌成虫捕食功能反应的影响

图3-31为不同数量的烟叶对红彩瑞猎蝽捕食量的影响。从图3-31可知，红彩瑞猎蝽雌成虫对烟蚜的功能反应类型依然是Holling Ⅱ圆盘反应。红彩瑞猎蝽雌成虫对烟蚜的功能反应参数的变化见表3-27，可知随着空间复杂性的增加，其攻击率 $a'$ 开始减小，对烟蚜的处理时间 $T_h$ 则逐步增加。评价捕食能力大小的 $a'/T_h$ 值逐步减小，尤其是从0片叶加入1片叶后，变化明显，可能是加入叶片，增加了红彩瑞猎蝽的搜寻时间。说明烟株叶片数越多，空间异质性越复杂，红彩瑞猎蝽捕食作用率越低。

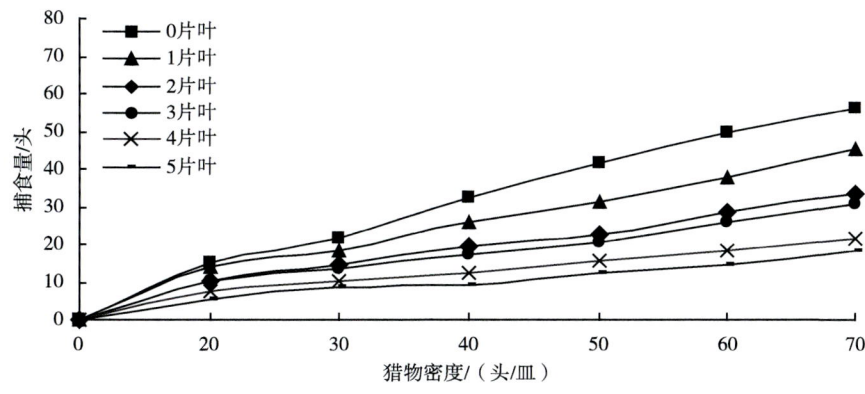

图3-31　不同烟叶数对红彩瑞猎蝽捕食量的影响

表3-27 不同生境条件下功能反应参数值

| 功能反应参数 | 瞬间攻击率 $a'$ | 处理时间 $T_h$/d | $a'/T_h$ | $r$ |
|---|---|---|---|---|
| 0片叶 | 0.910 5 | 0.007 6 | 119.802 6 | 0.998 1 |
| 1片叶 | 0.945 3 | 0.011 5 | 82.200 0 | 0.949 5 |
| 2片叶 | 0.921 6 | 0.013 6 | 67.764 7 | 0.951 3 |
| 3片叶 | 0.947 3 | 0.015 5 | 61.116 1 | 0.943 3 |
| 4片叶 | 0.951 9 | 0.017 3 | 55.023 1 | 0.946 5 |
| 5片叶 | 0.890 5 | 0.018 2 | 48.928 6 | 0.957 3 |

### （三）结论与讨论

天敌昆虫对害虫捕食能力的大小直接决定了其在该种害虫生物防治中的应用效果，功能反应是一个捕食者在单位时间内对给定的不同猎物密度所能捕获的猎物的变化，是研究天敌对害虫作用能力大小的经典方法（Solomon，1949）。在影响天敌捕食作用的诸多因子中，除天敌本身的特性外，害虫的密度是最重要的因子之一，红彩瑞猎蝽的捕食作用同时受到烟蚜密度和自身密度的影响，其捕食量随着烟蚜若虫密度的增加而增加，当猎物增加到一定的密度后，红彩瑞猎蝽对烟蚜捕食量增加的速度变慢，呈负加速曲线，其对烟蚜的捕食功能反应符合Holling Ⅱ型。

搜寻效应是捕食者在捕食过程中对寄主攻击的一种行为效应，搜寻效率（$a$）和处置时间（$T_h$）是反映捕食作用大小的两个测度（Punya，2006），本试验结果表明，随着烟蚜密度的增加，红彩瑞猎蝽的搜寻效应逐渐降低，其捕食受自身密度的影响也较大，随着自身密度的增大，对烟蚜的捕食量、捕食作用率均降低。

空间异质性对红彩瑞猎蝽功能反应的影响研究结果表明，无论空间大小或空间复杂性如何，均不能改变红彩瑞猎蝽的功能反应类型，即红彩瑞猎蝽成虫对烟蚜的功能反应类型依然是Holling Ⅱ圆盘反应。这与周忠实等（2007）报道红彩瑞猎蝽对斜纹夜蛾幼虫的捕食量和捕食作用率随烟草茎秆数的增加而降低，但对斜纹夜蛾幼虫的功能反应类型依然是Holling Ⅱ型反应结果相同；本试验研究结果与空间异质性对大草蛉成虫等能反应功影响研究（李桂亭，2002；Matsuda，2004）的结果也一致。

本试验的各项参数表明，红彩瑞猎蝽对烟蚜的攻击能力、搜索能力和搜寻效应均较强，是控制烟田烟蚜的重要捕食性天敌，在烟田害虫综合防治中具有推广意义。应用寄生性天敌烟蚜茧蜂防治烟蚜是当前烟田烟蚜防治中推广的一项重要生物防治技术，而红彩瑞猎蝽作为一种对烟蚜捕食能力强的天敌，与烟蚜茧蜂对烟蚜的联合控制作用有待进一步研究。

## 六、红彩瑞猎蝽对烟草重要害虫捕食选择性研究

烟草是中国重要的经济作物之一，中国也是世界上烟草种植面积和产量最大的国家（吴红波，2006）。为害中国烟草的害虫种类有200多种，其中烟蚜、烟青虫、斜纹夜蛾、斑须蝽、地老虎等严重影响了烟叶的生产（林兵，2014）。目前烟草害虫的防治主要依赖于化学农药，这不仅导致烟草生产成本大幅提高，而且烟叶中的农药残留影响了烟叶品质，同时，由于化学农药大量杀伤天敌，破坏了田间生态平衡，导致这些重要害虫反复猖獗为害。降低农田化学农药的使用，确保农产品安全已经成为一项国家战略，因此，现代农业安全生产和产品质量提高急需有效地保护和利用农田有益生物。

农作物害虫生物防治是有害生物综合治理中的一项重要措施，瓢虫、草蛉、食蚜蝇、蠋蝽、叉角厉蝽、红彩瑞猎蝽和棉铃虫齿唇姬蜂等在控制重要咀嚼式和刺吸式农业害虫及螨类中发挥了重要的作用（朱涤芳，1990；杨灿，2022；邓海滨，2014；宋南，2008）。天敌的人工繁育和释放是越来越受关注的害虫生物防治技术，且能较好地用于田间害虫的控制。人工释放普通草蛉对棉铃虫的防效可达69.88%~78.73%（丁瑞丰，2015）。异色瓢虫田间释放能有效控制甘蓝蚜的为害，并作为一项绿色防控技术在无公害蔬菜的生产区大力推广（孙梅梅，2015）。田间释放草蛉控制烟粉虱也广泛用于有机农产品的生产中，有效地避免了合成农药的使用（Sengonca，1997）。在中国烟草种植区，害虫天敌资源十分丰富，其种类多达140余种，捕食性天敌主要包括异色瓢虫 *Harmonia axyridis*、七星瓢虫 *Coccinella septempunctata*、大草蛉 *Chrysopa pallens*、黑带食蚜蝇 *Episyrphus balteatus*、大灰食蚜蝇 *Syphus corolla*、青翅蚁形隐翅虫 *Paederus fuscipes* 和草间小黑蛛 *Erigonidium graminicolum* 等（侯陶谦，1996）。红彩瑞猎蝽是广东烟草种植区的优势天敌种群（周忠实，2007）。其成虫和幼虫均可捕食斜纹夜蛾 *Spodoptera litura*、烟青虫 *Helicoverpa assulta* 和烟蚜 *Myzus persicae* Sulzer 等重要烟草害虫（邓海滨，2013，2014）。这种猎蝽在广东省南雄市一年可发生2~3代，以成虫越冬，第一代的若虫和成虫发生时间完全覆盖烟草大田生长期，能充分控制烟草害虫的为害。然而有关红彩瑞猎蝽对这些重要烟草害虫的捕食选择性和偏好的研究尚未见报道，因此，笔者研究了红彩瑞猎蝽对烟蚜、烟青虫和斜纹夜蛾3种烟草重要害虫的捕食选择性、选择时间及对猎物的偏好，旨在为更合理、有效地应用红彩瑞猎蝽防治重要的烟草害虫提供科学依据。

### （一）材料与方法

#### 1. 供试材料

红彩瑞猎蝽采自广东省烟草科学研究所试验烟田，室内用斜纹夜蛾2龄幼虫在$(27\pm1)$℃，相对湿度为$(60\pm15)\%$，光照L:D=16 h:8 h的条件下饲养，扩繁4代后用于试验。猎物包括烟蚜、烟青虫和斜纹夜蛾，均采自广东省烟草南雄科学研究所试验烟田，在网室烟草上饲养至少2代作为试验种群。供试红彩瑞猎蝽成虫为羽化8 h内的健康雌成虫。

## 2. 红彩瑞猎蝽对猎物的选择性测定

试验采用"Y"形嗅觉仪测定,参考Bertschy等(1997)方法并略加改进。嗅觉仪臂长15 cm,内径2 cm,两臂夹角90°,柄长15 cm,测试臂依次连接有气体流速计(200 mL/min)、气味源的广口瓶、活性炭过滤装置、小型气泵,各部件之间用无异味硅胶管连接(图3-32)。所有试验在(27±1)℃、相对湿度为(60±15)%、光线均匀、相对封闭的室内完成。

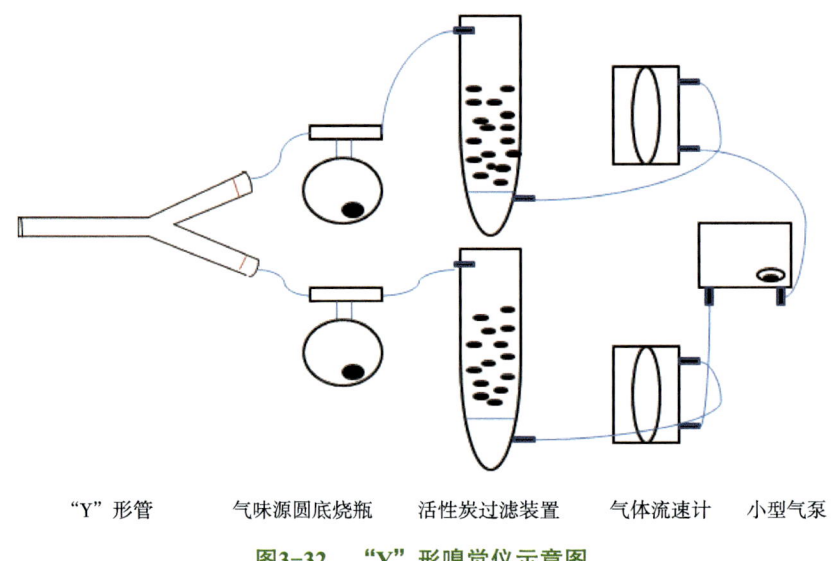

"Y"形管　　气味源圆底烧瓶　　活性炭过滤装置　　气体流速计　　小型气泵

**图3-32　"Y"形嗅觉仪示意图**

(1)对猎物的反应及选择时间测定:供试猎物为大小一致的烟蚜若蚜、3龄烟青虫和斜纹夜蛾幼虫。将1头猎物放入"Y"形管臂连接的载物瓶中,以另一臂连接的空载物瓶作为对照,用黑布遮光以防止红彩瑞猎蝽趋光性影响试验结果。然后,调节"Y"形管两臂气流一致,将红彩瑞猎蝽羽化8 h内的健康雌成虫引入"Y"形管柄端,观察并记录30 min内红彩瑞猎蝽的反应。当红彩瑞猎蝽成虫爬入管内指定位置并持续5 s以上,则记为对该猎物选择。若在规定时间内停留在"Y"形管柄或对照臂,则记为无反应。记录每次做出选择的红彩瑞猎蝽的数量和红彩瑞猎蝽爬行到有猎物的管内指定点所需要的时间。每测试10头后,用无水酒精擦拭"Y"形管臂,并交换一次气味源臂。每个处理30头,重复3次。

(2)对猎物的偏好测定:虽然红彩瑞猎蝽的猎物比较多,但它们通常存在猎物的偏好。为此研究了红彩瑞猎蝽对3种主要烟草害虫的偏好,方法与猎物反应相同。在"Y"形管两臂载物瓶中各放置1头不同猎物,观察并记录30 min内红彩瑞猎蝽对猎物的反应。每测试10头后,用无水酒精擦拭"Y"形管臂,并交换猎物瓶。每组测30头红彩瑞猎蝽,实验重复3次。

## 3. 数据处理

红彩瑞猎蝽对猎物的选择数据换算为百分比,所有数据采用SPSS 11.5软件统计分析。在百分比数据统计分析时,为了使标准误差均匀,所有百分比数据均通过自然对数转化，统计分析所得平均值与标准误再通过反对数转化为百分比用于作图。红彩瑞猎蝽对猎物选择和对不同猎物偏好的百分率差异显著比较均采用成对数据$T$检验，红彩瑞猎蝽选择3种猎物所需时间的差异显著性比较采用one-way ANOVA和LSD法，$P \leq 0.05$和$P \leq 0.01$分别表示显著和极显著差异。

## （二）结果与分析

### 1. 对猎物的反应

当红彩瑞猎蝽成虫引入"Y"形嗅觉仪后，对3种重要的烟草害虫均有较强的正向选择反应。选择斜纹夜蛾3龄幼虫、烟青虫和烟蚜若蚜的红彩瑞猎蝽数量分别达到51.11%、40.00%和34.44%，均显著高于相应的空白对照（$n=3$，$P_{斜}=0.012$，$P_{青}=0.027$，$P_{蚜}=0.007$）（图3-33）。因此，烟青虫、斜纹夜蛾3龄幼虫及烟蚜若蚜均为红彩瑞猎蝽较喜欢的猎物。

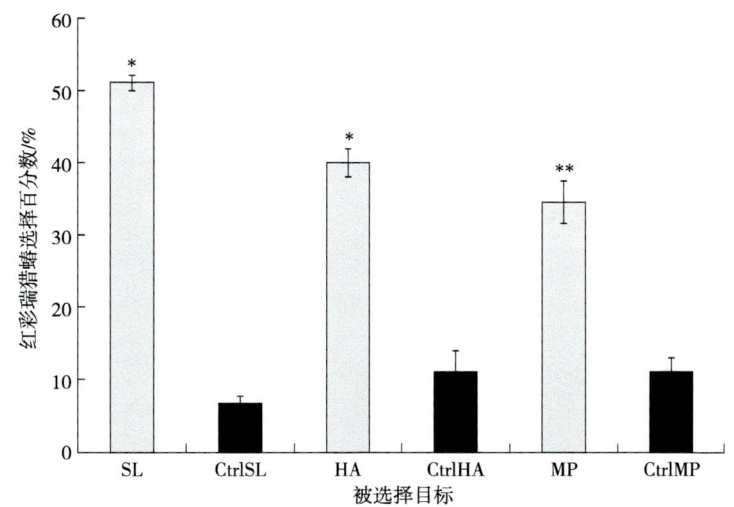

SL—斜纹夜蛾；CtrlSL—斜纹夜蛾对照；HA—烟青虫；CtrlHA—烟青虫对照；
MP—烟蚜；CtrlMP—烟蚜对照。

**图3-33 红彩瑞猎蝽选择3种猎物的百分率**

注：柱上\*、\*\*分别表示猎物与空白对照选择性$T$检验在0.05、0.01水平上差异显著。

### 2. 选择猎物所需时间

在捕食者与猎物关系中，猎物的气味常常可以作为捕食者搜寻猎物的重要线索，捕食者搜寻猎物的时间长短也反映出捕食者获得猎物难易程度和偏好。红彩瑞猎蝽搜寻到烟蚜若蚜、烟青虫和斜纹夜蛾3龄幼虫所需的时间分别为14.53 min、13.44 min、9.38 min。红彩瑞猎蝽搜寻到斜纹夜蛾3龄幼虫所需时间显著短于搜寻到烟蚜若蚜和烟青虫3龄幼虫（$df=2$，$F=8.581$，$P_{斜-蚜}=0.008$，$P_{斜-青}=0.021$），而搜寻烟蚜若蚜和烟青虫3龄幼虫所需时间之间无明显差异（$df=2$，$F=8.581$，$P_{蚜-青}=0.439$）（图3-34）。

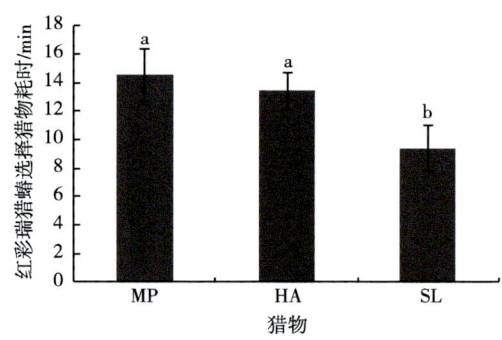

MP—烟蚜；HA—烟青虫；SL—斜纹夜蛾。

图3-34 红彩瑞猎蝽选择3种猎物所需时间

注：柱上不同小写英文字母表示在0.05水平差异显著。

### 3. 对猎物的选择偏好

尽管烟蚜若蚜、斜纹夜蛾和烟青虫的幼虫都是红彩瑞猎蝽的重要猎物，但这种猎蝽对3种猎物喜好程度表现出较大的差异。2种猎物之间的对比研究表明，选择烟蚜若蚜和烟青虫3龄幼虫的红彩瑞猎蝽数量分别为36.67%和37.78%，差异不显著（$P=0.765$）（图3-35A）。但在选择烟青虫和斜纹夜蛾3龄幼虫时，红彩瑞猎蝽数量分别为30.00%和43.33%，表现出显著的差异（$P=0.040$）（图3-35B）。同样，在对斜纹夜蛾3龄幼虫和烟蚜高龄若蚜的选择研究中，红彩瑞猎蝽数量分别为50.00%和28.89%，对两者的选择有显著差异（$P=0.023$）（图3-35C）。因此，在2种猎物同时存在的情况下，红彩瑞猎蝽成虫更喜欢捕食斜纹夜蛾3龄幼虫。

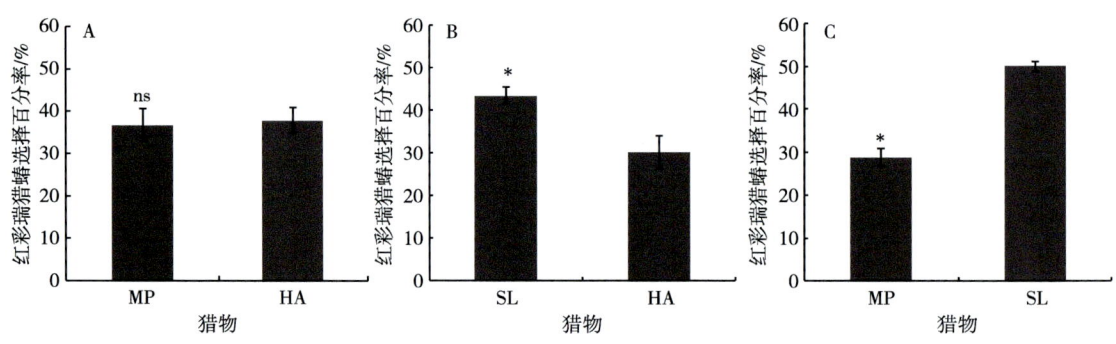

SL—斜纹夜蛾；HA—烟青虫；MP—烟蚜。

图3-35 红彩瑞猎蝽对不同猎物选择的偏好性

注：*表示猎物与空白对照选择性T检验在0.05水平上的差异显著，ns表示在0.05水平上差异不显著。

## （三）结论与讨论

捕食性动物的嗅觉通常与其许多行为包括捕食活动有密切关系。例如，蚜虫释放的气味会影响瓢虫交配和雌虫产卵情况（Obata，1997）；红环瓢虫在近距离不接触猎物的情况下可以被草履蚧吸引（张毅，2014）；拟环纹豹蛛能依靠其对白背飞虱的嗅觉感应而成功捕获白背飞虱（舒迎花，2005）；异色瓢虫通过嗅觉反应，在不接触猎物的条件下，可以顺利找到绣线菊蚜（王进忠，2001）。本试验结果证明了烟草重要害虫烟蚜若蚜、烟青虫和斜纹夜蛾都能引诱红彩瑞猎蝽的捕食，同时观察到红彩瑞猎蝽在搜寻猎物的过程中，存在探究和搜索2个阶段。当进入猎物存在区域时，猎蝽触角上下摆动，然后朝着猎物来源方向搜索前进。这预示着这3种害虫的气味可能是红彩瑞猎蝽搜寻猎物的重要向导。

捕食性天敌搜寻猎物所花费的时间直接影响捕食者获取猎物的难易程度（张东旭，2013）。关于红彩瑞猎蝽搜寻到猎物所花费时间长短，国内外尚未见报道。在本试验中发现不同猎物不仅对红彩瑞猎蝽吸引力显著不同，而且在红彩瑞猎蝽搜寻猎物花费的时间上表现出显著的差异。红彩瑞猎蝽搜寻3种害虫所需时间长短顺序依次为烟蚜若蚜>烟青虫3龄幼虫>斜纹夜蛾3龄幼虫，表明红彩瑞猎蝽对斜纹夜蛾3龄幼虫反应更加灵敏。

虽然捕食性天敌大多数捕食猎物的范围广泛，但它们都存在对猎物选择的偏好性（刘凤想，2007）。中华草蛉面对棉蚜和棉铃虫幼虫时，更偏好捕食棉蚜（丁岩钦，1989）。在棉蚜、棉铃虫幼虫、棉铃虫卵等猎物之间，瓢虫幼虫、成虫及草蛉幼虫均对棉蚜表现出明显的选择偏好（马江，2002）。同样，在本试验中，红彩瑞猎蝽在对烟蚜若蚜、烟青虫3龄幼虫和斜纹夜蛾3龄幼虫3种猎物选择时，更显著地偏好斜纹夜蛾3龄幼虫。尽管目前捕食者对不同猎物选择偏好机制方面的研究报道不多，但有研究表明，朱砂叶螨释放的利它素提高了捕食螨捕食叶螨的效率（杨琰云，1995，1997）。七星瓢虫利用甜菜夜蛾的利它素成功捕食到猎物（刘波，1994）。由此可见，猎物如害虫体表或代谢排泄物中散发特定的利它素可能成为捕食性天敌在复杂生境中准确找到害虫的最主要信息源（缪彩霞，2012）。因此，有关红彩瑞猎蝽对烟蚜若蚜、烟青虫3龄幼虫和斜纹夜蛾3龄幼虫3种猎物的选择性和选择偏好的机制，值得今后进一步研究和探讨。

烟蚜、烟青虫和斜纹夜蛾除为害烟草生产外，还是许多其他农作物的重要害虫（李显荣，1963；张勇，2006；汤历，2009）。本试验结果不仅为烟草生产中保护和利用红彩瑞猎蝽防治害虫提供了科学依据，而且对人工繁育红彩瑞猎蝽，并广泛用于防治其他农作物上这些重要害虫，保证农产品安全生产具有重要的意义。

# 第二节　红彩瑞猎蝽对水稻害虫的捕食能力研究

## 一、红彩瑞猎蝽对二化螟的捕食功能反应

水稻是我国南方地区的主要粮食作物，二化螟*Chilo suppressalis*、三化螟*Scirpophaga incertulas*和稻纵卷叶螟*Cnaphalocrocis medinalis*等螟虫是水稻的主要害虫，二化螟俗称钻心虫，属鳞翅目Lepidoptera螟蛾科Pyralidae，是水稻生产上最重要的常发性害虫之一（肖

海军等，2012；周淑香等，2021），以取食水稻为主，也取食茭白、高粱、玉米、小麦等多种禾本科作物（林克剑等，2008）。通过钻蛀稻茎为害，可直接造成枯心和白穗。在灌浆期为害造成虫伤株，可导致籽粒不饱满，从而引起产量和质量下降，钻蛀稻株吃空髓腔后会导致植株不抗倒伏，从而引起更严重的间接损失（周淑香等，2000；韩永强，2022）。目前，二化螟的防治主要依靠化学杀虫剂。近年来，由于杀虫剂的不合理使用，我国不同地区二化螟种群已对包括有机磷类、大环内酯类和双酰胺类的多种杀虫剂产生了不同水平的抗药性，并且抗性水平逐年增加（官道杰，2024），造成环境污染、农药残留和生态安全等诸多问题。

随着人们对绿色有机农产品需求的增加，人们已逐步认识到农业生物多样性在农业可持续发展中的重要作用。采用生物防治技术防治水稻病虫害有利于减少环境污染，保证水稻质量安全，重建稻田生态安全，保障农业可持续发展。随着对环境安全、食品安全的重视，环境友好的微生物杀虫剂和天敌昆虫在我国的使用量也逐渐增加。Bt杀虫剂相继在安徽、四川、黑龙江、吉林、江西、江苏等地被使用，对水稻二化螟和稻纵卷叶螟均表现出较好的杀虫效果，对水稻二化螟和稻纵卷叶螟的防效分别为65.31%~96.69%和88%~97.17%（郭荣，2011）。甘蓝夜蛾核型多角体病毒悬浮剂对水稻稻纵卷叶螟和二化螟的14 d防效达83%以上（邓方坤等，2014）。另外，球孢白僵菌 Beauveria bassiana 和短稳杆菌 Empedobacter brevis 等对二化螟均具有较好的杀虫活性（蔡春霞，2019）。在农田生态系统中，天敌昆虫对害虫的自然控制作用很大，对害虫种群具有重要的生态调控作用，保护利用本地天敌成为害虫综合治理的核心。我国水稻种植地域广阔，国内各稻区的环境条件不同，因而水稻害虫的天敌资源非常丰富，几乎所有害虫，都被一种或多种寄生性和捕食者所捕食。我国水稻害虫天敌有1 303种，其中寄生性天敌419种，捕食性天敌820种，病原性天敌64种（万方浩等，2000）。已报道二化螟的天敌多为寄生性天敌，二化螟盘绒茧蜂（何馥晶，2020）、螟甲腹茧蜂 Chelonus murakatae（Qureshi，2015）和麦蛾柔茧蜂（吴玉新，2024）等是二化螟幼虫期的优势内寄生蜂，螟黄赤眼蜂（董本春，2001；赵晓英，2024）、松毛虫赤眼蜂（李青超，2022；白玉娇，2024）和稻螟赤眼蜂（李姝，2020；肖卫平，2021）等是二化螟卵期重要的寄生性天敌。

红彩瑞猎蝽能捕食多种鳞翅目害虫，在人工饲养过程中，发现其能捕食二化螟（图3-36），为了明确红彩瑞猎蝽对二化螟的捕食能力，在室内条件下分析了不同温度条件下红彩瑞猎蝽3~5龄若虫和雌雄成虫对二化螟3龄幼虫的捕食功

 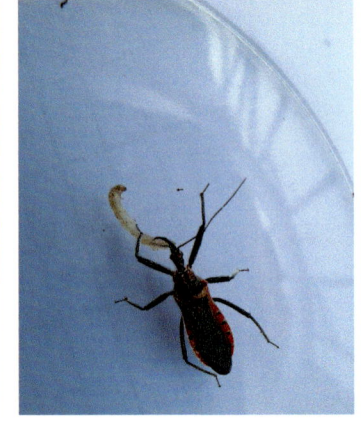

图3-36　二化螟为害水稻状及红彩瑞猎蝽成虫捕食二化螟3龄幼虫

能反应、搜寻效应以及干扰作用，以期在农药减量施用背景下充分发掘二化螟天敌资源，为二化螟生物防治提供参考资料。

## （一）材料与方法

### 1. 供试昆虫

红彩瑞猎蝽：供试红彩瑞猎蝽于采自广东省韶关市南雄市湖口镇，在室内用烟蚜和面包虫幼虫饲养多代的试验种群。

二化螟：从广东省韶关市南雄市古市镇水稻田采集二化螟卵块，用水稻苗在室内饲养多代后，选取生长较一致的3龄幼虫供试。

### 2. 试验方法

本次试验设20℃、26℃、32℃和38℃ 4个恒温处理，在各温度下分别进行观察。

（1）不同温度下红彩瑞猎蝽各虫态对二化螟幼虫的捕食作用：试验选取二化螟3龄幼虫设置密度分别为10头/皿、20头/皿、30头/皿、40头/皿、50头/皿，置于15 cm培养皿中，各处理分别接入1头饥饿24 h的红彩瑞猎蝽3～5龄若虫和雌雄成虫，分别置于20℃、26℃、32℃和38℃，相对湿度为（70±5）%，L：D=16 h：8 h的人工气候培养箱中，每温度处理重复5次。24 h后观察记录二化螟幼虫被捕食数量。

（2）不同温度下红彩瑞猎蝽捕食二化螟自身密度干扰效应：试验设置红彩瑞猎蝽雌成虫和5龄若虫密度为1头、2头、3头、4头、5头分别与50头二化螟3龄幼虫组合，置于15 cm培养皿中，分别置于20℃、26℃、32℃和38℃，相对湿度为（70±5）%，L：D=16 h：8 h的恒温箱中，每温度处理重复5次。24 h后统计二化螟幼虫被捕食数量。

### 3. 数据处理

对所得试验数据先用Ecxel 2010进行统计，然后使用SPSS 26.0软件对相关数据进行单因素方差分析（One-Way ANOVA），应用最小显著差数法（LSD）进行差异显著性检验。

（1）捕食功能反应：根据猎物密度与被捕食量之间的逻辑斯蒂回归分析可以确定捕食功能反应类型（Juliano，2001），具体方程如下：

$$\frac{N_a}{N_0}=\frac{\exp(P_0+P_1N_0+P_2N_0^2+P_3N_0^3)}{1+\exp(P_0+P_1N_0+P_2N_0^2+P_3N_0^3)}$$

式中，$N_0$为二化螟最初数量；$N_a$为被捕食的二化螟数量；$P_0$、$P_1$、$P_2$和$P_3$分别为常数、一次方系数、二次方系数和三次方系数。当方程中$P_1=0$时，表示红彩瑞猎蝽的捕食量随着二化螟的数量增加而呈现直线上升，说明功能反应类型属于Holling Ⅰ型；如果方程中$P_1<0$，而且红彩瑞猎蝽的捕食量随着二化螟的密度增加而增加，之后不再增加渐渐变为平稳状态，则说明功能反应类型属于Holling Ⅱ型；如果方程中$P_1>0$，即红彩瑞猎蝽的捕食量随二化螟的密度变化呈"S"形波动，说明功能反应类型为Holling Ⅲ型。

Holling Ⅱ圆盘方程：$N_a=aNT（1+aT_hN）$

式中，$N_a$为二化螟被捕食数量；$a$为红彩瑞猎蝽对二化螟的瞬时攻击率；$N$为二化螟的初始密度；$T$为红彩瑞猎蝽搜寻二化螟的总时间（本试验中$T=1$ d）；$T_h$为处理时间，即红彩瑞猎蝽捕食一头二化螟的时间。当小地老虎的密度$N$趋近于无穷时，$1/N$趋近于零，从而可估测理论最大日均捕食量$N_{a\max}=1/T_h$（Holling，1959）。

$$\text{Holling Ⅲ 新模型方程：} N_a = a' \cdot \exp(-bN^{-1})$$

式中，$N_a$为二化螟被捕食数量；$N$为二化螟的初始密度；$b$为最佳寻找密度；$a'$为捕食上限（汪世泽和夏楚贵，1988）。

（2）搜寻效应方程：$S = a/(1+aT_h)$

式中，$S$为搜寻效应；$a$为瞬时攻击率；$T_h$为处置时间；$N$为猎物密度（丁岩钦，1994）。

（3）干扰效应：$E = QP^{-m}$，$E = N_a/NP$

自身密度干扰效应用Hassell-Verley模型进行拟合，$E$为捕食作用率。式中，$N_a$为被捕食猎物数量；$N$为猎物初始量；$P$为捕食者初始密度；$Q$为搜寻系数；$m$为干扰系数。

$$\text{分摊竞争强度：} I = (E_1 - E_p)/E_1$$

式中，$E_1$为1头天敌的捕食作用率；$E_p$为$P$头天敌的捕食作用率（Hassell MP and Varley GC，1969）。

## （二）结果与分析

### 1. 不同温度对红彩瑞猎蝽捕食量的影响

红彩瑞猎蝽不同龄期在不同温度下对二化螟3龄幼虫的捕食量见表3-28。红彩瑞猎蝽不同龄期在不同温度下对二化螟3龄幼虫的捕食能力存在显著区别，总体来说各个龄期在32℃条件下捕食量均最高，并且在26℃与38℃的捕食量基本无显著差异，而20℃下的捕食量通常显著小于其他温度条件。另外，在各温度的条件下，红彩瑞猎蝽各龄期的捕食量均在25头/皿下达到饱和，20℃下的各龄期若虫除外，是在30头/皿下达到饱和。

表3-28 不同虫态红彩瑞猎蝽在不同温度下对二化螟的捕食量

| 龄期 | 猎物密度/（头/皿） | 日均捕食量/头 | | | |
| --- | --- | --- | --- | --- | --- |
| | | 20℃ | 26℃ | 32℃ | 38℃ |
| 3龄若虫 | 10 | 2.2 ± 0.45cB | 2.7 ± 0.45dAB | 3.4 ± 0.54dA | 2.6 ± 0.55dB |
| | 15 | 3.4 ± 0.55bB | 4.1 ± 0.45cB | 5.0 ± 0.71cA | 4.1 ± 0.84cB |
| | 20 | 5.4 ± 0.89aB | 6.2 ± 0.45bAB | 7.0 ± 0.71bA | 6.1 ± 0.84bAB |
| | 25 | 6.2 ± 0.84aB | 7.2 ± 0.84aAB | 8.2 ± 0.84aA | 7.0 ± 0.71abB |
| | 30 | 5.8 ± 0.84aC | 7.1 ± 0.84aB | 8.2 ± 0.84aA | 7.0 ± 0.84aB |

(续表)

| 龄期 | 猎物密度/(头/皿) | 日均捕食量/头 | | | |
|---|---|---|---|---|---|
| | | 20℃ | 26℃ | 32℃ | 38℃ |
| 4龄若虫 | 10 | 2.8 ± 0.44cB | 3.8 ± 0.44dA | 4.4 ± 0.89cA | 3.8 ± 0.84dA |
| | 15 | 4.4 ± 0.55bB | 6.4 ± 0.55cA | 6.8 ± 0.84bA | 6.2 ± 0.84cA |
| | 20 | 6.4 ± 1.14aC | 8.8 ± 0.84bAB | 9.4 ± 0.55aA | 8.2 ± 0.84bB |
| | 25 | 6.8 ± 0.84aB | 9.4 ± 0.55abA | 10.2 ± 0.84aA | 9.4 ± 0.55aA |
| | 30 | 6.8 ± 0.84aB | 9.6 ± 0.55aA | 10.2 ± 0.84aA | 9.4 ± 1.14aA |
| 5龄若虫 | 10 | 3.0 ± 0.71cB | 4.6 ± 0.55dA | 5.2 ± 0.84dA | 4.4 ± 0.55dA |
| | 15 | 4.6 ± 1.14bB | 7.2 ± 0.84cA | 8.0 ± 1.00cA | 7.2 ± 0.84cA |
| | 20 | 6.8 ± 0.45aB | 9.6 ± 0.55bA | 10.4 ± 0.89bA | 9.6 ± 0.89bA |
| | 25 | 7.6 ± 0.55aA | 11.6 ± 0.55aB | 13.2 ± 0.84aA | 11.2 ± 0.84aB |
| | 30 | 7.8 ± 0.84aC | 11.6 ± 1.14aAB | 13.2 ± 0.84aA | 10.5 ± 0.71aB |
| 雌成虫 | 10 | 3.2 ± 0.45dC | 4.8 ± 0.84dB | 5.6 ± 0.55dA | 4.2 ± 0.84dB |
| | 15 | 5.0 ± 0.71cB | 7.4 ± 1.14cA | 8.2 ± 0.84cA | 7.0 ± 0.71cA |
| | 20 | 6.8 ± 0.45bB | 9.8 ± 0.84bA | 10.4 ± 1.14bA | 9.1 ± 1.14bA |
| | 25 | 8.0 ± 0.71aC | 11.6 ± 0.55aB | 13.2 ± 1.31aA | 11.0 ± 1.00aB |
| | 30 | 8.2 ± 0.45aC | 11.8 ± 0.84aB | 13.4 ± 1.14aA | 10.6 ± 1.00aB |
| 雄成虫 | 10 | 3.0 ± 0.00dC | 4.6 ± 0.55AB | 5.2 ± 0.84dA | 4.4 ± 0.55dB |
| | 15 | 4.8 ± 0.84cC | 7.0 ± 0.71cB | 8.2 ± 0.84cA | 7.2 ± 0.84cB |
| | 20 | 6.6 ± 0.55bB | 9.6 ± 0.55bA | 10.4 ± 1.14bA | 9.4 ± 0.55bA |
| | 25 | 7.4 ± 0.55aC | 11.4 ± 0.55aB | 13.2 ± 1.30aA | 11.0 ± 0.71aB |
| | 30 | 7.4 ± 0.55aC | 11.4 ± 0.89aB | 13.0 ± 1.00aA | 11.0 ± 1.30aB |

注：表中数据为平均值±标准误，同列数据后不同小写字母表示在同一温度不同猎物密度条件下捕食量差异显著，同行不同大写字母表示在同一猎物密度不同温度下捕食量差异显著。

### 2. 不同温度条件下对红彩瑞猎蝽对二化螟幼虫的捕食功能反应

回归分析结果显示，红彩瑞猎蝽3龄若虫、5龄若虫及成虫在各温度下的一次方系数$P_1$均小于0（表3-29），说明对二化螟3龄幼虫的捕食量均随着猎物密度的增加逐渐增加，然后变成缓慢增加或不再增加，并趋于稳定，呈负密度制约关系，表明红彩瑞猎蝽3龄若虫、5龄若虫及成虫在不同温度下对二化螟幼虫的捕食功能类型属于HollingⅡ型。而4龄若虫在各温度下的1次方系数$P_1>0$，$P_2<0$，说明红彩瑞猎蝽4龄若虫对二化螟3龄幼虫的捕食量均随着猎物密度的增加逐渐增加，放缓的趋势较不明显，表明红彩瑞猎蝽4龄若虫在各温度下的捕食功能反应属于HollingⅢ型。

表3-29　不同虫态红彩瑞猎蝽在不同温度下对二化螟的功能捕食回归分析

| 龄期 | 温度/℃ | 参数 | 估值 | 标准误SE | $t$ | $R^2$ |
|---|---|---|---|---|---|---|
| 3龄若虫 | 20 | $P_0$ | −0.559 | 1.192 | −15.710 | 0.93 |
| | | $P_1$ | −0.171 | 0.205 | −2.771 | |
| | | $P_2$ | 0.013 | 0.011 | 0.150 | |
| | | $P_3$ | 0.000 | 0.000 | −0.003 | |
| | 26 | $P_0$ | −0.347 | 0.849 | −11.130 | 0.94 |
| | | $P_1$ | −0.135 | 0.146 | −1.993 | |
| | | $P_2$ | 0.009 | 0.008 | 0.108 | |
| | | $P_3$ | 0.000 | 0.000 | −0.002 | |
| | 32 | $P_0$ | 0.016 | 0.479 | 6.097 | 0.984 |
| | | $P_1$ | −0.139 | 0.083 | −1.190 | |
| | | $P_2$ | 0.009 | 0.004 | 0.065 | |
| | | $P_3$ | 0.000 | 0.000 | −0.001 | |
| | 38 | $P_0$ | −1.360 | 0.955 | −13.495 | 0.93 |
| | | $P_1$ | −0.021 | 0.164 | 2.104 | |
| | | $P_2$ | 0.002 | 0.009 | −0.112 | |
| | | $P_3$ | 0.000 | 0.000 | −0.002 | |
| 4龄若虫 | 20 | $P_0$ | −1.328 | 1.293 | −17.758 | 0.923 |
| | | $P_1$ | 0.038 | 0.223 | 2.871 | |
| | | $P_2$ | −0.001 | 0.012 | −0.152 | |
| | | $P_3$ | 0.000 | 0.000 | −0.003 | |
| | 26 | $P_0$ | −2.009 | 0.871 | −13.077 | 0.975 |
| | | $P_1$ | 0.236 | 0.150 | 2.144 | |
| | | $P_2$ | −0.010 | 0.008 | −0.111 | |
| | | $P_3$ | 0.000 | 0.000 | 0.002 | |
| | 32 | $P_0$ | −0.679 | 1.021 | −13.647 | 0.969 |
| | | $P_1$ | 0.053 | 0.176 | 2.292 | |
| | | $P_2$ | −0.001 | 0.009 | −0.120 | |
| | | $P_3$ | 0.000 | 0.000 | −0.002 | |

(续表)

| 龄期 | 温度/℃ | 参数 | 估值 | 标准误SE | $t$ | $R^2$ |
|---|---|---|---|---|---|---|
| 4龄若虫 | 38 | $P_0$ | −1.239 | 0.052 | −1.896 | 0.989 |
| | | $P_1$ | 0.109 | 0.009 | 0.222 | |
| | | $P_2$ | −0.003 | 0.000 | −0.010 | |
| | | $P_3$ | 0.000 | 0.000 | 0.000 | |
| 5龄若虫 | 20 | $P_0$ | −0.763 | 1.192 | −15.911 | 0.917 |
| | | $P_1$ | −0.045 | 0.205 | −2.654 | |
| | | $P_2$ | 0.005 | 0.011 | 0.143 | |
| | | $P_3$ | 0.000 | 0.000 | −0.002 | |
| | 26 | $P_0$ | −0.054 | 0.340 | −4.379 | 0.994 |
| | | $P_1$ | −0.043 | 0.059 | −0.789 | |
| | | $P_2$ | 0.004 | 0.003 | 0.044 | |
| | | $P_3$ | 0.000 | 0.000 | −0.001 | |
| | 32 | $P_0$ | 0.739 | 1.099 | 14.700 | 0.934 |
| | | $P_1$ | −0.137 | 0.189 | −2.544 | |
| | | $P_2$ | 0.009 | 0.010 | 0.137 | |
| | | $P_3$ | 0.000 | 0.000 | −0.002 | |
| | 38 | $P_0$ | −0.862 | 0.188 | −3.250 | 0.999 |
| | | $P_1$ | −0.079 | 0.032 | −0.490 | |
| | | $P_2$ | 0.001 | 0.002 | 0.023 | |
| | | $P_3$ | 0.000 | 0.000 | 0.000 | |
| 雌成虫 | 20 | $P_0$ | −0.821 | 0.128 | −2.450 | 0.998 |
| | | $P_1$ | −0.008 | 0.022 | −0.289 | |
| | | $P_2$ | 0.002 | 0.001 | 0.017 | |
| | | $P_3$ | 0.000 | 0.000 | 0.000 | |
| | 26 | $P_0$ | −0.095 | 0.116 | −1.566 | 0.999 |
| | | $P_1$ | −0.016 | 0.020 | −0.269 | |
| | | $P_2$ | 0.003 | 0.001 | 0.016 | |
| | | $P_3$ | 0.000 | 0.000 | 0.000 | |

（续表）

| 龄期 | 温度/℃ | 参数 | 估值 | 标准误SE | $t$ | $R^2$ |
|---|---|---|---|---|---|---|
| 雌成虫 | 32 | $P_0$ | 1.356 | 1.147 | 15.932 | 0.946 |
| | | $P_1$ | −0.201 | 0.198 | −2.711 | |
| | | $P_2$ | 0.011 | 0.010 | 0.144 | |
| | | $P_3$ | 0.000 | 0.000 | −0.002 | |
| | 38 | $P_0$ | −1.173 | 0.076 | −2.136 | 0.985 |
| | | $P_1$ | −0.138 | 0.013 | −0.304 | |
| | | $P_2$ | 0.005 | 0.001 | 0.014 | |
| | | $P_3$ | 0.000 | 0.000 | 0.000 | |
| 雄成虫 | 20 | $P_0$ | −1.393 | 0.512 | −7.899 | 0.982 |
| | | $P_1$ | −0.074 | 0.088 | 1.195 | |
| | | $P_2$ | 0.002 | 0.005 | 0.062 | |
| | | $P_3$ | 0.000 | 0.000 | −0.001 | |
| | 26 | $P_0$ | 0.266 | 0.183 | 2.585 | 0.998 |
| | | $P_1$ | −0.100 | 0.031 | −0.500 | |
| | | $P_2$ | 0.007 | 0.002 | 0.029 | |
| | | $P_3$ | 0.000 | 0.000 | −0.001 | |
| | 32 | $P_0$ | 0.345 | 1.499 | 19.393 | 0.906 |
| | | $P_1$ | −0.068 | 0.258 | −3.352 | |
| | | $P_2$ | 0.006 | 0.014 | 0.180 | |
| | | $P_3$ | 0.000 | 0.000 | −0.003 | |
| | 38 | $P_0$ | −1.140 | 0.153 | −3.081 | 0.999 |
| | | $P_1$ | −0.111 | 0.026 | −0.446 | |
| | | $P_2$ | 0.003 | 0.001 | 0.021 | |
| | | $P_3$ | 0.000 | 0.000 | 0.000 | |

红彩瑞猎蝽3龄若虫、5龄若虫及成虫对二化螟的捕食功能反应参数见表3-30。结果表明，不同龄期的红彩瑞猎蝽均在32℃的条件下表现出了较高的瞬时攻击率、捕食效能和日最大捕食量，并且表现出了最短的处置时间。在26℃及38℃下各龄期的捕食参数接近，而20℃的条件下各龄期的捕食参数较其他温度表现较差，说明红彩瑞猎蝽在32℃对二化螟的防控效果最好，26℃及38℃次之，20℃最差。

**表3-30　红彩瑞猎蝽3龄若虫、5龄若虫及成虫在不同温度下对二化螟的捕食功能反应参数**

| 龄期 | 温度/℃ | HollingⅡ圆盘方程 | 瞬时攻击率/$a$ | 处置时间/$dT_h$ | 捕食效能$a/T_h$ | 日最大捕食量$1/T_h$ | $R^2$ | $t$ | $P$ |
|---|---|---|---|---|---|---|---|---|---|
| 3龄若虫 | 20 | $N_a=0.22N/(1+0.014N)$ | 0.22 | 0.062 | 3.55 | 16.13 | 0.95 | 9.03 | 0.003 |
| | 26 | $N_a=0.29N/(1+0.015N)$ | 0.29 | 0.050 | 5.80 | 20.00 | 0.97 | 12.28 | 0.001 |
| | 32 | $N_a=0.37N/(1+0.007N)$ | 0.37 | 0.034 | 10.88 | 29.41 | 0.98 | 13.65 | 0.001 |
| | 38 | $N_a=0.26N/(1+0.012N)$ | 0.26 | 0.047 | 5.53 | 21.28 | 0.97 | 11.03 | 0.002 |
| 5龄若虫 | 20 | $N_a=0.31N/(1+0.008N)$ | 0.31 | 0.031 | 10.00 | 32.26 | 0.97 | 11.62 | 0.001 |
| | 26 | $N_a=0.49N/(1+0.010N)$ | 0.49 | 0.032 | 15.31 | 31.25 | 0.98 | 13.26 | 0.001 |
| | 32 | $N_a=0.55N/(1+0.019N)$ | 0.55 | 0.027 | 20.37 | 37.04 | 0.99 | 16.27 | 0.001 |
| | 38 | $N_a=0.47N/(1+0.018N)$ | 0.47 | 0.031 | 15.16 | 32.26 | 0.96 | 9.67 | 0.002 |
| 雌成虫 | 20 | $N_a=0.34N/(1+0.019N)$ | 0.34 | 0.057 | 5.96 | 17.54 | 0.99 | 10.69 | 0.002 |
| | 26 | $N_a=0.52N/(1+0.015N)$ | 0.52 | 0.029 | 17.93 | 34.48 | 0.98 | 14.00 | 0.001 |
| | 32 | $N_a=0.62N/(1+0.011N)$ | 0.62 | 0.017 | 36.47 | 58.82 | 0.99 | 20.97 | <0.001 |
| | 38 | $N_a=0.47N/(1+0.014N)$ | 0.47 | 0.028 | 16.79 | 35.71 | 0.96 | 10.28 | 0.002 |
| 雄成虫 | 20 | $N_a=0.32N/(1+0.041N)$ | 0.32 | 0.049 | 6.53 | 20.41 | 0.97 | 10.70 | 0.002 |
| | 26 | $N_a=0.49N/(1+0.012N)$ | 0.49 | 0.027 | 18.15 | 37.04 | 0.98 | 13.61 | 0.001 |
| | 32 | $N_a=0.56N/(1+0.016N)$ | 0.56 | 0.021 | 26.67 | 47.62 | 0.99 | 10.69 | 0.002 |
| | 38 | $N_a=0.44N/(1+0.015N)$ | 0.44 | 0.029 | 15.17 | 34.48 | 0.96 | 9.95 | 0.002 |

红彩瑞猎蝽4龄若虫对二化螟的捕食功能反应参数见表3-31。结果表明，在32℃下的最佳寻找密度最小，捕食上限最高，但最佳寻找密度与其他组差距不大。另外，在20℃下4龄红彩瑞猎蝽的捕食上限最少，说明温度对4龄若虫防治二化螟的释放密度影响不大，但会显著影响其捕食上限，导致防治效果出现波动。

**表3-31　红彩瑞猎蝽4龄若虫在不同温度下对二化螟的捕食功能反应参数**

| 温度/℃ | HollingⅢ新模型方程 | 最佳寻找密度$b$/头 | 捕食上限$a'$/头 | $R^2$ | $t$ | $P$ |
|---|---|---|---|---|---|---|
| 20 | $N_a=11.820\cdot\exp(-14.302N^{-1})$ | 14.302 | 11.820 | 0.970 | 11.028 | 0.002 |
| 26 | $N_a=16.773\cdot\exp(-14.587N^{-1})$ | 14.587 | 16.773 | 0.972 | 12.880 | 0.001 |
| 32 | $N_a=17.075\cdot\exp(-13.462N^{-1})$ | 13.462 | 17.075 | 0.971 | 10.262 | 0.001 |
| 38 | $N_a=16.095\cdot\exp(-14.302N^{-1})$ | 14.302 | 16.095 | 0.985 | 17.918 | 0.001 |

### 3. 不同温度条件下红彩瑞猎蝽对二化螟的搜寻效应

不同温度下各龄期对二化螟3龄幼虫的搜寻效应见表3-32（由于4龄若虫的捕食功能反映为HollingⅢ型，因此不适用于计算搜寻效应）。在不同龄期下，32℃的搜寻效应均高于其他温度，26℃与38℃下的搜寻效应接近，20℃下的最低。并且相同温度、相同龄期红彩瑞猎蝽的搜寻效应均随着猎物密度的增大而减小，3龄若虫的搜寻效应要小于其他龄期，而5龄若虫与成虫的搜寻效应接近。

表3-32 不同温度下红彩瑞猎蝽对二化螟的搜寻效应

| 龄期 | 温度/℃ | 猎物密度/（头/皿） | | | | |
|---|---|---|---|---|---|---|
| | | 10 | 15 | 20 | 25 | 30 |
| 3龄若虫 | 20 | 0.194 | 0.183 | 0.173 | 0.164 | 0.156 |
| | 26 | 0.253 | 0.238 | 0.225 | 0.213 | 0.202 |
| | 32 | 0.329 | 0.311 | 0.296 | 0.281 | 0.269 |
| | 38 | 0.232 | 0.220 | 0.209 | 0.199 | 0.190 |
| 5龄若虫 | 20 | 0.283 | 0.271 | 0.260 | 0.250 | 0.241 |
| | 26 | 0.424 | 0.397 | 0.373 | 0.352 | 0.333 |
| | 32 | 0.479 | 0.450 | 0.424 | 0.401 | 0.380 |
| | 38 | 0.410 | 0.386 | 0.364 | 0.345 | 0.327 |
| 雌成虫 | 20 | 0.285 | 0.263 | 0.245 | 0.229 | 0.215 |
| | 26 | 0.452 | 0.424 | 0.400 | 0.378 | 0.358 |
| | 32 | 0.561 | 0.535 | 0.512 | 0.491 | 0.471 |
| | 38 | 0.415 | 0.393 | 0.372 | 0.354 | 0.337 |
| 雄成虫 | 20 | 0.277 | 0.259 | 0.244 | 0.230 | 0.218 |
| | 26 | 0.433 | 0.409 | 0.387 | 0.368 | 0.351 |
| | 32 | 0.501 | 0.476 | 0.453 | 0.433 | 0.414 |
| | 38 | 0.390 | 0.369 | 0.351 | 0.334 | 0.318 |

### 4. 不同温度条件下红彩瑞猎蝽捕食二化螟自身密度干扰反应

红彩瑞猎蝽自身密度的干扰反应方程及参数估计见表3-33。在20～32℃温度内，随着红彩瑞猎蝽的密度增加，种内干扰作用会对其捕食产生一定影响，其平均捕食量和捕食作用率会逐渐下降，分摊竞争强度也随着红彩瑞猎蝽的密度增大而增大。采用Hassell-Varley干扰模型对不同温度条件下红彩瑞猎蝽雌成虫受自身密度干扰的捕食作用进行拟合，得出反应干扰模型，由模型可知，在32℃下雌成虫及5龄若虫的寻找系数和互相干扰系数都较高，而20℃下的寻找系数和互相干扰系数则较低。在捕食作用率方面，无论是实测值还是理论值，20℃下都最低，32℃都最高，而26℃和38℃下则较为接近。在分摊竞争强度方面，雌成虫及5龄若虫均在20℃下表现出更低的分摊竞争强度，而在26℃、32℃、38℃下的分摊竞争强度则差距较小。

表3-33 红彩瑞猎蝽自身密度的干扰反应方程及参数估计

| 龄期 | 温度/℃ | 红彩瑞猎蝽密度/（头/皿） | 猎物密度/（头/皿） | 平均捕食量/头 | 捕食作用率 实测值 | 捕食作用率 理论值 | 分摊竞争强度 | Hassell-Verley 干扰模型 |
|---|---|---|---|---|---|---|---|---|
| 5龄若虫 | 20 | 1 | 50 | 7.60 | 0.15 | 0.16 | 0.00 | $E=0.157P^{-0.291}$ ($R^2=0.957$) |
|  |  | 2 |  | 6.70 | 0.13 | 0.13 | 0.12 |  |
|  |  | 3 |  | 5.93 | 0.12 | 0.11 | 0.22 |  |
|  |  | 4 |  | 5.25 | 0.11 | 0.10 | 0.31 |  |
|  |  | 5 |  | 4.72 | 0.09 | 0.10 | 0.38 |  |
|  | 26 | 1 | 50 | 13.40 | 0.27 | 0.28 | 0.00 | $E=0.277P^{-0.462}$ ($R^2=0.979$) |
|  |  | 2 |  | 10.40 | 0.21 | 0.20 | 0.22 |  |
|  |  | 3 |  | 8.73 | 0.17 | 0.17 | 0.35 |  |
|  |  | 4 |  | 7.40 | 0.15 | 0.15 | 0.45 |  |
|  |  | 5 |  | 6.24 | 0.12 | 0.13 | 0.53 |  |
|  | 32 | 1 | 50 | 15.40 | 0.31 | 0.33 | 0.00 | $E=0.329P^{-0.498}$ ($R^2=0.949$) |
|  |  | 2 |  | 12.50 | 0.25 | 0.23 | 0.19 |  |
|  |  | 3 |  | 10.33 | 0.21 | 0.19 | 0.33 |  |
|  |  | 4 |  | 8.05 | 0.16 | 0.16 | 0.48 |  |
|  |  | 5 |  | 6.88 | 0.14 | 0.15 | 0.55 |  |
|  | 38 | 1 | 50 | 13.40 | 0.27 | 0.27 | 0.00 | $E=0.273P^{-0.423}$ ($R^2=0.990$) |
|  |  | 2 |  | 10.60 | 0.21 | 0.20 | 0.21 |  |
|  |  | 3 |  | 8.87 | 0.18 | 0.17 | 0.34 |  |
|  |  | 4 |  | 7.60 | 0.15 | 0.15 | 0.43 |  |
|  |  | 5 |  | 6.20 | 0.12 | 0.14 | 0.54 |  |
| 雌成虫 | 20 | 1 | 50 | 8.20 | 0.16 | 0.17 | 0.00 | $E=0.168P^{-0.302}$ ($R^2=0.979$) |
|  |  | 2 |  | 7.10 | 0.14 | 0.14 | 0.13 |  |
|  |  | 3 |  | 6.13 | 0.12 | 0.12 | 0.25 |  |
|  |  | 4 |  | 5.55 | 0.11 | 0.11 | 0.32 |  |
|  |  | 5 |  | 5.04 | 0.10 | 0.10 | 0.39 |  |

（续表）

| 龄期 | 温度/℃ | 红彩瑞猎蝽密度/（头/皿） | 猎物密度/（头/皿） | 平均捕食量/头 | 捕食作用率 实测值 | 捕食作用率 理论值 | 分摊竞争强度 | Hassell-Verley 干扰模型 |
|---|---|---|---|---|---|---|---|---|
| 雌成虫 | 26 | 1 | 50 | 13.80 | 0.28 | 0.29 | 0.00 | $E=0.287P^{-0.462}$ ($R^2=0.970$) |
| | | 2 | | 10.80 | 0.22 | 0.21 | 0.22 | |
| | | 3 | | 9.07 | 0.18 | 0.17 | 0.34 | |
| | | 4 | | 7.75 | 0.16 | 0.15 | 0.44 | |
| | | 5 | | 6.36 | 0.13 | 0.14 | 0.54 | |
| | 32 | 1 | 50 | 15.80 | 0.32 | 0.34 | 0.00 | $E=0.336P^{-0.491}$ ($R^2=0.951$) |
| | | 2 | | 12.70 | 0.25 | 0.24 | 0.20 | |
| | | 3 | | 10.60 | 0.21 | 0.20 | 0.33 | |
| | | 4 | | 8.45 | 0.17 | 0.17 | 0.47 | |
| | | 5 | | 7.04 | 0.14 | 0.15 | 0.55 | |
| | 38 | 1 | 50 | 13.60 | 0.27 | 0.28 | 0.00 | $E=0.284P^{-0.448}$ ($R^2=0.965$) |
| | | 2 | | 10.90 | 0.22 | 0.21 | 0.20 | |
| | | 3 | | 9.13 | 0.18 | 0.17 | 0.33 | |
| | | 4 | | 7.80 | 0.16 | 0.15 | 0.43 | |
| | | 5 | | 6.44 | 0.13 | 0.14 | 0.53 | |

### （三）结论与讨论

试验结果表明，温度对红彩瑞猎蝽对猎物的捕食能力有重要的影响。本试验表明在温度为20℃、26℃、32℃和38℃条件下，红彩瑞猎蝽对二化螟3龄幼虫的捕食量随着温度升高而增加，20℃下捕食量最小，在32℃达到最大值，随后在38℃有所下降。这与同一猎物密度下，叉角厉蝽3~4龄若虫日均捕食量随着温度的升高而增加，但在温度达到32℃后，叉角厉蝽捕食量趋于饱和或出现下降现象类似（张晓滢，2022）。也与曾涛等（曾涛，2023）报道在30~39℃内，红彩瑞猎蝽雌成虫不同密度条件下，在温度为33℃时捕食量达到最高，在36℃开始有所下降的结论相似。温度对其他捕食性天敌捕食能力的影响结果显示，温度对多异瓢虫成虫取食棉蚜数量有明显影响。在23℃、29℃、35℃温度范围内，温度越高，多异瓢虫成虫对棉蚜的捕食功能越强，较高的温度有利于多异瓢虫成虫对棉蚜的控制作用。当猎物的密度一定时，多异瓢虫成虫的最大日捕食量随温度的升高而增大（孔晓霞，2018）；在23℃、26℃、29℃、32℃和35℃温度条件下，双尾新小绥螨各螨态对猎物的捕食量随猎物密度的升高而增加。当温度为29℃，雌成螨对西花蓟马1龄若虫捕食量最高（朱安迪，2022）。本试验表明，红彩瑞猎蝽不同温度下的捕食效能有所差异，在20℃下捕食量最小，在32℃下捕食量最大，说明其较适合在相对高温的条件下释放。

功能反应是评估捕食性天敌控害潜能的重要方法和途径，通过功能反应，可以分析捕食者捕食猎物的定量规律，评价捕食者对猎物的捕食效率，以及捕食者对猎物种群的控制能力。Holling-Ⅱ型功能反应模型是捕食者对其猎物的捕食功能反应最常见的形式。本试验表明，红彩瑞猎蝽除4龄若虫对二化螟幼虫捕食功能反应类型为HollingⅢ型外，红彩瑞猎蝽3龄若虫、5龄若虫及成虫在不同温度下对二化螟幼虫的捕食功能类型属于HollingⅡ型。这与孙郑等（2024）报道红彩瑞猎蝽3~5龄若虫和雄成虫对斜纹夜蛾3龄幼虫、红彩瑞猎蝽雌成虫对斜纹夜蛾2~3龄幼虫的捕食功能反应均符合HollingⅡ型功能反应模型相一致。本试验研究发现红彩瑞猎蝽对二化螟幼虫的瞬时攻击率随着温度的升高而增大，32℃达到最大。而李庆等研究发现加州新小绥螨对朱砂叶螨成螨的瞬时攻击率却随着温度的升高而降低。其对东方真叶螨若螨、幼螨和卵的瞬时攻击率不随温度的变化而呈现趋势性改变，但均在27℃瞬时攻击率最大出现这种差异可能与猎物种类和虫态不同有关。

在对红彩瑞猎蝽自身密度干扰反应研究中发现，随着红彩瑞猎蝽自身密度的增大，其对二化螟的捕食作用率逐渐降低，说明其个体间存在种内竞争和相互干扰。这与游梓翊（2023）和孙郑等（2024）报道红彩瑞猎蝽捕食小地老虎和斜纹夜蛾也存在种内竞争和相互干扰作用结果相一致。

综上所述，红彩瑞猎蝽在20~38℃内对水稻二化螟幼虫均具有较好的控制能力，且在32℃左右对二化螟3龄幼虫达到最佳控制效果。利用天敌昆虫防控农业害虫是安全有效的防治策略，因此，红彩瑞猎蝽可考虑作为南方烟区尤其是烟稻轮作田水稻害虫的重要天敌资源进行利用。天敌昆虫对猎物的捕食能力和猎物对天敌昆虫的生长发育及繁殖是综合评价天敌昆虫控制害虫潜能的两个重要方面。本试验仅对捕食功能反应进行了研究，取食二化螟对红彩瑞猎蝽生长发育和繁殖的影响还须进一步研究。了解和掌握不同温度下红彩瑞猎蝽对二化螟的功能反应，有利于根据温度的变化来预测和掌握红彩瑞猎蝽的控制能力，为进一步地有效利用红彩瑞猎蝽奠定基础，同时也为红彩瑞猎蝽的人工繁殖及田间释放提供理论基础。

另外，本试验是在室内人工可控条件下进行的，天敌在田间的捕食作用还受种群密度、气候因子、生物因子等多种影响。因此，在进行田间应用时，还应根据实际情况按比例释放以取得最大的经济效益和防治效果。

## 二、红彩瑞猎蝽对褐飞虱的捕食功能反应

稻飞虱（Rice Planthopper，RPH）属同翅目（Homoptera）飞虱科（Delphacidae），是水稻上的重要害虫，主要种群有白背飞虱（*Sogatella furcifera*）、褐飞虱（*Nilaparvata lugens*）、灰飞虱（*Laodelphax striatellus*），其在中国分布广泛，常见于华北、华东与华中稻区；在国外，主要分布世界产稻国家，亚洲地区和中东地区分布最为广泛（王光华，2009；程遐年等，1987；姜辉等，2005）。3种稻飞虱的共同特征是体形小，触角短锥状，翅透明，分长翅型和短翅型，是迁飞性害虫，主要为害机制为刺吸水稻茎叶表皮，吸取汁液（蔡炳祥等，2014），同时排出大量蜜露，使稻丛基部变黑，引起叶片的发黄、干枯

等问题（蔡炳祥等，2014；浙江农业改进所，1939）。此外，褐飞虱雌虫会刺破稻茎的表皮，将卵产于茎秆内，称为"卵条"，在被刺伤部位的常有褐色或黑色条斑，而且还能传播水稻黑条矮缩病和锯齿叶病毒病等6种水稻病毒病，严重时造成稻丛基部腐烂、整株枯死，严重威胁水稻生产（黎坚等，2003；Zeng-Rong Zhu et al.，2004；程遐年等，1987）。

水稻飞虱的为害早在20世纪20年代就已有记载，未列入主要害虫（程遐年等，1987）。近20年来，褐飞虱连年发生，暴发频率增加，为害程度增加（程遐年等，1987）。稻飞虱在我国和国外许多国家水稻生产中都属于重要害虫，其中褐飞虱和白背飞虱为迁飞性的r对策暴发害虫，且又属于水稻专食性害虫，水稻生产中迁入稻田早、峰次多、虫口数量大，能在短时间内产生大量后代，有调查表明粤西双季早稻田中白背飞虱和褐飞虱存在2个明显的发生高峰（黎坚等，2003）。但由于杀虫剂、除草剂和氮肥滥用，以及许多杂交水稻品种的试种，都难以减轻稻飞虱的发生，甚至不合理的施药形式能够引起飞虱再猖獗和其他迁飞性害虫替代为害（姜辉等，2005；罗守进，2011），稻飞虱的发生面积以及范围呈扩大趋势，这些都为害虫防治增加了难度（陈学新等，2013；夏敬源，2010）。

自水稻"绿色革命"以来，联合国粮食及农业组织（FAO）于1980年提出害虫综合治理项目（IPM，Integrated Pest Management），亚洲许多国家政府响应推出IPM政策，中国也提出了建设现代农业的政策方针，保证农业安全生产（夏敬源，2010；Zahirul Islam et al.，2012）。其中生物防治作为一种可持续的治理方法已成为研究重点之一（夏敬源，2010）。捕食性天敌，拟寄生生物类，寄生性天敌，病原微生物类都能在水稻害虫防治上发挥很大作用。据已有资料记载，中国水稻害虫天敌种数达1 303种，捕食性天敌类群种数最多，达820种，其中昆虫纲和蛛形纲是田间占主要优势的种类，已鉴定的蜘蛛有372种，多数对稻飞虱有控制作用，尤其是多食性的蜘蛛类，可捕食水稻上的飞虱、叶蝉等（何俊华等，1991；王洪全等，1996）。主要的种类有食虫沟瘤蛛、狼蛛、跳蛛、球腹蛛、巢蛛等（沈斌斌等，2006；王智，2007；王洪全等，1982；蒋明华等，2009）。另外，黑肩绿盲蝽（*Cyrtorhinus lividipennis*）也是稻飞虱重要捕食性天敌，在稻飞虱迁飞过程存在伴飞现象，均能捕食3种飞虱的卵和若虫及大螟的卵（程遐年等，1987；齐会会，2014；Lakshmi，2005；Preetha，2010；周传波，1981）（图3-37）。

图3-37 红彩瑞猎蝽捕食褐飞虱

## （一）材料与方法

### 1. 供试昆虫

红彩瑞猎蝽：供试红彩瑞猎蝽采自广东省韶关市南雄市湖口镇，在室内用烟蚜和面包虫幼虫饲养多代的实验种群。

褐飞虱：经过鉴定的褐飞虱采自广东省农业科学院植物保护研究所水稻害虫组，4月置于室外盆栽水稻饲养繁殖4~7代，选取若虫和短翅雌成虫作供试虫源。

### 2. 仪器设备和器皿

（1）培养皿：直径为5 cm、高1 cm的培养皿，放入分蘖期水稻茎秆2~3根，尾端缠绕脱脂棉加适量水保湿，加盖防止试虫逃逸和水分散失。用于红彩瑞猎蝽对褐飞虱的捕食功能反应试验、捕食速率试验等。

（2）养虫盒：规格为12 cm×8 cm×7 cm的养虫盒，放入拔节期至出穗期的水稻茎秆2~3根，尾端缠绕脱脂棉加适量水保湿，加盖防止试虫逃逸和水分散失。用于红彩瑞猎蝽对褐飞虱的种内干扰反应试验、自身密度干扰反应试验等。

（3）塑料盒：高2 cm、直径1.5 cm的塑料盒，用于饲养红彩瑞猎蝽若虫，以褐飞虱若虫、斜纹夜蛾幼虫和黄粉虫幼虫作为供试猎物。

（4）塑料桶：直径20 cm、高15 cm的塑料桶。用于水稻盆栽，种植分蘖期水稻，茎粗4~6 mm，穿孔白纸穿过水稻茎秆平铺在土表面，使用有机玻璃包装纸做围挡，均匀扎孔保证透气性，并加塑料盒盖防止试虫逃逸和水分散失（图3-38）。将塑料桶置于通风且光照良好的室外环境，日平均气温约25℃。

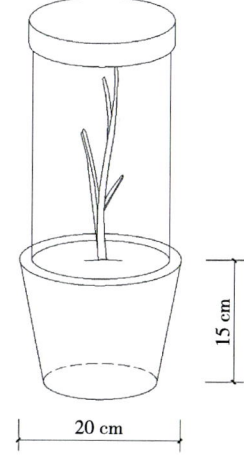

**图3-38　盆栽水稻饲养褐飞虱**

### 3. 试验方法

（1）红彩瑞猎蝽雌成虫日捕食量：试验前先将红彩瑞猎蝽饱食24 h，然后饥饿24 h进行试验。将1头饥饿48 h的红彩瑞猎蝽与30头褐飞虱短翅雌成虫放入直径为5 cm，高1 cm的培养皿内，每隔24 h观察记录褐飞虱存活数量并补充褐飞虱至30头。试验重复15次。试验在全自动光照培养箱内［$T$=（28±1）℃，L：D=14 h：10 h，相对湿度为（60±15）%］进行，24 h后检查记录存活的褐飞虱数量。

（2）不同虫龄的红彩瑞猎蝽对褐飞虱若虫的捕食功能：试验前先将红彩瑞猎蝽饱食24 h，然后饥饿24 h进行试验。在培养皿内测定红彩瑞猎蝽3龄若虫、4龄若虫、5龄若虫和雌成虫对褐飞虱低龄若虫（2~3龄）的捕食功能。猎物密度分别设10头/皿、20头/皿、30头/皿、40头/皿、50头/皿、60头/皿。试验在全自动光照培养箱内［$T$=（28±1）℃，L：D=14 h：10 h，相对湿度为（60±15）%］进行。试验设3次重复。24 h后检查褐飞虱存活数量。并计算校正褐飞虱死亡率，公式为校正褐飞虱死亡率（%）=（处理组褐飞虱死亡率-对照组褐飞虱死亡率）/（1-对照组褐飞虱死亡率）×100。由校正褐飞虱死亡率得出每次重复中红彩瑞猎蝽的校正捕食量。

测定红彩瑞猎蝽3龄若虫、4龄若虫、5龄若虫和雌成虫对褐飞虱高龄若虫（4~5龄）的捕食功能，天敌饥饿时间、猎物密度设置、试验条件、处理方法和数据校正方法同上。24 h后检查褐飞虱存活数量。

（3）不同虫龄的红彩瑞猎蝽对褐飞虱短翅雌成虫的捕食功能：在直径为5 cm、高1 cm的培养皿内测定红彩瑞猎蝽3龄若虫、4龄若虫、5龄若虫和雌成虫对褐飞虱短翅雌成虫的捕食功能，天敌饥饿时间、猎物密度设置、试验条件、处理方法和数据校正方法同上。24 h后检查记录存活的褐飞虱数量。

（4）红彩瑞猎蝽雌成虫对自身密度的功能反应：试验前先将红彩瑞猎蝽饱食24 h，然后饥饿24 h进行试验。共设6个猎蝽密度处理，分别将1头、2头、3头、4头、5头、6头红彩瑞猎蝽与供捕食的100头褐飞虱若虫（3~4龄）组合放入规格为12 cm×8 cm×7 cm的自制养虫盒内，每处理重复3次。试验在全自动光照培养箱内［$T$=（28±1）℃，L：D=14 h：10 h，相对湿度为（60±15）%］进行。24 h后检查记录存活的褐飞虱数量。

（5）红彩瑞猎蝽雌成虫的种内干扰效应：试验前先将红彩瑞猎蝽饱食24 h，然后饥饿24 h进行试验。分别将20头、40头、60头、80头、100头、120头褐飞虱若虫（3~4龄）依次与1头、2头、3头、4头、5头、6头红彩瑞猎蝽组合，放入规格为12 cm×8 cm×7 cm的自制养虫盒内，观察各组合下红彩瑞猎蝽捕食的褐飞虱数量，每处理重复3次。试验在全自动光照培养箱内［$T$=（28±1）℃，L：D=14 h：10 h，相对湿度为（60±15）%］进行。24 h后检查记录存活的褐飞虱数量。

（6）不同龄期红彩瑞猎蝽对褐飞虱若虫捕食作用盆栽试验：将水稻盆栽置于通风且光照良好的室外环境，日平均气温约25℃。

### 4. 数据处理

（1）红彩瑞猎蝽的饲养：试验数据均采用Excel 2010和SPSS 19.0软件进行分析。红彩瑞猎蝽在不同密度条件下对褐飞虱的捕食量采用one-way ANOVA单因素方差分析Duncan-（D）法进行比较。

（2）功能反应：根据红彩瑞猎蝽3龄若虫、4龄若虫、5龄若虫和雌成虫捕食不同虫龄褐飞虱的结果，可利用Holling Ⅱ圆盘方程（Holling，1959）建立不同虫态红彩瑞猎蝽的捕食量与褐飞虱密度的关系方程：

$$N_a=T_t aN/(1+aT_h N)$$

式中，$N_a$为猎物被捕食量；$a$为天敌瞬时攻击系数；$N$为猎物的初始密度；$T_h$为平均处理时间（即捕食者捕食1头猎物所消耗的时间）；$T_t$为捕食者总搜寻时间（本次试验中$T_t$=24 h）。用$a/T_h$值评价红彩瑞猎蝽的捕食能力。

将$N_a=T_t aN/(1+aT_h N)$转化为线性方程：

$$1/N_a = T_h + 1/a \times 1/N$$

令 $T_h=A$，$1/a=B$ 则

$$1/N_a = A + B \times 1/N$$

将数据代入上式，用线性最小二乘法可求得红彩瑞猎蝽各虫态24 h捕食褐飞虱的功能反应模型。将所得方程求得的红彩瑞猎蝽在褐飞虱不同密度下的理论捕食量与实际捕食量进行$X^2$检验。

（3）搜寻效应：采用马骁等（2013）方法计算搜寻效应估计值$S$，其公式为：

$$S = a/(1+aT_hN)$$

式中，$S$为搜寻效应，$a$、$T_h$、$N$同上。

（4）自身密度功能反应：采用Watt模型进行模拟（Hassell，1972）：

$$A = aP^{-b}$$

式中，$A$为竞争条件下的捕食量；$a$为常数，是在无竞争条件下每个天敌的捕食量估计；$P$为天敌密度；$b$为种内竞争参数。将所得方程求得的不同红彩瑞猎蝽密度下对褐飞虱的理论捕食量与实际捕食量进行$X^2$检验。

（5）种内干扰反应：试验结果用Hassell-Varley的干扰反应模型（Hassell，1972）进行拟合：

根据$E=N_a/(N \times P)$求出捕食者的捕食效率$E$。再由

$$E = QP^{-m}$$

拟合红彩瑞猎蝽雌成虫对褐飞虱若虫的干扰反应模型。式中，$E$为捕食效率；$Q$为搜索常数；$m$为干扰系数；$N_a$为捕获猎物数；$N$为猎物密度；$P$为捕食者密度。

## （二）结果与分析

### 1. 红彩瑞猎蝽雌成虫对褐飞虱日捕食量

在恒温培养箱条件下，红彩瑞猎蝽雌成虫对褐飞虱短翅雌成虫的连续捕食量结果如表3-34所示。饥饿24 h的红彩瑞猎蝽雌成虫的日平均捕食量第1天为21.00头；每日增加猎物至30头，第2天日平均捕食量为11.83头，第3天日平均捕食量为11.00头；第4天日平均捕食量为9.67头。

表3-34 红彩瑞猎蝽对褐飞虱日捕食量

| 项目 | 时间 | | | |
| --- | --- | --- | --- | --- |
| | 1 d | 2 d | 3 d | 4 d |
| 日平均捕食/头 | 21.00 ± 1.31 | 11.83 ± 0.65 | 11.00 ± 1.46 | 9.67 ± 0.91 |

## 2. 不同虫龄红彩瑞猎蝽对不同龄期褐飞虱的捕食能力

在10头/皿、20头/皿、30头/皿、40头/皿、50头/皿、60头/皿的不同密度梯度下，红彩瑞猎蝽3龄若虫、4龄若虫、5龄若虫及雌成虫对褐飞虱低龄若虫的捕食量如图3-39所示。

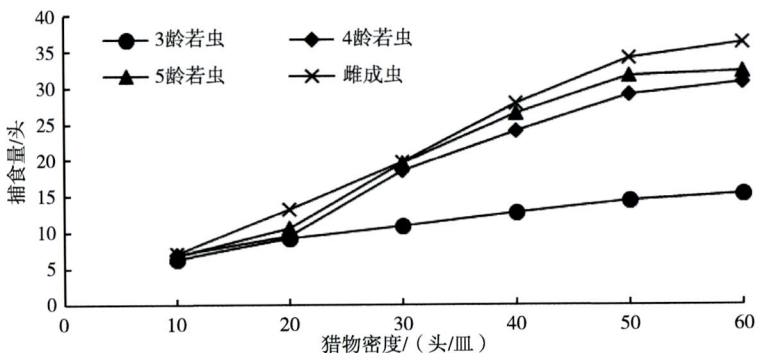

图3-39 不同虫龄红彩瑞猎蝽对褐飞虱低龄若虫的捕食量

结果表明，红彩瑞猎蝽3龄若虫、4龄若虫、5龄若虫及雌成虫捕食褐飞虱低龄若虫时均拟合Holling Ⅱ功能反应模型（表3-35）。从图3-39中可以看出，红彩瑞猎蝽的捕食量总是随着猎物密度增加而增加，当猎物密度低时（10～40头/皿），红彩瑞猎蝽各龄若虫和雌成虫对猎物表现为较快的增长趋势；当猎物密度较高时（40～60头/皿），红彩瑞猎蝽的捕食量则增长较缓慢。在所有设置的密度梯度中，红彩瑞猎蝽雌成虫捕食量为36.20头，其次是5龄若虫捕食量最高，为32.20头，3龄若虫捕食量仅为15.4头。

表3-35 各虫态红彩瑞猎蝽对不同虫龄褐飞虱的捕食功能反应方程及参数

| 虫龄 | 褐飞虱 | $a$ | $a/T_h$ | 理论最大捕食量$N_{a\max}$ | 捕食功能反应方程 | 相关系数$r$ |
|---|---|---|---|---|---|---|
| 3龄若虫 | 低龄若虫 | 0.948 | 14.208 | 14.986 | $N_a=0.948N/(1+0.063N)$ | 0.992** |
| 4龄若虫 | | 0.655 | 56.829 | 86.677 | $N_a=0.655N/(1+0.007N)$ | 0.983** |
| 5龄若虫 | | 0.637 | 78.443 | 123.086 | $N_a=0.637N/(1+0.005N)$ | 0.982** |
| 雌成虫 | | 0.682 | 141.434 | 207.245 | $N_a=0.682N/(1+0.003N)$ | 0.993** |
| 3龄若虫 | 高龄若虫 | 0.576 | 10.945 | 18.972 | $N_a=0.576N/(1+0.003N)$ | 0.996* |
| 4龄若虫 | | 0.802 | 21.307 | 26.537 | $N_a=0.802N/(1+0.003N)$ | 0.998** |
| 5龄若虫 | | 0.846 | 43.209 | 51.068 | $N_a=0.846N/(1+0.016N)$ | 0.999** |
| 雌成虫 | | 0.968 | 51.986 | 53.665 | $N_a=0.968N/(1+0.018N)$ | 0.996** |
| 3龄若虫 | 短翅雌成虫 | 0.861 | 6.291 | 7.300 | $N_a=0.861N/(1+0.118N)$ | 0.977** |
| 4龄若虫 | | 0.753 | 41.421 | 55.016 | $N_a=0.753N/(1+0.013N)$ | 0.991** |
| 5龄若虫 | | 0.929 | 49.402 | 53.165 | $N_a=0.929N/(1+0.017N)$ | 0.989** |
| 雌成虫 | | 1.078 | 76.131 | 70.566 | $N_a=1.078N/(1+0.015N)$ | 0.992** |

注：*表示实测值和理论值在0.05水平（双侧）上显著相关；**表示实测值和理论值在0.01水平（双侧）上极显著相关。

在不同密度梯度下,红彩瑞猎蝽3龄若虫、4龄若虫、5龄若虫及雌成虫对褐飞虱高龄若虫的捕食量见图3-40。

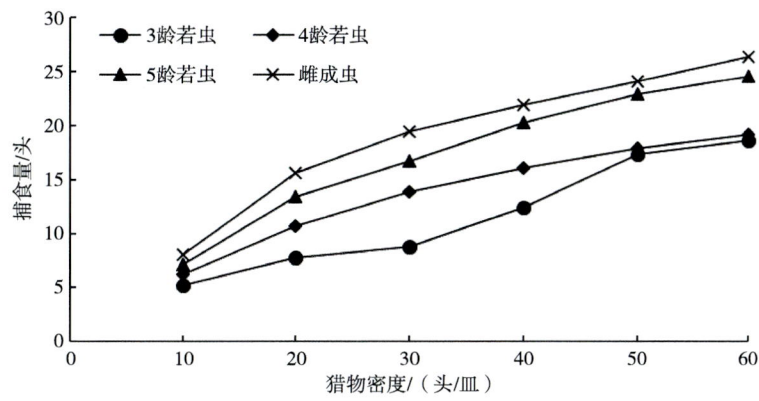

图3-40 不同虫龄红彩瑞猎蝽对褐飞虱高龄若虫的捕食量

从结果可以看出,红彩瑞猎蝽3龄若虫、4龄若虫、5龄若虫及雌成虫捕食褐飞虱高龄若虫时均拟合Holling Ⅱ功能反应模型(表3-35)。从图3-40中可以看出,红彩瑞猎蝽的捕食量总是随着猎物密度增加而增加,当猎物密度低时(10~40头/皿),红彩瑞猎蝽4龄若虫、5龄若虫和雌成虫对猎物表现为较快的增长趋势;当猎物密度较高时(40~60头/皿),红彩瑞猎蝽的捕食量则增长较缓慢。3龄若虫在低密度梯度(10~30头/皿)中捕食量较低,在猎物密度为40头/皿时增长迅速,之后增长趋于缓慢。在所有设置的密度梯度中,红彩瑞猎蝽雌成虫捕食量最高,为26.37头,其次是5龄若虫捕食量,为24.57头,3龄若虫捕食量最低,仅为18.60头。

在不同密度梯度下,红彩瑞猎蝽3龄若虫、4龄若虫、5龄若虫及雌成虫对褐飞虱成虫的捕食量见图3-41。

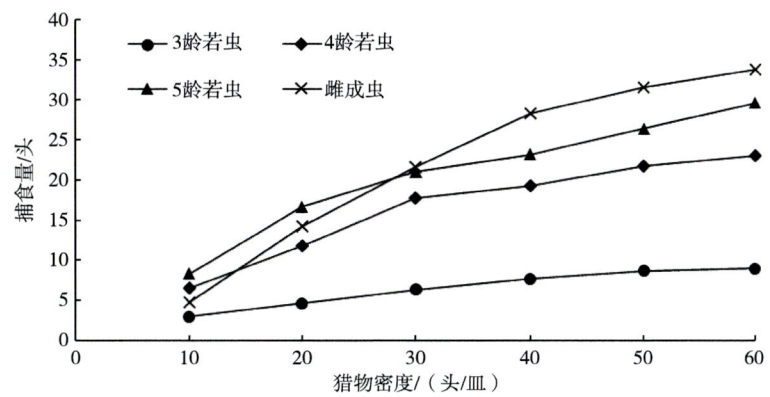

图3-41 不同虫龄红彩瑞猎蝽对褐飞虱短翅雌成虫的捕食量

结果表明,红彩瑞猎蝽3龄若虫、4龄若虫、5龄若虫及雌成虫捕食褐飞虱短翅雌成虫时均拟合Holling Ⅱ功能反应模型(表3-35)。从图3-41中可以看出,红彩瑞猎蝽的捕食量总是随着猎物密度增加而增加，当猎物密度低时（10~40头/皿），红彩瑞猎蝽4龄、5龄若虫和雌成虫对猎物表现为较快的增长趋势；当猎物密度较高时（40~60头/皿），红彩瑞猎蝽的捕食量则增长较缓慢。5龄若虫在猎物低密度梯度（10~30头/皿）中捕食量高于雌成虫，在高密度梯度时（40~60头/皿）捕食量表现为低于雌成虫。4龄若虫在高密度梯度时（40~60头/皿）捕食量增长迅速，之后捕食量增长趋于缓慢。在设置的密度梯度中，红彩瑞猎蝽雌成虫捕食量最高，为33.75头，其次是5龄若虫捕食量最高，为29.60头，3龄若虫捕食量最低，仅为9.00头。

### 3. 不同虫龄的红彩瑞猎蝽对不同龄期褐飞虱的功能反应

Holling提出按反应曲线的形状将功能反应分为3个基本类型：Ⅰ型、Ⅱ型和Ⅲ型（Holling，1959）。由图3-39至图3-41可知不同龄期的红彩瑞猎蝽平均捕食量随褐飞虱密度增大而增大，当达到一定程度时捕食量会趋于稳定，其功能反应曲线呈负加速曲线，是逆密度制约的。此曲线与Holling描述的捕食功能反应模型相符合，故可用Holling Ⅱ圆盘方程进行拟合。拟合各虫态红彩瑞猎蝽对不同虫龄褐飞虱的捕食功能反应方程及参数数据列于表3-35。

由表3-35可知，从瞬时攻击率（$a$）来看，对褐飞虱低龄若虫为：3龄若虫>雌成虫>4龄若虫>5龄若虫；对褐飞虱高龄若虫为：雌成虫>5龄若虫>4龄若虫>3龄若虫；对褐飞虱短翅雌成虫为：雌成虫>5龄若虫>3龄若虫>4龄若虫；红彩瑞猎蝽3龄若虫瞬时攻击率最大是在对褐飞虱低龄若虫（$a$=0.948），最低在高龄若虫（$a$=0.576）；4龄若虫最大是在对高龄若虫（$a$=0.802），最低在低龄若虫（$a$=0.655）；5龄若虫最大是在对短翅雌成虫（$a$=0.929），最低在低龄若虫（$a$=0.637）；雌成虫最大是在对高龄若虫是在对短翅雌成虫（$a$=1.078），最低在低龄若虫（$a$=0.682）。

从$a/T_h$值来看，不同龄期红彩瑞猎蝽捕食褐飞虱低龄、高龄若虫、短翅雌成虫时，雌成虫>5龄若虫>4龄若虫>3龄若虫；通过数据比较发现，在天敌和猎物龄期变化范围内，红彩瑞猎蝽雌成虫对褐飞虱低龄若虫的$a/T_h$值最高（$a/T_h$=141.134），3龄若虫对褐飞虱短翅雌成虫的$a/T_h$值最低，$a/T_h$仅为6.291。

根据捕食功能反应方程，当猎物密度$N\to\infty$时，存在理论最大捕食量$N_{a\max}=1/T_h$。不同龄期红彩瑞猎蝽捕食褐飞虱低龄、高龄若虫、短翅雌成虫时，理论最大捕食量$1/T_h$为雌成虫>5龄若虫>4龄若虫>3龄若虫。通过数据比较发现，在天敌和猎物龄期变化范围内，红彩瑞猎蝽雌成虫对褐飞虱低龄若虫的理论最大捕食量最高为207.245头，3龄若虫对褐飞虱短翅雌成虫的理论最大捕食量最低，仅为7.300头。

各龄期红彩瑞猎蝽实际捕食量与方程计算理论捕食量相关程度高，所得方程能较好的不同龄期红彩瑞猎蝽捕食褐飞虱低龄、高龄若虫、短翅雌成虫的捕食效能。

### 4. 不同虫龄红彩瑞猎蝽对褐飞虱的搜寻效应估计

搜寻效应是捕食者在捕食过程中对猎物攻击的一种行为效应。捕食者对于猎物作用的大小与其本身的搜寻效应有一定关系,而搜寻效应大小则与猎物密度、天敌本身有密切关系。搜寻效应方程$S=a/(1+aT_hN)$计算(马骁,2013)。

根据搜寻效应方程及表3-35中求得对应3龄若虫的捕食功能反应参数值,可得红彩瑞猎蝽3龄若虫对褐飞虱高龄若虫的搜寻效应曲线(图3-42)。图3-42表明,随着褐飞虱高龄若虫密度($N$)增大,红彩瑞猎蝽的搜寻效应($S$)逐渐降低,并趋于稳定。

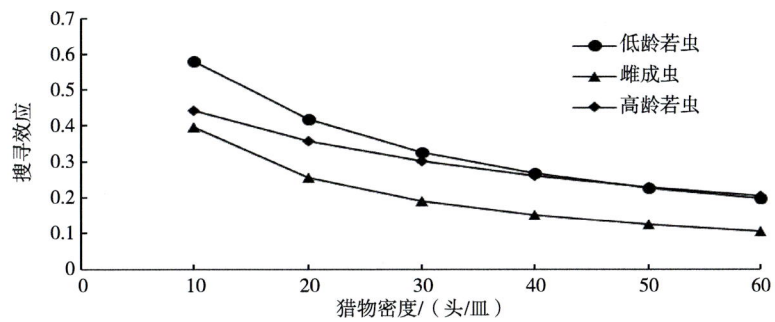

**图3-42 红彩瑞猎蝽3龄若虫搜寻效应与猎物密度的关系**

当褐飞虱密度为10头/皿时,红彩瑞猎蝽3龄若虫对褐飞虱低龄若虫搜寻效应最高$S$为0.581,其次是褐飞虱高龄若虫,$S$为0.442,对褐飞虱短翅雌成虫的搜寻效应最低,仅为0.395。密度为20头/皿时,红彩瑞猎蝽3龄若虫对褐飞虱低龄若虫搜寻效应最高$S$为0.419,其次是褐飞虱高龄若虫,$S$为0.359,对褐飞虱短翅雌成虫的搜寻效应最低,仅为0.256。褐飞虱的密度为20头/皿、30头/皿时,具有相似的规律。但是,当褐飞虱的密度在40~60头/皿时,红彩瑞猎蝽对褐飞虱低龄和高龄若虫的搜寻效应基本一致,都明显高于对雌成虫的搜寻效应估计值($S=0.238$)。

同理,根据搜寻效应方程及表3-35中求得对应4龄若虫的捕食猎物的功能反应参数值,可得红彩瑞猎蝽4龄若虫对褐飞虱低龄若虫和成虫搜寻效应曲线(图3-43)。图3-43表明,随着褐飞虱低龄若虫和成虫的密度($N$)增大,红彩瑞猎蝽的搜寻效应($S$)逐渐降低,并趋于稳定。

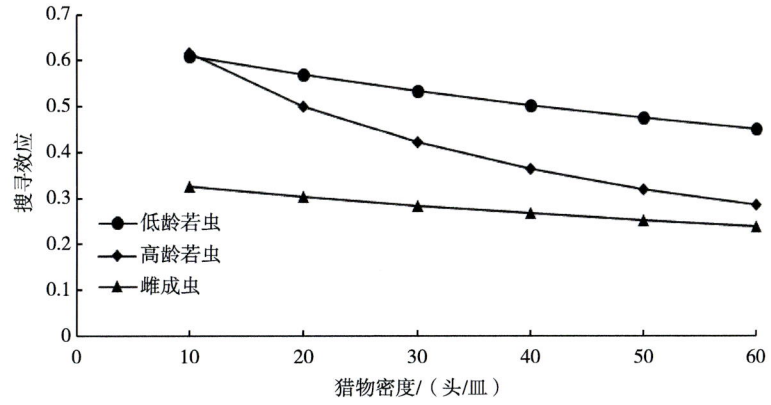

**图3-43 红彩瑞猎蝽4龄若虫搜寻效应与猎物密度的关系**

红彩瑞猎蝽4龄若虫捕食褐飞虱低龄若虫，猎物密度为10头/皿时，红彩瑞猎蝽搜寻效应$S$为0.609；猎物密度为20头/皿时，$S$为0.569；当猎物密度增加到60头/皿时，其$S$迅速降低至0.451；对红彩瑞猎蝽4龄若虫捕食短翅雌成虫来说，猎物密度为10头/皿时，红彩瑞猎蝽搜寻效应$S$为0.325，猎物密度为20头/皿时，$S$为0.303，当猎物密度增加到60头/皿时，其$S$降低至0.239，捕食效应变化不大。红彩瑞猎蝽对高龄若虫的搜寻效应随着猎物密度的增加，略有下降，但明显高于低龄若虫和短翅雌成虫的搜寻效应。

同理，根据搜寻效应方程及表3-35中求得对应5龄若虫的捕食猎物的功能反应参数值，可得红彩瑞猎蝽5龄若虫对褐飞虱高龄若虫和成虫搜寻效应关系曲线（图3-44）。图3-44表明，随着褐飞虱高龄若虫和成虫的密度（$N$）增大，红彩瑞猎蝽的搜寻效应（$S$）逐渐降低，并趋于稳定。

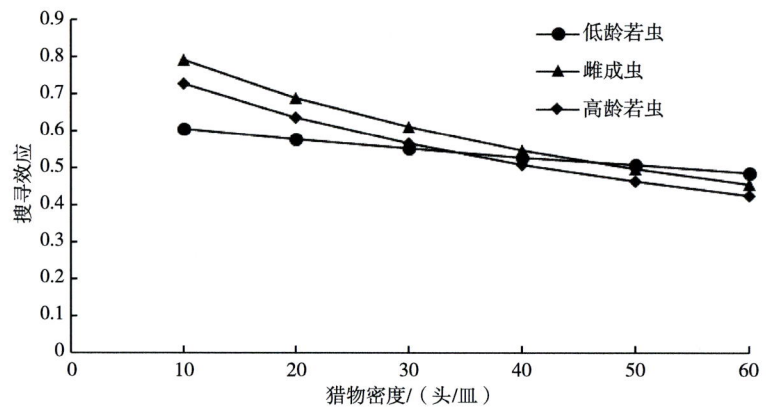

**图3-44　红彩瑞猎蝽5龄若虫搜寻效应与猎物密度的关系**

从红彩瑞猎蝽5龄若虫捕食褐飞虱高龄若虫来看，猎物密度为10头/皿时，红彩瑞猎蝽搜寻效应$S$为0.756，猎物密度为20头/皿时，$S$为0.636，猎物密度为30头/皿时，$S$为0.565，当猎物密度增加到60头/皿时，其$S$降低至0.424；从红彩瑞猎蝽5龄若虫捕食褐飞虱成虫来看，猎物密度为10头/皿时，红彩瑞猎蝽搜寻效应$S$为0.791，猎物密度为20头/皿时，$S$为0.689，当猎物密度为30头/皿时，$S$为0.609，当猎物密度增加到60头/皿时，其$S$降低至0.454。总体上看，随着猎物密度的增大，红彩瑞猎蝽对褐飞虱的搜寻效应呈下降趋势。

图3-45表明随着褐飞虱的密度增大，红彩瑞猎蝽雌成虫的搜寻效应（$S$）逐渐降低，规律与5龄若虫相同。

对红彩瑞猎蝽雌成虫捕食褐飞虱低龄若虫来看，猎物密度为10头/皿时，红彩瑞猎蝽搜寻效应$S$为0.661，猎物密度为20头/皿时，$S$为0.640，当猎物密度增加到60头/皿时，其$S$降低至0.569，呈略微下降趋势；对红彩瑞猎蝽雌成虫捕食褐飞虱成虫来说，猎物密度为10头/皿时，红彩瑞猎蝽搜寻效应$S$为0.936，猎物密度为20头/皿时，$S$为0.826，当猎物密度增加到60头/皿时，其$S$降低至0.563，搜寻效应下降速度变快。对褐飞虱高龄若虫下的搜寻效应规律与短翅雌成虫相近。

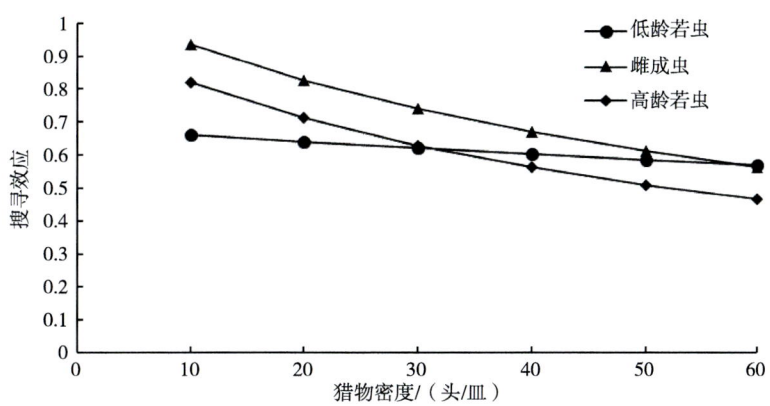

图3-45　红彩瑞猎蝽雌成虫搜寻效应与猎物密度的关系

### 5. 红彩瑞猎蝽雌成虫对自身密度的功能反应

采用$A=aP^{-b}$模型（Watt，1959）模拟天敌对自身密度的功能反应，对Watt的方程取对数即可求得$\ln A=\ln a-b\ln P$红彩瑞猎蝽不同处理的干扰与竞争模型方程：$A=30.309P^{-0.611}$（$r=0.983$）。当天敌密度为1头/皿时，红彩瑞猎蝽捕食量为32.33头；当天敌密度为2头/皿时，平均每头红彩瑞猎蝽捕食量为17.84头；当天敌密度为6头/皿时，平均每头红彩瑞猎蝽捕食量为10.22头，虽然红彩瑞猎蝽的总捕食量表现为增加趋势，但平均捕食量随着天敌自身密度的增加而减小（表3-36）。

表3-36　红彩瑞猎蝽雌成虫对自身密度的功能反应　　　　　　　　　　　　单位：头

| 项目 | 雌成虫密度/（头/皿） | | | | | |
|---|---|---|---|---|---|---|
| | 1 | 2 | 3 | 4 | 5 | 6 |
| 总捕食量 | 32.33 | 35.68 | 46.68 | 52.68 | 58.65 | 61.32 |
| 平均捕食量 | 32.33 | 17.84 | 15.56 | 13.17 | 11.73 | 10.22 |
| 理论捕食量 | 30.41 | 19.91 | 15.54 | 13.04 | 11.37 | 10.18 |

### 6. 种内相互干扰作用对红彩瑞猎蝽雌成虫捕食褐飞虱的影响

根据$E=N_a/(N\times P)$计算的捕食作用率（$E$）列于表3-37。

表3-37　不同密度红彩瑞猎蝽捕食不同密度褐飞虱数量及捕食作用率

| 天敌密度$P$/（头/皿） | 猎物密度$N$/（头/皿） | 捕食量$N_a$/头 | 捕食作用率$E$ |
|---|---|---|---|
| 1 | 20 | 6.67 | 0.333 |
| 2 | 40 | 7.33 | 0.092 |
| 3 | 60 | 10.33 | 0.057 |
| 4 | 80 | 15.33 | 0.048 |
| 5 | 100 | 21.67 | 0.043 |

（续表）

| 天敌密度P/（头/皿） | 猎物密度N/（头/皿） | 捕食量$N_a$/头 | 捕食作用率E |
|---|---|---|---|
| 6 | 120 | 29.67 | 0.041 |

由表3-37可知，当天敌密度为1头/皿时，红彩瑞猎蝽捕食作用率E为0.333；当天敌密度为2头/皿时，猎蝽捕食作用率E迅速降低至0.092；当天敌密度为6头/皿时，猎蝽捕食作用率E为0.041，随着天敌密度增加红彩瑞猎蝽对褐飞虱的捕食作用率E会逐渐降低。红彩瑞猎蝽雌成虫间的干扰作用可用Hassell-Varley（1969）的干扰反应模型进行拟合，经分析得出搜索常数Q为0.259 8；干扰系数（m）为1.159 1。红彩瑞猎蝽捕食褐飞虱若虫过程中的自我干扰方程为$E=0.259\,8P^{-1.159\,1}$（$r=0.980$）。

### 7. 不同龄期红彩瑞猎蝽对褐飞虱若虫的捕食作用盆栽试验

根据盆栽试验24 h后，将各龄红彩瑞猎蝽对不同密度褐飞虱捕食量结果列于表3-38。

当褐飞虱密度为5头/皿时，红彩瑞猎蝽5龄若虫捕食量为2.67头，明显高于3龄若虫、4龄若虫及雌成虫捕食量。当猎物密度为10～30头/皿时，红彩瑞猎蝽5龄若虫与4龄若虫捕食量均无显著差异，但明显高于3龄若虫和雌成虫捕食量。此外，随着猎物密度的增加，各龄期天敌的捕食量随之上升。当猎物密度为30头/皿时，5龄若虫的捕食量最高，为11.00头。

**表3-38 盆栽条件下不同虫龄红彩瑞猎蝽对不同猎物密度的捕食量**

| 天敌龄期 | 猎物密度/（头/皿） | | | | | |
|---|---|---|---|---|---|---|
| | 5 | 10 | 15 | 20 | 25 | 30 |
| 3龄若虫 | 0.33±0.33b | 1.00±0.00c | 1.67±0.33c | 2.33±0.33c | 2.67±0.33b | 2.67±0.66b |
| 4龄若虫 | 1.33±0.33b | 3.33±0.33ab | 6.330.33ab | 9.67±0.33a | 10.00±0.57a | 10.33±0.33a |
| 5龄若虫 | 2.67±0.33a | 5.33±0.33a | 7.00±0.57a | 10.00±1.15a | 10.67±0.88a | 11.00±1.00a |
| 雌成虫 | 0.67±0.33b | 2.67±1.2bc | 4.67±0.88b | 4.67±0.33b | 5.00±0.57b | 5.00±0.57b |

由表3-38可知，红彩瑞猎蝽盆栽条件下对褐飞虱若虫的捕食量大小排序为：5龄若虫>4龄若虫>雌成虫>3龄若虫。猎物密度较低（5～15头/皿）时，红彩瑞猎蝽捕食量较低；随着猎物密度增大，各龄期红彩瑞猎蝽对褐飞虱捕食量随之增多，而达到一定程度后，捕食量不再随之增加。

由表3-39可以看出，盆栽试验条件下，处理1 d后，红彩瑞猎蝽4龄若虫、5龄若虫对褐飞虱的捕食能力较强，分别为10.00头和10.60头，明显高于3龄若虫的9.20头和雌成虫的8.00头。处理3 d后，红彩瑞猎蝽的4龄若虫、5龄若虫对褐飞虱的捕食量迅速增大，分别是19.60头和21.00头，明显高于3龄若虫的11.40头和雌成虫的13.60头。处理7 d后，以5龄若虫捕食量最高，为24.80头，其次是4龄若虫22.00头，雌成虫16.40头，3龄若虫捕食量最低，仅为12.60头。

表3-39　盆栽条件下不同虫龄的红彩瑞猎蝽不同时间对褐飞虱的捕食量

| 红彩瑞猎蝽 | 捕食量/头 | | |
|---|---|---|---|
| | 1 d | 3 d | 7 d |
| 3龄若虫 | 9.20 ± 0.58ab | 11.40 ± 0.51c | 12.60 ± 0.24d |
| 4龄若虫 | 10.00 ± 0.54a | 19.60 ± 0.92a | 22.00 ± 1.14b |
| 5龄若虫 | 10.60 ± 0.40a | 21.00 ± 0.50a | 24.80 ± 0.86a |
| 雌成虫 | 8.00 ± 0.31b | 13.60 ± 0.81b | 16.40 ± 0.60c |

## （三）结论与讨论

饥饿24 h的红彩瑞猎蝽雌成虫的日平均捕食量在第1天最高，为21.00头，连续观察4 d，雌成虫日平均捕食量逐渐降低。与猎蝽捕食速度结果相结合，红彩瑞猎蝽在放入培养皿的前6个小时捕食速度最快，为2.50头/h，表明红彩瑞猎蝽对褐飞虱具有较强的捕食作用。

不同龄期的红彩瑞猎蝽3龄若虫、4龄若虫、5龄若虫及雌成虫捕食不同虫龄的褐飞虱时均拟合Holling Ⅱ功能反应模型。在相同猎物密度条件下，不同虫龄的红彩瑞猎蝽对褐飞虱的最大日捕食量，最高者均为雌成虫（207.245头、53.665头、70.566头），最低者均为3龄若虫（14.986头、18.972头、7.300头）。红彩瑞猎蝽雌成虫对褐飞虱的捕食能力最强，其次是5龄若虫，3龄若虫最弱。

随着褐飞虱密度增大，不同虫龄的红彩瑞猎蝽对猎物的搜寻效应$S$逐渐降低，并趋于稳定。红彩瑞猎蝽3～4龄若虫对褐飞虱低龄若虫的搜寻效应$S$最高，其次为对高龄若虫的搜寻效应，对短翅雌成虫的搜寻效应最弱；5龄若虫和雌成虫对褐飞虱短翅雌成虫的搜寻效应规律相近，对短翅雌成虫的搜寻效应显著高于高龄若虫。拟合了红彩瑞猎蝽雌成虫对自身密度的功能反应方程为：$A=30.309P^{-0.611}$。拟合了红彩瑞猎蝽雌成虫捕食褐飞虱若虫过程中的自我干扰方程为$E=0.259\,8P^{-1.159\,1}$（$r=0.980$）。

在一定的空间和相同比例猎物存在的条件下，随着红彩瑞猎蝽雌成虫数量的增加，总捕食量也相应缓慢增加，但是平均每头红彩瑞猎蝽雌成虫的捕食量有所下降，平均捕食量随其自身密度的增大而逐渐减少，捕食作用率（$E$）也相应降低。观察结果与食虫齿爪盲蝽捕食枸杞木虱的研究相近（刘爱萍等，2013），说明随着天敌数量的增加，在有限的空间内，它们之间相互遭遇的概率增加。

室外盆栽条件下不同龄期红彩瑞猎蝽对褐飞虱5龄若虫捕食能力的研究表明，5头褐飞虱密度处理，红彩瑞猎蝽5龄若虫捕食量与3龄若虫、4龄若虫和雌成虫捕食量有显著差异，10～30头/皿猎物密度下，红彩瑞猎蝽5龄若虫与4龄若虫捕食量无显著差异，与3龄若虫、雌成虫捕食量有极显著差异。这可能是猎蝽在低密度猎物条件下更难以搜寻到并捕食到猎物，并且由于红彩瑞猎蝽若虫个体大小、活动能力、活动范围不同，是导致捕食量出现显著差异的因素。对红彩瑞猎蝽使用盆栽法处理1 d、3 d、7 d后,红彩瑞猎蝽5龄若虫对褐飞虱的捕食能力较强,捕食量最高。雌成虫在室外环境中活动范围更为宽广,试验观察中也会发现,雌成虫多数停留于稻株顶端或稻叶上,与若虫喜停留在稻株中下部或盆土表面不同;而褐飞虱常常为害的稻株茎秆部分,刺吸茎秆汁液为生,以及若虫的跳跃挣脱捕食者的能力等原因也往往会导致红彩瑞猎蝽雌成虫更难以捕食到褐飞虱。

在室外环境下不同龄期红彩瑞猎蝽对褐飞虱若虫捕食能力的试验表明,使用红彩瑞猎蝽进行褐飞虱的生物防治过程中,选择红彩瑞猎蝽5龄若虫效果较优,其次是红彩瑞猎蝽的4龄若虫。

这与本试验结果不同,认为可能与天敌可活动的范围增加有关。实际观察中发现,猎蝽由5龄若虫羽化为雌成虫之后具备飞行和跳跃能力,在捕食褐飞虱的过程中产生了更为复杂的搜寻过程,雌成虫在搜寻猎物的过程中花费了一定时间。另外,由于盆栽试验是在9—10月进行的,这时已过秋分节气,昼短夜长且夜间温度降低,自然条件下昼夜温差急剧变化,影响了红彩瑞猎蝽的活动,较为不利于红彩瑞猎蝽对褐飞虱的捕食行为。

## 第三节　红彩瑞猎蝽对其他作物害虫的捕食能力研究

### 一、红彩瑞猎蝽对小菜蛾的捕食功能反应

小菜蛾（*Plutella xylostella*）又名小青虫、两头尖、吊丝虫等,属于鳞翅目菜蛾科,是十字花科蔬菜上重要的世界性害虫,具有繁殖力强,发生世代多,世代重叠严重,分布广、杂食性、迁飞能力和环境适应能力强等特点（蔡岳宏,2018）。20世纪30年代之前,小菜蛾被认为是十字花科蔬菜的一种次要害虫;40年代后期,被认为是十字花科蔬菜的主要害虫;到80年代后期,发现凡是种植十字花科蔬菜的国家和地区均有小菜蛾发生和为害。进入21世纪以来,随着设施蔬菜大棚的规模化建设,十字花科蔬菜大面积连作种植,小菜蛾为害日趋加重。20世纪70年代,在我国小菜蛾被认为是十字花科蔬菜的主要害虫以来,我国南方一些省份（如福建、广东等地）,每年可发生约20代,对蔬菜生产发展造成了严重威胁（常晓丽,2017）。小菜蛾为害作物主要通过咬食蔬菜叶片造成蔬菜减产甚至绝收（吴青君,2001）,据报道,全世界每年用于防治小菜蛾的费用和因小菜蛾造成的经济损失近50亿美元（Zalucki,2012）。

小菜蛾以幼虫为害十字花科蔬菜的整个生育期叶片,成虫将卵产在叶片的背面,初孵幼虫只取食叶肉,留下表皮,在叶片上形成一个个半透明的斑,3～4龄幼虫可将叶片食成孔洞和缺刻,严重时全叶被吃成网状,影响蔬菜的正常生长,降低蔬菜的产量和质量,严重发生时可减产90%以上,甚至绝收。小菜蛾1龄幼虫的食量占整个幼虫期的3%,2～3龄幼虫占整个幼虫期的19%,4龄幼虫食量大增,占78%且抗药性强,所以应及时把小菜蛾

幼虫消灭在3龄幼虫之前。目前在生产上防治小菜蛾依然依赖于化学农药，对小菜蛾防治多年来一直以喷施化学杀虫剂为主，化学农药的大量连续使用，使小菜蛾始终处在较强的药剂选择压下，又加上其繁殖快，导致其对药剂的抗性水平越来越高，目前小菜蛾对有机氯、有机磷、氨基甲酸酯、拟除虫菊酯和酰基脲类以及生物制剂（Bt）等均产生不同程度的抗药性，目前我国小菜蛾已经对90%以上的药剂产生了抗性（胡珍娣，2016；苏文敏，2016）。小菜蛾抗性的产生、化学杀虫剂带来的环境污染等是蔬菜绿色生产面临的重要问题。这促使更多研究者寻求非化学杀虫剂控制小菜蛾的技术方法，其中充分发挥和利用天敌的自然控制作用已经备受关注（陈科伟，2006）。

田间调查和研究表明，小菜蛾的天敌种类非常多，小菜蛾寄生性天敌主要有茧蜂科的菜蛾绒茧蜂*Cotesia plutellae*、姬蜂科的颈双缘姬蜂*Diadromus collaris*和半闭弯尾姬蜂*Diadegma semiclausum*、金小蜂科的绒茧金小蜂*Trichomalopsis apanteloctenus*和赤眼蜂科的拟澳洲赤眼蜂*Trichogramma confusum*等。捕食性天敌蠋蝽*Arma chinensis*、叉角厉蝽*Eocanthecona furcellata*、微小花蝽*Orius minutus*、中华微刺盲蝽*Campylomma chinensis*、黄足隘步甲*Patrobus flavipes*、异色瓢虫*Harmonia axyridis*、东亚钳蝎*Buthus martensii*和蜘蛛类（黄珺梅，2000；陈仁，2004；曾粮斌，2016）等对小菜蛾也有较好的生防潜力，因此，筛选更多理想的天敌昆虫用于防治蔬菜上的小菜蛾具有积极意义。

红彩瑞猎蝽*Rhynocoris fuscipes*是烟草上烟蚜*Myzus persicae*、烟青虫*Helicoverpa assulta*和斜纹夜蛾*Spodoptera litura*及水稻上二化螟*Chilo suppressalis*、稻纵卷叶螟*Cnaphalocrocis medinalis*和褐飞虱*Nilaparvata lugens*等多种农林害虫的重要捕食性天敌，但其对蔬菜上小菜蛾的捕食能力尚未见报道。在红彩瑞猎蝽饲养试验中发现，红彩瑞猎蝽若虫和成虫均能捕食小菜蛾（图3-46至图3-48），本试验在室内条件下通过不同龄期红彩瑞猎蝽对小菜蛾3龄幼虫的捕食功能反应研究，并将具有较优防效龄期的红彩瑞猎蝽5龄若虫和雌雄成虫对小菜蛾4~6龄幼虫的室内捕食功能反应、搜寻效应进行测定，明确红彩瑞猎蝽对小菜蛾的捕食行为和捕食量，评估红彩瑞猎蝽的防控能力，为田间小菜蛾的生物防治提供新方法和理论基础。

图3-46 红彩瑞猎蝽捕食小菜蛾幼虫

图3-47 红彩瑞猎蝽若虫捕食小菜蛾成虫

图3-48 红彩瑞猎蝽成虫捕食小菜蛾成虫

## （一）材料与方法

### 1. 供试材料

红彩瑞猎蝽为广东省烟草科学研究所实验室长期饲养的种群，以小菜蛾作为猎蝽食物源，连续饲养多代；小菜蛾采集于田间甘蓝上，在室内用萝卜苗饲养多代，获得稳定种群。以上虫源均饲养于人工气候箱（江南仪器厂RXZ型）内，饲养条件为温度（26±1）℃、光照周期L：D=16 h：8 h、相对湿度（60±5）%。

### 2. 试验方法

（1）不同虫态红彩瑞猎蝽对小菜蛾3龄幼虫的捕食量及功能反应：试验在直径为15 cm、高2.5 cm玻璃培养皿中进行，红彩瑞猎蝽设1龄若虫、2龄若虫、3龄若虫、4龄若虫、5龄若虫、雌成虫和雄成虫7个虫态处理，各处理选取蜕皮或羽化后48 h内的红彩瑞猎蝽若虫或成虫，供试前饥饿24 h。每个处理放1头红彩瑞猎蝽和不同密度小菜蛾3龄幼虫，红彩瑞猎蝽1～2龄若虫设置小菜蛾密度分别为5头/皿、10头/皿、15头/皿、20头/皿、25头/皿，红彩瑞猎蝽3～5龄若虫和成虫设置小菜蛾密度分别为10头/皿、20头/皿、30头/皿、40头/皿、50头/皿，每个处理重复10次，观察红彩瑞猎蝽对小菜蛾的捕食行为，24 h后统计小菜蛾幼虫被捕食数量。

捕食功能反应：根据猎物密度与被捕食量之间的逻辑斯蒂回归分析可以确定捕食功能反应类型，具体方程如下：

$$\frac{N_a}{N_0}=\frac{\exp(P_0+P_1N_0+P_2N_0^2+P_3N_0^3)}{1+\exp(P_0+P_1N_0+P_2N_0^2+P_3N_0^3)}$$

式中，$N_0$为小菜蛾最初数量，$N_a$为被捕食的小菜蛾数量；$P_0$、$P_1$、$P_2$和$P_3$分别为常数、一次方、二次方和三次方系数。当方程中$P_1=0$时，表示红彩瑞猎蝽的捕食量随着小菜蛾的数量增加而呈现直线上升，说明功能反应类型属于Holling Ⅰ型；如果方程中$P_1<0$，而且红彩瑞猎蝽的捕食量随着小菜蛾的密度增加而增加，之后不再增加渐渐变为平稳状态，则说明功能反应类型属于Holling Ⅱ型；如果方程中$P_1>0$，即红彩瑞猎蝽的捕食量随小菜蛾的密度变化呈"S"形波动，说明功能反应类型为Holling Ⅲ型。

Holling Ⅱ圆盘方程：$N_a=aNT/(1+aT_hN)$

式中，$N_a$为小菜蛾被捕食数量；$a$为红彩瑞猎蝽对小菜蛾的瞬时攻击率；$N$为小菜蛾的初始密度；$T$是红彩瑞猎蝽搜寻小菜蛾的总时间（本试验中$T$=1 d）；$T_h$为红彩瑞猎蝽捕食一头小菜蛾的时间。

（2）红彩瑞猎蝽对小菜蛾4～6龄幼虫的捕食功能反应及搜寻效应：根据试验结果可知，红彩瑞猎蝽5龄若虫和雌雄成虫对小菜蛾3龄幼虫捕食能力较强，因此，继续采用上法测定红彩瑞猎蝽5龄若虫和雌雄成虫对小菜蛾4～5龄幼虫的捕食功能反应，采用Holling的方法（Holling，1959）计算红彩瑞猎蝽5龄若虫和雌雄成虫对小菜蛾4～6龄幼虫的搜寻效应（如果是Holling Ⅱ型的话），搜寻效应（$S$）与害虫种群密度（$N$）有关的模型计算公式为：$S=a'/(1+a'T_hN)$（丁岩钦，1983，1994），式中，$a'$为红彩瑞猎蝽对小菜蛾的瞬时攻击率；$T_h$为红彩瑞猎蝽捕食一头小菜蛾的时间。

（3）种内干扰作用对红彩瑞猎蝽捕食作用率的影响：在每个培养皿中放入50头小菜蛾4龄幼虫，红彩瑞猎蝽3~5龄若虫和雌雄成虫的密度梯度均设置分别为1头、2头、3头、4头、5头，每个处理重复5次，24 h后调查记录小菜蛾死亡数量。用Hassell-Varley干扰模型$E=QP^{-m}$分析捕食者自身密度干扰反应（Hassell，1969），$E$为捕食作用率，$P$为红彩瑞猎蝽密度，$Q$为寻找系数，$m$为互相干扰系数。

$$分摊竞争强度：I=(E_1-E_p)/E_1$$

式中，$I$为分摊竞争强度；$E_1$为1头天敌的捕食作用率；$E_p$为$P$头天敌捕食作用率（邹运鼎，1996）。

### 3. 数据统计与分析

对所得试验数据先用Excel进行简单计算和作图，用SPSS 19.0数据分析软件进行方差分析和差异显著性检验（Tukey）；使用Graph Pad 6.01进行捕食功能反应、搜寻效应和干扰反应方程的拟合与作图。

## （二）结果与分析

### 1. 不同虫态红彩瑞猎蝽对小菜蛾3龄幼虫的捕食量

红彩瑞猎蝽不同虫态对小菜蛾3龄幼虫的捕食量见表3-40。红彩瑞猎蝽不同虫态对小菜蛾2龄幼虫的捕食能力存在显著区别，总体来说，在各个猎物密度下，1~4龄的若虫捕食能力随着虫龄的增加而增加，5龄以上的红彩瑞猎蝽捕食量无显著差异。随着猎物密度的增加，红彩瑞猎蝽各虫态的捕食量都有所增加，但1龄若虫在猎物密度达到15头/皿，捕食量达到饱和，不再随猎物的增加而增加，2龄若虫则是在20头/皿时趋近饱和，3龄幼虫、4龄幼虫、5龄若虫与雌雄成虫则在猎物密度达到40头/皿，捕食量才趋近饱和。

表3-40 不同虫态红彩瑞猎蝽对小菜蛾3龄幼虫的捕食能力

| 红彩瑞猎蝽虫态 | 猎物密度/（头/皿） | | | | | $F_{(4,45)}$ | $P$ |
| --- | --- | --- | --- | --- | --- | --- | --- |
| | A | B | C | D | E | | |
| 1龄若虫 | 2.1 ± 0.74cE | 3.1 ± 0.74bE | 4.3 ± 0.67aE | 4.8 ± 1.03aE | 4.9 ± 0.99aE | 20.250 | <0.000 0 |
| 2龄若虫 | 3.2 ± 0.79dD | 4.9 ± 0.74cD | 6.1 ± 0.74bD | 6.8 ± 0.79abD | 7 ± 1.05aD | 35.927 | <0.000 0 |
| 3龄若虫 | 4.1 ± 0.74dC | 8.9 ± 1.2cC | 13.3 ± 1.25bC | 16.4 ± 1.51aC | 16.9 ± 1.45aC | 184.942 | <0.000 0 |
| 4龄若虫 | 4.9 ± 0.88dB | 10.5 ± 1.58cB | 15.7 ± 1.16bB | 18.1 ± 1.45aB | 18.4 ± 1.58aB | 180.663 | <0.000 0 |
| 5龄若虫 | 5.9 ± 0.88dA | 13.4 ± 1.43cA | 19.5 ± 2.22bA | 25.5 ± 1.08aA | 25.9 ± 1.60aA | 459.102 | <0.000 0 |
| 雌成虫 | 5.8 ± 1.03dA | 13.1 ± 0.99cA | 19.2 ± 1.93bA | 25.2 ± 1.32aA | 25.6 ± 1.43aA | 370.620 | <0.000 0 |
| 雄成虫 | 5.6 ± 0.84dAB | 12.9 ± 1.37cA | 19.1 ± 1.29bA | 24.9 ± 1.29aA | 25.2 ± 0.92aA | 517.782 | <0.000 0 |

注：表中数据为平均值±标准误，同一行数据后具相同小写字母和同一列数据后具相同大写字母者表示在$P<0.05$水平上差异不显著（Duncan's复极差检验）。

## 2. 不同虫态红彩瑞猎蝽对小菜蛾3龄幼虫的捕食功能反应

回归分析结果显示，红彩瑞猎蝽1龄若虫和2龄若虫的一次方系数$P_1$均小于0（表3-41），对小菜蛾3龄幼虫的捕食量均随着猎物密度的增加逐渐增加，然后变成缓慢增加或不再增加，并趋于稳定（图3-49），呈负密度制约关系，表明红彩瑞猎蝽1龄若虫、2龄若虫对小菜蛾3龄幼虫的捕食功能类型属于HollingⅡ型。而3~5龄若虫和成虫的1次方系数$P_1>0$，$P_2<0$，且对小菜蛾3龄幼虫的捕食量均随着猎物密度的增加逐渐增加，放缓的趋势较不明显，表明红彩瑞猎蝽3~5龄若虫和成虫的捕食功能反应属于HollingⅢ型。结果表明，红彩瑞猎蝽2龄若虫的瞬时攻击率、捕食效能均优于1龄若虫。而在3龄若虫以上的红彩瑞猎蝽，5龄若虫以上的红彩瑞猎蝽捕食上限和最佳寻找密度无明显差异，且均高于4龄若虫和3龄若虫，由此可知，针对小菜蛾2龄幼虫，红彩瑞猎蝽成虫及5龄若虫的效果好于3龄若虫与4龄若虫（表3-42、表3-43）。

**表3-41 不同虫态红彩瑞猎蝽对小菜蛾3龄幼虫的功能捕食回归分析**

| 红彩瑞猎蝽虫态 | 参数 | 估值 | 标准误SE | $t$ | $R^2$ |
|---|---|---|---|---|---|
| 1龄若虫 | $P_0$ | 0.569 | 0.329 | 4.749 | |
| | $P_1$ | −0.239 | 0.089 | −1.375 | 0.993 |
| | $P_2$ | 0.013 | 0.007 | 0.1 | |
| | $P_3$ | −0.000 2 | 0.000 154 | −0.002 235 | |
| 2龄若虫 | $P_0$ | 1.557 | 0.106 | 2.902 | |
| | $P_1$ | −0.244 | 0.028 | −0.594 | 0.985 |
| | $P_2$ | 0.01 | 0.002 | 0.037 | |
| | $P_3$ | −0.000 1 | 0.000 046 | −0.000 768 | |
| 3龄若虫 | $P_0$ | −0.627 | 0.037 | −1.099 | |
| | $P_1$ | 0.032 | 0.005 | 0.094 | 0.958 |
| | $P_2$ | −0.001 | 0.000 181 | −0.003 | |
| | $P_3$ | −0.000 6 | 0.000 002 | −2.72E−05 | |
| 4龄若虫 | $P_0$ | −0.469 | 0.201 | −3.021 539 | |
| | $P_1$ | 0.057 | 0.026 | 0.391 | 0.994 |
| | $P_2$ | −0.001 | 0.001 | −0.013 935 | |
| | $P_3$ | −0.000 6 | 0.000 011 | −0.000 131 | |
| 5龄若虫 | $P_0$ | −0.124 | 0.536 | 6.680 026 | |
| | $P_1$ | 0.061 | 0.071 | 0.958 | 0.956 |
| | $P_2$ | −0.001 | 0.003 | −0.034 | |
| | $P_3$ | −1.16E−06 | 0.000 029 | −0.000 368 | |
| 雌成虫 | $P_0$ | −0.088 | 0.497 | −6.4 | |
| | $P_1$ | 0.049 | 0.065 | 0.881 | 0.958 |
| | $P_2$ | −0.001 | 0.002 | −0.032 | |
| | $P_3$ | −5.26E−06 | 0.000 027 | −0.000 346 | |

（续表）

| 红彩瑞猎蝽虫态 | 参数 | 估值 | 标准误SE | $t$ | $R^2$ |
|---|---|---|---|---|---|
| 雄成虫 | $P_0$ | −0.261 | 0.436 | −5.807 | 0.969 |
| | $P_1$ | 0.061 | 0.058 | 0.792 | |
| | $P_2$ | −0.001 | 0.002 | −0.028 124 | |
| | $P_3$ | −2.97E-06 | 0.000 024 | −0.000 303 | |

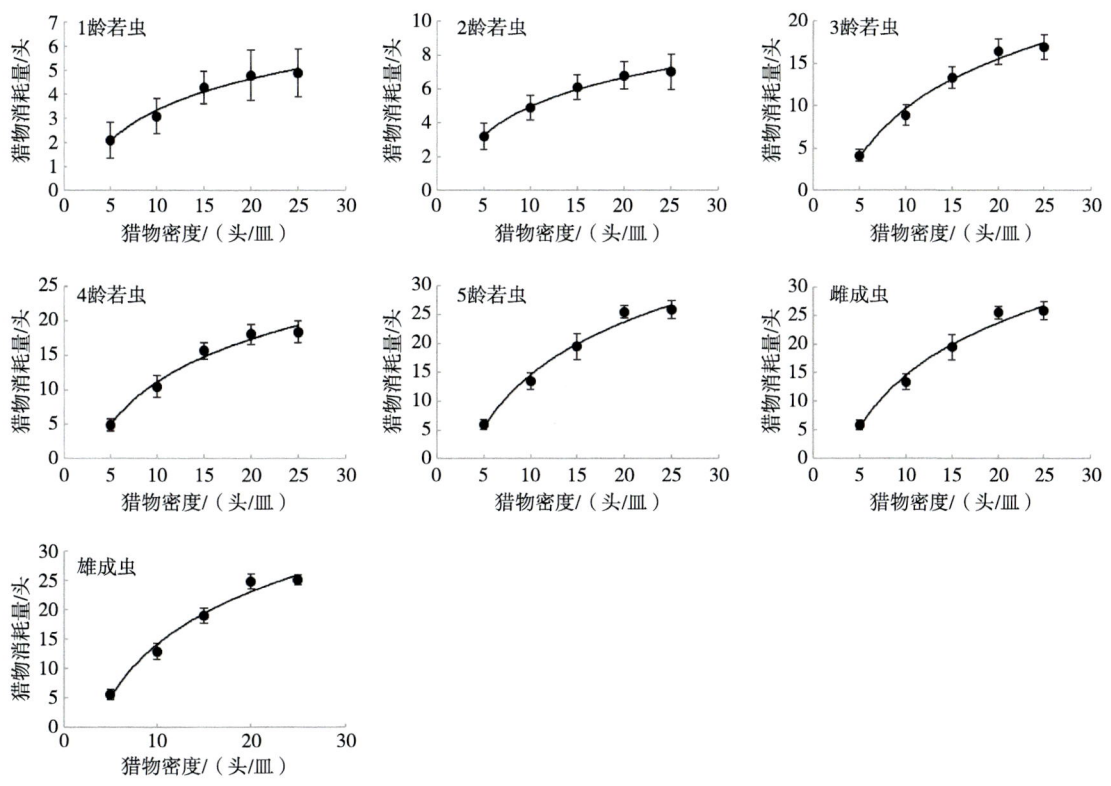

图3-49　红彩瑞猎蝽对小菜蛾3龄幼虫的捕食功能反应曲线

表3-42　红彩瑞猎蝽1～2龄若虫对小菜蛾3龄幼虫的捕食功能反应参数

| 红彩瑞猎蝽虫态 | Holling Ⅱ 圆盘方程 | 瞬时攻击率$a$ | 处置时间 $T_h$/d | 捕食效能 $a/T_h$ | 日最大捕食量 $1/T_h$ | $R^2$ | $t$ | $P$ |
|---|---|---|---|---|---|---|---|---|
| 1龄若虫 | $N_a=0.57N/(1+0.072N)$ | 0.57 | 0.128 | 4.453 1 | 7.812 5 | 0.985 | 10.693 | 0.002 |
| 2龄若虫 | $N_a=0.92N/(1+0.087N)$ | 0.92 | 0.095 | 9.684 2 | 10.526 3 | 0.998 | 32.509 | <0.001 |

表3-43  不同虫态红彩瑞猎蝽对小菜蛾3龄幼虫的捕食功能反应参数

| 红彩瑞猎蝽虫态 | HollingⅢ新模型方程 | 最佳寻找密度$b$/头 | 捕食上限$a'$/头 | $R^2$ | $t$ | $P$ |
|---|---|---|---|---|---|---|
| 3龄若虫 | $8.483 \cdot \exp(-9.9269N^{-1})$ | 9.926 | 8.483 | 0.988 | 17.992 | <0.001 |
| 4龄若虫 | $26.628 \cdot \exp(-11.112N^{-1})$ | 11.112 | 26.628 | 0.989 | 19.012 | <0.001 |
| 5龄若虫 | $34.648 \cdot \exp(-18.867N^{-1})$ | 18.867 | 37.648 | 0.985 | 16.385 | <0.001 |
| 雌成虫 | $37.178 \cdot \exp(-18.936N^{-1})$ | 18.936 | 37.178 | 0.984 | 15.6 | <0.001 |
| 雄成虫 | $37.065 \cdot \exp(-19.235N^{-1})$ | 19.235 | 37.065 | 0.985 | 16.44 | <0.001 |

### 3. 红彩瑞猎蝽对小菜蛾4~6龄幼虫的捕食功能反应

回归分析结果显示，红彩瑞猎蝽成虫及5龄若虫捕食小菜蛾4~6龄幼虫的捕食回归分析一次方系数$P_1$均小于0（表3-44、表3-45），其对小菜蛾的捕食量均随着猎物密度的增加逐渐增加，然后变成缓慢增加或不再增加，并趋于稳定（图3-50至图3-52），呈负密度制约关系，表明红彩瑞猎蝽成虫及5龄若虫对小菜蛾4~6龄幼虫的捕食功能类型属于HollingⅡ型。结果表明，红彩瑞猎蝽成虫的瞬时攻击率、捕食效能略高于5龄若虫，且相同阶段的红彩瑞猎蝽对于小菜蛾4龄幼虫瞬时攻击率、捕食效能要高于小菜蛾5龄幼虫，同样对于5龄小菜蛾瞬时攻击率、捕食效能要高于小菜蛾6龄幼虫。在搜寻效应方面，相同阶段红彩瑞猎蝽的搜寻效应均随着猎物密度的增大以及猎物龄期的提高而减小，且对于相同猎物红彩瑞猎蝽成虫的搜寻效应要大于5龄若虫。

表3-44  不同虫态红彩瑞猎蝽对小菜蛾4~6龄幼虫的功能捕食回归分析

| 红彩瑞猎蝽虫态 | 小菜蛾虫态 | 参数 | 估值 | 标准误 SE | $t$ | $R^2$ |
|---|---|---|---|---|---|---|
| 5龄若虫 | 4龄幼虫 | $P_0$ | 0.0910 | 0.2770 | 3.6072 | 0.989 |
| | | $P_1$ | −0.0110 | 0.0360 | −0.4820 | |
| | | $P_2$ | −0.00005 | 0.0013 | −0.0176 | |
| | | $P_3$ | 0.0000 | 0.0000 | −0.0002 | |
| | 5龄幼虫 | $P_0$ | 0.4240 | 0.2430 | 3.5150 | 0.994 |
| | | $P_1$ | −0.0150 | 0.0320 | −0.4610 | |
| | | $P_2$ | −0.0020 | 0.0010 | −0.0170 | |
| | | $P_3$ | 0.000012 | 0.000013 | 0.0002 | |
| | 6龄幼虫 | $P_0$ | 0.0180 | 0.3200 | 4.0893 | 0.988 |
| | | $P_1$ | −0.0260 | 0.0420 | −0.5630 | |

（续表）

| 红彩瑞猎蝽虫态 | 小菜蛾虫态 | 参数 | 估值 | 标准误 SE | $t$ | $R^2$ |
|---|---|---|---|---|---|---|
| 5龄若虫 | 6龄幼虫 | $P_2$ | 0.001 0 | 0.002 0 | 0.021 0 | 0.988 |
|  |  | $P_3$ | −0.000 014 | 0.000 018 | −0.000 2 |  |
| 雌成虫 | 4龄幼虫 | $P_0$ | 0.424 0 | 0.347 0 | 4.827 0 | 0.987 |
|  |  | $P_1$ | −0.022 0 | 0.045 0 | −0.596 0 |  |
|  |  | $P_2$ | 0.001 0 | 0.002 0 | 0.022 0 |  |
|  |  | $P_3$ | −0.000 015 | 0.000 019 | −0.000 3 |  |
|  | 5龄幼虫 | $P_0$ | 0.237 0 | 0.353 0 | 4.726 5 | 0.990 |
|  |  | $P_1$ | −0.002 0 | 0.046 0 | −0.590 8 |  |
|  |  | $P_2$ | −0.000 2 | 0.002 0 | −0.022 0 |  |
|  |  | $P_3$ | 0.000 0 | 0.000 0 | −0.000 2 |  |
|  | 6龄幼虫 | $P_0$ | 0.190 0 | 0.285 0 | 3.814 0 | 0.992 |
|  |  | $P_1$ | −0.031 0 | 0.038 0 | −0.509 0 |  |
|  |  | $P_2$ | 0.001 0 | 0.001 0 | 0.019 0 |  |
|  |  | $P_3$ | −0.000 014 | 0.000 016 | −0.000 2 |  |
| 雄成虫 | 4龄幼虫 | $P_0$ | 0.560 0 | 0.189 0 | 2.959 0 | 0.996 |
|  |  | $P_1$ | −0.046 0 | 0.025 0 | −0.359 3 |  |
|  |  | $P_2$ | 0.002 0 | 0.001 0 | 0.013 2 |  |
|  |  | $P_3$ | −0.000 022 | 0.000 010 | −0.000 2 |  |
|  | 5龄幼虫 | $P_0$ | 0.331 0 | 0.447 0 | 6.010 0 | 0.985 |
|  |  | $P_1$ | −0.016 0 | 0.059 0 | −0.761 2 |  |
|  |  | $P_2$ | 0.000 3 | 0.002 0 | 0.028 1 |  |
|  |  | $P_3$ | −0.000 009 | 0.000 024 | −0.000 3 |  |
|  | 6龄幼虫 | $P_0$ | 0.045 0 | 0.229 0 | 2.955 9 | 0.994 |
|  |  | $P_1$ | −0.022 0 | 0.030 0 | −0.407 0 |  |
|  |  | $P_2$ | 0.001 0 | 0.001 0 | 0.015 0 |  |
|  |  | $P_3$ | −0.000 012 | 0.000 013 | −0.000 2 |  |

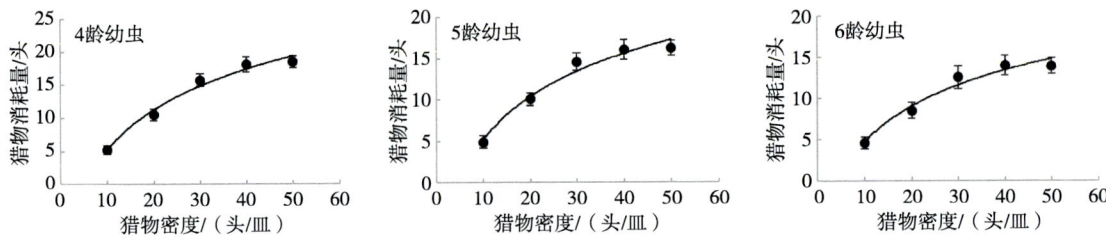

图3-50　红彩瑞猎蝽5龄若虫对小菜蛾4～6龄幼虫的捕食功能反应曲线

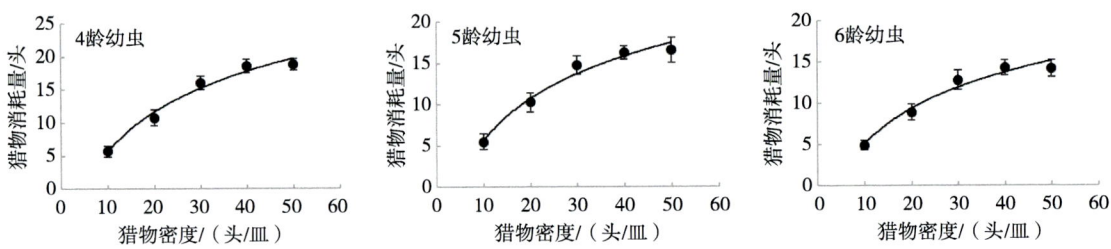

图3-51　红彩瑞猎蝽雌成虫对小菜蛾4～6龄幼虫的捕食功能反应曲线

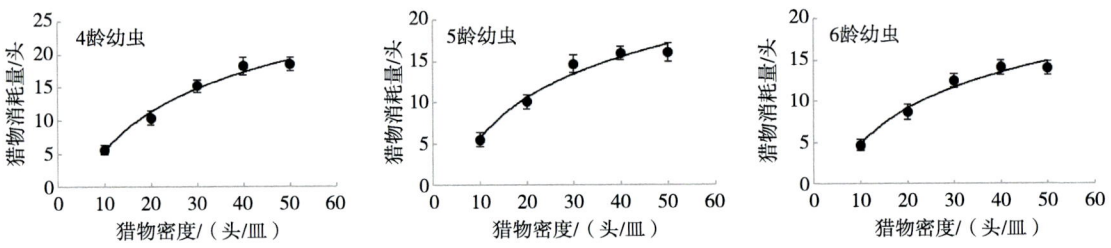

图3-52　红彩瑞猎蝽雄成虫对小菜蛾4～6龄幼虫的捕食功能反应曲线

表3-45　红彩瑞猎蝽对小菜蛾4～6龄幼虫的捕食功能反应参数

| 红彩瑞猎蝽虫态 | 小菜蛾虫态 | Holling II 圆盘方程 | 瞬时攻击率 $a$ | 处置时间 $dT_h$ | 捕食效能 $a/T_h$ | 日最大捕食量 $1/T_h$ | $R^2$ | $t$ | $P$ |
|---|---|---|---|---|---|---|---|---|---|
| 5龄若虫 | 4龄幼虫 | $N_a=0.56N/(1+0.0073N)$ | 0.56 | 0.023 | 24.348 | 43.478 | 0.987 | 17.507 | 0.001 |
| | 5龄幼虫 | $N_a=0.54N/(1+0.0076N)$ | 0.54 | 0.024 | 22.500 | 41.667 | 0.978 | 13.400 | 0.001 |
| | 6龄幼虫 | $N_a=0.53N/(1+0.013N)$ | 0.53 | 0.025 | 21.200 | 40.000 | 0.986 | 16.820 | <0.001 |
| 雌成虫 | 4龄幼虫 | $N_a=0.63N/(1+0.0095N)$ | 0.63 | 0.015 | 42.000 | 66.667 | 0.99 | 20.200 | <0.001 |
| | 5龄幼虫 | $N_a=0.63N/(1+0.013N)$ | 0.63 | 0.021 | 30.000 | 47.619 | 0.986 | 16.806 | <0.001 |
| | 6龄幼虫 | $N_a=0.57N/(1+0.015N)$ | 0.57 | 0.027 | 21.111 | 37.037 | 0.986 | 17.701 | <0.001 |
| 雄成虫 | 4龄幼虫 | $N_a=0.62N/(1+0.010N)$ | 0.62 | 0.016 | 38.750 | 62.500 | 0.993 | 24.672 | <0.001 |
| | 5龄幼虫 | $N_a=0.64N/(1+0.015N)$ | 0.64 | 0.023 | 27.826 | 43.478 | 0.984 | 15.894 | 0.001 |
| | 6龄幼虫 | $N_a=0.54N/(1+0.014N)$ | 0.54 | 0.026 | 20.769 | 38.462 | 0.987 | 17.162 | <0.001 |

## 4. 红彩瑞猎蝽小菜蛾幼虫的搜寻效应

红彩瑞猎蝽1~2龄若虫对小菜蛾3龄幼虫的搜寻效应如图3-53所示，从图3-53中可知，红彩瑞猎蝽2龄若虫要高于1龄若虫的搜寻效应，1~2龄若虫对小菜蛾3龄幼虫的搜寻效应均随着小菜蛾幼虫密度的增大而下降。红彩瑞猎蝽5龄若虫和雌雄成虫对小菜蛾4~6龄幼虫的搜寻效应均随着小菜蛾幼虫密度的增大而下降（图3-54），红彩瑞猎蝽5龄若虫和雌雄成虫对小菜蛾4~6龄幼虫的搜寻效应还随着小菜蛾幼虫龄期增加而减小。

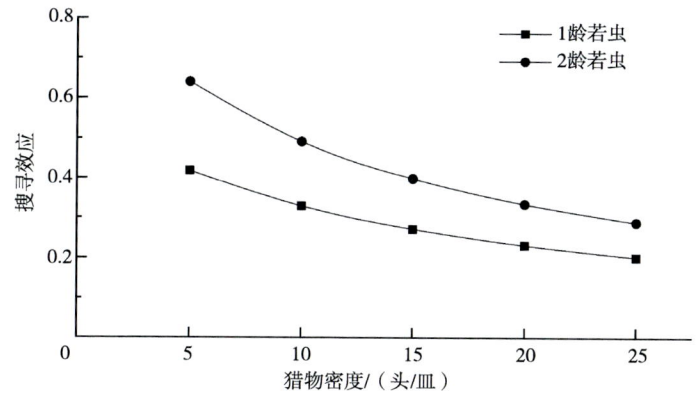

**图3-53　红彩瑞猎蝽1~2龄若虫对小菜蛾3龄幼虫的搜寻效应**

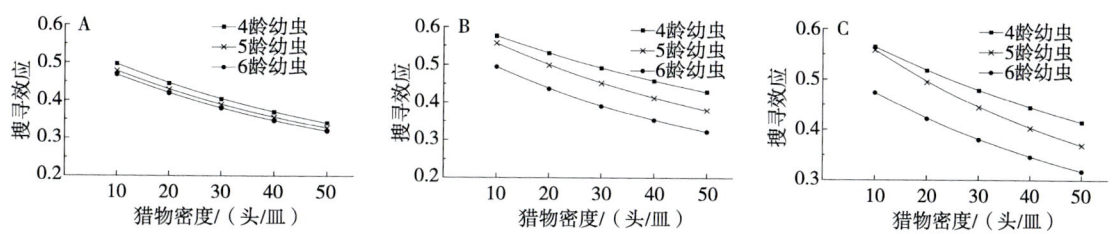

A—5龄若虫；B—雌成虫；C—雄成虫。

**图3-54　不同虫态红彩瑞猎蝽对小菜蛾4~6龄幼虫的搜寻效应**

## 5. 自身密度对红彩瑞猎蝽捕食小菜蛾4龄幼虫的干扰反应

用Hassell-Varley干扰反应模型$E=QP^{-m}$拟合，得到干扰常数（$m$）、搜索常数（$Q$）及自我干扰方程（表3-46），红彩瑞猎蝽3龄若虫、4龄若虫、5龄若虫和雌雄成虫各虫态捕食小菜蛾4龄幼虫的自我干扰方程分别为：$E=0.293P^{-0.460}$、$E=0.365P^{-0.577}$、$E=0.617P^{-0.803}$、$E=0.602P^{-0.822}$和$E=0.478P^{-0.644}$，采用相关分析结果显示，对相关系数$r$进行显著性检验，$r>r0.05$。在猎物密度为50头/皿时，红彩瑞猎蝽平均捕食量（$N_a$）和实际捕食作用率（$E=N_a/N \cdot P$）均随自身密度的增大逐渐减少，利用邹运鼎等（1996）的方法计算各虫态红彩瑞猎蝽捕食小菜蛾4龄幼虫所产生的分摊竞争强度（$I$），结果如表3-47所示。由表3-47可以看出，随着各虫态红彩瑞猎蝽自身密度的增加，种内分摊竞争强度也随之增强。

表3-46 红彩瑞猎蝽自身密度干扰反应

| 红彩瑞猎蝽虫态 | Hasslel-模型方程 | 相关系数r | P | 搜索常数Q | 干扰系数m | 卡方值$\chi^2$ |
|---|---|---|---|---|---|---|
| 3龄若虫 | $E=0.293P^{-0.460}$ | -0.9515 | 0.0020 | 0.2930 | 0.4600 | 0.0012 |
| 4龄若虫 | $E=0.365P^{-0.577}$ | -0.9752 | 0.0031 | 0.3650 | 0.5770 | 0.0010 |
| 5龄若虫 | $E=0.617P^{-0.803}$ | -0.9158 | 0.0010 | 0.6170 | 0.8030 | 0.0002 |
| 雌成虫 | $E=0.602P^{-0.822}$ | -0.9316 | 0.0025 | 0.6020 | 0.8220 | 0.0020 |
| 雄成虫 | $E=0.478P^{-0.644}$ | -0.9263 | 0.0002 | 0.4780 | 0.6440 | 0.0010 |

表3-47 不同密度红彩瑞猎蝽捕食作用率和分摊竞争强度

| 红彩瑞猎蝽密度 | 3龄若虫 | | | 4龄若虫 | | | 5龄若虫 | | | 雄成虫 | | | 雌成虫 | | |
|---|---|---|---|---|---|---|---|---|---|---|---|---|---|---|---|
| | $N_a$ | E | I | $N_a$ | E | I | $N_a$ | E | I | $N_a$ | E | I | $N_a$ | E | I |
| 1 | 13.40 | 0.27 | 0 | 15.40 | 0.31 | 0 | 26.00 | 0.52 | 0 | 19.00 | 0.51 | 0 | 25.40 | 0.38 | 0 |
| 2 | 11.70 | 0.23 | 0.127 | 15.20 | 0.30 | 0.013 | 21.40 | 0.43 | 0.177 | 20.30 | 0.41 | 0.068 | 20.50 | 0.41 | 0.193 |
| 3 | 9.87 | 0.20 | 0.264 | 11.33 | 0.23 | 0.264 | 15.20 | 0.30 | 0.415 | 13.93 | 0.29 | 0.267 | 14.60 | 0.28 | 0.425 |
| 4 | 7.70 | 0.15 | 0.425 | 8.15 | 0.16 | 0.471 | 10.75 | 0.22 | 0.587 | 10.05 | 0.20 | 0.471 | 10.20 | 0.20 | 0.598 |
| 5 | 6.24 | 0.12 | 0.534 | 5.96 | 0.12 | 0.613 | 6.60 | 0.13 | 0.746 | 6.12 | 0.12 | 0.678 | 6.24 | 0.12 | 0.754 |

## （三）结论与讨论

本试验结果表明，红彩瑞猎蝽3~5龄若虫和雌雄成虫对小菜蛾均有较强的捕食能力，通过拟合判定红彩瑞猎蝽不同龄期若虫和成虫对小菜蛾幼虫的捕食功能反应类型均符合Holling-Ⅱ型，3~5龄若虫和雌雄成虫对小菜蛾幼虫3龄幼虫的捕食功能反应类型符合Holling-Ⅲ型。试验结果表明，红彩瑞猎蝽1龄若虫对小菜蛾3龄幼虫的日最大捕食量最小，为7.8125头，红彩瑞猎蝽5龄若虫对小菜蛾3龄幼虫的日最大捕食量最大，为37.648头。红彩瑞猎蝽3~5龄若虫和雌雄成虫对小菜蛾3龄幼虫的最佳寻找密度分别为9.926头/皿、11.112头/皿、18.867头/皿、18.936头/皿和19.235头/皿。在5龄若虫和雌雄成虫中，红彩瑞猎蝽雌成虫对小菜蛾4~6龄幼虫的日最大捕食量最高，分别为66.667头、47.619头和37.037头。这表明红彩瑞猎蝽各虫态对小菜蛾各龄期幼虫控害效果显著，且具有龄期选择性。针对天敌昆虫对小菜蛾幼虫的捕食量已有一些报道，不同龄期蠋蝽对小菜蛾4龄幼虫的捕食模型均符合Holling-Ⅱ模型，其中蠋蝽5龄若虫的日最大捕食量最高，为83.33头（唐艺婷，2020）。拟环纹豹蛛对小菜蛾3龄幼虫的日最大捕食量为26.2头，东亚钳蝎对小菜蛾3~4龄幼虫的日最大捕食量为36.36头（徐世才，2013），微小花蝽对低龄小菜蛾1~2龄幼虫的日最大捕食量为40.8头（孙丽娟，2017），由此可见，红彩瑞猎蝽对小菜蛾幼虫的最大日捕食量仅低于蠋蝽，而高于其他天敌昆虫，说明红彩瑞猎蝽对小菜蛾捕食能力强，具有很好的生防潜力。

红彩瑞猎蝽对小菜蛾幼虫的攻击率表现为对小菜蛾3龄幼虫时，红彩瑞猎蝽2龄若虫攻击率比1龄若虫高；对小菜蛾4龄幼虫时，红彩瑞猎蝽雌成虫攻击率最高；对小菜蛾5龄幼虫时，红彩瑞猎蝽雄成虫攻击率最高；对小菜蛾6龄幼虫时，红彩瑞猎蝽雌成虫攻击率最高。总体上看，成虫攻击率比若虫高，分析原因可能是红彩瑞猎蝽成虫由于需要交配繁殖，需要储备更多能量，因此急于捕食猎物。这与蠋蝽捕食小菜蛾幼虫时，雌虫的攻击率更高（唐艺婷，2020）的结论类似。

搜寻效应是捕食者在捕食过程中对猎物攻击的一种行为效应。红彩瑞猎蝽1~2龄若虫对小菜蛾3龄幼虫、红彩瑞猎蝽5龄若虫和雌雄成虫对小菜蛾4~6龄幼虫的搜寻效应均随着小菜蛾幼虫密度的增大而下降，红彩瑞猎蝽5龄若虫和雌雄成虫对小菜蛾4~6龄幼虫的搜寻效应还随着小菜蛾幼虫龄期增加而减小，其中对4龄幼虫的搜寻效应均高于6龄幼虫。这与陈元洲等（2004）的研究中异色瓢虫对小菜蛾幼虫和唐艺婷等（2020）的研究中蠋蝽对小菜蛾幼虫的搜寻效应得出捕食者对猎物搜寻效应也随着捕食者密度的增加而降低的结果类似，说明红彩瑞猎蝽的捕食能力与猎物的密度紧密相关。建立的HollingⅢ功能反应新模型表明红彩瑞猎蝽3龄若虫、4龄若虫、5龄若虫和雌雄成虫对小菜蛾3龄幼虫的最佳寻找密度分别为9.926头、11.112头、18.867头、18.936头和19.235头，即红彩瑞猎蝽3龄若虫、4龄若虫、5龄若虫和雌雄成虫控制小菜蛾3龄幼虫的益害比可设为1∶9、1∶11、1∶18、1∶18和1∶19。

红彩瑞猎蝽捕食小菜蛾的干扰作用随着红彩瑞猎蝽自身密度的上升而增加，其自身密度的干扰效应可用丁岩钦提出的种内干扰方程$E=QP^{-m}$分析，随着红彩瑞猎蝽自身密度的增加，种内分摊竞争强度也随之增强。红彩瑞猎蝽成虫的自种内分摊竞争强度大于若虫，说明成虫更倾向于单独捕食。捕食性天敌所占据的空间大小与其对猎物的捕食作用也密切相关。当空间大小一定、猎物密度一定时，天敌个体所占据的空间大小与天敌的单位密度呈负相关：天敌密度越高，天敌个体所占据的空间越小。不同单位空间密度的天敌捕食量也不同，单位空间内天敌数量的增加，导致种内个体间相遇的机会增多，干扰作用增大，从而影响其捕食效果。本试验的研究结果证明了这点。

当小菜蛾种群密度一定时，随着红彩瑞猎蝽密度的增加，其捕食量相应减少。这个结果给我们的启示就是向田间释放捕食性天敌控制害虫时，须恰当地掌握天敌的释放量，释放量不是越多越好。在田间释放红彩瑞猎蝽时，应考虑种间干扰效应和释放成本，应控制蝽蟓的释放量。研究捕食者—猎物的关系模型可用于优化生物防治策略。红彩瑞猎蝽对小菜蛾的功能反应模型和自身密度干扰模型可以预测红彩瑞猎蝽在田间应用时的释放比例及释放虫态，实现将来在田间应用时以最小的释放成本达到最佳的控害效果。红彩瑞猎蝽是农林中重要的捕食性天敌，捕食范围广，捕食量大，对小菜蛾等鳞翅目昆虫有着天然的控制力，本试验研究红彩瑞猎蝽对小菜蛾幼虫的捕食潜力，对充分利用红彩瑞猎蝽捕食能力、控制小菜蛾数量、科学指导红彩瑞猎蝽防治小菜蛾具有重要意义。然而在实验室封闭的条件下进行，猎物密度及环境因素均被控制在一定条件下，是在较理想状态下研究天敌昆虫的捕食能力。田间应用时存在着气候、温湿度、降水量、其他天敌、害虫等天气及生物因素等多种不可控制的因素，影响捕食者的实际控害效果，因此仍须进一步评价红彩瑞猎蝽在田间自然条件下对小菜蛾的控制能力。

## 二、红彩瑞猎蝽对菜粉蝶幼虫的捕食功能反应

菜粉蝶 *Pieris rapae* L.幼虫俗称菜青虫，为鳞翅目 Lepidoptera 粉蝶科 Pieridae 粉蝶属 *Pieris* 的一种植食性昆虫，在我国广泛分布，主要取食十字花科蔬菜，如白菜、油菜、甘蓝、花椰菜、芥菜等，暴发时可将整株叶片取食干净，造成严重的产量损失。菜青虫取食形成的伤口和排出的粪便不仅影响作物产品外观，还会受到软腐病菌的侵染，加重损失。

目前防治菜青虫仍然以化学农药为主，但由此引起的害虫抗药性急剧上升、生态环境恶化、天敌兼杀等问题也日益突出，不符合当今蔬菜安全绿色生产的高质量发展的要求。害虫生物防治具有环境友好、作用时间久、维护自然生态平衡等优点，尤其是天敌昆虫是生物防治的利器，作用过程可视化，深受蔬菜生产者的青睐。国内外在菜青虫的生物防治方面进行了大量的研究。据2013年的统计，菜粉蝶的天敌昆虫资源丰富，达214种之多，其中99种为寄生性天敌，捕食性天敌115种，然而对此害虫的生物防治研究，目前针对寄生性天敌应用研究较多，卵期有广赤眼蜂 *Trichogramma evanescens*；幼虫期有菜粉蝶绒茧蜂 *Apanteles glomeratus*、菜粉蝶盘绒茧蜂 *Cotesia glomerata* 和微红盘绒茧蜂 *Cotesia rubecula* 等；蛹期有蝶蛹金小蜂 *Pteromalus puparum*、广大腿小蜂 *Brachymeria lasus*、普通怯寄蝇 *Phryxe vulgaris* 等。研究表明，应用螟黄赤眼蜂 *Trichogramma chilonis* 防治菜青虫，放蜂后8 d对幼虫的防效达到90.04%~93.81%，优于松毛虫赤眼蜂 *Trichogramma dendrolimi* 的防效，相当于或略高于化学药剂的防治效果。Van Driesche 等引入微红盘绒茧蜂 *Cotesia rubecula*，对有机甘蓝上的菜青虫进行了有效控制，不仅减少了菜青虫对甘蓝作物的损害，还有助于保护和恢复本地蝴蝶物种，如湿地粉蝶 *Pieris oleracea*，这对生物多样性保护具有重要意义，为开发更为环保和可持续的害虫管理策略提供了可能。捕食性天敌有普通草蛉 *Chrysopa carnea*、中华微刺盲蝽 *Campylomma chinensis* 和蜘蛛类等。田间笼罩试验中，益蝽 *Picromerus lewisi* 可以有效控制菜青虫。更多的菜青虫捕食性天敌资源仍有待挖掘和利用。

目前红彩瑞猎蝽已经成功实现人工规模化扩繁，并在广东烟草害虫绿色防控中广泛应用。笔者在室内人工饲养红彩瑞猎蝽时发现，其成虫和若虫均能捕食菜青虫（图3-55），但是未见有红彩瑞猎蝽捕食菜青虫的报道和应用。

随着物流产业的发展，南菜北运成为冬季供应北方蔬菜的重要方式，广东和岭南地区有众多北运蔬菜种植基地，冬季气温普遍10℃以上，菜粉蝶可周年发生，红彩瑞猎蝽也可正常取食和繁殖。在这些区域采用人工释放红彩瑞猎蝽，并结合其他绿色防控措施防治菜青虫可有效降低化学农药的使用量，生产安全健康的蔬菜。为此，有必要开展红彩瑞猎蝽对菜青虫的捕食能力研究。

**图3-55 红彩瑞猎蝽成虫捕食菜青虫幼虫**

## （一）材料与方法

### 1. 供试材料

红彩瑞猎蝽为广东省烟草科学研究所人工气候室内采用面包虫幼虫连续饲养5代以上的稳定种群，菜青虫采自广东省南雄市野外菜地（25°5′55″N，114°16′33″E），在室内采用新鲜甘蓝叶继续饲养［温度（28±1）℃，光照周期L：D=14 h：10 h］。

### 2. 红彩瑞猎蝽对菜青虫的捕食量测定

不同发育阶段的红彩瑞猎蝽对不同龄期菜青虫的捕食能力试验，分别取红彩瑞猎蝽1~5龄若虫和雌雄成虫，单头放置于塑料培养皿中（直径15 cm、高1.5 cm），皿底垫滤纸，饥饿处理24 h，然后放入一定密度梯度的菜青虫。红彩瑞猎蝽1龄和2龄若虫捕食量测定时，对应菜青虫2龄幼虫的密度梯度分别为5头/皿、10头/皿、15头/皿、20头/皿、25头/皿；红彩瑞猎蝽3~5龄若虫和成虫捕食量测定时，对应菜青虫3龄幼虫的密度梯度分别为10头/皿、15头/皿、20头/皿、25头/皿、30头/皿。每个密度梯度重复6次。24 h后统计被红彩瑞猎蝽捕食的菜青虫数量，计算捕食量。以上试验在人工气候培养箱中进行（RXZ型，宁波江南仪器厂），温度为（26±1）℃，光照周期L：D=14 h：10 h，相对湿度（70±5）%。

### 3. 红彩瑞猎蝽对菜青虫的捕食功能反应

捕食功能反应是指单头红彩瑞猎蝽在试验设定的猎物密度下，单位时间内（1 d）捕食的菜青虫数量。经逻辑斯蒂回归拟合和判别，红彩瑞猎蝽若虫和成虫对菜青虫的捕食功能反应均符合Holling II模型：

$$N_a=aNT_r/（1+aT_hN）$$

式中，$N_a$为菜青虫被捕食数量；$a$为红彩瑞猎蝽对菜青虫的瞬时攻击率；$N$为菜青虫的密度；$T_r$为试验总时间（1 d）；$T_h$为处理时间，即红彩瑞猎蝽捕食1头菜青虫所花费的时间。$1/T_h$为日最大捕食量，$a/T_h$为控害效能，利用控害效能来衡量红彩瑞猎蝽对菜青虫的捕食能力。

### 4. 红彩瑞猎蝽对菜青虫的搜寻效应

红彩瑞猎蝽3~5龄若虫和雌雄成虫对菜青虫3龄幼虫的搜寻效应利用方程$S=a/（1+aT_hN）$进行拟合分析，其中，$S$为搜寻效应；$a$为瞬时攻击率；$T_h$为处置时间；$N$为猎物菜青虫的密度；$a$和$T_h$均由1.3中Holling II模型方程计算得到。

### 5. 红彩瑞猎蝽密度对捕食的干扰效应

在每个玻璃培养皿中（直径15 cm、高2 cm）放入30头菜青虫3龄幼虫，将饱食后饥饿24 h的红彩瑞猎蝽3~5龄若虫和雌雄成虫设为5个密度梯度，分别为1头/皿、2头/皿、3头/皿、4头/皿、5头/皿，各重复5次。用保鲜膜将培养皿封口，并在保鲜膜上用昆虫针扎若干小孔透气，置于温度（26±1）℃，光照周期L∶D=14 h∶10 h，相对湿度（70±5）%的人工气候培养箱内，24 h后观察菜青虫的存活数量，计算红彩瑞猎蝽的捕食量，分析捕食作用率与个体间的相互干扰作用。

红彩瑞猎蝽自身密度干扰效应采用Hassell-Verley模型进行拟合：

$$E=QP^{-m}$$

式中，$E$为捕食作用率；$P$为红彩瑞猎蝽初始密度；$Q$为搜寻系数；$m$为干扰系数。

$$分摊竞争强度：I=（E_1-E_p）/E_1$$

式中，$E_1$为1头天敌的捕食作用率；$E_p$为$p$头天敌的捕食作用率。

### 6. 数据处理

对所得试验数据先用Excel进行简单计算和作图，用SPSS 19.0数据分析软件进行方差分析和差异显著性检验（Tukey）；使用Graph Pad 6.01进行捕食功能反应、搜寻效应和干扰反应方程的拟合与作图。

## （二）结果与分析

### 1. 红彩瑞猎蝽对菜青虫的捕食量

如表3-48和表3-49所示，红彩瑞猎蝽1~5龄若虫和雌雄成虫对菜青虫均有捕食作用,在试验设置的猎物密度下,红彩瑞猎蝽的捕食量随着菜青虫密度增加而增加。从捕食量上看,高龄若虫(3~5龄)和成虫的捕食能力明显强于低龄(1~2龄)若虫。当菜青虫2龄幼虫密度为5头/皿时,红彩瑞猎蝽1龄若虫对菜青虫的捕食量最小,仅为1.3头(表3-48)。当菜青虫3龄幼虫密度为30头/皿时,红彩瑞猎蝽5龄若虫对菜青虫的捕食量最大,为9.3头,其次为雌雄成虫,分别为8.8头和8.7头(表3-49)。雄成虫在菜青虫3龄幼虫密度为25头/皿时的捕食量最大,达到9.0头。

**表3-48　红彩瑞猎蝽1龄若虫、2龄若虫对不同密度菜青虫2龄幼虫的捕食量**　　单位:头

| 红彩瑞猎蝽龄期 | 不同猎物密度下的捕食量 | | | | |
| --- | --- | --- | --- | --- | --- |
| | 5头/皿 | 10头/皿 | 15头/皿 | 20头/皿 | 25头/皿 |
| 1龄若虫 | 1.3 ± 0.2c | 2.0 ± 0.3b | 2.3 ± 0.2ab | 2.7 ± 0.2a | 2.8 ± 0.2a |
| 2龄若虫 | 1.7 ± 0.2d | 2.7 ± 0.2c | 4.3 ± 0.3b | 5.2 ± 0.4a | 5.3 ± 0.2a |

注:表中数据为平均数±标准误。同行不同小写字母表示经单因素方差分析Tukey检验差异显著($P<0.05$),下同。

**表3-49　红彩瑞猎蝽3~5龄若虫和成虫对不同密度菜青虫3龄幼虫的捕食量**　　单位:头

| 红彩瑞猎蝽龄期 | 不同猎物密度下的捕食量 | | | | |
| --- | --- | --- | --- | --- | --- |
| | 10头/皿 | 15头/皿 | 20头/皿 | 25头/皿 | 30头/皿 |
| 3龄若虫 | 2.3 ± 0.2c | 3.3 ± 0.2b | 5.0 ± 0.3a | 5.7 ± 0.3a | 5.7 ± 0.2a |
| 4龄若虫 | 3.0 ± 0.3c | 5.0 ± 0.3b | 6.3 ± 0.3a | 6.8 ± 0.5a | 7.3 ± 0.3a |
| 5龄若虫 | 4.3 ± 0.2d | 6.0 ± 0.4c | 7.7 ± 0.6b | 9.0 ± 0.4a | 9.3 ± 0.5a |
| 雌成虫 | 3.2 ± 0.2d | 5.2 ± 0.3c | 7.2 ± 0.3b | 8.7 ± 0.3a | 8.8 ± 0.3a |
| 雄成虫 | 4.2 ± 0.3d | 6.0 ± 0.4c | 7.3 ± 0.5b | 9.0 ± 0.6a | 8.7 ± 0.4a |

**2. 红彩瑞猎蝽对菜青虫的捕食功能反应**

经逻辑斯蒂回归拟合,红彩瑞猎蝽若虫和成虫对菜青虫的捕食功能反应均符合Holling Ⅱ模型。由图3-56和图3-57可知,红彩瑞猎蝽的捕食量随着菜青虫密度增加而增加。经Holling Ⅱ圆盘方程拟合得到红彩瑞猎蝽若虫和成虫对菜青虫的捕食功能反应参数如表3-50所示。红彩瑞猎蝽雄成虫对菜青虫3龄幼虫的瞬时攻击率最高,为0.575;雌成虫对菜青虫3龄幼虫的处理时间最短,为0.024 d,理论日最大捕食量最高,为41.7头。表3-50表明红彩瑞猎蝽4龄若虫、5龄若虫和成虫对菜青虫的控害效能明显高于1~3龄若虫,其中雌成虫控害效能最高,为16.833,说明雌成虫可能在实际应用中捕食菜青虫的潜力更大。

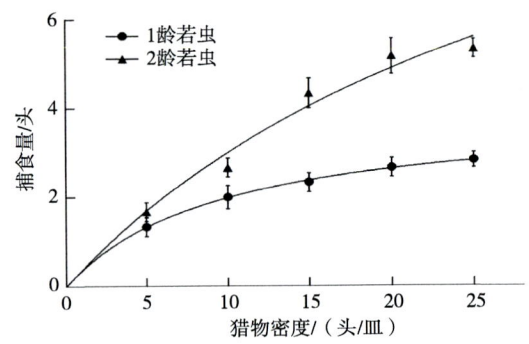

图3-56　红彩瑞猎蝽1龄若虫、2龄若虫对菜青虫2龄幼虫的捕食功能反应

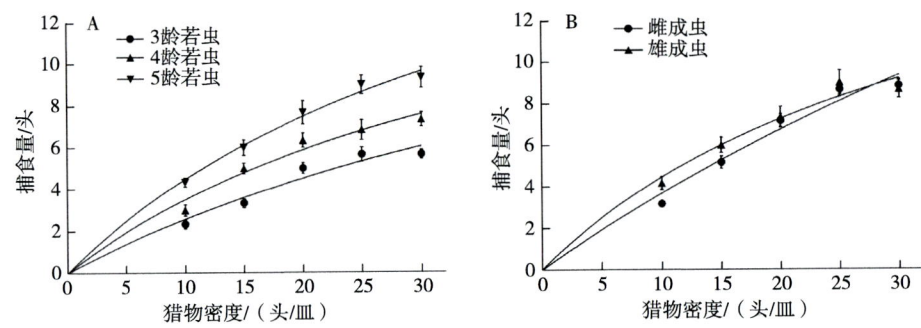

图3-57　红彩瑞猎蝽3～5龄若虫和成虫对菜青虫3龄幼虫的捕食功能反应

表3-50　红彩瑞猎蝽对菜青虫的捕食功能反应参数

| 红彩瑞猎蝽龄期 | 菜青虫龄期 | 功能反应方程 | $R^2$ | 瞬时攻击率$a$ | 处理时间/d | 理论日最大捕食量/头 | 控害效能 |
|---|---|---|---|---|---|---|---|
| 1龄若虫 | 2龄幼虫 | $N_a=0.399N_0/(1+0.101N_0)$ | 0.954 | 0.399 ± 0.095 | 0.253 ± 0.037 | 4.0 | 1.577 |
| 2龄若虫 | 2龄幼虫 | $N_a=0.388N_0/(1+0.029N_0)$ | 0.808 | 0.388 ± 0.059 | 0.076 ± 0.021 | 13.2 | 5.105 |
| 3龄若虫 | 3龄幼虫 | $N_a=0.298N_0/(1+0.016N_0)$ | 0.993 | 0.298 ± 0.040 | 0.054 ± 0.019 | 18.5 | 5.519 |
| 4龄若虫 | 3龄幼虫 | $N_a=0.435N_0/(1+0.024N_0)$ | 0.968 | 0.435 ± 0.062 | 0.055 ± 0.014 | 18.2 | 7.909 |
| 5龄若虫 | 3龄幼虫 | $N_a=0.558N_0/(1+0.025N_0)$ | 0.978 | 0.558 ± 0.075 | 0.044 ± 0.010 | 22.7 | 12.682 |
| 雌成虫 | 3龄幼虫 | $N_a=0.404N_0/(1+0.010N_0)$ | 0.877 | 0.404 ± 0.041 | 0.024 ± 0.011 | 41.7 | 16.833 |
| 雄成虫 | 3龄幼虫 | $N_a=0.575N_0/(1+0.029N_0)$ | 0.924 | 0.575 ± 0.089 | 0.051 ± 0.012 | 19.6 | 11.275 |

注：表中数据为平均数±标准误；$N_a$表示被红彩瑞猎蝽捕食的猎物数；$N_0$表示猎物密度。

## 3. 红彩瑞猎蝽对菜青虫的搜寻效应

红彩瑞猎蝽若虫和成虫对菜青虫的搜寻效应均随着菜青虫密度的增加而降低,表明红彩瑞猎蝽对菜青虫的搜寻难度逐渐降低,搜寻时间也逐渐减少。当菜青虫3龄幼虫密度为10头/皿时,红彩瑞猎蝽雄成虫对其搜寻效应最高(图3-58C),为0.50;当菜青虫2龄幼虫密度为25头/皿时,红彩瑞猎蝽1龄若虫对其搜寻效应最低(图3-58A),仅为0.11。图3-58显示,红彩瑞猎蝽1龄若虫的搜寻效应下降趋势最大(图3-58A),雌成虫的搜寻效应下降趋势最小(图3-58C)。

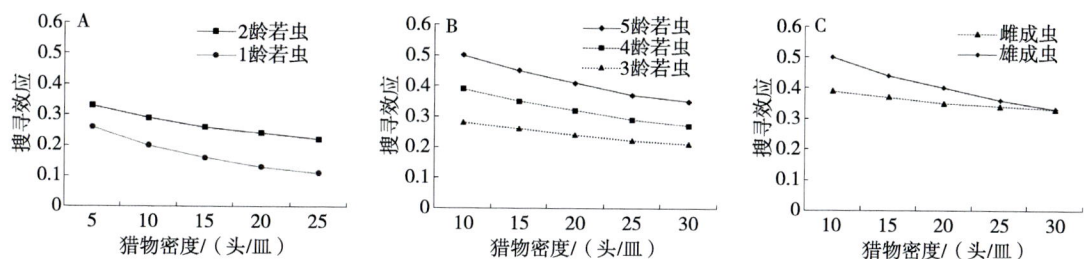

A—红彩瑞猎蝽1龄若虫、2龄若虫对菜青虫2龄幼虫的搜寻效应;B—红彩瑞猎蝽3~5龄若虫对菜青虫3龄幼虫的搜寻效应;C—红彩瑞猎蝽雌雄成虫对菜青虫3龄幼虫的搜寻效应。

**图3-58 红彩瑞猎蝽对菜青虫的搜寻效应**

## 4. 红彩瑞猎蝽自身密度对捕食量的干扰效应

由表3-51可知,红彩瑞猎蝽对菜青虫的捕食量随着自身密度的增加而降低,表现出明显的自身密度的干扰效应。红彩瑞猎蝽3~5龄若虫和雌雄成虫在密度为1头/皿时的日捕食量分别为6.0头、7.2头、9.0头、9.2头、9.4头,与在无自身密度干扰情况下的最大捕食量相近(表3-51)。红彩瑞猎蝽自身密度的干扰效应方程见图3-59,3~5龄若虫对菜青虫3龄幼虫的自身密度干扰反应方程分别为$E=0.210P^{-0.292}$、$E=0.251P^{-0.347}$、$E=0.315P^{-0.447}$。雄虫和雌虫对菜青虫3龄幼虫的自身密度干扰反应方程分别为$E=0.321P^{-0.436}$、$E=0.327P^{-0.438}$。红彩瑞猎蝽5龄若虫的干扰系数最大,为0.447,表明5龄若虫的捕食能力受自身密度的干扰效应最大;4龄若虫和雌雄成虫的干扰系数略低,分别为0.347、0.438、0.436;3龄若虫的干扰系数最小,为0.292(图3-59),表明3龄若虫的捕食能力受自身密度的干扰效应最小。

**表3-51 红彩瑞猎蝽不同密度对菜青虫3龄幼虫的捕食量** 单位:头

| 红彩瑞猎蝽龄期 | 不同捕食者密度下的捕食量 | | | | |
|---|---|---|---|---|---|
| | 1头/皿 | 2头/皿 | 3头/皿 | 4头/皿 | 5头/皿 |
| 3龄若虫 | 6.0 ± 0.3Ca | 5.4 ± 0.2Cb | 4.9 ± 0.1Cc | 4.2 ± 0.1Cd | 3.7 ± 0.1Dd |
| 4龄若虫 | 7.2 ± 0.4Ba | 6.3 ± 0.2Bb | 5.3 ± 0.2Bc | 4.5 ± 0.1Bd | 4.2 ± 0.1Cd |
| 5龄若虫 | 9.0 ± 0.3Aa | 7.6 ± 0.2Ab | 5.8 ± 0.1Ac | 5.0 ± 0.1Ad | 4.5 ± 0.1Bd |
| 雌成虫 | 9.2 ± 0.5Aa | 7.8 ± 0.2Ab | 5.9 ± 0.2Ac | 5.0 ± 0.1Ad | 4.8 ± 0.1Ad |
| 雄成虫 | 9.4 ± 0.4Aa | 7.9 ± 0.3Ab | 6.0 ± 0.2Ac | 5.2 ± 0.1Ad | 4.8 ± 0.1Ad |

注:表中数据为平均数±标准误。同列不同大写字母、同行不同小写字母表示经单因素方差分析Tukey检验差异显著($P<0.05$)。

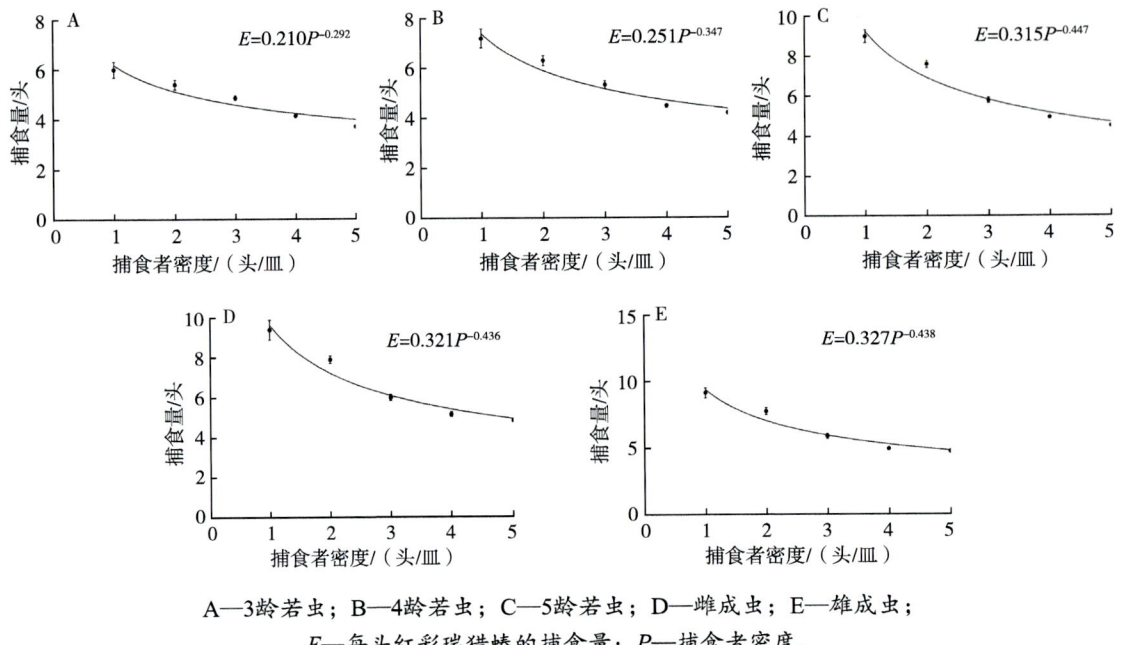

A—3龄若虫；B—4龄若虫；C—5龄若虫；D—雌成虫；E—雄成虫；
$E$—每头红彩瑞猎蝽的捕食量；$P$—捕食者密度。

**图3-59 红彩瑞猎蝽密度对其捕食量的影响**

## （三）结论与讨论

红彩瑞猎蝽可捕食多种重要的农业害虫，明确其对目标害虫控制作用的大小是更好应用红彩瑞猎蝽的前提。捕食功能反应试验是评价天敌昆虫控害能力的基本方法之一。本试验通过室内试验对红彩瑞猎蝽捕食菜青虫的功能反应进行了深入分析，研究发现红彩瑞猎蝽1~5龄若虫和雌雄成虫均能取食菜青虫。通过拟合判定红彩瑞猎蝽不同龄期若虫和成虫对菜青虫的捕食功能反应类型均符合Holling-Ⅱ型，这一发现与红彩瑞猎蝽捕食其他害虫如斜纹夜蛾、小地老虎 Agrotis ipsilon、烟蚜的结果相似，显示出其在菜青虫等多种害虫防治上的应用潜力，这为田间释放策略提供了科学依据。

捕食功能反应中，天敌对猎物的瞬时攻击率、处理时间和控害效能是反映其捕食能力的重要指标。本试验中，红彩瑞猎蝽雄成虫对3龄菜青虫的瞬时攻击率最高，为0.575；雌成虫处理时间最短，为0.024 d，理论日最大捕食量最高，为41.7头。与红彩瑞猎蝽对小地老虎3龄幼虫和草地贪夜蛾 Spodoptera frugiperda 3龄幼虫的捕食结果相比，红彩瑞猎蝽雌成虫理论日最大捕食量依次为草地贪夜蛾（90.9头）>菜青虫（41.7头）>小地老虎（33.3头），说明红彩瑞猎蝽对菜青虫有较好的捕食能力。研究结果表明，红彩瑞猎蝽5龄若虫和成虫对菜青虫3龄幼虫的控害效能明显高于3~4龄若虫，并高于红彩瑞猎蝽1~2龄若虫对菜青虫2龄幼虫的控害效能，其中雌成虫控害效能最高，为16.83，说明5龄若虫和成虫比1~4龄若虫更适合田间应用，并且雌成虫潜力最大。综上所述，在利用红彩瑞猎蝽进行菜青虫生物防治时，应考虑使用5龄若虫或成虫。

猎物密度会影响天敌昆虫的捕食作用。红彩瑞猎蝽对菜青虫的捕食能力随猎物密度的增加而提高，但搜寻效应却随之降低，表明红彩瑞猎蝽对菜青虫的搜寻难度逐渐降低，搜寻时间也逐渐减少。这一结果与红彩瑞猎蝽对草地贪夜蛾、小地老虎、斜纹夜蛾和烟蚜的搜寻效应规律相似。在田间释放天敌昆虫时，应考虑田间害虫密度。在害虫比较少的时候，应选择搜寻效应高的天敌。本试验中，当降低菜青虫3龄幼虫的密度，使其低至10头/皿时，红彩瑞猎蝽5龄若虫和雄成虫的搜寻效应明显高于其他龄期，因此当田间菜青虫数量少的时候，利用红彩瑞猎蝽5龄若虫或雄成虫进行防治是较好的选择。

此外，红彩瑞猎蝽的捕食作用受到自身密度的干扰，随着红彩瑞猎蝽密度的增加，单头红彩瑞猎蝽的捕食量逐渐降低。这一现象可能与天敌的争抢猎物行为有关，天敌数量越多，对猎物的争抢竞争更激烈，表现为平均捕食量下降。以上提示我们，在进行生物防治时，应考虑害虫的密度，以及释放天敌昆虫的数量和龄期，以达到最好的防治效果。

本试验在室内通过捕食功能反应、搜寻效应、干扰效应及防治潜力研究，明确了红彩瑞猎蝽对菜青虫的防治能力。该结论有助于了解红彩瑞猎蝽在田间对菜青虫的控害效能，可为当地释放红彩瑞猎蝽控制害虫提供参考依据。红彩瑞猎蝽在广东和岭南地区的北运蔬菜种植基地可以周年发生，这表明其对温暖气候的适应性较强。然而，对于温度、湿度等环境因素如何影响红彩瑞猎蝽的捕食行为和效率，仍须进一步研究。此外，红彩瑞猎蝽的搜寻效率和捕食能力可能会受到其他天敌昆虫和猎物密度的影响，这些因素在田间条件下的作用机制尚不清楚，需要通过田间试验来验证。

综上所述，红彩瑞猎蝽作为一种天敌昆虫，在控制菜青虫等农业害虫方面具有较大的潜力。然而，为了更有效地利用红彩瑞猎蝽进行生物防治，还需要对其在不同环境条件下的捕食行为、对害虫的控制效果以及与其他生物防治方法的协同效应进行更深入的研究。此外，考虑到红彩瑞猎蝽的搜寻效率和捕食能力可能会受到多种因素的影响，未来的研究应当综合考虑这些因素，以优化释放策略，提高生物防治的成功率。通过这些努力，我们可以更好地利用红彩瑞猎蝽这一天敌资源，为实现可持续农业和生态保护做出贡献。

## 三、红彩瑞猎蝽对亚洲玉米螟的捕食功能反应

玉米螟 *Ostrinia furnacalis*，是鳞翅目 Lepidoptera 草螟科 Crambidae 昆虫，是世界性的蛀食性害虫，也是我国玉米生产中最主要的害虫。其分为欧洲玉米螟（*Ostrinia nubilalis*）和亚洲玉米螟（*Ostrinia furnacalis*），前者发源于欧洲、亚洲与非洲交界的地中海地区，后传播至中亚，向乌兹别克斯坦和中国等地扩散，于20世纪传入美洲；后者主要分布于亚洲和西太平洋（汪洋洲等，2017）。在我国，亚洲玉米螟由北向南分布于多个省份，欧洲玉米螟主要分布在新疆伊宁地区，内蒙古、宁夏、河北则是两类玉米螟混合发生区。有研究表明，亚洲玉米螟是我国玉米生产中的重要害虫，可对玉米的产量与质量造成严重影响（Guo et al.，2019）。除了玉米以外，亚洲玉米螟还为害水稻、高粱、谷子、棉花、麻、向日葵等粮食与经济作物（Feng et al.，2023）。亚洲玉米螟对玉米的整个生长发育期都会造成为害，以雄穗为害为主，许多雄穗被咬断后无法进行有效的授粉，从而对玉米

的生长发育产生不利影响，其主要为害特点表现为发生范围广、面积大、为害程度严重等。幼虫主要以茎秆和果实为食，还可为害新叶、叶腋等。被害玉米叶片光合效率明显降低，缺粒和秕粒增多，茎秆倒折率增加，明显降低了玉米的产量，导致玉米平均减产达到15%~40%（孙婧婧等，2022），近年来，亚洲玉米螟在局部地区暴发成灾，已成为制约当前玉米高产稳产和粮食产能提升最重要的害虫（丁新华，2024）。

目前对亚洲玉米螟的防治包括化学防治、农业防治、生物防治和物理防治相结合的综合性措施防治措施（Guo et al.，2019；郑红梅，2019），其中化学防治仍然占据较大比例，由于亚洲玉米螟的幼虫喜钻蛀为害，影响了化学防治的防效，而且亚洲玉米螟的抗药性也在逐年上升，也增加了农药的用量（Xiao et al.，2016）。2018年对新疆玉米螟抗性监测显示，昌吉、伊宁、疏勒等种群对氯虫苯甲酰胺、溴氰虫酰胺等几种常规药剂RR为4.00~20.17倍，表现为敏感性降低至中等水平抗性；然而2019年继续监测发现，昌吉和伊宁种群对溴氰虫酰胺达到了高至极高水平抗性，最高达到了1 429倍（支昊宇，2020）。Siegwart等（2017）监测了法国田间采集的7个欧洲玉米螟种群的抗性水平，结果显示，7个种群对溴氰菊酯和高效氯氟氰菊酯都有不同水平的抗性，对高效氯氟氰菊酯的抗性倍数高达7.67~63.79倍。因此。对玉米螟的田间抗性监测和室内筛选结果显示其对常规杀虫剂产生抗性的风险不容忽视。

近年来，研究学者陆续开展了性诱和灯诱（王宇，2023；雷春媚，2023）、真菌杀虫剂（张云月，2022；赵宇，2023）和天敌防控等化学防治以外的生物防治技术研究。其中，利用天敌昆虫防控亚洲玉米螟已取得一些喜人成果，目前研究与应用较多的玉米螟天敌昆虫主要是寄生蜂类，如玉米螟赤眼蜂 *Trichogramma ostriniae*（王连霞等，2019）、松毛虫赤眼蜂 *Trichogramma dendrolimi* 和腰带长体茧蜂（李宏梦等，2019）等，近年来，捕食性蝽类天敌的研究也在逐渐增多，如黄足肥螋 *Euborellia pallipes* 对亚洲玉米螟2龄幼虫、3龄幼虫和蛹具有较强的捕食能力（宁格等，2013）；蠋蝽 *Arma chinensis* 5龄若虫和雌雄成虫对亚洲玉米螟具有较强的捕食作用（孙婧婧等，2022）、益蝽 *Picromerus lewisi* 5龄若虫和成虫对亚洲玉米螟幼虫具有较强的捕食作用（符成悦等，2021），叉角厉蝽 *Eocanthecona furcellata* 4龄若虫、5龄若虫和成虫对亚洲玉米螟3龄幼虫、4龄幼虫也有较强捕食能力（赵航等，2022）。由于天敌昆虫对害虫的防治具有可持续性，而且不会对环境造成任何污染，因此，合理利用天敌生物防治防控亚洲玉米螟，是推进玉米产业的可持续、高质量发展的重要途径。

在对天敌昆虫红彩瑞猎蝽的人工饲养研究中发现，红彩瑞猎蝽若虫和成虫均能够捕食亚洲玉米螟幼虫（图3-60至图3-65），但是目前未见有红彩瑞猎蝽对亚洲玉米螟捕食作用的相关报道。基于该天敌昆虫优秀的捕食能力与适应力，本试验通过测定红彩瑞猎蝽对亚洲玉米螟2~4龄幼虫的捕食功能反应、搜寻效应和干扰反应，确定不同虫态红彩瑞猎蝽对亚洲玉米螟幼虫的捕食能力，红彩瑞猎蝽自身密度对捕食亚洲玉米螟幼虫的影响，从而明确红彩瑞猎蝽在室内条件下对亚洲玉米螟幼虫的控害潜力，为后续将红彩瑞猎蝽应用于田间防控亚洲玉米螟提供理论基础。

图3-60　红彩瑞猎蝽2龄若虫捕食亚洲玉米螟3龄幼虫　图3-61　红彩瑞猎蝽3龄若虫捕食亚洲玉米螟3龄幼虫

图3-62　红彩瑞猎蝽4龄若虫捕食亚洲玉米螟3龄幼虫　图3-63　红彩瑞猎蝽5龄若虫捕食亚洲玉米螟3龄幼虫

图3-64　红彩瑞猎蝽成虫捕食亚洲玉米螟3龄幼虫　图3-65　红彩瑞猎蝽成虫捕食亚洲玉米螟4龄幼虫

## （一）材料与方法

### 1. 供试材料

供试天敌红彩瑞猎蝽，采自广东省南雄市古市镇烟田。猎物为亚洲玉米螟，亚洲玉米螟使用人工饲料（乔利，2008）饲养3代以上，红彩瑞猎蝽用烟蚜和米蛾幼虫混合饲养3代以上。所有供试昆虫均饲养于人工气候培养箱（ARMA-580，宁波江南仪器厂）中，设置环境条件为温度（28±1）℃，相对湿度（60±5）%，光周期L:D=16 h:8 h（游梓翊等，2023c）。

### 2. 试验方法

（1）不同虫态红彩瑞猎蝽对亚洲玉米螟2~4龄幼虫的捕食试验：试验前先将红彩瑞猎蝽3~5龄若虫和雌雄成虫分别放入培养皿中（直径12.0 cm、高2.4 cm）饥饿24 h，每皿放置1头，在培养皿中央放置1块浸湿的2.0 cm³大小的脱脂棉供其补充水分。将不同龄期的亚洲玉米螟幼虫分别与1头不同虫态的红彩瑞猎蝽组合为15个处理，每个处理设置5个密度梯度，其中亚洲玉米螟2龄幼虫的密度分别设置为10头/皿、15头/皿、20头/皿、25头/皿、30头/皿，3~4龄幼虫密度分别设置为5头/皿、10头/皿、15头/皿、20头/皿、25头/皿，每个梯度重复试验10次。为避免亚洲玉米螟自残，在培养皿中放入重量为5 g的人工饲料供亚洲玉米螟幼虫取食。24 h后，调查每皿的单头红彩瑞猎蝽的捕食量。

（2）不同虫态红彩瑞猎蝽对亚洲玉米螟幼虫的捕食功能反应：使用Holling Ⅱ型捕食功能反应方程拟合红彩瑞猎蝽对亚洲玉米螟的Ⅱ型捕食功能反应（Holling，1959），该方程如下：

$$N_a = aNT_r / (1 + aT_hN)$$

式中，$a$为瞬时攻击率；$T_r$为总试验时长（$T_r=1$ d）；$N$为猎物密度，头/皿；$T_h$为处理时间（捕食1头猎物所需要的时间），d。

计算$a$与$T_h$的比值（$a/T_h$），分析不同虫态红彩瑞猎蝽对亚洲玉米螟2~4龄幼虫的捕食效能。计算1 d与$T_h$的比值（$1/T_h$），分析不同虫态红彩瑞猎蝽对亚洲玉米螟2~4龄幼虫的理论日最大捕食量。

（3）红彩瑞猎蝽对亚洲玉米螟幼虫的搜寻效应：根据Holling Ⅱ型捕食功能反应方程拟合得到瞬时攻击率（$a$）和处理时间（$T_h$），通过搜寻效应方程计算不同虫态红彩瑞猎蝽对亚洲玉米螟幼虫的搜寻效应（廖贤斌等，2020），该方程如下：

$$S = a / (1 + aT_hN)$$

式中，$S$为搜寻效应；$a$为捕食者对猎物的瞬时攻击率；$T_h$为处理时间，d；$N$为猎物初始密度，头/皿。

（4）红彩瑞猎蝽密度对捕食亚洲玉米螟3龄幼虫的干扰效应：试验设红彩瑞猎蝽5龄若虫和雌雄成虫3个处理，每个处理密度梯度均设置为1头/皿、2头/皿、3头/皿、4头/皿和5头/皿，对应的亚洲玉米螟3龄幼虫密度分别对应设置为10头/皿、20头/皿、30头/皿、40头/皿、50头/皿。试验前红彩瑞猎蝽禁食24 h，每个处理重复5次，试验开始24 h后统计亚洲玉米螟幼虫的存活数量。使用Watt提出的干扰与竞争模型拟合红彩瑞猎蝽密度对捕食亚洲玉米螟的干扰作用（Watt，1959），该方程如下：

$$A=aP^{-b}$$

式中，$P$为红彩瑞猎蝽密度，头/皿；$A$为竞争条件下每头红彩瑞猎蝽对亚洲玉米螟3龄幼虫的日捕食量，头；$a$为常数，是在无竞争条件下每头红彩瑞猎蝽对亚洲玉米螟3龄幼虫的日最大捕食量估计值，头；$b$为竞争参数。

**3. 数据分析**

使用Excel 2010软件对试验数据进行统计，使用SPSS 26.0软件对试验数据进行单因素方差分析，并用Duncan's新复极差法进行差异显著性检验，并拟合红彩瑞猎蝽对斜纹夜蛾的捕食功能反应、搜寻效应和干扰作用方程，使用Origin 2019进行绘图。

## （二）结果与分析

### 1. 红彩瑞猎蝽对亚洲玉米螟的捕食功能反应

不同虫态红彩瑞猎蝽对亚洲玉米螟2龄幼虫、3龄幼虫与4龄幼虫的日捕食量分别见表3-52至表3-54。红彩瑞猎蝽不同虫态对各龄期亚洲玉米螟幼虫的日捕食量随着亚洲玉米螟密度增加，整体呈上升趋势，但是在达到一定的量后就不再有显著性差异。而且亚洲玉米螟幼虫的龄数越大，红彩瑞猎蝽的日捕食量也越低，如在25头/皿密度时，红彩瑞猎蝽雌成虫对亚洲玉米螟2龄幼虫的日捕食量为15.10头，而对亚洲玉米螟3龄幼虫、4龄幼虫的日捕食量则分别为12.40头和9.60头。

表3-52 各虫态红彩瑞猎蝽对亚洲玉米螟2龄幼虫的日捕食量 单位：头

| 红彩瑞猎蝽虫态 | 不同密度下捕食量 | | | | |
|---|---|---|---|---|---|
| | 10头/皿 | 15头/皿 | 20头/皿 | 25头/皿 | 30头/皿 |
| 3龄若虫 | 3.90 ± 0.74cD | 5.50 ± 0.71cC | 7.10 ± 0.74dB | 8.90 ± 0.74cA | 9.10 ± 0.57dA |
| 4龄若虫 | 5.10 ± 0.74bD | 7.90 ± 0.57bC | 10.90 ± 0.57cB | 12.10 ± 0.88bA | 12.40 ± 0.97cA |
| 5龄若虫 | 5.70 ± 0.67abD | 9.10 ± 0.74aC | 12.50 ± 0.71bB | 14.20 ± 0.79aA | 14.40 ± 0.70bA |
| 雌成虫 | 6.10 ± 0.74aD | 9.50 ± 0.85aC | 13.10 ± 0.57aB | 15.10 ± 0.74aA | 15.60 ± 0.70aA |
| 雄成虫 | 5.90 ± 0.57abD | 9.20 ± 0.79aC | 13.20 ± 0.63aB | 14.70 ± 0.82aA | 14.90 ± 0.57abA |

注：每列不同小写字母表示不同虫态的红彩瑞猎蝽对相同密度的亚洲玉米螟的日捕食量间差异达到显著（$P<0.05$）水平，每行不同大写字母表示相同虫态的红彩瑞猎蝽对不同密度亚洲玉米螟的日捕食量间差异达到显著（$P<0.05$）水平。

**表3-53　各虫态红彩瑞猎蝽对亚洲玉米螟3龄幼虫的日捕食量**　　　　　　　　　　单位：头

| 红彩瑞猎蝽虫态 | 不同密度下捕食量 | | | | |
|---|---|---|---|---|---|
| | 5头/皿 | 10头/皿 | 15头/皿 | 20头/皿 | 25头/皿 |
| 3龄若虫 | 2.10 ± 0.57cC | 3.60 ± 0.70bB | 4.70 ± 0.67cA | 5.20 ± 0.63cA | 5.30 ± 0.82dA |
| 4龄若虫 | 2.50 ± 0.53bcD | 4.80 ± 0.63aC | 7.40 ± 0.70bB | 9.80 ± 0.92bA | 10.20 ± 1.03cA |
| 5龄若虫 | 3.10 ± 0.57abD | 5.30 ± 0.67aC | 8.30 ± 0.95abB | 11.60 ± 0.52aA | 11.90 ± 0.99bA |
| 雌成虫 | 3.40 ± 0.52aD | 5.50 ± 0.70aC | 8.80 ± 0.79aB | 12.10 ± 0.74aA | 12.40 ± 0.97aA |
| 雄成虫 | 3.10 ± 0.57abD | 5.40 ± 0.52aC | 8.60 ± 0.52aB | 11.70 ± 0.67aA | 12.10 ± 1.10abA |

注：每列不同小写字母表示不同虫态的红彩瑞猎蝽对相同密度的亚洲玉米螟的日捕食量间差异达到显著（$P<0.05$）水平，每行不同大写字母表示相同虫态的红彩瑞猎蝽对不同密度亚洲玉米螟的日捕食量间差异达到显著（$P<0.05$）水平。

**表3-54　各虫态红彩瑞猎蝽对亚洲玉米螟4龄幼虫的日捕食量**　　　　　　　　　　单位：头

| 红彩瑞猎蝽虫态 | 不同密度下捕食量 | | | | |
|---|---|---|---|---|---|
| | 5头/皿 | 10头/皿 | 15头/皿 | 20头/皿 | 25头/皿 |
| 3龄若虫 | 1.30 ± 0.48bB | 1.90 ± 0.57bAB | 2.10 ± 0.32dA | 2.20 ± 0.42dA | 2.20 ± 0.63dA |
| 4龄若虫 | 2.10 ± 0.57aD | 3.80 ± 0.79aC | 5.10 ± 0.74cB | 6.00 ± 0.67cA | 6.40 ± 0.52cA |
| 5龄若虫 | 2.40 ± 0.52aD | 4.30 ± 0.95aC | 6.20 ± 0.79bB | 7.80 ± 0.63bA | 8.20 ± 0.92bA |
| 雌成虫 | 2.60 ± 0.70aD | 4.60 ± 0.70aC | 7.50 ± 0.85aB | 8.90 ± 0.74aA | 9.60 ± 1.07aA |
| 雄成虫 | 2.40 ± 0.52aD | 4.30 ± 0.82aC | 6.30 ± 0.68bB | 7.90 ± 0.74bA | 8.40 ± 0.84bA |

注：每列不同小写字母表示不同虫态的红彩瑞猎蝽对相同密度的亚洲玉米螟的日捕食量间差异达到显著（$P<0.05$）水平，每行不同大写字母表示相同虫态的红彩瑞猎蝽对不同密度亚洲玉米螟的日捕食量间差异达到显著（$P<0.05$）水平。

对不同虫态红彩瑞猎蝽捕食不同龄期亚洲玉米螟幼虫的数据进行拟合，各处理的Holling Ⅱ圆盘方程与相关参数如表3-55所示。对于亚洲玉米螟2龄幼虫来说，红彩瑞猎蝽雄成虫的捕食效能（$a/T_h$）与日最大捕食量（$1/T_h$）最高，而对于亚洲玉米螟3龄幼虫、4龄幼虫来说，红彩瑞猎蝽雌成虫的捕食效能与日最大捕食量最高。

**表3-55　不同虫态红彩瑞猎蝽捕食不同龄期亚洲玉米螟幼虫的捕食功能反应方程及相关参数**

| 亚洲玉米螟虫态 | 红彩瑞猎蝽虫态 | Holling Ⅱ圆盘方程 | 瞬时攻击率 $a$ | 处置时间 $T_h$/d | 捕食效能 $a/T_h$ | 日最大捕食量 $1/T_h$/（头） | $R^2$ | $P$ |
|---|---|---|---|---|---|---|---|---|
| 2龄幼虫 | 3龄若虫 | $N_a=0.437\,3N/(1+0.012\,1N)$ | 0.437 3 | 0.027 6 | 15.842 5 | 36.231 9 | 0.994 2 | <0.01 |
| | 4龄若虫 | $N_a=0.553\,7N/(1+0.006\,0N)$ | 0.553 7 | 0.010 8 | 51.266 6 | 92.592 6 | 0.976 3 | <0.01 |

（续表）

| 亚洲玉米螟虫态 | 红彩瑞猎蝽虫态 | HollingⅡ圆盘方程 | 瞬时攻击率 $a$ | 处置时间 $T_h$/d | 捕食效能 $a/T_h$ | 日最大捕食量 $1/T_h$/（头） | $R^2$ | $P$ |
|---|---|---|---|---|---|---|---|---|
| 2龄幼虫 | 5龄若虫 | $N_a=0.603\ 3N/(1+0.003\ 0N)$ | 0.603 3 | 0.004 9 | 123.018 3 | 204.081 6 | 0.974 9 | <0.01 |
| | 雌成虫 | $N_a=0.642\ 5N/(1+0.003\ 2N)$ | 0.642 5 | 0.004 9 | 131.025 6 | 203.915 2 | 0.983 1 | <0.01 |
| | 雄成虫 | $N_a=0.619\ 9N/(1+0.002\ 7N)$ | 0.619 9 | 0.004 3 | 144.159 5 | 232.558 1 | 0.974 7 | <0.01 |
| 3龄幼虫 | 3龄若虫 | $N_a=0.538\ 4N/(1+0.053\ 8N)$ | 0.538 4 | 0.099 9 | 5.389 3 | 10.010 0 | 0.673 8 | <0.01 |
| | 4龄若虫 | $N_a=0.515\ 0N/(1+0.011\ 0N)$ | 0.515 0 | 0.021 4 | 24.065 4 | 46.729 0 | 0.997 4 | <0.01 |
| | 5龄若虫 | $N_a=0.651\ 5N/(1+0.013\ 2N)$ | 0.651 5 | 0.020 2 | 32.252 9 | 49.505 0 | 0.990 7 | <0.01 |
| | 雌成虫 | $N_a=0.726\ 4N/(1+0.010\ 8N)$ | 0.726 4 | 0.014 8 | 49.081 1 | 67.567 6 | 0.983 3 | <0.01 |
| | 雄成虫 | $N_a=0.647\ 1N/(1+0.011\ 2N)$ | 0.647 1 | 0.017 3 | 37.406 0 | 57.803 5 | 0.992 5 | <0.01 |
| 4龄幼虫 | 3龄若虫 | $N_a=0.491\ 1N/(1+0.171\ 9N)$ | 0.491 1 | 0.350 2 | 1.402 2 | 2.855 6 | 0.978 7 | <0.01 |
| | 4龄若虫 | $N_a=0.491\ 1N/(1+0.032\ 3N)$ | 0.491 1 | 0.065 7 | 7.475 1 | 15.220 7 | 0.997 7 | <0.01 |
| | 5龄若虫 | $N_a=0.530\ 2N/(1+0.021\ 2N)$ | 0.530 2 | 0.039 9 | 13.287 4 | 25.062 7 | 0.998 1 | <0.01 |
| | 雌成虫 | $N_a=0.553\ 8N/(1+0.014\ 1N)$ | 0.553 8 | 0.025 5 | 21.718 9 | 39.215 7 | 0.993 8 | <0.01 |
| | 雄成虫 | $N_a=0.525\ 5N/(1+0.019\ 4N)$ | 0.525 5 | 0.036 9 | 14.242 3 | 27.100 3 | 0.998 0 | <0.01 |

**2. 红彩瑞猎蝽对亚洲玉米螟的搜寻效应**

从图3-66可以看出，随着亚洲玉米螟幼虫的密度增加，不同虫态的红彩瑞猎蝽对不同龄期亚洲玉米螟幼虫的搜寻效应整体呈减少的趋势。在同一幼虫龄期与密度时，整体趋势为红彩瑞猎蝽雌成虫>雄成虫>5龄若虫>4龄若虫>3龄若虫。

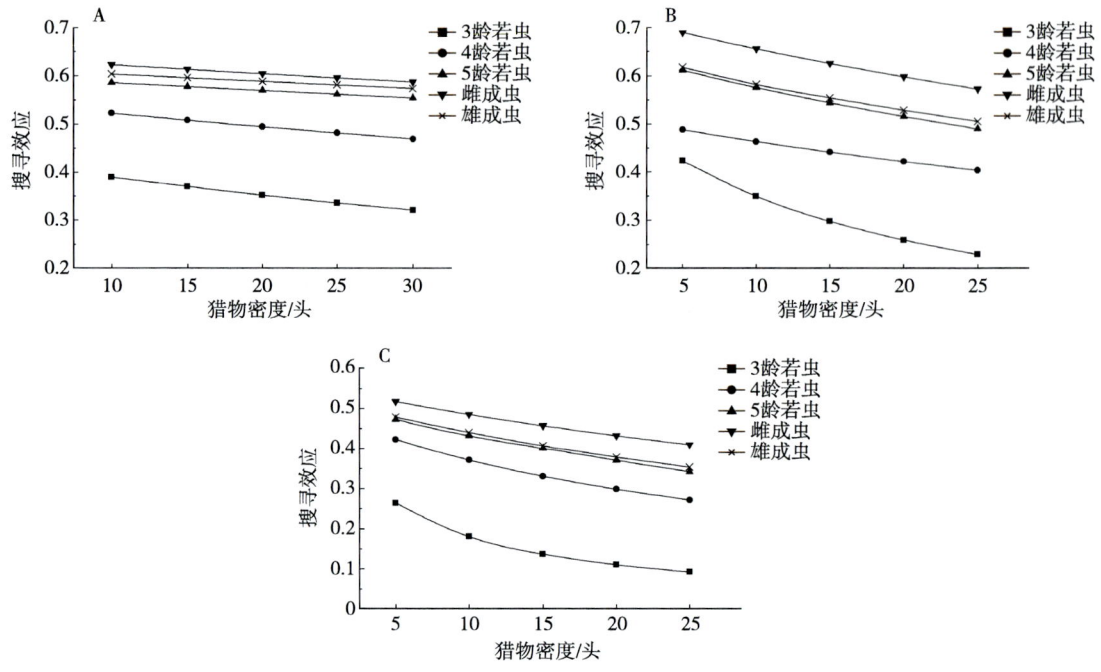

A—亚洲玉米螟2龄幼虫；B—亚洲玉米螟3龄幼虫；C—亚洲玉米螟4龄幼虫。

图3-66 不同虫态红彩瑞猎蝽对亚洲玉米螟2～4龄幼虫的搜寻效应

**3. 种内干扰对红彩瑞猎蝽自身捕食效应的影响**

使用Watt模型拟合不同密度红彩瑞猎蝽对亚洲玉米螟3龄幼虫的捕食量，结果如表3-56所示。其中雌成虫自身干扰作用最强，竞争参数为0.236；雄成虫次之，为0.228；5龄若虫自身干扰作用最弱，为0.187。

表3-56 不同虫态红彩瑞猎蝽不同密度对捕食量的干扰作用数学模型

| 虫态 | Watt模型方程 | $R^2$ | $P$ | $a$最大捕食量/头 | $b$自身干扰系数 |
| --- | --- | --- | --- | --- | --- |
| 5龄若虫 | $A=4.867P^{-0.187}$ | 0.787 | 0.045 | 4.867 | 0.187 |
| 雌成虫 | $A=5.578P^{-0.236}$ | 0.939 | 0.006 | 5.578 | 0.236 |
| 雄成虫 | $A=5.370P^{-0.228}$ | 0.919 | 0.010 | 5.370 | 0.228 |

## （三）结论与讨论

捕食功能反应试验是定量评价天敌昆虫控害效能的重要方法（Holling，1959）。红彩瑞猎蝽对亚洲玉米螟2～4龄幼虫的捕食功能反应类型符合HollingⅡ型圆盘方程，与蠋蝽（孙婧婧等，2022）、益蝽（符成悦等，2021）等捕食性蝽类对亚洲玉米螟幼虫的捕食功能反应类型一致。在室内试验中，随着亚洲玉米螟猎物密度逐渐增加，红彩瑞猎蝽的日捕食量也逐渐上升，但猎物密度上升到一定数量后，日捕食量的增速逐渐减缓。亚洲玉米螟幼虫龄期越大，红彩瑞猎蝽日捕食量越低，一方面可能是大龄幼虫的捕食难度增大，特别是对于红彩瑞猎蝽4龄以下的若虫；另一方面可能是亚洲玉米螟大龄幼虫体形较大，较少量即可满足红彩瑞猎蝽的食物需求。随着红彩瑞猎蝽若虫龄期增大，营养需求增加，日捕食量也迅速增加。整体来说，在同一亚洲玉米螟幼虫密度下，红彩瑞猎蝽的各虫态捕食量排行大致为雌成虫>雄成虫>5龄若虫>4龄若虫>3龄若虫。雌雄成虫的捕食量间没有显著性差异，但雄成虫的捕食量低于雌成虫。益蝽雌成虫对亚洲玉米螟3龄幼虫理论日最大捕食量为14.60头（符成悦等，2021），叉角厉蝽成虫对亚洲玉米螟3龄幼虫理论日最大捕食量为30.21头（赵航等，2022），蠋蝽雌成虫对亚洲玉米螟4龄幼虫理论日最大捕食量为37.04头（孙婧婧等，2022），红彩瑞猎蝽雌成虫对亚洲玉米螟3龄幼虫和4龄幼虫的理论日最大捕食量分别达到67.567 6头和39.215 7头，均高于其他天敌，表明红彩瑞猎蝽对亚洲玉米螟幼虫具有较强的捕食作用。

除了日捕食量以外，对猎物的瞬时攻击率（$a$）与捕食时间（$T_h$）也是天敌昆虫对猎物捕食效率的主要评判指标（侯峥嵘等，2020）。二者的比值大小即天敌昆虫对猎物的控害效能，而试验时间与捕食时间的比值（$T_t/T_h$，本试验中$T_t=1$ d）即最大捕食量（龚雪娜等，2023）。本试验结果显示，红彩瑞猎蝽雌成虫对亚洲玉米螟3龄幼虫、4龄幼虫的控害效能和最大捕食量均高于雄成虫和各龄期若虫，而对于亚洲玉米螟2龄幼虫来说，红彩瑞猎蝽雄成虫的控害效能和最大捕食量则高于雌成虫和各龄期若虫。这可能是因为雄成虫的体形相对于雌成虫偏小，对体形较小的2龄幼虫的偏好性更强，饥饿处理反应也更强烈。

本试验中，红彩瑞猎蝽对亚洲玉米螟幼虫的搜寻效应会随猎物密度增加而降低，这与叉角厉蝽、蠋蝽和益蝽对亚洲玉米螟幼虫（张晓滢等，2022；符成悦等，2021；孙婧婧等，2022）、益蝽对草地贪夜蛾 *Spodoptera frugiperda* 幼虫（王燕等，2020）、黄带犀猎蝽 *Sycanus croceovittatus* 对斜纹夜蛾幼虫（杜浩，2021）和蠋蝽对茄二十八星瓢虫 *Henosepilachna vigintioctopunctata* 幼虫（廖江花，2024）的搜寻效应类似。此外，在捕食空间与猎物比例相同时，随着红彩瑞猎蝽的密度增加，种内干扰效应也会逐渐增大，其中，雌成虫的自身干扰系数最高，高于雄成虫与5龄若虫，说明雌成虫更倾向于单独捕食，自身密度对取食行为的影响更大。

本试验发现红彩瑞猎蝽对亚洲玉米螟2~4龄幼虫具有较优秀的控害潜能，下一步将进一步研究红彩瑞猎蝽在田间条件下对亚洲玉米螟的实际控害能力，明确最适益害比和释放条件，推进红彩瑞猎蝽防控亚洲玉米螟在实际生产中的应用。

在室内条件下，红彩瑞猎蝽3~5龄若虫和雌雄成虫对亚洲玉米螟2~4龄幼虫的捕食功能反应模型均符合Holling Ⅱ型，红彩瑞猎蝽雄成虫对亚洲玉米螟2龄幼虫的捕食效能最大，雌成虫对亚洲玉米螟3~4龄幼虫的捕食效能最大。红彩瑞猎蝽对亚洲玉米螟幼虫的搜寻效应随着猎物密度增加而降低。随着红彩瑞猎蝽自身密度增加，红彩瑞猎蝽种间干扰和竞争增大，单头天敌对亚洲玉米螟3龄幼虫的捕食量减小。

# 第四节　红彩瑞猎蝽对2种重大外来入侵害虫的捕食能力研究

## 一、外来入侵害虫概述

生物入侵（Biological invasion）是指生物由原生存地经自然的或人为的途径侵入到另一个新环境，并对入侵地的生物多样性、农林牧渔业生产及人类健康造成经济损失或生态灾难的过程（万方浩等，2002）。外来生物入侵不仅对自然环境造成了严重的破坏，而且还使得许多物种濒临灭绝，是当今世界正面临的一个严峻挑战。近年来，我国贸易和旅游业的迅速发展，使得外来入侵生物的传入途径增多，引发生物灾害及生态环境安全问题的风险增大（Lin，2011）。《自然》杂志2021年公布的研究数据显示，1970—2017年全球生物入侵造成的经济损失累计约1.288万亿美元，年均268亿美元。数据表明，美国、澳大利亚、南非、印度、菲律宾等国家每年因生物入侵遭受的经济损失均超过数百亿美元。我国是受外来入侵物种侵害最为严重的国家之一，外来入侵物种已达660余种，遭受外来物种入侵的威胁与为害较为严重，形势十分严峻（杜素洁，2023）。外来入侵昆虫作为外来入侵物种的重要组成部分，其强大的繁殖、扩散及适应能力提高了入侵成功率，极易造成巨大的经济损失及生态损失。入侵昆虫造成的实际经济损失估计每年超过700亿美元（Bradshaw et al.，2016）。在美国，入侵物种每年造成约1 200亿美元的环境破坏，其中约有200亿美元的损失/破坏和控制成本是由约4 500个非本土节肢动物造成的，其中作物害虫最为严重（14.4亿美元）（Pimentel，2005）。调查发现，近20年传入我国的入侵生物近60种，平均每年以入侵昆虫为主的新发疫情5～6种，是20世纪90年代的10倍。如农业新发重大入侵生物"草地贪夜蛾事件"和"番茄潜叶蛾事件"，正严重威胁我国的粮食安全和农产品贸易安全。

草地贪夜蛾 Spodoptera frugiperda 属于鳞翅目夜蛾科灰翅夜蛾属，源于美洲的热带和亚热带地区，是一种破坏性极强的害虫。2019年1月，被联合国粮食及农业组织（FAO）全球预警的世界性重大农业灾害性害虫草地贪夜蛾经由缅甸传入我国云南西南地区的普洱市（吴秋琳，2019），随即便在我国迅速蔓延，对我国玉米产业造成了严重威胁。草地贪夜蛾寄主广泛，主要为害玉米，造成玉米减产或绝收，还严重为害高粱、小麦、水稻、大豆、甜菜、番茄、马铃薯、甘蔗等农作物，为害种类达352种（王磊，2019）。除了杂食性的特性外，草地贪夜蛾还具有发育速度快、繁殖力强、迁飞能力强（刘博，2022）等特性，防控形势十分严峻。2020年9月，农业农村部将草地贪夜蛾列为我国一类农作物虫害之首。在草地贪夜蛾的防控上，转基因作物和化学农药一直是美国和巴西等草地贪夜蛾主要分布国家采取的必要防治手段，其抗药性的报道主要集中在有机磷类、氨基甲酸酯类、拟除虫菊酯类三大类农药上（王芹芹，2019）。我国在应急防治初期，利用化学农药的确起到了很好的防效，随之也不可避免地导致了抗药性的产生。牛多邦等（2022）对2020年入侵安徽省的草地贪夜蛾进行杀虫剂的敏感性检测，发现来自安徽马鞍山和县和宿州埇桥区的草地贪夜蛾对氟苯虫酰胺已经产生了中等水平抗性。为降低抗药性产生风险，我国政府高度重视草地贪夜蛾的绿色综合防控，因此，制定有效的害虫综合管理（IPM）策略变得尤为关键，这包括采用轮作制度、物理防治和生物防治方法，以减少对化学农药的依赖，并促进可持续农业的发展。此后围绕草地贪夜蛾发生规律、灾变机制和可持续绿色防控技术等，一系列国家和省级重点研发计划、重大专项等科研项目陆续展开，并且取得了一系列突破性进展。通过深入的调查数据和现场实践经验，农业农村管理部门和农业科研人员正在不断优化防治策略，以应对草地贪夜蛾带来的持续威胁，确保玉米的稳定和高效生产。此外，田间应用天敌昆虫或微生物杀虫剂防治玉米上草地贪夜蛾害虫报道较多。例如，蠋蝽、叉角厉蝽、黄带犀猎蝽、环斑猛猎蝽和草蛉等捕食性天敌均对草地贪夜蛾有捕食潜力（汪洁，2023；张晓滢，2022；胡宗伟，2022；王亚楠，2023；施琳琳，2022）。寄生性天敌譬如利用螟黄赤眼蜂（*Trichogramma chilonis*）防治草地贪夜蛾田间卵块寄生率可达64.44%（袁曦，2022）；绿僵菌防治草地贪夜蛾田间速效性虽低于化学农药，但持效性防控具有优势，联合使用后25 d时可减少50%的化学农药使用量（徐翔，2020）；将球孢白僵菌直接用于防治草地贪夜蛾，或与夜蛾黑卵蜂赤眼蜂联合，进行草地贪夜蛾的生物防治取得较好的田间防治效果（郭井菲，2022），应用天敌昆虫夜蛾黑卵蜂、螟黄赤眼蜂和病原微生物金龟子绿僵菌的联合防治策略，草地贪夜蛾和亚洲玉米螟的防治效果可达81.41%（杨德雁，2024）。

番茄潜叶蛾*Tuta absoluta*，属鳞翅目Lepidoptera麦蛾科Gelechiidae，俗称番茄麦蛾、南美番茄潜叶蛾或番茄潜麦蛾（Desneux，2010）。番茄潜叶蛾起源于南美洲，是世界范围的重大入侵害虫（张桂芬，2018）。该害虫繁殖能力强，雌虫一生产卵量可达260余粒。该害虫发育速率快，通常完成一个世代仅需25~30 d，一年能发生12代左右，世代重叠严重。该害虫寄主植物范围广，据统计，番茄潜叶蛾能够侵害的寄主植物种类达10科50余种（Biondi，2018）。除了番茄外，该害虫还能在茄子、马铃薯、甜椒、菜豆、菠菜等多种蔬菜作物以及其他不同科（苋菜科、菊科、禾本科和豆科）的植物上造成为害（Biondi，2018）。番茄潜叶蛾扩散速度快，据估算，该虫一年能扩散800 km（张桂芬，2022）。自2017年8月和2018年3月研究人员在新疆伊犁和云南临沧相继发现其入侵以来，番茄潜叶蛾在我国迅速扩散蔓延，目前已扩散至20多个省（自治区、直辖市）（Wang，2024），并在局部地区暴发成灾，对我国番茄、马铃薯等重要茄科作物健康生产构成严重威胁，防控形势严峻。化学防治是防控番茄潜叶蛾的主要方法。长期施用化学杀虫剂会导致靶标害虫抗性水平升高，影响防控效果。抗性水平升高，常引起施药剂量和频率增加，防控难度和成本提升，还会进一步促进靶标害虫抗性水平的升高，导致害虫再猖獗（吴进才，2011）。在巴西，番茄潜叶蛾入侵早期，一个番茄种植周期只需要施药6~7次，几年后，施药频率增加到了30次以上（Siqueira，2001）。此外，由于化学杀虫剂的大量使用还会对人类身体健康、生态环境和非靶标物种安全造成负面影响。因此，害虫综合治理

（IPM）逐渐成为当前番茄潜叶蛾防控的研究热点（Mansour，2018）。

因此，加强重大外来入侵昆虫的预警监测及防控研究就成为我国当前的重大国家需求。而研究天敌昆虫对外来入侵害虫的捕食控害能力对防控重大外来入侵害虫具有重要意义。

## 二、红彩瑞猎蝽对草地贪夜蛾的捕食功能反应

草地贪夜蛾*Spodoptera frugiperda*（J. E. Smith）是联合国粮食及农业组织全球预警的重大农业害虫，属于鳞翅目夜蛾科灰翅夜蛾属，是一种破坏性极强的外来入侵害虫，寄主植物多达76科353种（Montezano et al.，2018）。草地贪夜蛾最早被发现于美洲热带和亚热带地区（Sparks，1979），该虫飞行能力强，能进行远距离扩散（Westbrook et al.，2016），自2019年入侵我国云南以来，迅速扩散到贵州和广东等地，目前草地贪夜蛾入侵和为害的省份已达27个，给我国的玉米生产带来重大损失，而且仍有继续往我国北部扩散传播的趋势（郭井菲等，2022）。化学防治是目前防控草地贪夜蛾的主要方法，但由于化学防治容易引起环境污染、害虫抗药性等问题（王芹芹等，2019），开发和使用生物防治为主的绿色防控技术，成为当前有效控制草地贪夜蛾的迫切需要，其中天敌昆虫的开发和利用是实现害虫生物防治的关键技术之一。

草地贪夜蛾的天敌昆虫种类资源丰富繁多，可将天敌昆虫分为两类，分别是寄生性天敌和捕食性天敌。据不完全统计，在全球范围内，已鉴定的草地贪夜蛾寄生蜂种类有121种，包括茧蜂科39种、赤眼蜂科11种、姬小蜂科14种、姬蜂科40种、小蜂科10种、金小蜂科3种、旋小蜂科1种、肿腿蜂科1种、巨胸小蜂科1种和广腹细蜂科1种，共10科；其中茧蜂科和姬蜂科对草地贪夜蛾的防治应用较多。目前，草地贪夜蛾寄生蜂在我国已记录的有16种，包括茧蜂科7种、姬蜂科4种、赤眼蜂科2种、姬小蜂科2种和广腹细蜂科1种。草地贪夜蛾的捕食性天敌昆虫共有44种，包括蝽科7种、瓢甲科7种、螳螂科6种、猎蝽科5种、步甲科5种、草蛉科4种、花蝽科2种、长蝽科2种、姬蝽科2种、蚁科2种、胡蜂科1种和肥螋蛸科1种，共12科；其中蝽科、瓢甲科和步甲科对草地贪夜蛾的应用较多（刘瑞涵，2021）。在利用天敌昆虫防治草地贪夜蛾技术中，捕食性蝽是重要的天敌昆虫类群，据报道，在草地贪夜蛾有捕食能力的天敌昆虫中，捕食性蝽类就占了41%左右（唐艺婷等，2019）。国外研究报道了斑足大眼长蝽*Geocoris punctipes* Say（Joseph et al.，2009）、佛州优捕蝽*Euthyrhynchus floridanus* Linnaeus和斑腹刺益蝽*Podisus maculiventris* Say（Medal et al.，2017）、黑刺益蝽*Podisus nigrispinus* Dallas（Zanuncio et al.，2008）等对草地贪夜蛾防治效果显著；国内学者开展了蠋蝽*Arma chinensis* Fallou（唐艺婷等，2019）、益蝽*Picromerus lewisi* Fallou（王燕等，2019）、叉角厉蝽*Eocanthecona furcellata* Wolff（范悦莉等，2019）、黄带犀猎蝽*Sycanus croceouittatus* Dohrn（王亚楠等，2020）、大红犀猎蝽*Sycanus falleni*（侯峥嵘等，2020）和东亚小花蝽*Orius sauteri* Poppius（赵雪晴等，2019）等捕食蝽对草地贪夜蛾幼虫的捕食能力评估研究，均显示有较好的控害效果。

红彩瑞猎蝽对草地贪夜蛾的捕食功能尚未见相关研究报道。天敌释放到田间后，由于

受到季节更替和农事操作变化的影响，会出现短期的食物短缺而受到饥饿胁迫，因此饥饿程度对红彩瑞猎蝽捕食量的影响也有待研究。本试验在室内条件下通过测定不同饥饿处理的红彩瑞猎蝽成虫对草地贪夜蛾3龄幼虫的捕食量，确定其捕食功能反应类型、搜寻效应和种内干扰作用等，以期为利用红彩瑞猎蝽防治草地贪夜蛾提供理论依据（图3-67至图3-73）。

图3-67　红彩瑞猎蝽4龄若虫捕食草地贪夜蛾3龄幼虫　　图3-68　红彩瑞猎蝽5龄若虫捕食草地贪夜蛾3龄幼虫

图3-69　红彩瑞猎蝽5龄若虫捕食草地贪夜蛾4龄幼虫　　图3-70　红彩瑞猎蝽5龄若虫捕食草地贪夜蛾5龄幼虫

图3-71　红彩瑞猎蝽成虫捕食草地贪夜蛾3龄幼虫　　图3-72　红彩瑞猎蝽成虫捕食草地贪夜蛾4龄幼虫　　图3-73　红彩瑞猎蝽成虫捕食草地贪夜蛾5龄幼虫

## （一）材料与方法

### 1. 供试材料

红彩瑞猎蝽为广东省烟草科学研究所人工气候室内长期饲养3代以上的稳定种群，草地贪夜蛾虫源来自广东省农业科学院植物保护研究所室内人工饲料连续喂养2代以上种群，试验所用人工气候培养箱型号为江南仪器厂RXZ型，设定条件为温度（28±1）℃，相对湿度（60±5）%，光周期L：D=16 h：8 h。

### 2. 试验方法

（1）不同饥饿程度对红彩瑞猎蝽雌成虫捕食量和捕食速度的影响：试验在直径为15 cm、高2.5 cm玻璃培养皿盒中进行，每个培养皿中放入少量玉米叶供草地贪夜蛾取食，然后分别放入1头不同饥饿时间的红彩瑞猎蝽雌成虫：处理A（饥饿0 h，以面包虫幼虫喂食后立即加入草地贪夜蛾3龄幼虫）、处理B（饥饿24 h）、处理C（饥饿48 h）、处理D（饥饿72 h）和处理E（饥饿96 h），然后每个培养皿接入草地贪夜蛾3龄幼虫20头，在试验开始的第3小时、第6小时、第9小时、第12小时、第15小时、第18小时和第24小时观察记载培养皿中剩下的草地贪夜蛾活虫数，每个处理5个重复。

（2）不同饥饿程度红彩瑞猎蝽成虫对草地贪夜蛾的功能反应及搜寻效应：选取上述不同饥饿时间处理的红彩瑞猎蝽雌雄成虫分别放入直径为15 cm、高2.5 cm玻璃培养皿盒中，分别设置草地贪夜蛾3龄幼虫密度为10头/皿、15头/皿、20头/皿、25头/皿、30头/皿和35头/皿，每个处理重复6次。24 h后调查统计草地贪夜蛾幼虫的存活数量。根据拟合的Holling圆盘方程判定红彩瑞猎蝽对草地贪夜蛾的捕食功能反应类型（Holling，1959）。

（3）不同饥饿程度红彩瑞猎蝽的自身密度干扰反应：选择上述不同饥饿程度的红彩瑞猎蝽雌成虫分别设置为1头/皿、2头/皿、3头/皿、4头/皿、5头/皿，每个密度处理依次放入30头草地贪夜蛾3龄幼虫，观察相互干扰对红彩瑞猎蝽捕食作用的影响，每个处理重复5次，24 h后检查结果。

### 3. 数据处理

所有数据先使用Excel 2010计算均值，再使用SPSS 26.0软件对红彩瑞猎蝽雌成虫及雄成虫之间捕食量差异进行方差分析（One-Way ANOVA），当符合正态分布时，不同处理间的差异显著性用单因素方差分析，利用Duncan氏新复极差法比较不同数据组间差异。当不符合正态分布时，则使用Kruskal-Wallis非参数检验分析差异显著性。

24 h内各时间段的红彩瑞猎蝽对草地贪夜蛾的捕食量，使用时间$t$为自变量，$N_a$代表猎物被捕食数量，$K$为猎物初始密度（本试验中$K$=20），$e$为自然常数，采用Logistic方程$N_a=K/(1+e^{b_0-b_1 t})$进行回归分析，捕食量模型的拟合度通过决定系数$R$判断。

红彩瑞猎蝽24 h内各时间段对草地贪夜蛾的捕食速率，使用时间$t$为自变量（各处理时间段分别以3 h、6 h、9 h、12 h、15 h、18 h、21 h、24 h表示），$v$代表捕食速率，采用曲线方程$V=b_0+b_1t+b_2t^2+b_3t^3$对$v$进行回归分析，捕食速率模型的拟合度利用决定系数$R$判断。

捕食功能反应：第一步是根据猎物密度与被捕食量之间的逻辑斯蒂回归方程先确定捕食反应的功能反应类型（Juliano，2001），方法是使用多项式模型：

$$\frac{N_a}{N_0}=\frac{\exp(P_0+P_1N_0+P_2N_0^2+P_3N_0^3)}{1+\exp(P_0+P_1N_0+P_2N_0^2+P_3N_0^3)}$$

式中，$N_0$为猎物初始量；$N_a$为猎物被捕食的数量；$P_0$、$P_1$、$P_2$、$P_3$是要估计的常数、一次方、二次方和三次方系数，用最大似然法对被食猎物与$N_0$比例数据进行拟合（SAS Institute Inc 1989a，CATMOD程序），再检测拟合式中有无显著正或负的线性系数。如果最终估得的参数$P_1=0$，表示捕食者的捕食量随着猎物密度增加而直线上升，属于Holling Ⅰ型；如果$P_1>0$且$P_2<0$，表示捕食者的捕食量随猎物密度呈"S"形波动，对应的功能反应是Holling Ⅲ型，如果$P_1<0$，表示捕食者的捕食量随着猎物密度增加而增加，之后处于一个平稳状态，则对应的功能反应是Ⅱ型反应。Holling Ⅱ型功能反应模型：

$$N_a=\frac{aNT_r}{1+aT_hN}$$

式中，$N_a$为猎物被捕食数量；$a$为瞬时攻击率；$T_r$为总试验时长（$T_r=1$ d）；$N$为猎物密度；$T_h$为捕食1头猎物所需要的时间。第二步用最小二乘法以及回归分析求出对应的模型方程，进而得出方程中包含的生物量。

搜寻效应使用方程：$S=a/(1+aT_hN)$（丁岩钦，1994）进行拟合。

式中，$S$为搜寻效应；$a$为红彩瑞猎蝽对草地贪夜蛾幼虫的瞬时攻击率；$T_h$为捕食1头草地贪夜蛾所需要的时间；$N$为草地贪夜蛾密度。

自身密度干扰效应用Hassell-Verley模型$E=QP^{-m}$拟合（Hassell and Varley，1969），捕食作用率$E=N_a/NP$

式中，$N_a$为被捕食猎物数量；$N$为猎物初始数量；$P$为捕食者初始密度；$Q$为搜寻常数；$m$为干扰参数。

## （二）结果与分析

### 1. 不同饥饿程度红彩瑞猎蝽雌成虫对草地贪夜蛾捕食量变化

不同饥饿程度的红彩瑞猎蝽对草地贪夜蛾3龄幼虫的日均捕食量存在显著差异（表3-57）。随着草地贪夜蛾3龄幼虫数量的增加，红彩瑞猎蝽对草地贪夜蛾3龄幼虫的日均捕食量逐渐增加，当密度增加到35头时，日均捕食量增加缓慢或不再增加。在各猎物密度下，饥饿0 h的红彩瑞猎蝽日均捕食量最小，随着饥饿时间的增加，对草地贪夜蛾3龄幼虫日均捕食量也逐渐增加，当饥饿时间达到96 h时，日均捕食量出现了减少的现象。

表3-57　不同饥饿程度的红彩瑞猎蝽雌成虫对草地贪夜蛾3龄幼虫的日均捕食量　　　单位：头

| 处理 | 猎物密度 | | | | | |
|---|---|---|---|---|---|---|
| | 10头/皿 | 15头/皿 | 20头/皿 | 25头/皿 | 30头/皿 | 35头/皿 |
| A | 2.83 ± 0.75Aa | 4.67 ± 1.03Ba | 6.83 ± 0.75Ca | 10.33 ± 1.50Da | 11.17 ± 0.75Da | 11.50 ± 1.05Da |
| B | 3.83 ± 0.75Aab | 5.83 ± 0.75Bab | 7.50 ± 1.05Cb | 11.50 ± 1.51Da | 13.00 ± 2.10Db | 12.50 ± 1.64Dab |
| C | 4.33 ± 0.82Ab | 6.67 ± 0.82Bb | 9.17 ± 1.94Cc | 14.00 ± 1.10Db | 14.67 ± 1.03Dbc | 13.67 ± 1.21Dbc |
| D | 5.17 ± 1.17Ab | 7.67 ± 1.37Bb | 11.17 ± 1.47Cd | 14.83 ± 1.72Db | 16.00 ± 1.26Dc | 15.17 ± 1.47Dc |
| E | 4.67 ± 1.03Ab | 6.83 ± 1.17Bb | 10.83 ± 1.17Cd | 14.17 ± 1.47Db | 14.50 ± 1.87Dbc | 14.33 ± 1.21Dbc |

注：表中数据为平均值±标准误，同一行数据后具相同大写字母和同一列数据后具相同小写字母者表示在$P<0.05$水平上差异不显著（Duncan's复极差检验）。

红彩瑞猎蝽在24 h内不同时间段对草地贪夜蛾幼虫捕食量存在变化（表3-58），结果表明，不同饥饿处理的红彩瑞猎蝽捕食草地贪夜蛾的时间段主要集中在试验开始后的3~9 h时间段，9 h后捕食量明显减少。经过计算，红彩瑞猎蝽成虫对草地贪夜蛾的捕食量变化模型分别为：饥饿0 h红彩瑞猎蝽处理$N_a=20/(1+e^{2.779-0.112\,t})$（$R^2=0.984$，$P<0.01$）；饥饿24 h红彩瑞猎蝽处理$N_a=20/(1+e^{2.028-0.79\,t})$（$R^2=0.992$，$P<0.01$）；饥饿48 h红彩瑞猎蝽处理$N_a=20/(1+e^{1.968-0.79\,t})$（$R^2=0.994$，$P<0.01$）；饥饿72 h红彩瑞猎蝽处理$N_a=20/(1+e^{1.689-0.93\,t})$（$R^2=0.994$，$P<0.01$）；饥饿96 h红彩瑞猎蝽处理$N_a=20/(1+e^{2.207-0.110\,t})$（$R^2=0.998$，$P<0.01$）。

表3-58　不同饥饿程度红彩瑞猎蝽雌成虫24 h内对草地贪夜蛾3龄幼虫捕食量变化

| 时间/h | 饥饿程度 | | | | | | | | | | 备注 |
|---|---|---|---|---|---|---|---|---|---|---|---|
| | 0 h | | 24 h | | 48 h | | 72 h | | 96 h | | |
| | $N_a$ | $\ln(K-N_a)/N_a$ | $N_a$ | $\ln(K-N_a)/N_a$ | $N_a$ | $\ln(K-N_a)/N_a$ | $N_a$ | $\ln(K-N_a)/N_a$ | $N_a$ | $\ln(K-N_a)/N_a$ | $K=20$ |
| 3 | 0.6 | 4.94 | 1.6 | 1.82 | 2 | 1.45 | 2.6 | 1.10 | 1.4 | 2.09 | |
| 6 | 2.4 | 1.19 | 4.4 | 0.62 | 4 | 0.69 | 5.2 | 0.52 | 4 | 0.69 | |
| 9 | 5 | 0.54 | 5.6 | 0.48 | 5.6 | 0.48 | 7.4 | 0.34 | 6.4 | 0.41 | |
| 12 | 6 | 0.44 | 6.4 | 0.41 | 6.4 | 0.41 | 8.4 | 0.29 | 7.4 | 0.34 | |
| 15 | 6.2 | 0.42 | 6.8 | 0.38 | 6.8 | 0.38 | 9.4 | 0.25 | 8.4 | 0.29 | |
| 18 | 6.4 | 0.41 | 7.2 | 0.35 | 7.6 | 0.33 | 10.2 | 0.22 | 9.2 | 0.26 | |
| 24 | 6.6 | 0.39 | 7.4 | 0.34 | 7.8 | 0.31 | 11 | 0.20 | 9.8 | 0.24 | |

红彩瑞猎蝽经不同饥饿处理后，在不同时间段对草地贪夜蛾的捕食量和平均捕食速度存在差异（表3-59）。结果表明，饥饿0 h处理的红彩瑞猎蝽在试验开始第3小时

后捕食速度开始突然增加（0.60），在6～9 h时间段捕食速度达到最大值（0.87）；饥饿24 h、48 h、72 h和96 h处理的红彩瑞猎蝽在试验开始0～3 h时间段捕食速度值明显大于饥饿0 h处理，饥饿24 h和96 h处理的红彩瑞猎蝽捕食速度均在3～6 h捕食量最大，饥饿48 h和72 h在前6 h保持了最大的捕食量，各饥饿处理均在9 h后捕食量开始减少。若将几个时间段 $x$ 分别以3、6、9、12、15、18、24表示，则可以计算饥饿0 h红彩瑞猎蝽的捕食速度曲线为 $v=-2.176+1.246t-0.110t^2+0.03t^3$（$F=5.301$，$R^2=0.841$，$P<0.05$），饥饿24 h红彩瑞猎蝽的捕食速度曲线为 $v=1.342+0.306t-0.40t^2+0.001t^3$（$F=3.197$，$R^2=0.762$，$P<0.1$），饥饿48 h红彩瑞猎蝽的捕食速度曲线为 $v=0.9047-0.0592t+0.009t^2$（$F=12.957$，$R^2=0.866$，$P<0.05$），72 h红彩瑞猎蝽的捕食速度曲线为 $v=2.667+0.075t-0.023t^2+0.001t^3$（$F=12.384$，$R^2=0.925$，$P<0.05$），96 h红彩瑞猎蝽的捕食速度曲线为 $v=0.30+0.713t-0.067t^2+0.002t^3$（$F=4.633$，$R^2=0.795$，$P<0.1$），根据捕食速率曲线，饥饿48～72 h的红彩瑞猎蝽在初始的0～6 h具有更旺盛的食欲，对草地贪夜蛾的捕食速度优于其他饥饿程度的处理，在6～9 h饥饿0 h、24 h和96 h的捕食速率提高，在9 h以后各处理捕食速率均下降至相似水平。

表3-59　不同饥饿处理的红彩瑞猎蝽对草地贪夜蛾3龄幼虫的捕食速度　　　单位：头/h

| 时间/h | 饥饿程度 | | | | | | | | | |
|---|---|---|---|---|---|---|---|---|---|---|
| | 0 h | | 24 h | | 48 h | | 72 h | | 96 h | |
| | $N_a$ | $v$ | $N_a$ | $v$ | $N_a$ | $v$ | $N_a$ | $v$ | $N_a$ | $v$ |
| 0～3 | 0.6±0.55 | 0.2 | 1.6±0.89 | 0.53 | 2.0±0.71 | 0.67 | 2.6±0.55 | 0.87 | 1.4±0.55 | 0.47 |
| 3～6 | 1.8±0.84 | 0.6 | 2.8±0.84 | 0.93 | 2.0±0.71 | 0.67 | 2.6±0.55 | 0.87 | 2.6±0.55 | 0.87 |
| 6～9 | 2.6±0.55 | 0.87 | 1.2±0.84 | 0.4 | 1.6±0.89 | 0.53 | 2.2±0.84 | 0.73 | 2.4±0.55 | 0.8 |
| 9～12 | 1.0±0.71 | 0.33 | 0.8±0.45 | 0.27 | 0.8±0.84 | 0.27 | 1±0.71 | 0.33 | 1±0.71 | 0.33 |
| 12～15 | 0.2±0.45 | 0.06 | 0.4±0.55 | 0.13 | 0.4±0.55 | 0.13 | 1±0.71 | 0.33 | 1±0.71 | 0.33 |
| 15～18 | 0.2±0.45 | 0.06 | 0.4±0.55 | 0.13 | 0.8±0.45 | 0.27 | 0.8±0.45 | 0.27 | 0.8±0.45 | 0.27 |
| 18～24 | 0.2±0.45 | 0.03 | 0.2±0.45 | 0.03 | 0.4±0.55 | 0.07 | 0.8±0.45 | 0.13 | 0.6±0.55 | 0.1 |

注：$N_a$ 为捕食量；$v$ 为捕食速度。

**2. 不同饥饿程度红彩瑞猎蝽成虫对草地贪夜蛾捕食功能的反应**

不同饥饿程度红彩瑞猎蝽成虫对草地贪夜蛾3龄幼虫的捕食量试验结果表明，红彩瑞猎蝽捕食量随猎物密度增加而增加，且增加幅度随着草地贪夜蛾幼虫密度增加而缓慢减小，当草地贪夜蛾幼虫密度增加到35头时，红彩瑞猎蝽的捕食量趋向饱和，即红彩瑞猎蝽捕食量与草地贪夜蛾幼虫数量间为逆密度制约关系，捕食功能反应曲线为负加速曲线图（图3-74、图3-75）。回归分析结果显示，本次试验红彩瑞猎蝽雌雄成虫捕食功能回归分析的一次方系数 $P_1$ 在各个虫态下均小于0（表3-60、表3-61），说明该捕食功能反应是Ⅱ型反应。用Holling Ⅱ圆盘方程 $N_a=aNT_r/(1+aT_hN)$ 拟合试验数据。将圆盘方程

Holling Ⅱ模型转化为一元线性方程，结果如表3-62所示，可以得到饥饿0 h、24 h、48 h、72 h和96 h红彩瑞猎蝽雌成虫对草地贪夜蛾3龄幼虫的捕食功能方程分别为：$N_a=0.237N/(1+0.012\,5N)$、$N_a=0.360N/(1+0.003\,6N)$、$N_a=0.403N/(1+0.004\,8N)$、$N_a=0.492N/(1+0.002\,0N)$和$N_a=0.430N/(1+0.004\,3N)$，红彩瑞猎蝽雄成虫对草地贪夜蛾3龄幼虫的捕食功能方程分别为：$N_a=0.235N/(1+0.014\,1N)$、$N_a=0.338N/(1+0.006\,8N)$、$N_a=0.409N/(1+0.002\,5N)$、$N_a=0.521N/(1+0.003\,6N)$和$N_a=0.424N/(1+0.004\,2N)$。

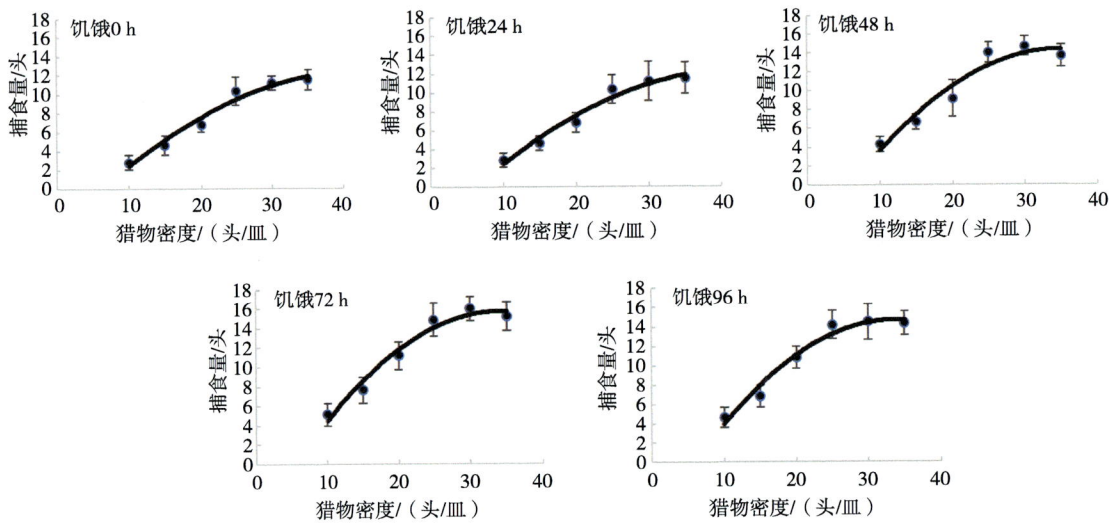

图3-74 不同饥饿程度红彩瑞猎蝽雌成虫对草地贪夜蛾3龄幼虫捕食功能曲线

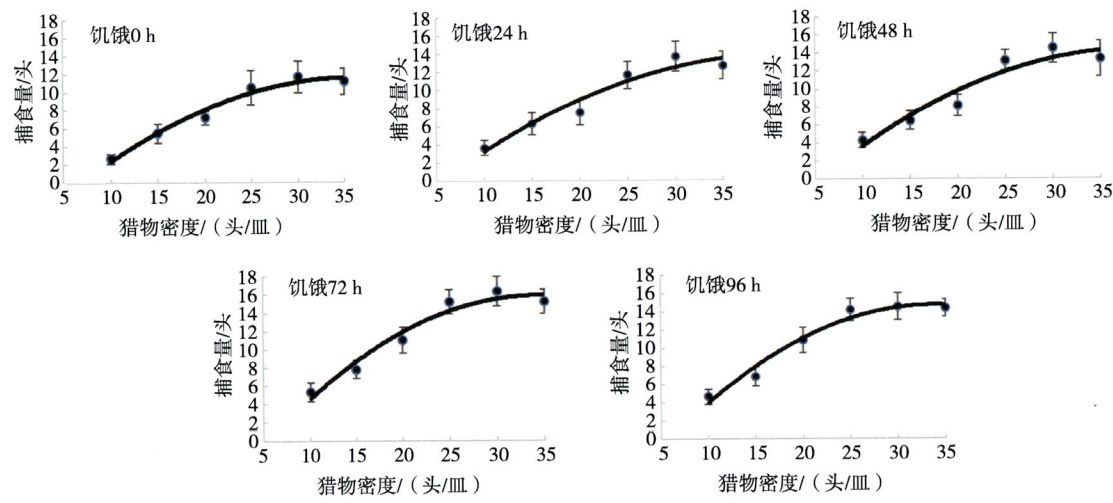

图3-75 不同饥饿程度红彩瑞猎蝽雄成虫对草地贪夜蛾3龄幼虫捕食功能曲线

不同饥饿程度处理的红彩瑞猎蝽成虫对草地贪夜蛾的瞬时攻击率和处理时间存在差异（表3-62），红彩瑞猎蝽雌雄成虫均在饥饿72 h对草地贪夜蛾的瞬时攻击率最大分别为0.492和0.521，不同饥饿处理红彩瑞猎蝽雌成虫和雄成虫对草地贪夜蛾的瞬时攻击率表现为0 h<24 h<48 h<96 h<72 h。从处置时间上看，饥饿0 h处理的红彩瑞猎蝽雌成虫对草地贪夜蛾的处置时间最长，红彩瑞猎蝽雌成虫在饥饿72 h对草地贪夜蛾的处置时间最短，而红彩瑞猎蝽雄成虫在饥饿48 h对草地贪夜蛾的处置时间最短。不同饥饿处理红彩瑞猎蝽雌成虫对草地贪夜蛾的捕食上限表现为0 h<48 h<24 h=96 h<72 h，红彩瑞猎蝽雄成虫对草地贪夜蛾的捕食上限表现为0 h<24 h<96 h<72 h<48 h。红彩瑞猎蝽雌成虫对草地贪夜蛾的捕食效能表现为0 h<24 h<48 h<96 h<72 h，红彩瑞猎蝽雄成虫对草地贪夜蛾的捕食效能表现为0 h<24 h<96 h<48 h<72 h。

表3-60 不同饥饿程度红彩瑞猎蝽雌成虫对草地贪夜蛾3龄幼虫的功能捕食回归分析

| 处理 | 参数 | 估值 | 标准误SE | $t$ | $R^2$ |
|---|---|---|---|---|---|
| 0 h | $P_0$ | −0.534 0 | 0.925 0 | −4.515 0 | 0.907 |
| | $P_1$ | −0.107 0 | 0.143 0 | −0.723 0 | |
| | $P_2$ | 0.008 0 | 0.007 0 | 0.037 0 | |
| | $P_3$ | −0.000 1 | 0.000 1 | −0.010 0 | |
| 24 h | $P_0$ | 1.029 0 | 1.044 0 | 5.522 0 | 0.819 |
| | $P_1$ | −0.275 0 | 0.164 0 | −0.979 0 | |
| | $P_2$ | 0.015 0 | 0.008 0 | 0.049 0 | 0.819 |
| | $P_3$ | −0.000 5 | 0.000 1 | 0.073 7 | |
| 48 h | $P_0$ | 1.121 0 | 1.254 0 | 6.519 0 | 0.858 |
| | $P_1$ | −0.274 0 | 0.197 0 | −1.119 8 | |
| | $P_2$ | 0.016 0 | 0.009 0 | 0.056 6 | |
| | $P_3$ | −0.000 3 | 0.000 1 | −0.008 7 | |
| 72 h | $P_0$ | 0.956 0 | 0.640 0 | 3.710 0 | 0.957 |
| | $P_1$ | −0.187 0 | 0.100 0 | −0.618 9 | |
| | $P_2$ | 0.012 0 | 0.005 0 | 0.032 0 | |
| | $P_3$ | −0.000 2 | 0.000 1 | −0.000 5 | |
| 96 h | $P_0$ | 0.294 0 | 1.338 0 | 6.052 0 | 0.838 |
| | $P_1$ | −0.118 0 | 0.210 0 | −1.020 9 | |
| | $P_2$ | 0.009 0 | 0.010 0 | 0.051 9 | |
| | $P_3$ | −0.000 1 | 0.000 1 | −0.000 8 | |

表3-61 不同饥饿程度红彩瑞猎蝽雌成虫对草地贪夜蛾3龄幼虫的功能捕食回归分析

| 处理 | 参数 | 估值 | 标准误SE | $t$ | $R^2$ |
|---|---|---|---|---|---|
| 0 h | $P_0$ | −1.776 0 | 1.263 0 | −7.210 0 | 0.873 |
| | $P_1$ | −0.087 0 | 0.194 0 | −0.750 0 | |
| | $P_2$ | −0.000 1 | 0.009 0 | −0.070 | |
| | $P_3$ | −0.000 1 | 0.000 1 | −0.010 0 | |
| 24 h | $P_0$ | 0.425 0 | 1.676 0 | 7.635 0 | 0.837 |
| | $P_1$ | −0.186 0 | 0.262 0 | −1.313 0 | |
| | $P_2$ | 0.011 0 | 0.012 0 | 0.065 | |
| | $P_3$ | −0.000 1 | 0.000 1 | −0.005 9 | |
| 48 h | $P_0$ | 1.843 0 | 1.470 0 | 8.169 0 | 0.860 |
| | $P_1$ | −0.381 0 | 0.231 0 | −1.373 3 | |
| | $P_2$ | 0.020 0 | 0.011 0 | 0.067 76 | |
| | $P_3$ | −0.000 3 | 0.000 1 | −0.010 2 | |
| 72 h | $P_0$ | 1.500 0 | 0.704 0 | 4.531 0 | 0.953 |
| | $P_1$ | −0.264 0 | 0.111 0 | −0.739 0 | |
| | $P_2$ | 0.015 0 | 0.005 0 | 0.038 0 | |
| | $P_3$ | −0.000 2 | 0.000 1 | −0.005 9 | |
| 96 h | $P_0$ | 0.373 0 | 0.823 0 | 3.914 0 | 0.920 |
| | $P_1$ | −0.139 0 | 0.129 0 | −0.693 5 | |
| | $P_2$ | 0.010 0 | 0.006 0 | 0.036 1 | |
| | $P_3$ | −0.000 1 | 0.000 1 | −0.005 7 | |

表3-62 不同饥饿程度红彩瑞猎蝽对草地贪夜蛾3龄幼虫捕食功能的反应（Holling-Ⅱ圆盘方程）

| 捕食者 | 处理 | 捕食功能方程 | 相关系数$r$ | $\chi^2$ | $P$ | 瞬时攻击率$a$ | 处置时间$T_h$ | 日最大捕食量$1/T_h$ | 捕食效能$a/T_h$ |
|---|---|---|---|---|---|---|---|---|---|
| 雌成虫 | 0 h | $N_a=0.237N/(1+0.012\ 5N)$ | 0.908 3 | 2.654 | <0.001 | 0.237 | 0.053 | 18.868 | 4.472 |
| | 24 h | $N_a=0.360N/(1+0.003\ 6N)$ | 0.935 4 | 2.784 | <0.001 | 0.360 | 0.011 | 90.909 | 32.727 |
| | 48 h | $N_a=0.403N/(1+0.004\ 8N)$ | 0.925 7 | 1.985 | <0.001 | 0.403 | 0.012 | 83.333 | 33.583 |

（续表）

| 捕食者 | 处理 | 捕食功能方程 | 相关系数$r$ | $\chi^2$ | $P$ | 瞬时攻击率$a$ | 处置时间$T_h$ | 日最大捕食量$1/T_h$ | 捕食效能$a/T_h$ |
|---|---|---|---|---|---|---|---|---|---|
| 雌成虫 | 72 h | $N_a=0.492N/(1+0.002\,0N)$ | 0.921 4 | 2.574 | <0.001 | 0.492 | 0.008 | 125.000 | 61.500 |
| | 96 h | $N_a=0.430N/(1+0.004\,3N)$ | 0.896 1 | 2.671 | <0.001 | 0.430 | 0.011 | 90.909 | 39.091 |
| 雄成虫 | 0 h | $N_a=0.235N/(1+0.014\,1N)$ | 0.920 9 | 1.057 | <0.001 | 0.235 | 0.06 | 16.667 | 3.917 |
| | 24 h | $N_a=0.338N/(1+0.006\,8N)$ | 0.925 7 | 2.782 | <0.001 | 0.338 | 0.02 | 50.000 | 16.900 |
| | 48 h | $N_a=0.409N/(1+0.002\,5N)$ | 0.933 3 | 2.954 | <0.001 | 0.409 | 0.006 | 166.667 | 68.167 |
| | 72 h | $N_a=0.521N/(1+0.003\,6N)$ | 0.933 3 | 1.951 | <0.001 | 0.521 | 0.007 | 142.857 | 74.429 |
| | 96 h | $N_a=0.424N/(1+0.004\,2N)$ | 0.9445 | 1.257 | <0.001 | 0.424 | 0.01 | 100.000 | 42.400 |

### 3. 自身密度对红彩瑞猎蝽捕食草地贪夜蛾的干扰反应

在相同草地贪夜蛾密度条件下，红彩瑞猎蝽捕食量随着饥饿程度不同而发生变化，具体表现为：饥饿72 h>饥饿48 h>饥饿96 h>饥饿24 h>饥饿0 h；相同饥饿状态下，随着红彩瑞猎蝽自身数量的增加，被取食的草地贪夜蛾数量也随之增加，但在天敌密度增加到4头/皿后，猎蝽密度的增加并不会导致取食夜蛾数随之增加。相同密度条件下的不同饥饿处理间的猎蝽对夜蛾的捕食量有显著差异，红彩瑞猎蝽对草食贪夜蛾的捕食作用率见图3-76。结果表明，在相同密度条件下，不同饥饿程度红彩瑞猎蝽对草地贪夜蛾的捕食作用率以饥饿72 h最高，饥饿0 h的红彩瑞猎蝽捕食作用率最低。

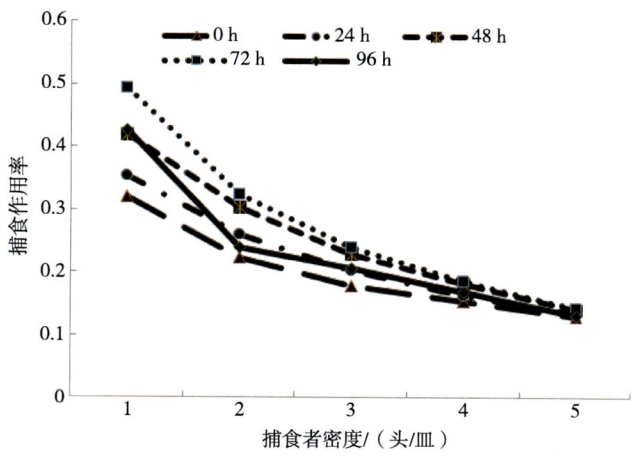

**图3-76** 不同饥饿条件下不同密度红彩瑞猎蝽对草地贪夜蛾3龄幼虫的捕食作用率

对不同饥饿程度、不同密度干扰的红彩瑞猎蝽对草地贪夜蛾3龄幼虫的捕食效应进行拟合（表3-63），其结果符合Hassell-Varley干扰模型。结果表明，在不同的饥饿状态下，饥饿72 h的红彩瑞猎蝽，其捕食草地贪夜蛾的探索常数最高，说明在一定饥饿胁迫下，红彩瑞猎蝽对草地贪夜蛾的探索能力有所提高。当天敌密度相同时，红彩瑞猎蝽相互干扰系数以饥饿72 h处理最大，各处理捕食作用率和天敌密度的决定系数$R^2>0.9$，说明不同饥饿程度红彩瑞猎蝽在捕食猎物时受自身密度的干扰效应能较好地契合Hassell-Varley干扰模型。

表3-63 红彩瑞猎蝽自身密度对草地贪夜蛾3龄幼虫的干扰效应模型

| 处理 | $Q$ | $M$ | $E$ | $R^2$ |
|---|---|---|---|---|
| A | 0.321 | 0.549 | $0.321P^{-0.549}$ | 0.934 |
| B | 0.367 | 0.586 | $0.367P^{-0.586}$ | 0.923 |
| C | 0.447 | 0.664 | $0.447P^{-0.664}$ | 0.946 |
| D | 0.518 | 0.755 | $0.518P^{-0.755}$ | 0.967 |
| E | 0.416 | 0.687 | $0.416P^{-0.687}$ | 0.952 |

注：$Q$为搜寻常数；$m$为相互干扰系数；$E$为干扰理论效应模型。

**4. 不同饥饿处理红彩瑞猎蝽对草地贪夜蛾3龄幼虫的搜寻效应**

根据功能反应方程的参数值，可以得到红彩瑞猎蝽在不同饥饿处理后的搜寻效应（图3-77、图3-78）。由图3-77、图3-78可知，无论是红彩瑞猎蝽雌成虫还是雄成虫，随着捕食对象草地贪夜蛾数量不断增加，其对猎物的搜寻效应都慢慢减小，且饥饿处理72 h的红彩瑞猎蝽搜寻效应显著大于其余饥饿处理，另外经过饥饿处理后的搜寻效应也大于未饥饿处理。

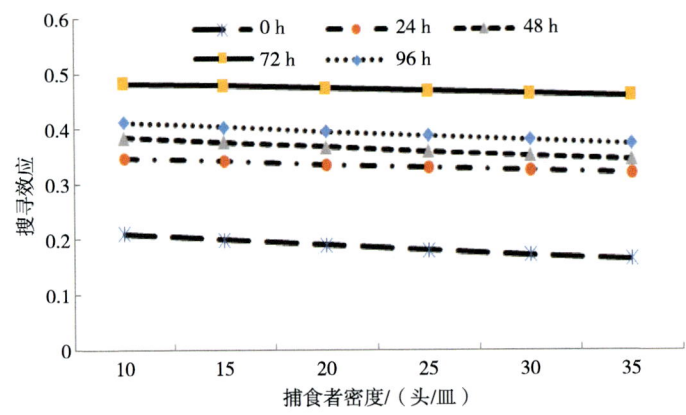

图3-77 不同饥饿程度红彩瑞猎蝽雌成虫对草地贪夜蛾3龄幼虫的搜寻效应

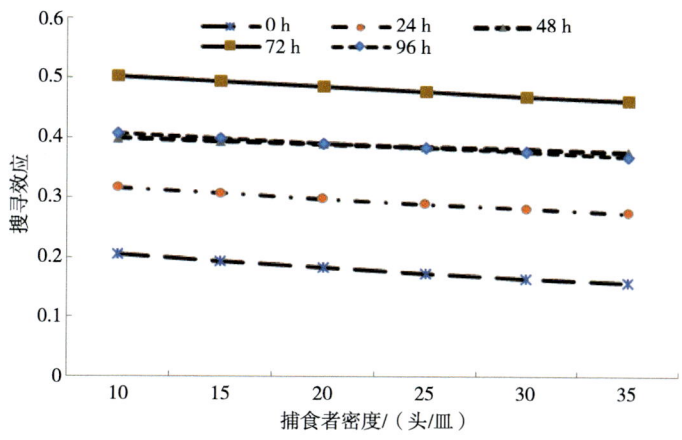

图3-78 不同饥饿程度红彩瑞猎蝽雄成虫对草地贪夜蛾3龄幼虫的搜寻效应

## （三）结论与讨论

草地贪夜蛾1~3龄幼虫主要在玉米叶片上取食，3龄后的幼虫喜欢躲藏在玉米组织内部和排泄物下面，所以要在幼虫3龄前进行防治（李仲惺，2020）。研究表明，黄带犀猎蝽成虫（任雪敏等，2022）、蠋蝽和益蝽（王燕等，2019）雌成虫对草地贪夜蛾3龄幼虫、4龄幼虫、5龄幼虫的日捕食量最高值均为对草地贪夜蛾3龄幼虫的捕食量。基于红彩瑞猎蝽成虫比若虫具有更强的水平和垂直扩散能力（苏湘宁等，2016），因此本试验选取了红彩瑞猎蝽成虫和草地贪夜蛾3龄幼虫作为研究对象。结果表明，红彩瑞猎蝽经过饥饿处理后，对草地贪夜蛾的日均捕食量总体高于未经饥饿处理，但饥饿状态达到一定程度后，饥饿对红彩瑞猎蝽日均捕食量的影响程度慢慢减小，饥饿处理后红彩瑞猎蝽成虫对草地贪夜蛾3龄幼虫的捕食功能反应类型符合Holling Ⅱ型圆盘方程，这与范悦莉等（2021）研究叉角厉蝽对草地贪夜蛾的捕食作用和胡长效等（2020）研究微小花蝽 *Orius minutus* Linnaeus捕食梨瘿蚊 *Dasumeira pyri* Bouch的研究结论相似。红彩瑞猎蝽在饥饿状态下，随着密度的增加，其对草地贪夜蛾幼虫的捕食作用率逐渐减小，干扰效应逐渐增加，这与饥饿处理的拟小食螨瓢虫 *Stethorus（Allosstethorus）parapauperculus*对朱砂叶螨 *Tetranychus cinnabarinus* Boisduval的捕食作用类似（陈俊谕等，2020）。一些天敌昆虫在饥饿处理后，其捕食量变化不显著或功能反应类型发生变化。例如不同饥饿程度的七星瓢虫 *Coccinella septempunctata*对麦二叉蚜 *Schizaphis graminum* Rondani的捕食量和捕食速度差异不显著（邹运鼎等，1999），星豹蛛 *Pardosa astrigera*雌雄成蛛和草间小黑蛛 *Erigonidium graminicolum* Sundevall雌雄成蛛在一定时间段饥饿条件下对蚜虫的功能反应依然属于Holling Ⅱ反应模型，而在某些饥饿时间段对蚜虫的功能反应却不属于Holling Ⅱ反应模型（马敏等，2006）。饥饿处理对拟环纹豹蛛 *Pardosa pseudoannulata*体内的蛋白酶活性起促进作用，但对脂肪酶活性的起抑制作用（刘其全等，2018），而蛋白酶是消化系统内能将食物分解为小分子物质起营养消化作用的重要酶类。不同种类的天敌昆虫在饥饿条件下捕食能力发生不同的变化，是否均与其体内的消化酶等有关物质活力变化有关，具体机理还有待进一步研究。

通过研究不同饥饿程度红彩瑞猎蝽在24 h不同时间段的捕食量变化发现，饥饿48～72 h的红彩瑞猎蝽在0～6 h时间段具有更旺盛的捕食欲，这与卢永宏等（2011）和巫厚长等（2000）分别对微小花蝽和异色瓢虫Harmonia axyridis Pallas 24 h内各时段对猎物的捕食量和捕食速度变化的研究结果相似。大型捕食性天敌昆虫蠋蝽、叉角厉蝽和大红犀猎蝽对草地贪夜蛾3龄幼虫均有较强的捕食能力，雌成虫对草地贪夜蛾3龄幼虫的理论日最大捕食量分别为59.7头（王燕等，2019）、116.3头（范悦莉等，2019）和47.6头（侯峥嵘等，2020），饥饿24 h红彩瑞猎蝽雌成虫对草地贪夜蛾幼虫3龄幼虫的理论日最大捕食量为90.9头，与上述捕食量接近。红彩瑞猎蝽成虫对草地贪夜蛾其他龄期幼虫的捕食能力、红彩瑞猎蝽其他虫态对草地贪夜蛾幼虫的控害能力，均有待进一步研究。

本试验研究结果表明，红彩瑞猎蝽对草地贪夜蛾幼虫具有较好的控害潜力，田间应用时，将红彩瑞猎蝽成虫饥饿48～72 h后再释放，能更好地控制草地贪夜蛾幼虫的种群数量。本试验是在室内条件下完成，与自然环境还存在温湿度、猎物种类及数量、天敌饥饿程度和天敌种群捕食竞争等多种影响因素的不同，因此，红彩瑞猎蝽对草地贪夜蛾的实际捕食能力还需要在大田环境条件下验证。红彩瑞猎蝽是我国南方地区的优势天敌种群，在北方黄淮等地区的应用尚未见报道，红彩瑞猎蝽与蠋蝽或叉角厉蝽等对草地贪夜蛾的协同控害作用，也有待进一步研究。

### 三、红彩瑞猎蝽对番茄潜叶蛾的捕食功能反应

番茄潜叶蛾Tuta absoluta（Meyrick），又名番茄麦蛾、番茄潜麦蛾、南美番茄潜叶蛾，属鳞翅目麦蛾科昆虫，原产于南美洲秘鲁，目前在全球已有90多个国家报道了该虫的发生（EPPO，2021），番茄潜叶蛾能取食为害番茄、马铃薯、茄子、欧洲龙葵和烟草等11科50种植物（Desneux et al. 2010，2011；Campos et al.，2017；Mansour et al.，2018；Han et al. 2019a；罗明磊，2022），尤其喜欢取食番茄，是对番茄产业具有毁灭性为害的世界性入侵害虫。番茄潜叶蛾寄主范围广、繁殖力大、生命周期短、世代重叠严重，扩散速度快，自2017年8月入侵我国新疆被发现后，现已在北京、新疆、云南、山西、甘肃、四川、内蒙古、辽宁、山东等21个省（自治区、直辖市）定殖，并呈扩展蔓延态势，一般可导致番茄减产20%～30%，发生严重时可导致减产80%～100%，严重威胁我国番茄等茄科作物生产。2022年10月20日，农业农村部会同自然资源部、生态环境部、住房和城乡建设部、海关总署和国家林草局组织制定了《重点管理外来入侵物种名录》，增加番茄潜叶蛾为重点管理的入侵物种。2023年11月10日，农业农村部发布公告，根据《农作物病虫害防治条例》有关规定，将番茄潜叶蛾增补纳入《一类农作物病虫害名录》管理。

化学防治是阻止外来入侵害虫番茄潜叶蛾扩散传播、减少种群数量、降低经济损失的主要方法。虽然化学防治在一定程度上取得了不错的防控效果，但是化学农药的大量和不合理应用导致农药的防效。随着化学药剂的大量使用，番茄潜叶蛾已对多种杀虫剂产生了

抗性（Guedes et al., 2019），例如对有机磷类（Siqueira et al., 2000; Lietti et al., 2005; Haddi et al., 2017; Barati et al., 2018）、拟除虫菊酯类（Haddi et al., 2012; Biondi et al., 2015）、微生物源农药（Siqueira et al., 2001; Campos et al., 2014; Campos et al., 2015; Silva et al., 2016）和二酰胺类（Silva et al., 2019）等。另外，化学农药的大量使用还会危害天敌等非靶标生物，并造成严重的环境污染。因此仅依赖化学防治已无法应对番茄潜叶蛾的快速扩散蔓延和严重为害，开发绿色友好的防控技术迫在眉睫。

番茄潜叶蛾的生物防治措施主要包括使用天敌昆虫和致病微生物。番茄潜叶蛾的天敌昆虫资源丰富，包括至少6种多食性捕食性天敌和100多种寄生性天敌，分布于南美洲、欧洲、亚洲、非洲等地区（Ferracini et al., 2019; Mansour et al., 2021），如半翅目的捕食性蝽类和膜翅目的寄生蜂类，其中有多种天敌对番茄潜叶蛾种群具有较高的抑制作用（Bacci et al., 2019）。国外研究较多且生物防治潜力较高的寄生性天敌主要是赤眼蜂科、姬小蜂科和茧蜂科的寄生蜂等。姬小蜂科寄生蜂如芙新姬小蜂 *Neochrysocharis formosa*（Luna et al., 2011; Biondi et al., 2013）、长腹伲姬小蜂 *Necremnus artynes*（Calvo et al., 2013）和潜叶蛾伲姬小蜂（Bodino et al., 2019）、赤眼蜂科寄生蜂如暖突赤眼蜂 *Trichogramma achaeae*（Cabello et al., 2009）、卷蛾分索赤眼蜂 *Trichogrammatoidea bactrae*（Jiang et al., 2024）和短管赤眼蜂 *Trichogramma pretiosum*（Sarhan et al., 2015）对该害虫具有良好生防的潜力。在阿根廷，田间释放分索赤眼蜂 *Trichogrammatoidea. bactrae* 有效降低了番茄潜叶蛾种群数量（Virgala et al., 2010）；在欧洲，释放的短管赤眼蜂对番茄潜叶蛾的寄生率达90%以上，该赤眼蜂目前在欧洲和北非均实现了商业化生产。在智利和巴拉圭，通过引进、释放赤眼蜂于各番茄作物区实现了对该害虫的有效控制（Desneux et al., 2022）。在捕食性天敌方面，目前已报道的番茄潜叶蛾捕食性天敌约97种，昆虫纲的天敌约6目20科81种，其中以半翅目为主，半翅目中的番茄潜叶蛾捕食性天敌主要分布于盲蝽科和花蝽科，分别有16种和9种。盲蝽科中，尤以烟盲蝽 *Nesidiocoris tenuis* 和短小长颈盲蝽 *Macrolophus pygmaeus* 为典型代表。烟盲蝽是一种重要的捕食性天敌，其成虫和若虫均能捕食番茄潜叶蛾以及其他多种农业害虫的卵、低龄幼虫等。烟盲蝽具有取食量大、食性杂、活动能力强等优点，对控制害虫种群具有显著效果（Luna, et al., 2011; Gebiola, et al., 2015; Bodino et al., 2019）。短小长颈盲蝽也是一种有效的捕食性天敌，对番茄潜叶蛾卵和低龄幼虫具有较强的捕食能力，在欧洲多个国家作为主要生防作用物大量用于番茄潜叶蛾防控（Lins, et al., 2014; Chailleux et al., 2013; Silva, et al., 2016），这2种天敌在欧洲有两种已经逐渐商业化，并在田间成功用于防治番茄潜叶蛾（Pérez-Hedo et al., 2021）。花蝽科中，尤以小花蝽属物种为主（Desneux et al., 2010; Lins et al., 2014; Van et al., 2016），包括暗色小花蝽、淡翅小花蝽、南方小花蝽和东亚小花蝽。此外，益蝽 *Picromerus lewisi* 也被证实对番茄潜叶蛾幼虫有一定的捕食潜力（杨韵等，2023）。除了捕食性蝽之外，瓢虫也是重要的捕食性天敌昆虫类型之一。例如异色瓢虫 *Harmonia axyridis* 和龟纹瓢虫 *Propylea japonica*，是我国常见的番茄潜叶蛾捕食性天敌类群。这两种瓢虫能够捕食多种害虫，包括蚜虫、叶蝉以及鳞翅目幼虫等，因此它们在害虫的自然控制中扮演着重要角色（杨桂群，2022）。

基于红彩瑞猎蝽是农林害虫优秀的捕食性天敌，在饲养过程中也发现其能捕食番茄潜叶蛾，其对番茄潜叶蛾的捕食能力评价值得期待。本试验在室内条件下测定了不同龄期红彩瑞猎蝽对番茄潜叶蛾4龄幼虫的捕食功能反应，红彩瑞猎蝽5龄若虫对番茄潜叶蛾2~4龄幼虫的室内捕食功能反应、搜寻效应、密度干扰效应以及对潜叶状态的番茄潜叶蛾4龄幼虫的捕食量，明确红彩瑞猎蝽对番茄潜叶蛾的捕食量，评估红彩瑞猎蝽的防控能力，为田间番茄潜叶蛾的生物防治提供新方法和理论基础（图3-79至图3-82）。

A—卵；B—初孵幼虫；C—3龄幼虫；D—4龄幼虫；E—蛹；F—成虫；G—果实为害状；H—叶片为害状。

图3-79　番茄潜叶蛾各虫态形态特征及为害情况（马琳，2021）

图3-80　红彩瑞猎蝽3龄若虫捕食番茄潜叶蛾3龄幼虫　　图3-81　红彩瑞猎蝽5龄若虫捕食番茄潜叶蛾成虫　　图3-82　红彩瑞猎蝽在盆栽番茄上捕食潜叶状态番茄潜叶蛾幼虫

## （一）材料和方法

### 1. 供试昆虫

红彩瑞猎蝽为广东省烟草科学研究所天敌昆虫实验室长期饲养繁殖多代的稳定种群，番茄潜叶蛾种源由中国农业科学院烟草研究所提供，在番茄中蔬四号品种上继代饲养3

代，获得稳定种群。

## 2. 试验条件

所有供试昆虫均饲养于人工气候培养箱（ARMA-580，宁波江南仪器厂）中，饲养条件为温度（26±1）℃、相对湿度（60±5）%、光周期16L：8D。

## 3. 试验方法

（1）不同龄期红彩瑞纳猎蝽对番茄潜叶蛾4龄幼虫的捕食功能反应：将生长发育健康的红彩瑞猎蝽4龄若虫、5龄若虫及雌雄成虫单头放置于培养皿内饥饿处理。24 h后用毛刷接入不同密度的番茄潜叶蛾4龄幼虫供其捕食，同时每盒均匀放入10片剪碎的番茄叶片（0.3 mm×0.3 mm）供番茄潜叶蛾幼虫取食，番茄潜叶蛾幼虫密度梯度分别为5头/皿、10头/皿、15头/皿、20头/皿、30头/皿和40头/皿，每个密度处理均设置10次重复，24 h后观察记录每个培养皿内番茄潜叶蛾幼虫的存活数目。

红彩瑞猎蝽对番茄潜叶蛾的捕食功能反应分析参考Juliano等（2001）的方法进行。首先，根据Logistic模型对斜纹夜蛾的被捕食比例和初始数量进行Logistic回归分析，使用SAS 9.4软件的PROC CATMOD程序对Logistic模型的参数进行最大似然估计（Ganjisaffar，2015），获得回归参数的估计值。Logistic模型如下：

$$\frac{N_a}{N_0} = \frac{\exp(P_0+P_1N_0+P_2N_0^2+P_3N_0^3)}{1+\exp(P_0+P_1N_0+P_2N_0^2+P_3N_0^3)}$$

式中，$N_0$为猎物初始数量，头；$N_a$为猎物被捕食的数量，头；$N_a/N_0$为猎物被捕食的比例；$P_0$、$P_1$、$P_2$和$P_3$分别为截距、一次方、二次方和三次方系数。如果$P_1=0$，则对应的功能反应属于Ⅰ型；如果$P_1>0$且$P_2<0$，则对应的功能反应是Ⅲ型；如果$P_1<0$，则对应的功能反应是Ⅱ型。再根据捕食功能反应类型，使用对应的捕食功能反应方程拟合红彩瑞猎蝽对番茄潜叶蛾的捕食功能反应。

使用Holling Ⅱ型捕食功能反应方程$N_a = \frac{aNT_r}{1+aT_hN}$拟合红彩瑞猎蝽对番茄潜叶蛾的Ⅱ型捕食功能反应。

式中，$N_a$为猎物被捕食的数量，头；$a$为瞬时攻击率；$T_r$为总试验时长（$T_r=1$ d）；$N$为猎物初始密度，头/皿；$T_h$为处理时间（捕食1头猎物所需要的时间），d。

使用Holling Ⅲ型功能反应新模型方程$N_a=a' \cdot \exp(-bN^{-1})$拟合红彩瑞猎蝽对番茄潜叶蛾的Ⅲ型捕食功能反应。

式中，$b$为最佳寻找密度，头/皿；$a'$为捕食上限，头。

（2）红彩瑞猎蝽5龄若虫对番茄潜叶蛾2~4龄幼虫的捕食功能反应：由上述试验结果可知，红彩瑞猎蝽5龄若虫对番茄潜叶蛾4龄幼虫的捕食能力更强，因此，与上述试验方法相同，继续测定红彩瑞猎蝽5龄若虫对番茄潜叶蛾2龄幼虫、3龄幼虫的捕食功能反应，并与红彩瑞猎蝽5龄若虫对番茄潜叶蛾4龄幼虫的捕食能力比较，番茄潜叶蛾幼虫密度梯度分别为10头/皿、15头/皿、20头/皿、30头/皿和40头/皿。

根据Holling Ⅱ型捕食功能反应方程拟合得到瞬时攻击率（$a$）和处理时间（$T_h$），通过搜寻效应方程$S=a/(1+aT_hN)$计算红彩瑞猎蝽对番茄潜叶蛾幼虫的搜寻效应。

式中，$S$为搜寻效应；$a$为瞬时攻击率；$T_h$为处理时间，d；$N$为猎物初始密度，头/皿。

（3）红彩瑞猎蝽5龄若虫对潜叶状态番茄潜叶蛾4龄幼虫的捕食量测定：选取健壮的红彩瑞猎蝽5龄若虫，单头放置于培养皿中饥饿处理24 h，选取大小一致的番茄叶片，叶片基部用浸水脱脂棉包裹，然后用细毛笔接入密度分别为5头/皿、10头/皿、15头/皿的番茄潜叶蛾4龄幼虫，3个密度的培养皿分别放置1片、2片、3片番茄叶片。待番茄潜叶蛾钻入番茄叶片后，放入装有饥饿处理的红彩瑞猎蝽5龄若虫培养皿中，24 h后调查记录每个培养皿内番茄潜叶蛾幼虫被捕食数量。

4. 数据统计与分析

使用Excel 2010软件对试验数据进行统计，使用SPSS 26.0软件对试验数据进行单因素方差分析，并用Duncan's新复极差法进行差异显著性检验。使用Graph Pad Prism 8软件拟合红彩瑞猎蝽对番茄潜叶蛾的捕食功能反应、搜寻效应和干扰作用方程及绘图。

## （二）结果与分析

### 1. 不同龄期红彩瑞猎蝽对番茄潜叶蛾4龄幼虫的捕食功能反应

红彩瑞猎蝽4～5龄若虫和雌雄成虫对番茄潜叶蛾4龄幼虫的日捕食量如表3-64所示。由表3-64可知，红彩瑞猎蝽对番茄潜叶蛾4龄幼虫的日捕食量随着番茄潜叶蛾密度增加整体呈上升趋势。当番茄潜叶蛾密度为5头/皿时，4～5龄若虫和雌雄成虫对番茄潜叶蛾4龄幼虫的日捕食量分别为2.50头、3.10头、3.00头和3.00头。当番茄潜叶蛾密度为15头/皿时，4～5龄若虫和雌雄成虫对番茄潜叶蛾4龄幼虫的日捕食量分别为6.40头、8.00头、7.40头和7.30头。当番茄潜叶蛾密度为设置的最大值时，4～5龄若虫和雌雄成虫对番茄潜叶蛾4龄幼虫的日捕食量分别为10.00头、13.90头、13.20头和12.70头，从表3-64中可知，在不同番茄潜叶蛾幼虫密度下，红彩瑞猎蝽5龄若虫对番茄潜叶蛾4龄幼虫的日捕食量均最大，红彩瑞猎蝽4龄若虫对番茄潜叶蛾4龄幼虫的日捕食量均最小。

表3-64 红彩瑞猎蝽4龄若虫、5龄若虫和成虫对不同密度番茄潜叶蛾4龄幼虫的捕食量　　单位：头

| 红彩瑞猎蝽龄期 | 猎物密度 | | | | | |
|---|---|---|---|---|---|---|
| | 5头/皿 | 10头/皿 | 15头/皿 | 20头/皿 | 30头/皿 | 40头/皿 |
| 4龄若虫 | 2.50 ± 0.22Af | 4.60 ± 0.22Ae | 6.40 ± 0.16Ad | 7.60 ± 0.16Ac | 8.80 ± 0.20Ab | 10.00 ± 0.30Aa |
| 5龄若虫 | 3.10 ± 0.28Ae | 5.30 ± 0.21Ad | 8.00 ± 0.21Bc | 12.10 ± 0.31Bb | 13.50 ± 0.27Ba | 13.90 ± 0.31Ba |
| 雌成虫 | 3.00 ± 0.21Ae | 5.30 ± 0.26Ad | 7.40 ± 0.31Bc | 10.90 ± 0.31Cb | 12.50 ± 0.31Ca | 13.20 ± 0.29BCa |
| 雄成虫 | 3.00 ± 0.26Ae | 5.20 ± 0.25Ad | 7.30 ± 0.21Bc | 10.00 ± 0.33Cb | 12.00 ± 0.23Ca | 12.70 ± 0.26Ca |

注：表中数据为平均数±标准误。同列不同大写字母、同行不同小写字母表示经单因素方差分析Tukey检验差异显著（$P<0.05$）。

不同虫态红彩瑞猎蝽捕食番茄潜叶蛾4龄幼虫时番茄潜叶蛾的被捕食比例与初始数量的Logistic回归分析结果如表3-65所示。红彩瑞猎蝽虫态不同时$P_1$估计值均小于0，说明红彩瑞猎蝽4~5龄若虫和雌雄成虫对番茄潜叶蛾4龄幼虫的捕食功能反应均符合HollingⅡ模型，捕食功能反应方程如表3-66所示。

表3-65　番茄潜叶蛾4龄幼虫的被捕食比例与初始数量的Logistic回归分析

| 红彩瑞猎蝽虫态 | 参数 | 估计值 | 标准误 | $R^2$ | $P$ |
|---|---|---|---|---|---|
| 4龄若虫 | $P_0$ | 1.352 0 | 0.647 0 | 0.952 | 0.000 0 |
| | $P_1$ | −0.674 0 | 0.289 0 | | 0.000 1 |
| | $P_2$ | 0.083 0 | 0.036 0 | | 0.000 0 |
| | $P_3$ | −0.003 2 | 0.001 3 | | 0.000 0 |
| 5龄若虫 | $P_0$ | 1.136 0 | 0.040 0 | 0.993 | 0.000 0 |
| | $P_1$ | −0.347 0 | 0.011 0 | | 0.000 1 |
| | $P_2$ | 0.032 0 | 0.001 0 | | 0.000 0 |
| | $P_3$ | −0.000 4 | 0.000 0 | | 0.000 0 |
| 雌成虫 | $P_0$ | 1.133 0 | 0.026 0 | 0.987 | 0.000 2 |
| | $P_1$ | −0.372 0 | 0.007 0 | | 0.000 0 |
| | $P_2$ | 0.022 0 | 0.000 0 | | 0.000 0 |
| | $P_3$ | −0.000 4 | 0.000 0 | | 0.000 0 |
| 雄成虫 | $P_0$ | 1.450 0 | 0.101 0 | 0.999 | 0.000 0 |
| | $P_1$ | −0.260 0 | 0.026 0 | | 0.000 0 |
| | $P_2$ | 0.017 0 | 0.002 0 | | 0.000 0 |
| | $P_3$ | −0.000 2 | 0.000 0 | | 0.000 0 |

由表3-66可知，红彩瑞猎蝽5龄若虫对番茄潜叶蛾4龄幼虫的瞬时攻击率（0.827）最大，其次为雌成虫（0.770）和雄成虫（0.743），4龄若虫的瞬时攻击率相对较弱，为0.672。红彩瑞猎蝽5龄若虫对番茄潜叶蛾4龄幼虫的理论日最大捕食量最大，为27.027头，4龄若虫对番茄潜叶蛾4龄幼虫的理论日最大捕食量最小，为16.129头。

表3-66　红彩瑞猎蝽对番茄潜叶蛾4龄幼虫的捕食功能反应参数（Holling-Ⅱ）

| 猎蝽龄期 | 番茄潜叶蛾龄期 | 功能反应方程 | $R^2$ | 瞬时攻击率$a$ | 处理时间$T_h$/d | 控害效能 $a/T_h$ | 理论日最大捕食量/头 |
|---|---|---|---|---|---|---|---|
| 4龄若虫 | 4龄幼虫 | $N_a=0.672N_0/(1+0.062N_0)$ | 0.932 | 0.672 ± 0.038 | 0.062 ± 0.003 | 10.939 | 16.129 |
| 5龄若虫 | 4龄幼虫 | $N_a=0.827N_0/(1+0.031N_0)$ | 0.905 | 0.827 ± 0.059 | 0.037 ± 0.003 | 22.351 | 27.027 |
| 雌成虫 | 4龄幼虫 | $N_a=0.770N_0/(1+0.031N_0)$ | 0.916 | 0.770 ± 0.050 | 0.040 ± 0.003 | 19.250 | 25.000 |
| 雄成虫 | 4龄幼虫 | $N_a=0.743N_0/(1+0.031N_0)$ | 0.932 | 0.743 ± 0.043 | 0.042 ± 0.003 | 17.690 | 23.810 |

## 2. 红彩瑞猎蝽5龄若虫对不同龄期番茄潜叶蛾幼虫的捕食功能反应

红彩瑞猎蝽5龄若虫对不同龄期番茄潜叶蛾幼虫的捕食量见表3-67。从表3-67中可知，随着番茄潜叶蛾幼虫密度不断增加，红彩瑞猎蝽5龄若虫对不同龄期番茄潜叶蛾幼虫的日捕食量整体呈上升趋势。随着番茄潜叶蛾幼虫龄期增加，红彩瑞猎蝽的捕食量也呈现减小的趋势。当番茄潜叶蛾密度为设置的最小值10头/皿时，红彩瑞猎蝽5龄若虫对番茄潜叶蛾2龄幼虫、3龄幼虫、4龄幼虫的日捕食量分别为7.50头、5.30头和5.30头。当番茄潜叶蛾密度为设置的最大值40头/皿时，红彩瑞猎蝽5龄若虫对番茄潜叶蛾2龄幼虫、3龄幼虫、4龄幼虫的日捕食量分别为21.10头、16.30头和13.90头。

表3-67 红彩瑞猎蝽5龄若虫对不同密度番茄潜叶蛾2～4龄幼虫的捕食量　　　单位：头

| 番茄潜叶蛾龄期 | 猎物密度 | | | | |
| --- | --- | --- | --- | --- | --- |
| | 10头/皿 | 15头/皿 | 20头/皿 | 30头/皿 | 40头/皿 |
| 2龄幼虫 | 7.50 ± 0.27Ae | 13.10 ± 0.31Ad | 15.60 ± 0.40Ac | 18.50 ± 0.27Ab | 21.10 ± 0.31Aa |
| 3龄幼虫 | 5.30 ± 0.34Be | 7.60 ± 0.40Bd | 12.20 ± 0.33Bc | 15.00 ± 0.26Bb | 16.30 ± 0.26Ba |
| 4龄幼虫 | 5.30 ± 0.21Bd | 8.00 ± 0.21Bc | 12.10 ± 0.31Bb | 13.50 ± 0.29Ca | 13.90 ± 0.31Ca |

通过对番茄潜叶蛾的被捕食比例与初始数量的Logistic回归分析，$P_1$均小于0，表明红彩瑞猎蝽雌成虫对番茄潜叶蛾2～4龄幼虫的捕食功能反应均符合Holling Ⅱ模型（表3-68），对潜叶蛾2～4龄幼虫的捕食功能反应方程分别为$N_a=1.184N_0/(1+0.031N_0)$、$N_a=0.723N_0/(1+0.017N_0)$和$N_a=0.860N_0/(1+0.034N_0)$。红彩瑞猎蝽5龄若虫对番茄潜叶蛾2龄幼虫的瞬时攻击率（1.184）大于3龄幼虫（0.723），对番茄潜叶蛾2～4龄幼虫的理论日最大捕食量分别为38.462头、41.667头和25.641头。

表3-68 红彩瑞猎蝽5龄若虫对番茄潜叶蛾2～4龄幼虫的捕食功能反应参数（Holling-Ⅱ）

| 番茄潜叶蛾龄期 | 功能反应方程 | $R^2$ | 瞬时攻击率$a$ | 处理时间$T_h$/d | 控害效能$a/T_h$ | 理论日最大捕食量/头 |
| --- | --- | --- | --- | --- | --- | --- |
| 2龄幼虫 | $N_a=1.184N_0/(1+0.031N_0)$ | 0.924 | 1.184 ± 0.065 | 0.026 ± 0.002 | 45.538 | 38.462 |
| 3龄幼虫 | $N_a=0.723N_0/(1+0.017N_0)$ | 0.897 | 0.723 ± 0.050 | 0.024 ± 0.003 | 30.125 | 41.667 |
| 4龄幼虫 | $N_a=0.860N_0/(1+0.034N_0)$ | 0.846 | 0.860 ± 0.072 | 0.039 ± 0.004 | 22.051 | 25.641 |

## 3. 红彩瑞猎蝽5龄若虫对潜叶状态番茄潜叶蛾4龄幼虫的捕食能力

红彩瑞猎蝽5龄若虫对潜叶状态番茄潜叶蛾4龄幼虫的捕食量如图3-83所示。由图3-83

可知，红彩瑞猎蝽5龄若虫对潜叶状态下不同密度的番茄潜叶蛾4龄幼虫均有捕食能力，且随着番茄潜叶蛾密度增加，日捕食量也随之增加。

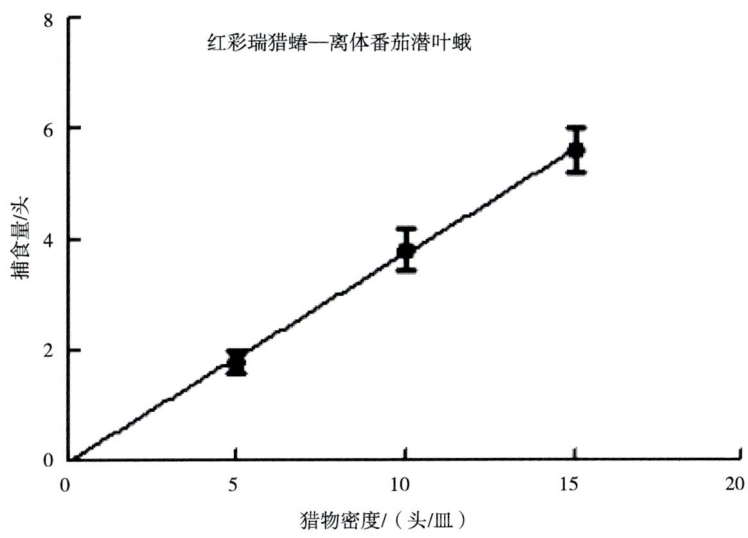

图3-83　红彩瑞猎蝽对潜叶状态番茄潜叶蛾幼虫的捕食能力

## （三）结论与讨论

天敌昆虫在捕食不同类型猎物时，会表现出不同的功能反应模型。Oueiroz等（2015）发现，*Blaptostethus pallescens*在捕食番茄潜叶时表现出Ⅲ型功能反应，而Alikhanietal等（2019）研究报道了拟原姬蝽捕食番茄潜叶蛾幼虫表现为Ⅱ型功能反应。Ⅱ型和Ⅲ型的差异在于，在猎物密度较低时，Ⅲ型的猎物消耗量比Ⅱ型的低，可能是由于天敌昆虫对此环境或猎物的适应性（Michaelides et al., 2018）。本试验表明红彩瑞猎蝽4龄若虫、5龄若虫和雌雄成虫对番茄潜叶蛾4龄幼虫的捕食功能反应为Ⅱ型，红彩瑞猎蝽4龄若虫、5龄若虫番茄潜叶蛾2~4龄幼虫的捕食功能反应也是Ⅱ型。自2006年番茄潜叶蛾传入欧洲以来，关于天敌昆虫对番茄潜叶蛾的捕食能力已经有不少的研究。Van Lenteren等（2021）描述了*Macrolophus basicorni*、*Engytatus varian*和*Campyloneuropsis infumatus* 3种捕食性盲蝽对番茄潜叶蛾的不同卵密度（4粒、8粒、16粒、32粒、64粒、128粒和256粒）的捕食功能反应，发现*E. varans*和*M. basicornis*呈Holling Ⅲ型功能反应，而*C. infumatus*呈Holling Ⅱ型。在最高卵密度下，*C. infumatus*平均能捕食51.0粒卵，*E. varans*捕食91.1粒卵，*M. basicornis*则达100.8粒卵，其中*M. basicornis*具有最大的生殖力和捕食力，最强的猎物密度依赖性，是这3种盲蝽中防治番茄潜叶蛾的最佳天敌。有研究人员在巴西发现了捕食性天敌*Blaptostethus pallescens* Poppius（半翅目：花蝽科），是蓟马、螨和鳞翅目卵和幼虫的重要捕食性天敌（Queiroz, 2015; Pereira, 2014）。不同发育阶段的*B. pallescens*雌雄虫对番茄潜叶蛾卵和1龄幼虫都表现出Ⅱ型功能反应（Jamwal, 2021）。Michaelides等（2018）在塞浦路斯比较研究了短小长颈盲蝽和烟盲蝽对番茄潜叶蛾卵的功能反应，发现两者均呈Holling Ⅲ型功能反应。在葡萄牙，Abracos等（2021）发现暗胸显胝盲蝽*Dicyphus cerastii* Wagner对番茄潜叶蛾卵捕食功能反应符合Holling Ⅱ模型。杨韵等（2023）研究了益蝽*Picromerus lewisi*对番茄潜叶蛾幼虫的捕食潜力。益蝽的5龄若虫和成虫对番茄潜叶蛾4龄幼虫的捕食功能反应符合Holling Ⅱ模型，而益蝽4龄若虫对番茄潜叶蛾4龄幼虫的捕食却符合Holling Ⅲ模型。此外，益蝽5龄若虫对番茄潜叶蛾2龄幼虫和3龄幼虫的捕食功能模型也符合Holling Ⅱ模型，其控害效应大小顺序为2龄幼虫>3龄幼虫>4龄幼虫，益蝽5龄若虫对番茄潜叶蛾2龄幼虫、3龄幼虫、4龄幼虫的日最大捕食率都高于85%。总的来说，益蝽5龄若虫在益蝽各龄若虫之间的捕食能力更强，但该研究人为将番茄潜叶蛾幼虫从潜道中挑出，直接提供给益蝽捕食，并没有研究该天敌是否能够捕食潜道中的潜叶蛾幼虫？以及明确其捕食能力如何？自然状态下，绝大多数潜叶蛾幼虫都是潜叶状态，而不是停留在叶片表面。因此，该试验结果还存在一定局限性，对实际应用的指导作用有限（杨韵，2023）。在对番茄潜叶蛾幼虫的捕食作用研究中，异色瓢虫和龟纹瓢虫4龄幼虫的捕食功能反应均符合Holling Ⅱ模型（杨桂群，2022）。不同天敌对番茄潜叶蛾捕食功能反应类型不同，可能由于天敌与猎物个体大小和取食行为不同而引起。

番茄潜叶蛾为害方式主要为潜食叶肉，蛀入后躲藏于叶片上下表皮之间，会对咀嚼式口器天敌昆虫的搜寻及捕食造成一定阻碍，影响田间防治效果，本研究采用天敌昆虫红彩瑞猎蝽，其刺吸式口器粗壮发达，能将其刺吸式口器的口针插入植物叶片，捕食在叶肉中蛀食的番茄潜叶蛾，这些特点对田间潜叶为害的番茄潜叶蛾的防治是十分有益的，因此红彩瑞猎蝽对番茄潜叶蛾幼虫的防治具有较强的生物防治潜力和应用前景。

另外，捕食性天敌和寄生性天敌联合应用、天敌与其他措施联合应用也是防治番茄潜叶蛾的有效措施。在欧洲，联合释放*Trichogramma achaeae*与烟盲蝽提高了对番茄潜叶蛾的防治效果。在亚洲（主要是土耳其、伊朗、沙特阿拉伯），联合释放*T. evanescens*和烟盲蝽被证明可有效防治番茄潜叶蛾。类似地，食胚赤眼蜂*T. embryophagum*与Bt联合应用或甘蓝夜蛾赤眼蜂*T. brassicae*与多杀菌素类杀虫剂联合应用，均能有效降低番茄潜叶蛾种群数量。因此，红彩瑞猎蝽与其他捕食性或寄生性天敌对番茄潜叶蛾的联合控制作用，也有待进一步研究。

## 第五节　红彩瑞猎蝽与其他天敌昆虫的竞争性捕食作用

### 一、红彩瑞猎蝽与蠋蝽的集团内捕食作用

斜纹夜蛾*Spodoptera litura* Fabricius是烟草上重要的食叶害虫。该虫繁殖力强，具有间歇性暴发特点，给烟叶生产造成较大的经济损失。目前国内外防治斜纹夜蛾依然以化学

防治为主，但随着化学农药的大量、频繁使用，斜纹夜蛾已经对部分农药产生了不同程度的抗药性。农业农村部2022年明确要大力推进病虫害绿色防控和可持续治理，对农药减量增效提出新的更高的要求。捕食蝽类是广泛应用于防控农业害虫的重要天敌昆虫资源。其中，红彩瑞猎蝽 Rhynocoris fuscipes Fabricius、蠋蝽 Arma chinensis Fallou、黄带犀猎蝽 Sycanus croceovittatus Dohrn 和叉角厉蝽 Eocanthecoa furcellata Wolf 等天敌对斜纹夜蛾等鳞翅目害虫具有较强的捕食能力。随着捕食性天敌对斜纹夜蛾的捕食作用研究的不断深入，利用2种甚至多种天敌协同控制斜纹夜蛾的方法成为可能。在释放引进天敌到烟田生态系统中防控斜纹夜蛾前，深入研究引进天敌、本地其他天敌和靶标害虫间的同类相残和集团内捕食作用就显得尤为重要。同类相残（Cannibalism）指在同种天敌昆虫个体之间发生的互相捕食的现象，集团内捕食（Intraguild predation）指享有同一猎物的不同天敌昆虫种间捕食或致死的现象。天敌昆虫间同类相残或集团内捕食效应严重时，会影响天敌的捕食能力，并导致处于弱势的天敌种群数量锐减、对害虫的防治效果明显减弱。越来越多的生物防治案例开始引入2种甚至多种天敌来共同防治1种害虫，而在不同的多天敌系统内，天敌间集团内的捕食作用会对害虫生物防治效果产生不同的影响。目前，2种捕食蝽之间的竞争作用研究报道甚少，对天敌昆虫同类相残和集团内捕食效应的研究主要集中在不同种类捕食性瓢虫和捕食螨等天敌上。Sato等研究表明，龟纹瓢虫 Propylaea japonica Thunberg、异色瓢虫 Harmonia axyridis Pallas 和七星瓢虫 Coccinella septempunctata L. 3种捕食性瓢虫共存时，同类相残和集团内捕食作用会导致龟纹瓢虫死亡率大幅上升；Raak-van等提出异色瓢虫通过集团内捕食作用对本地种七星瓢虫和二星瓢虫 Adalia bipunctata Linnaeus 数量产生影响；Kajita等研究认为，外地种异色瓢虫与本地种隐斑瓢虫 Harmonia yedoensis Takizawa 之间的集团内捕食作用是影响外地种引入和定殖的关键。郭建晗等试验阐明了有益真绥螨 Euseius utilis Liang et Ke 与巴氏新小绥螨 Neoseiulus barkeri Hughes 共存时，有益真绥螨更倾向于捕食同种幼螨而发生同类相残，巴氏新小绥螨更倾向于捕食异种幼螨而发生集团内捕食；尹云飞研究发现，斯氏钝绥螨 Amblyseius swirskii 与巴氏新小绥螨发生集团内捕食作用时，斯氏钝绥螨表现为集团内捕食者，巴氏新小绥螨表现为集团内猎物；卢塘飞等报道了巴氏新小绥螨和拉戈钝绥螨 Amblyseius largoensis Muma 共存时，在有集团外猎物存在条件下更偏好取食集团内的猎物。红彩瑞猎蝽主要分布在广东、海南和云南等南方烟区，是烟田本地优势天敌种群，而蠋蝽是北方林业害虫优势天敌种群。目前国内利用蠋蝽防控烟田斜纹夜蛾技术已有相关报道，杨灿等提出了蠋蝽雌雄成虫对斜纹夜蛾卵及3龄若虫均有较强的捕食作用。高强等在室内和田间条件下研究发现，蠋蝽对斜纹夜蛾幼虫有一定的防治效果。而有关这两种捕食蝽之间的集团内捕食效应研究尚鲜见报道。为此，测定了在有或无斜纹夜蛾幼虫猎物存在两种条件下，红彩瑞猎蝽和蠋蝽2种天敌昆虫之间配对组合的相互捕食行为以及对斜纹夜蛾幼虫捕食量的变化，以期为合理构建烟田斜纹夜蛾天敌组合、评估天敌协同防治作用提供依据（图3-84至图3-86）。

图3-84　红彩瑞猎蝽1龄若虫与蠋蝽1龄若虫的捕食竞争　　图3-85　红彩瑞猎蝽4龄若虫与蠋蝽4龄若虫的捕食竞争　　图3-86　红彩瑞猎蝽成虫与蠋蝽成虫的捕食竞争

## （一）材料与方法

### 1. 供试昆虫

红彩瑞猎蝽和斜纹夜蛾幼虫由广东省烟草科学研究所天敌昆虫繁育中心提供，用面包虫幼虫饲养。蠋蝽从贵州省烟草公司遵义市公司引进，用面包虫蛹和柞蚕蛹混合饲养。供试天敌均在室内继代繁育3代以上，选取发育一致的斜纹夜蛾2龄幼虫和3龄幼虫，红彩瑞猎蝽和蠋蝽卵、1~5龄若虫和成虫作为供试虫源。供试烟草品种为粤烟97。

### 2. 试验方法

（1）红彩瑞猎蝽和蠋蝽同类相残现象的测定：将饥饿24 h后的红彩瑞猎蝽和蠋蝽1~5龄若虫及雌成虫按相同虫态各1头进行组合。组合后置于密度分别为0头/皿、3头/皿、6头/皿和9头/皿斜纹夜蛾幼虫的培养皿（直径10 cm、高2 cm）中。猎蝽1龄若虫投放斜纹夜蛾2龄幼虫，蠋蝽1龄若虫只放置保湿棉块，其他虫态猎蝽和蠋蝽投放斜纹夜蛾3龄幼虫。每处理重复15次，24 h后调查红彩瑞猎蝽和蠋蝽的死亡情况。

（2）捕食者对集团内外不同猎物的选择性测定：参考卢塘飞等的方法，以斜纹夜蛾3龄幼虫作为集团外猎物，测试捕食者对集团内外不同猎物的选择性。设置4个处理，分别为处理1：捕食者红彩瑞猎蝽雌成虫，集团内猎物+集团外猎物（蠋蝽雌成虫+斜纹夜蛾）；处理2：捕食者红彩瑞猎蝽4龄若虫，集团内猎物+集团外猎物（蠋蝽4龄若虫+斜纹夜蛾）；处理3：捕食者蠋蝽雌成虫，集团内猎物+集团外猎物（红彩瑞猎蝽雌成虫+斜纹夜蛾）；处理4捕食者蠋蝽4龄若虫，集团内猎物+集团外猎物（红彩瑞猎蝽4龄若虫+斜纹夜蛾）。作为捕食者的天敌在试验前先饥饿24 h，作为集团内猎物的天敌在试验前喂食24 h。每个处理15次重复，试验开始后每2 h观察1次并记录不同猎物的存活情况，连续观察记录24 h。

（3）不同猎物密度下捕食者的捕食量测定：以斜纹夜蛾3龄幼虫为集团外猎物，测试红彩瑞猎蝽和蠋蝽对不同密度集团外猎物的捕食量影响，各处理设置见表3-69。作为捕食者的天敌在试验前先饥饿24 h，作为猎物时在试验前以斜纹夜蛾3龄幼虫喂食24 h。每个处理重复10次，48 h后调查统计各处理红彩瑞猎蝽、蠋蝽和斜纹夜蛾死亡数量。

表3-69 捕食者+集团内猎物与不同密度集团外猎物的组合

| 处理 | 捕食者（5头）+集团内猎物（5头） | 集团外猎物密度（斜纹夜蛾3龄幼虫）/（头/皿） | | |
|---|---|---|---|---|
| 1 | 红彩瑞猎蝽雌成虫+红彩瑞猎蝽4龄若虫 | 0 | 5 | 30 |
| 2 | 红彩瑞猎蝽雌成虫+蠋蝽4龄若虫 | 0 | 5 | 30 |
| 3 | 蠋蝽雌成虫+红彩瑞猎蝽4龄若虫 | 0 | 5 | 30 |
| 4 | 蠋蝽雌成虫+蠋蝽4龄若虫 | 0 | 5 | 30 |

（4）不同虫态红彩瑞猎蝽和蠋蝽之间的捕食作用测定：将红彩瑞猎蝽和蠋蝽2种天敌各种虫态设置14个捕食者与猎物组合，各组合设置见表3-70。将饥饿24 h的红彩瑞猎蝽和蠋蝽各组合放入培养皿中，48 h后观察红彩瑞猎蝽和蠋蝽各虫态的相互捕食和存活情况，每个组合处理重复15次。

表3-70 不同虫态间红彩瑞猎蝽和蠋蝽的集团内捕食组合

| 天敌 | 不同虫态间捕食者与猎物组合 | | | | | | | | | | | | | |
|---|---|---|---|---|---|---|---|---|---|---|---|---|---|---|
| | 1 | 2 | 3 | 4 | 5 | 6 | 7 | 8 | 9 | 10 | 11 | 12 | 13 | 14 |
| 红彩瑞猎蝽 | | | 雌成虫 | | | 1龄若虫 | 2龄若虫 | 3龄若虫 | 4龄若虫 | 5龄若虫 | 卵 | 1龄若虫 | 3龄若虫 | 5龄若虫 |
| 蠋蝽 | 卵 | 1龄若虫 | 3龄若虫 | 5龄若虫 | 雌成虫 | 1龄若虫 | 2龄若虫 | 3龄若虫 | 4龄若虫 | 5龄若虫 | 雌成虫 | | | |

（5）红彩瑞猎蝽与蠋蝽组合对斜纹夜蛾的捕食量测定：试验在温室盆栽烟株上进行，盆栽烟株有效叶片为8~10片，株高70 cm左右。考虑到田间释放红彩瑞猎蝽和蠋蝽的虫态以成虫和4~5龄若虫为主，设置8个处理，见表3-71。将上述各处理的天敌接虫在烟株叶片上（每片叶1~2头天敌），同时每株烟接虫10头斜纹夜蛾3龄幼虫（5片上部烟叶上，每片叶接2头幼虫）。接虫后用长、宽、高均为120 cm的网罩（网孔直径0.178 mm）罩住盆栽烟株，48 h后检查捕食者和斜纹夜蛾的幼虫数量，每个处理重复6次。

表3-71 不同虫态红彩瑞猎蝽与蠋蝽捕食组合设置

| 处理 | 红彩瑞猎蝽 | 蠋蝽 |
|---|---|---|
| A | 雌成虫5头 | 5龄若虫5头 |
| B | 雌成虫5头 | 4龄若虫5头 |
| C | 雌成虫5头 | 雌成虫5头 |
| D | 5龄若虫5头 | 雌成虫5头 |
| E | 4龄若虫5头 | 雌成虫5头 |
| F | 5龄若虫5头 | 0 |
| G | 0 | 5龄若虫5头 |
| CK | 0 | 0 |

## 3. 数据处理

使用SPSS 22.0软件，采用单因素方差分析（ANOVA）进行数据处理，采用LSD法进行多重比较，在不同斜纹夜蛾密度下比较红彩瑞猎蝽（蠋蝽）对同种或异种捕食蝽不同发育阶段个体捕食量的差异显著性；利用独立样本$t$测验比较相同发育阶段的红彩瑞猎蝽与蠋蝽互相捕食量的差异显著性。采用二次多项式回归模型拟合成虫捕食强度与卵和若虫的关系，为满足正态分布和方差齐性的假定，分析前对存活个体数量进行自然对数转换。利用Kaplan-Meier生存分析估计红彩瑞猎蝽和蠋蝽的生存率，以反映集团内捕食者的攻击强度。

## （二）结果与分析

### 1. 红彩瑞猎蝽与蠋蝽同类相残效应

红彩瑞猎蝽各虫态间存在不同程度同类相残效应。结果表明（图3-87），在无集团外猎物存在时，饥饿的红彩瑞猎蝽1龄若虫存在轻微同类相残现象，随着虫龄增加红彩瑞猎蝽同类相残效应也逐渐增加，高龄若虫和成虫之间自残更明显。在有猎物存在条件下，同类相残效应明显降低，同一虫态同类相残效应随着猎物密度增加而下降。

蠋蝽在1龄若虫和2龄若虫时期未发生自残现象，在3龄时自残现象也不明显，仅在没有猎物的条件下观察到10%的自残率（图3-88）。4龄若虫的自残率在不同的斜纹夜蛾密度下差异不显著，4龄若虫、5龄若虫和成虫的自残率均呈现随斜纹夜蛾的密度增大而下降的趋势。

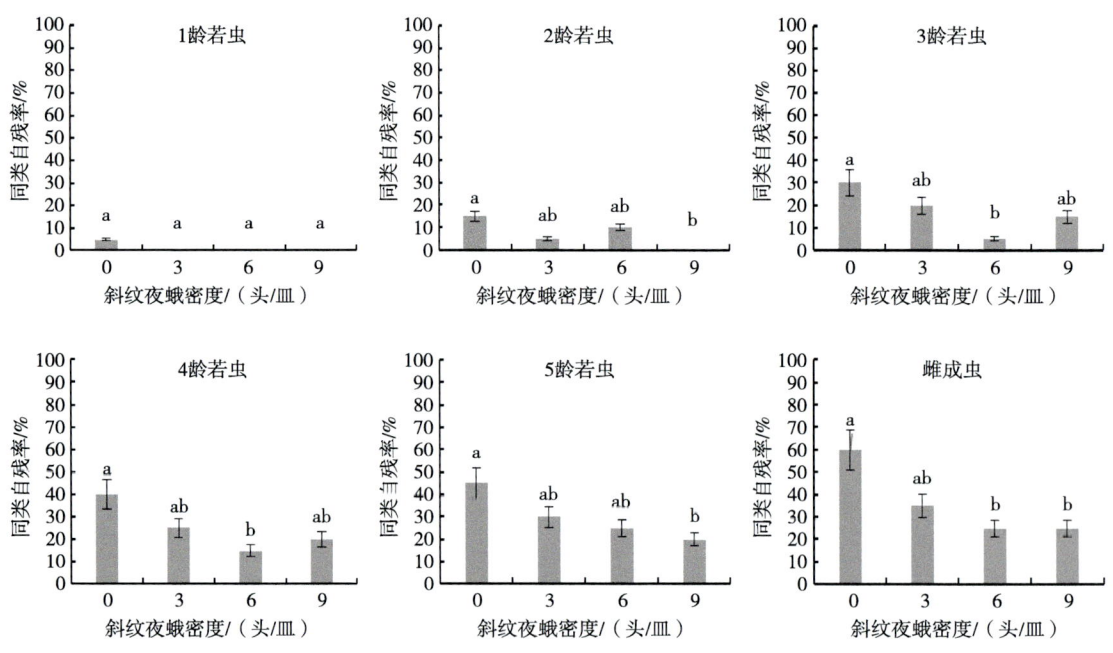

图3-87 不同猎物密度下红彩瑞猎蝽同类相残效应

注：柱形图上带有不同小写字母者表示不同猎物密度间同类自残率差异达到显著（$P<0.05$）水平。下同。

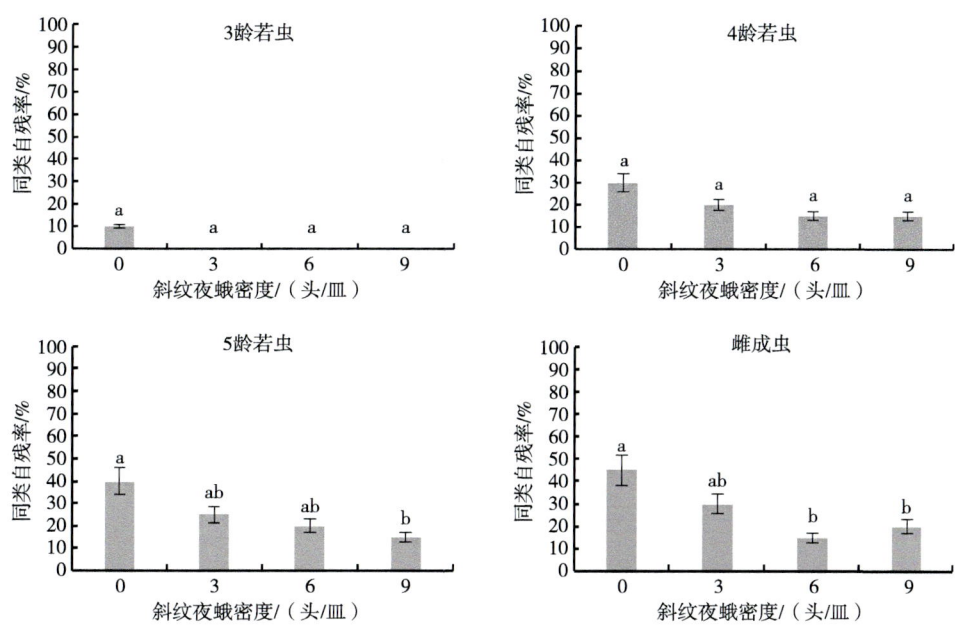

**图3-88 不同猎物密度下蠋蝽同类相残效应**

### 2. 捕食者对集团内外不同猎物的选择性

（1）红彩瑞猎蝽对集团内猎物与集团外猎物的选择性：以红彩瑞猎蝽为捕食者，蠋蝽为集团内猎物，斜纹夜蛾为集团外猎物时，红彩瑞猎蝽对集团内猎物和集团外猎物的捕食存在倾向于捕食集团外猎物的偏好性（图3-89）。在对蠋蝽成虫与斜纹夜蛾、蠋蝽4龄若虫与斜纹夜蛾两种组合方式捕食试验中，红彩瑞猎蝽均表现为偏好捕食集团外猎物斜纹夜蛾，红彩瑞猎蝽、蠋蝽和斜纹夜蛾三者共存10 h时，红彩瑞猎蝽均以捕食斜纹夜蛾为主，当斜纹夜蛾被完全捕食后，红彩瑞猎蝽对蠋蝽的捕食速率才开始提升，蠋蝽存活率开始迅速下降。

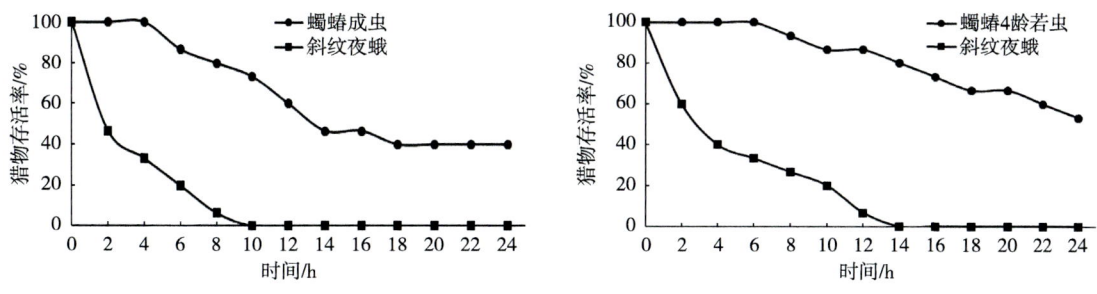

**图3-89 红彩瑞猎蝽为捕食者时猎物的存活率变化**

（2）蠋蝽对集团内猎物与集团外猎物的选择：以蠋蝽为捕食者，其对集团内猎物和集团外不同猎物的捕食偏好性也存在差异（图3-90）。以红彩瑞猎蝽成虫与斜纹夜蛾、红彩瑞猎蝽4龄若虫与斜纹夜蛾两种组合方式，蠋蝽均表现为偏好捕食集团外猎物斜纹夜蛾。从图3-90中可知，当斜纹夜蛾存活率下降后，红彩瑞猎蝽成虫才有被捕食的现象，且在24 h后红彩瑞猎蝽成虫的存活率仍达到87%，4龄若虫存活率达80%。说明蠋蝽对红彩瑞猎蝽的集团内捕食作用较低。

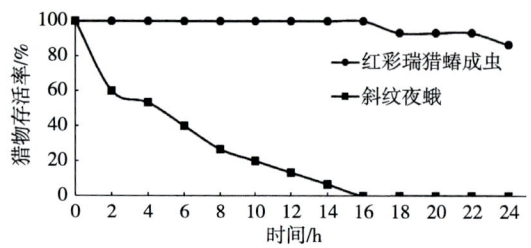 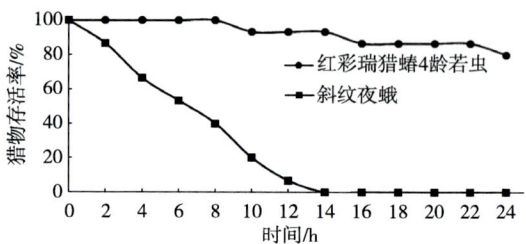

图3-90　蠋蝽为捕食者的猎物存活率

### 3. 不同密度斜纹夜蛾幼虫对红彩瑞猎蝽和蠋蝽同类相残和集团内捕食的影响

当集团外猎物为斜纹夜蛾时，捕食者红彩瑞猎蝽与蠋蝽对集团内同种和异种捕食蝽若虫的捕食量均随着集团外猎物密度的增加而降低（表3-72）。在无集团外猎物的情况下，红彩瑞猎蝽表现出了同类相残和集团内捕食的现象，而蠋蝽同类相残和集团内捕食的强度低于红彩瑞猎蝽。红彩瑞猎蝽对异种捕食蝽4龄若虫的日均捕食量要显著大于对同种的日均捕食量，两者的日均捕食量分别为（1.4±0.52）头和（0.6±0.52）头。在相同的集团外猎物密度条件下，两种捕食蝽对同种和异种捕食蝽4龄若虫的日均捕食量没有显著差异。与无集团外猎物时相比，当集团外猎物不足和猎物充足时，红彩瑞猎蝽对同种和异种捕食蝽4龄若虫的日均捕食量分别降低66.67%、64.29%、100.00%和92.86%，且从偏向于集团内取食变化为偏向于集团外取食。蠋蝽在集团外猎物充足的条件下，几乎不存在同类相残作用，对红彩瑞猎蝽4龄若虫的捕食量也下降75%。说明集团外猎物斜纹夜蛾的存在能够明显降低两种捕食蝽的同类相残和集团内捕食作用。

表3-72　捕食者以同种、异种捕食蝽和不同密度斜纹夜蛾为猎物组合的日均捕食量　　　单位：头

| 捕食者 | 猎物组合 | 日均捕食量 | | |
|---|---|---|---|---|
| | | 0头/皿 | 5头/皿 | 30头/皿 |
| 红彩瑞猎蝽 | 红彩瑞猎蝽4龄若虫 | 0.6±0.52a | 0.2±0.42b | 0b |
| | 斜纹夜蛾 | 0 | 3.7±0.48b | 14.3±1.77a |
| | 蠋蝽4龄若虫 | 1.4±0.52a | 0.5±0.53b | 0.1±0.32b |
| | 斜纹夜蛾 | 0 | 4.2±0.63b | 14±1.63a |
| 蠋蝽 | 蠋蝽4龄若虫 | 0.2±0.42a | 0.1±0.32a | 0a |
| | 斜纹夜蛾 | 0 | 4±0.67b | 14.8±1.69a |
| | 红彩瑞猎蝽4龄若虫 | 0.4±0.52a | 0.2±0.42a | 0.1±0.32a |
| | 斜纹夜蛾 | 0 | 4.2±0.63b | 14.6±1.35a |

注：表中捕食量为平均数±标准误；同行数据后带有不同小写字母者表示不同密度条件下同一猎物捕食量的差异达到显著（$P<0.05$）水平。

### 4. 不同虫态红彩瑞猎蝽和蠋蝽的集团内捕食作用

蠋蝽雌成虫对红彩瑞猎蝽卵几乎不捕食，对红彩瑞猎蝽不同虫态若虫的捕食程度随着被捕食者的虫态增大而增大，对1~2龄若虫的捕食量较小，对3~5龄若虫捕食量较大（图3-91A）。红彩瑞猎蝽雌成虫对蠋蝽卵捕食量极低，对若虫的捕食程度呈现先逐渐降低再逐渐升高的趋势，对蠋蝽1龄若虫捕食量最小，对蠋蝽3龄若虫的捕食量最大（图3-91B）。红彩瑞猎蝽与蠋蝽之间的捕食量与被捕食者的虫态间存在显著的二次函数关系，见表3-73。

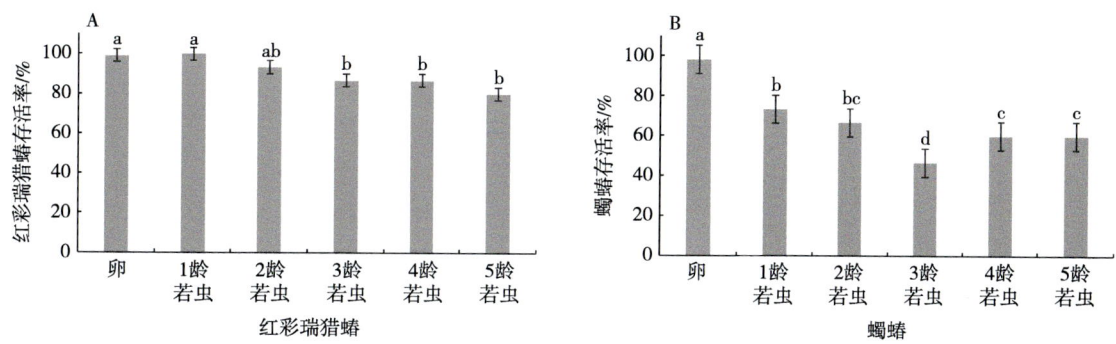

A—猎物为红彩瑞猎蝽，捕食者为蠋蝽雌成虫；B—猎物为蠋蝽，捕食者为红彩瑞猎蝽雌成虫。

图3-91 红彩瑞猎蝽和蠋蝽之间成虫与若虫各虫态的集团内捕食量

表3-73 红彩瑞猎蝽和蠋蝽之间成虫与若虫各虫态捕食关系的回归模型参数估计

| 参与者 | 回归方程 | 变量 | 估计值 | 标准误 | $T$ | $P$ |
|---|---|---|---|---|---|---|
| 红彩瑞猎蝽与蠋蝽若虫虫态 | $N_a=0.036N^2-0.253N+0.974$ | 截距 | 0.974 | 0.59 | 16.555 | 0.000 |
| | | 一次项系数 | -0.253 | 0.055 | -4.571 | 0.020 |
| | | 二次项系数 | 0.036 | 0.011 | 3.417 | 0.042 |
| | | 拟合优度 | $R^2=0.916$，$F_{5,109}=16.433$，$P=0.024$ | | | |
| 蠋蝽与红彩瑞猎蝽若虫虫态 | $N_a=-0.002N^2-0.03N+1.004$ | 截距 | 1.004 | 0.24 | 42.205 | 0.000 |
| | | 一次项系数 | -0.03 | 0.022 | -1.344 | 0.272 |
| | | 二次项系数 | -0.002 | 0.004 | -0.485 | 0.661 |
| | | 拟合优度 | $R^2=0.933$，$F_{5,109}=20.939$，$P=0.017$ | | | |

注：$N_a$为若虫被捕食数量；$N$为被捕食若虫的发育龄期。

相同虫态红彩瑞猎蝽和蠋蝽之间也存在集团内捕食作用，见图3-92。随着虫龄的增加，集团内捕食作用呈现先减少再增加的趋势。其中，红彩瑞猎蝽1龄若虫、2龄若虫对蠋蝽1龄若虫、2龄若虫的捕食作用明显，3龄若虫、4龄若虫之间捕食量差异不显著，5龄若虫和雌雄成虫之间捕食量差异显著。

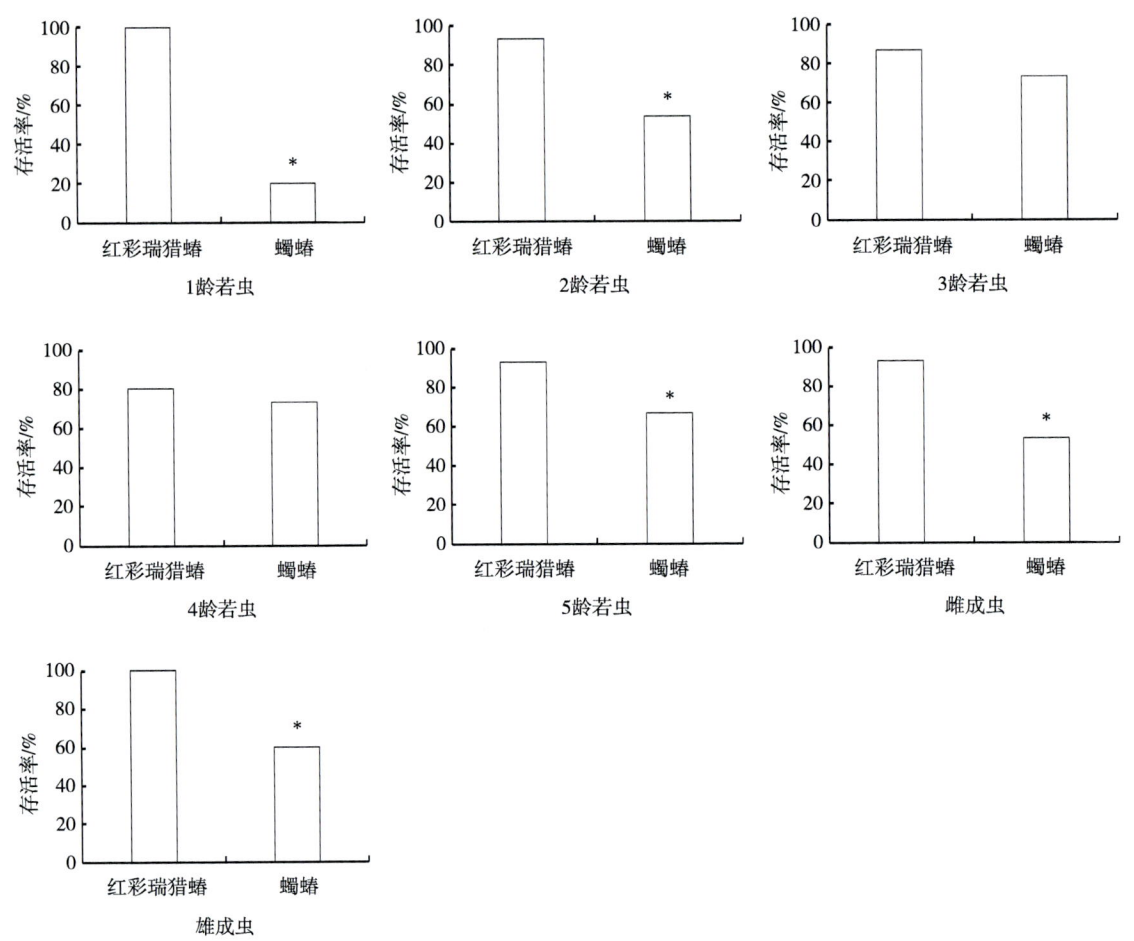

**图3-92　相同虫态红彩瑞猎蝽与蠋蝽之间的集团内存活率**

注：*表示两组数据间差异达到显著（$P<0.05$）水平。

**5. 红彩瑞猎蝽与蠋蝽不同组合对斜纹夜蛾的控制作用**

红彩瑞猎蝽与蠋蝽不同组合对斜纹夜蛾的控制作用如图3-93所示。结果表明，单独使用红彩瑞猎蝽5龄若虫或蠋蝽5龄若虫对斜纹夜蛾的捕食量低于两种捕食蝽组合处理。48 h后，红彩瑞猎蝽5龄若虫处理组的斜纹夜蛾残存数量为（7.33±1.03）头，蠋蝽5龄若虫处理组的斜纹夜蛾幼虫残存数量为（7±0.63）头，各组合处理斜纹夜蛾存活量分别为（2.33±0.82）头（红彩瑞猎蝽5龄若虫+蠋蝽5龄若虫）、（1.33±0.52）头（红彩瑞猎蝽雌成虫+蠋蝽5龄若虫）、（1.17±0.41）头（红彩瑞猎蝽雌成虫+蠋蝽雌成虫）、（1.17±0.41）头（蠋蝽雌成虫+红彩瑞猎蝽5龄若虫）。

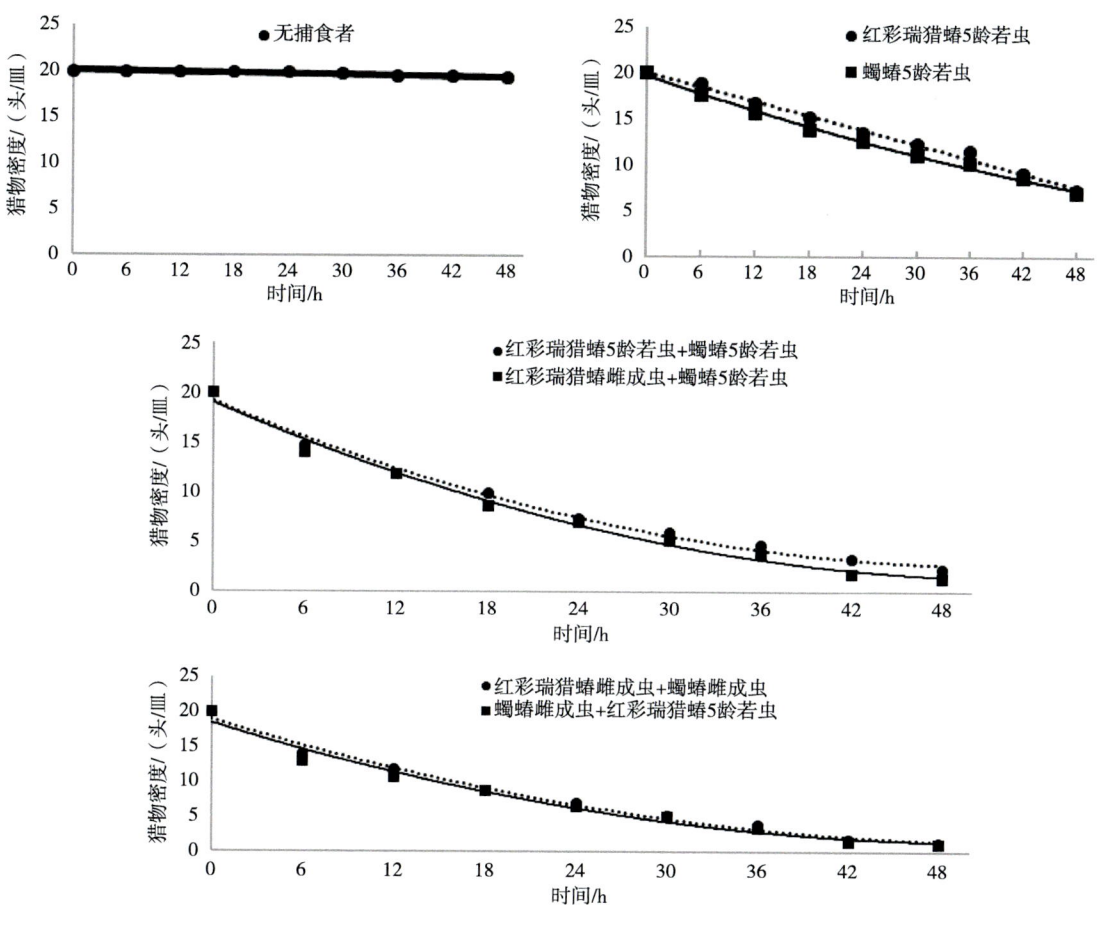

图3-93 红彩瑞猎蝽和蠋蝽不同组合对斜纹夜蛾幼虫捕食量的影响

## （三）结论与讨论

在猎物缺乏情况下，红彩瑞猎蝽各虫态与蠋蝽高龄虫态间存在同类相残作用。红彩瑞猎蝽比蠋蝽具有更强烈的同类相残特性，蠋蝽同类相残作用主要发生在高龄若虫之间，而1~3龄低龄若虫不明显，这与伍绍龙等报道的饥饿条件下蠋蝽种内互残行为主要出现在4龄若虫后的结论一致，两种捕食蝽成虫和5龄若虫发生的同类相残现象均强于其他低龄虫态，这与捕食性瓢虫高龄幼虫间的种内相残行为强于低龄幼虫的研究结果相似。

2种天敌昆虫相互之间的捕食率和攻击强度，可以作为判断是集团内捕食者还是集团内猎物的依据。本试验结果表明，在无集团外猎物存在的条件下，2种捕食蝽各虫态间均存在集团内捕食作用，红彩瑞猎蝽各虫态存活率均高于蠋蝽。因此，在2种捕食蝽的集团内捕食作用中，红彩瑞猎蝽表现为集团内捕食者，蠋蝽为集团内猎物。不同虫态间红彩瑞猎蝽和蠋蝽的集团内捕食作用发生率不同，红彩瑞猎蝽1龄若虫对蠋蝽1龄若虫捕食量较大，造成这种现象的原因，可能是由于红彩瑞猎蝽初孵若虫即具有捕食猎物习性，而蠋蝽1龄若虫仅靠吸食水或蜜源不捕食猎物即可蜕皮为2龄若虫。这与孙佳琦等的研究结果，青翅蚁形隐翅甲*Paederus fuscipes* Curtis和拟环纹豹蛛*Pardosa pseudoannulata* Lycosidae这2种捕食者间集团内捕食作用的发生率,与其发育阶段(相对体型大小)存在着密切关系相一致。2种捕食螨对异种螨的卵没有取食偏好性,这与异色瓢虫成虫喜欢取食异种瓢虫卵的习性不相同。有集团外猎物存在情况下,无论是红彩瑞猎蝽还是蠋蝽作为集团内捕食者时,双方在捕食选择中均表现为更偏好捕食集团外猎物斜纹夜蛾。红彩瑞猎蝽与蠋蝽集团内捕食作用与猎物斜纹夜蛾密度密切相关,这与捕食性瓢虫菱斑巧瓢虫*Oenopiac onglobata* Linnaeus和六条瓢虫*Menochilus sexmaculatus* Linnaeus两者的集团内捕食效应随猎物密度的增加呈抛物线下降。随着猎物棉蚜*Aphis gossypii* Glover的密度增高,异色瓢虫、七星瓢虫和龟纹瓢虫之间的集团内捕食作用降低的研究结论基本一致。本试验中单独释放红彩瑞猎蝽或蠋蝽,与联合释放两种捕食蝽,对捕食斜纹夜蛾数量的影响均存在显著差异,这与联合释放两种捕食螨,对烟粉虱和西花蓟马的防治效果要优于单独释放一种捕食螨的研究结果相似,说明联合释放红彩瑞猎蝽和蠋蝽对斜纹夜蛾幼虫种群数量有更明显抑制作用,从另一方面也验证了集团外猎物可以降低两种捕食蝽之间的集团内捕食作用效果。

红彩瑞猎蝽作为烟田本地优势天敌种群,可以在斜纹夜蛾幼虫零星初发期低密度释放,使其作为一种值守型天敌压制害虫田间初始发生密度。当斜纹夜蛾成虫大量迁飞到烟叶上产卵,导致烟叶上幼虫发生数量明显快速增多时,可以将蠋蝽作为一种增益型天敌在田间高密度释放,使当地种天敌和引入种天敌充分发挥协同控害作用,有效控制烟田斜纹夜蛾的为害。然而,红彩瑞猎蝽和蠋蝽在田间的具体释放时间和释放密度如何确定,以促进两种天敌的种群增长和协作增效,创造最高的环境和经济效益,值得进一步研究。

红彩瑞猎蝽和蠋蝽这两种捕食蝽天敌在饥饿状态下容易发生同类相残和集团内捕食作用。猎物斜纹夜蛾的存在能显著降低同类相残和集团内捕食作用,且2种捕食蝽组合防治斜纹夜蛾,捕食效果显著高于单一天敌的效果。在组合应用红彩瑞猎蝽和蠋蝽这2种天敌昆虫防治斜纹夜蛾时,应当考虑田间斜纹夜蛾密度对红彩瑞猎蝽和蠋蝽同类相残和集团内捕食作用的影响。

## 二、红彩瑞猎蝽与烟蚜茧蜂的种间竞争性捕食

种间竞争是影响昆虫种群动态的主要因素之一,可用于发展害虫防治新策略(Mills,2006;Chesson,2014;苏湘宁等,2023)。为争夺寄主植物等生存资源,不同害虫间存在竞争关系,例如,烟粉虱主要取食寄主植物韧皮部的汁液,可诱导植物韧皮部外产生以植物次生代谢物质和致病蛋白为主的防御反应,从而使烟粉虱在与斑潜蝇、拟尺蠖等害虫的种间竞争中处于有利地位(Inbar et al.,1999;Mayer et al.,2002);棉贪夜蛾*Spodoptera littoralis*迁入欧洲能够对当地的三级营养级(白菜—甘蓝夜蛾*Mamestra brassicae*—中红侧沟茧蜂*Microplitis mediator*)造成较大影响,会导致甘蓝夜蛾幼虫死亡率升高,以及中红侧沟茧蜂寄生率下降;二斑叶螨取食利马豆诱导释放的挥发物对天敌捕食螨具有引诱作用(Dicke and van Loon,2000);水稻超表达突变体增多释放的(E)-

4,8-二甲基-1,3,7-壬三烯（DMNT）和（E,E）-4,8,12-三甲基-1,3,7,11-十三碳四烯（TMTT）等挥发物能够显著吸引二化螟 *Chilo suppressalis* 的天敌寄生蜂二化螟盘绒茧蜂 *Cotesia chilonis*（Li et al.，2018）。

烟蚜（*Myzus persicae*），隶属半翅目蚜科，又称桃蚜。烟蚜生活周期短，繁殖速率快，寄主范围广（Goggin，2007；Carletto et al.，2009）。长期以来，烟蚜对烟草、桃树、辣椒、白菜等植物为害严重。它可通过吸食植物汁液造成直接为害，也可传播植物病毒病、分泌蜜露阻碍植物光合作用造成间接为害，最终造成植物产量和品质损失（王凤龙等，2019；Ng and Perry，2004）。烟蚜茧蜂（*Aphidius gifuensis*）在烟草和蔬菜上被广泛用于防治烟蚜，释放面积达89.6万hm$^2$，覆盖全国烟草种植面积的99.64%（潘明真等，2022；Xue et al.，2023）。红彩瑞猎蝽（*Rhynocoris fuscipes*）属半翅目猎蝽科，是一类优质的捕食性天敌昆虫，低龄若虫可捕食蚜虫、飞虱等小型害虫和鳞翅害虫的卵，高龄若虫能捕食鳞翅目害虫幼虫（Ambrose et al.，1986；Ambrose et al.，1997；Sahayaraj et al.，2003；Tomson et al.，2017；Sunil et al.，2018），高龄若虫和成虫主要捕食鳞翅目幼虫等（邓海滨等，2012；邓海滨等，2015；游梓翊等，2023）。本试验评估了红彩瑞猎蝽与烟蚜茧蜂的竞争关系，为后续多种天敌高效综合利用提供理论支撑。

## （一）材料与方法

### 1. 供试材料

红彩瑞猎蝽采集自广东省烟草研究所。使用鳞翅目幼虫和面包虫饲养纯化3代，培养箱饲养温度为（28±1）℃，光周期为14L：10D。

蚜虫实验室常规种群，人工饲养纯化20余代。饲养温度为（25±1）℃，光周期为14L：10D。

### 2. 试验方法

（1）烟蚜和烟蚜茧蜂检测引物的获取：参照血液/细胞/组织基因组DNA提取试剂盒（天根，北京）提取烟蚜、烟蚜茧蜂DNA作为模板，使用物种鉴定引物（LCO1490：5′-ggtcaacaaatcataaagatattgg-3′，HCO2198：5′-taaacttcagggtgaccaa aaaatca-3′）进行PCR扩增。扩增体系：TaKaRa LA Taq 0.2μL、10×LA Taq Buffer Ⅱ（Mg$^{2+}$Plus）2μL、dNTP Mixture（2.5 mmol/L each）4 μL、上下游引物各0.4 μL、cDNA 1 μL、无菌水12 μL，总体积20 μL。扩增条件：94℃预变性5 min；94℃变性30 s，55℃退火30 s，72℃延伸30 s，35个循环；72℃终延伸5 min。PCR产物于1.0%琼脂糖凝胶中电泳检测，条带大小正确的目标PCR产物送青岛蔚来生物科技有限公司测序。根据测序结果设计烟蚜、烟蚜茧蜂特定检测引物。

（2）红彩瑞猎蝽对烟蚜、寄生初期烟蚜、僵蚜的捕食情况：将10头交配后的烟蚜茧蜂雌蜂释放到装有20头烟蚜的养虫盒中，培养箱里放置12 h，提取烟蚜DNA，使用烟蚜茧蜂检测引物进行PCR检测，以鉴定烟蚜茧蜂对烟蚜的寄生情况，检测到烟蚜茧蜂DNA的烟蚜为寄生初期的烟蚜。

将单头红彩瑞猎蝽2龄若虫和一块浸湿的脱脂棉放置于培养皿（直径9 cm、高2.5 cm）内饥饿处理24 h。试验在上口直径18 cm、下口直径13 cm、高8 cm的养虫盒中进行，将经过饥饿处理的红彩瑞猎蝽分别和10头烟蚜、10头寄生初期的烟蚜、10头僵蚜放入养虫盒中，试验设置10个重复，观察红彩瑞猎蝽对烟蚜、烟蚜茧蜂和僵蚜的捕食情况。并对1 h内捕食过烟蚜、10头寄生初期的烟蚜、僵蚜的红彩瑞猎蝽进行PCR分子生物学鉴定。

（3）红彩瑞猎蝽对烟蚜和寄生初期烟蚜/僵蚜的选择性分析：在养虫盒中倒入1%琼脂溶液，凝固后放入2片烟草叶圆片。将单头红彩瑞猎蝽放在两个烟草叶片中间，一组处理在两端烟草叶片分别放入10头正常烟蚜和10头寄生初期烟蚜，另一组处理在两端烟草叶片分别放入10头正常烟蚜和10头僵蚜（图3-94），盖好养虫盒盖子后置于全黑暗培养箱［温度（25±1）℃，相对湿度（70±1）%］中处理，24 h后统计猎蝽捕食两端烟草叶片上的烟蚜数量。每组试验设置10个重复。

（4）红彩瑞猎蝽对烟蚜茧蜂的捕食情况：将经过饥饿处理的红彩瑞猎蝽和10头烟蚜茧蜂放入养虫盒中，试验设置10个重复，观察红彩瑞猎蝽对烟蚜茧蜂的捕食情况。并对1 h内捕食过烟蚜茧蜂的红彩瑞猎蝽进行PCR分子生物学鉴定。

图3-94　红彩瑞猎蝽对烟蚜和寄生初期烟蚜/僵蚜的选择试验

## （二）结果与分析

### 1. 烟蚜和烟蚜茧蜂检测引物的获取

试验根据测序结果，设计引物见表3-74，扩增产物长度为250 bp左右。

表3-74　烟蚜、烟蚜茧蜂检测引物

| 引物名称 | 引物序列（5′→3′） |
| --- | --- |
| 烟蚜检测引物F | TGTTATTGTTACAATTCACGCTT |
| 烟蚜检测引物R | AGTTCATCCTGTTCCTGTTCCAT |
| 烟蚜茧蜂检测引物F | CGAATAGAATTAAGAATCACTG |
| 烟蚜茧蜂检测引物R | ACGATAAAGGAGGATAAACAG |

### 2. 红彩瑞猎蝽对烟蚜、寄生初期烟蚜、僵蚜防效的捕食情况

试验发现红彩瑞猎蝽可捕食烟蚜和寄生初期烟蚜（图3-95），对僵蚜无捕食作用。

PCR鉴定1 h内捕食过烟蚜和寄生初期烟蚜的红彩瑞猎蝽，结果显示，捕食过烟蚜的10个红彩瑞猎蝽样本中均检测到烟蚜的DNA片段（图3-96）；捕食过寄生初期烟蚜的10个红彩瑞猎蝽样本中均检测到烟蚜和烟蚜茧蜂的DNA片段（图3-97）。

图3-95 红彩瑞猎蝽捕食烟蚜和寄生初期烟蚜

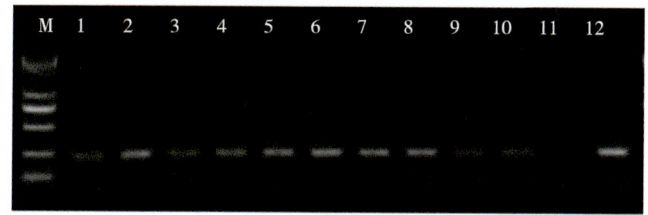

M—DL2000 marker；1~10—捕食蚜虫的红彩瑞猎蝽样本；11—阴性对照—红彩瑞猎蝽样本；12—阳性对照—蚜虫样本。

图3-96 捕食烟蚜的红彩瑞猎蝽分子鉴定（烟蚜检测引物检测）

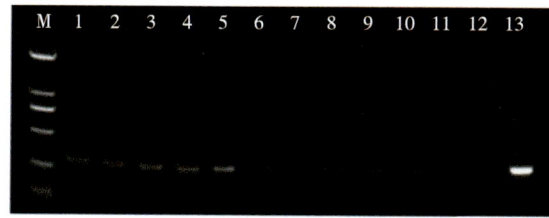
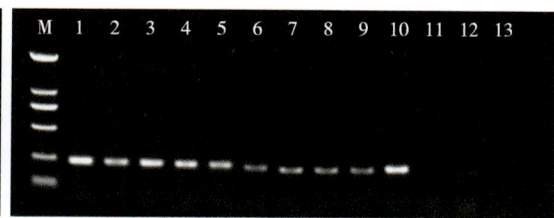

M—DL2000 marker；1~10—捕食烟蚜茧蜂寄生初期烟蚜的红彩瑞猎蝽样本；11—阴性对照—红彩瑞猎蝽样本；12—阴性对照2—烟蚜；13—阳性对照—烟蚜茧蜂检测引物检测。

M—DL2000 marker；1~10—捕食烟蚜茧蜂寄生初期烟蚜的猎蝽样本；11—阴性对照—红彩瑞猎蝽样本；12—阴性对照2—烟蚜；13—阳性对照—烟蚜蚜茧检测引物检测。

图3-97 捕食寄生初期烟蚜的红彩瑞猎蝽分子鉴定

### 3. 红彩瑞猎蝽对烟蚜和寄生初期烟蚜/僵蚜的选择性分析

烟蚜和寄生初期烟蚜组试验结果显示，红彩瑞猎蝽对烟蚜和寄生初期烟蚜的选择无显著性差异（$P=0.789$；$df=1$，$18$；$F=0.073$）（图3-98）。烟蚜和僵蚜组试验结果显示，红彩瑞猎蝽对烟蚜和僵蚜的选择无显著性差异（$P<0.0001$；$df=1$，$18$；$F=272.803$）。

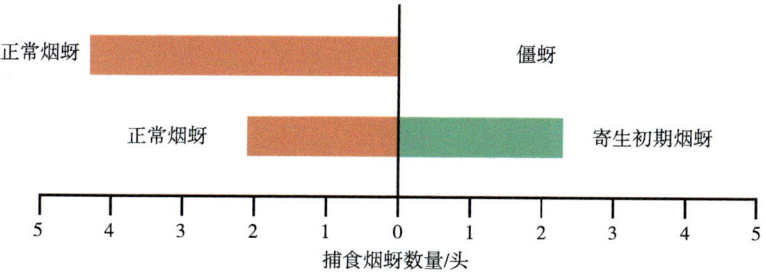

图3-98 红彩瑞猎蝽对烟蚜和寄生初期烟蚜的选择反应

#### 4. 红彩瑞猎蝽对烟蚜茧蜂的捕食情况

试验发现红彩瑞猎蝽可捕食烟蚜茧蜂（图3-99），PCR鉴定1 h内捕食过烟蚜茧蜂的红彩瑞猎蝽，结果显示，10个猎蝽样本中均检测到烟蚜的DNA片段（图3-97）。

 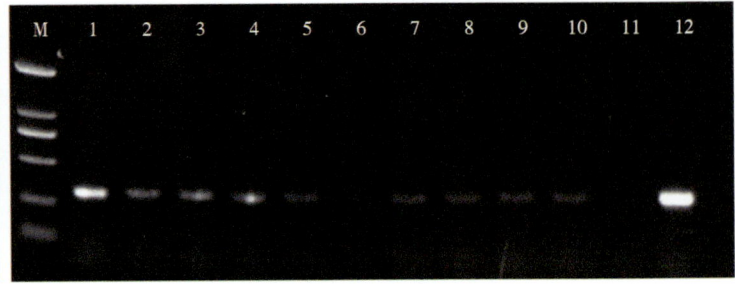

M—DL2000 marker；1～10—捕食烟蚜茧蜂的猎蝽样本；
11—阴性对照—猎蝽样本；12—阳性对照—烟蚜茧蜂样本。

图3-99 捕食烟蚜茧蜂的红彩瑞猎蝽分子鉴定

### （三）结论与讨论

自然生态环境中，天敌昆虫间同样存在激烈的竞争替代关系。寄生性天敌的种间竞争包括寄主体内竞争和体外竞争（Ulyshen et al.，2010；Alima and Limb，2011）：单个寄主同时被两种或两种以上的寄生性天敌寄生时，为争夺资源会产生体内竞争（Ulyshen et al.，2010；Alima and Limb，2011）；寄生性天敌成虫间则存在以搜寻寄主和寄生能力为主的体外竞争，能力强者可获取更多寄主资源寄生、繁殖后代（Urbaneja et al.，2003）。对已被寄生寄主即寄主标记的识别能力可直接影响寄生性天敌的种内和种间竞争强度，当寄生性天敌的寄主识别力强时种内和种间竞争较弱，理论上在自然环境中能较好地共存（Soufbaf et al.，2012）。捕食性天敌通常寄主范围广，存在种内相互残食和种间相互捕食现象，例如蠋蝽、红彩瑞猎蝽、瓢虫等（杜迎刚，2014；曾涛等，2023）。

试验结果显示，红彩瑞猎蝽对烟蚜具有捕食作用，这与邓海滨等的研究结果一致（邓海滨，2015），除此之外，我们还发现，红彩瑞猎蝽对寄生初期烟蚜也具有捕食作用。虽然捕食性天敌大多数捕食猎物的范围广泛，但它们都存在对猎物选择的偏好性（刘凤想等，2007），本试验红彩瑞猎蝽对正常烟蚜和寄生初期的烟蚜选择性无显著差异。上述结果表明作为防治烟蚜的天敌昆虫资源，捕食性天敌红彩瑞猎蝽可与寄生性天敌烟蚜茧蜂结合使用，提高防效。但红彩瑞猎蝽在没有其他猎物情况下会捕食烟蚜茧蜂，不取食僵蚜，所以红彩瑞猎蝽和烟蚜茧蜂结合使用时应注意释放时间和释放密度。

本试验发现红彩瑞猎蝽对烟蚜、烟蚜茧蜂和寄生初期烟蚜都具有捕食行为，在实际烟蚜防控中，应根据田间实际情况对烟蚜，确定天敌释放时间、释放密度，以达到最佳防控效果，为后续多种天敌高效综合利用提供理论支撑。

## 主要参考文献

白月亮，周文武，祝增荣，2022. 气候变暖对天敌昆虫的影响[J]. 浙江大学学报（农业与生命科学版），48（3）：269-278.

蔡炳祥，杨凤丽，徐国平，等，2014. 稻鳖共生模式对水稻迁飞性害虫的控制作用[J]. 中国植保导刊，9（34）：35-37.

蔡春霞，2019. 昆虫病原真菌与短稳杆菌对二化螟的协同增效作用的研究[D]. 合肥：安徽农业大学.

蔡岳宏，何珊，张志林，等，2018. 小菜蛾发生因素及绿色防控技术研究[J]. 湖北工程学院学报，38（6）：35-39.

曹生凯，廖梦琪，张文武，等，2020. 辣椒烟青虫防治的研究进展与展望[C]//2020年度华中昆虫学术研讨会论文集. 南昌：2020年度华中昆虫学术研讨会.

曾粮斌，程毅，严准，等，2016. 拟环纹豹蛛和前凹豹蛛对小菜蛾的捕食作用[J]. 中国农学通报，32（26）：48-54.

曾涛，杨海林，游梓翊，等，2023. 红彩瑞猎蝽与蠋蝽同类相残和集团内捕食作用分析[J]. 烟草科技，57（1）：58-67.

曾涛，游梓翊，夏长剑，等，2023. 高温胁迫对红彩瑞猎蝽存活率及捕食作用的影响[J]. 中国烟草科学，44（3）：53-61.

常晓丽，袁永达，张天澍，等，2017. 小菜蛾生物学特性及防治研究进展[J]. 上海农业学报，33（5）：145-150.

陈岗，曹敬东，付国润，等，2022. 叉角厉蝽不同龄期和不同释放方式对烤烟斜纹夜蛾防治效果研究初报[J]. 江西农业学报，34（9）：135-139，145.

陈海霞，朱明芬，许和水，等，2019. 应用糖醋液诱集鲜食玉米田小地老虎成虫试验[J]. 上海农业学报，35（6）：106-109.

陈洁，秦秋菊，何运转，2009. 温度对龟纹瓢虫实验种群生长发育的影响[J]. 河北农业大学学报，32（6）：69-72，79.

陈俊谕，王建赟，张方平，等，2020. 不同饥饿程度拟小食螨瓢虫对朱砂叶螨的捕食作用[J]. 环境昆虫学报，42（5）：1201-1209.

陈科伟，黄寿山，何余容，2006. 生态恢复状态下天敌对小菜蛾的自然控制作用[J]. 应用生态学报（10）：1933-1936.

陈然，梁广文，张拯研，等，2015. 叉角厉蝽对斜纹夜蛾的捕食功能反应[J]. 环境昆虫学报，37（2）：401-406.

陈仁，陈群航，林治良，等，2005. 中华微刺盲蝽捕食菜青虫卵试验初报[J]. 上海农业学报（4）：49-51.

陈仁，陈群航，吴章英，等，2004. 中华微刺盲蝽对小菜蛾控制作用的初步研究[J]. 福建农业学报（4）：206-209.

陈苏怡，杨毅娟，王孟卿，等，2023. 黄带犀猎蝽对斜纹夜蛾3、4龄幼虫的捕食功能反应[J]. 植物保护学报，50（2）：519-529.

陈万斌，李玉艳，王孟卿，等，2019. 草地贪夜蛾的天敌昆虫资源、应用现状及存在的问题与建议[J]. 中国生物防治学报，35（5）：658-673.

陈学新，张顺祥，张帆，2013. 天敌昆虫控害机制与可持续利用[J]. 应用昆虫学报，50（1）：9-18.

陈雪梅，谷星慧，冼继东，等，2021. 叉角厉蝽对烟草上斜纹夜蛾搜索效率影响因子的研究[J]. 环境昆虫学报，43（1）：224-232.

陈元洲，张大友，张亚，等，2004. 小菜蛾主要捕食性天敌种类及捕食功能研究[J]. 河南职业技术师范学院学报（3）：32-34.

程遐年，吴进才，马飞，等，1987. 褐飞虱：防治与研究[M]. 北京：中国农业出版社.

崔志富，曹进添，林进添，等，2015. 龟纹瓢虫对扶桑绵粉蚧的捕食功能反应[J]. 环境昆虫学报，37（4）：834-842.

邓方坤，李永平，祁琪，等. 2014. 甘蓝夜蛾核型多角体病毒杀虫剂防治水稻害虫效果及增产作用[J]. 湖北植保（6）：27-29.

邓海滨，陈泽鹏，田明义，等，2013. 取食烟蚜和斜纹夜蛾的红彩瑞猎蝽实验种群生命表比较[J]. 中国烟草学报，6（19）：92-96.

邓海滨，吕永华，邱妙文，等，2014. 捕食性天敌红彩瑞猎蝽的生物学特性研究[J]. 中国烟草科学，35（2）：109-112.

邓海滨，吕永华，田明义，等，2015. 红彩真猎蝽对烟蚜的捕食功能反应及寻找效应[J]. 中国烟草学报，21（5）：74-78.

邓海滨，王珍，陈永明，等，2012. 红彩真猎蝽对斜纹夜蛾和烟青虫的捕食功能反应[J]. 广东农业科学，39（13）：107-109.

邓金花，顾俊荣，董明辉，等，2012. 几种赤眼蜂对小菜蛾卵的寄生差异性[J]. 江苏农业科学，40（5）：77-78.

丁瑞丰，朱晓华，阿克旦·吾外士，等，2015. 人工释放普通草蛉田间防治棉蚜效果研究[J]. 植物保护，41（2）：200-204.

丁新华，王小武，付开赟，等，2024. 新疆亚洲玉米螟暴发成灾驱动机制分析及其治理对策[J]. 植物保护，50（3）：24-36.

丁岩钦，1980. 昆虫种群数学生态学原理与应用[M]. 北京：科学出版社.

丁岩钦，1994. 昆虫数学生态学[M]. 北京：科学出版社.

丁岩钦，陈玉平，1989. 中华草岭对棉蚜与棉铃虫的捕食作用研究[J]. 生物防治通报，2

（3）：97-102.

丁岩钦，兰仲雄，陈玉平，1983. 天敌-害虫系统中寻找效应数学模型的研究[J]. 生态学报（2）：141-147.

董本春，李晓光，高德宇，等，2001. 螟黄赤眼蜂防治水稻二化螟的研究[J]. 植物保护（4）：45-46.

杜浩，只佳增，周劲松，等，2021. 黄带犀猎蝽成虫对斜纹夜蛾幼虫的捕食功能反应[J]. 生物安全学报，30（4）：287-291.

杜素洁，郭建洋，赵浩翔，等，2023. 近十年我国入侵生物预防与监控研究[J]. 植物保护，49（5）：410-418, 440.

杜文梅，林英，臧连生，等，2016. 稻螟赤眼蜂与二种赤眼蜂对水稻二化螟卵寄生竞争作用[J]. 环境昆虫学报，38（3）：488-493.

杜文梅，庞佳瑶，王琳，等，2023. 松毛虫赤眼蜂田间放蜂方法对亚洲玉米螟防治效果的影响[J]. 中国生物防治学报，39（6）：1275-1281.

杜迎刚，季清娥，陈家骅，等，2014. 异色瓢虫幼虫对卵的种内自残和种间捕食[J]. 环境昆虫学报，36（6）：874-878.

段雪莹，王祎丹，张乃钊，等，2021. 捕食性天敌控害能力评价方法进展[J]. 植物保护学报，48（2）：275-288.

范悦莉，谷星慧，冼继东，等，2019. 叉角厉蝽对草地贪夜蛾的捕食功能反应[J]. 环境昆虫学报，41（6）：1175-1180.

范悦莉，张晓滢，陆永跃，等，2022. 不同虫态叉角厉蝽对草地贪夜蛾幼虫的室内捕食作用[J]. 环境昆虫学报，44（1）：27-34.

方亮，苑金戈，付国润，等，2022. 叉角厉蝽对烟青虫的控害能力及烟田定殖潜力研究[J]. 植物医学，1（6）：89-96.

符成悦，徐天梅，温绍海，等，2021. 益蝽对亚洲玉米螟幼虫的捕食行为及捕食功能反应[J]. 中国生物防治学报，37（5）：956-962.

高珏晓，孟玲，李保平，2010. 广大腿小蜂对菜粉蝶蛹体型大小的产卵选择及后代发育表现[J]. 生态学杂志，29（2）：339-343.

高强，王迪，张文慧，等，2019. 蠋蝽对斜纹夜蛾幼虫的捕食作用研究[J]. 中国烟草科学，40（6）：55-59.

高岩，王人民，2005. 烟青虫生物学特性和生态学特性[J]. 河南农业科学（5）：46-48.

高卓，王晢玮，张李香，等，2012. 蠋蝽人工繁殖技术及田间释放控制研究[J]. 黑龙江大学工程学报，3（1）：65-73.

龚雪娜，罗梓文，玉香甩，等，2023. 叉角厉蝽对于不同虫龄茶谷蛾幼虫的捕食功能反应[J]. 中国生物防治学报，39（5）：1066-1075.

谷星慧, 崔永和, 阮维斌, 等, 2021. 昆虫病原线虫对烟苗的保护效果[J]. 环境昆虫学报, 43 (6): 1529-1535.

顾春波, 王开运, 辛海军, 等, 2005. 山东省主要烟区烟蚜抗药性研究[J]. 中国烟草学报, 11 (4): 21-24.

官道杰, 王建军, 孟祥坤, 2024. 我国二化螟抗药性发展及其抗性机制研究进展[J]. 吉林农业大学学报, 46 (4): 523-530.

郭佳妮, 2016. 种内和种间捕食卵对三种瓢虫生长发育和产卵选择行为的影响[D]. 南京: 南京农业大学.

郭建晗, 孟瑞霞, 张东旭, 等, 2016. 有益真绥螨与巴氏新小绥螨的集团内捕食和同类相残作用[J]. 昆虫学报, 59 (5): 560-567.

郭井菲, 苟雪莲, 涂雄兵, 等, 2022-10-18. 白僵菌、白僵菌与草地贪夜蛾的卵寄生蜂联合及其应用: CN115197855A [P].

郭军, 张长华, 贾芳罂, 等, 2020. 益蝽对玉米草地贪夜蛾和甘蓝菜青虫的田间防控效果[J]. 农技服务, 37 (2): 11-13.

郭荣, 2011. 我国生物农药的推广应用现状及发展策略[J]. 中国生物防治学报, 27 (1): 124-127.

郭线茹, 贺钟麟, 1990. 烟蚜为害对烟叶化学成分含量及性状的影响[J]. 河南农业大学学报, 24 (4): 419-427.

郭义, 肖俊健, 夏长剑, 等, 2024. 红彩瑞猎蝽微胶囊人工饲料饲养效果评价[J]. 植物保护, 50 (1): 159-164.

韩永强, 李丹丹, 邓权权, 等, 2022. 50%氯虫苯甲酰胺悬浮剂拌种对二化螟和稻纵卷叶螟的防治效果[J]. 应用昆虫学报, 59 (5): 1160-1172.

郝强, 2016. 四川地区斜纹夜蛾的抗药性测定及药剂和温度对实验种群生长发育的影响[D]. 雅安: 四川农业大学.

何发林, 孙石昂, 于灏泳, 等, 2020. 氯虫苯甲酰胺拌种对3种玉米地下害虫的防治效果[J]. 植物保护, 46 (1): 253-261.

何馥晶, 朱凤, 严卫飞, 等, 2020. 化学农药与二化螟盘绒茧蜂对控制二化螟的不相容[J]. 应用昆虫学报, 57 (4): 921-929.

何余容, 吕利华, 庞雄飞, 2000. 寄生性天敌对小菜蛾种群的控制作用模拟[J]. 华南农业大学学报 (2): 18-20.

侯茂林, 万方浩, 2004. 七星瓢虫成虫对烟蚜的捕食作用[J]. 昆虫知识, 41 (4): 347-350.

侯陶谦, 1996. 烟草有害动物持续治理 [C]//中国有害生物综合治理论文集. 北京: 中国农业科技出版社.

侯峥嵘, 孙贝贝, 刘先建, 等, 2020. 大红犀猎蝽对草地贪夜蛾3龄幼虫捕食功能反应[J].

植物保护学报，47（4）：852-858.

胡小朋，2014. 应用两种赤眼蜂防治包心菜菜青虫试验[J]. 农业科技通讯，37（2）：84-88.

胡长效，曹丹，徐万泰，2019. 不同温度和空间对龟纹瓢虫捕食褐软蚧的影响[J]. 河南农业科学，48（12）：73-78.

胡长效，强承魁，王胜永，2020. 微小花蝽对梨瘿蚊的室内捕食作用[J]. 江苏农业学报，36（1）：57-62.

胡珍娣，2016. 小菜蛾对氯虫苯甲酰胺的抗药性及其解毒机理研究[D]. 北京：中国农业大学.

胡中雯，2023. 广西烟区斜纹夜蛾发生规律及遗传多样性研究[D]. 贵阳：贵州大学.

胡宗伟，冯万祖，张浩然，等，2022. 环斑猛猎蝽对草地贪夜蛾低龄幼虫的捕食功能分析[J]. 环境昆虫学报，44（3）：530-537.

黄珺梅，吴梅香，尤民生，2000. 三突花蛛对小菜蛾幼虫的捕食效应[J]. 亚热带植物通讯（2）：31-35.

黄荣华，周军，张顺良，等，2015. 菜粉蝶生物防治研究进展[J]. 江西农业学报，27（10）：46-49.

黄霞，2007. 广西猎蝽科昆虫分类研究[D]. 桂林：广西师范大学.

冀炜，顾新全，魏春玲，1996. 赤眼蜂防治菜粉蝶研究[J]. 西北农业学报，5（3）：65-68.

贾静静，符悦冠，张方平，等，2019. 温度对加州新小绥螨捕食东方真叶螨功能反应的影响[J]. 中国生物防治学报，35（3）：382-389.

江立俊，王德志，任国军，2018. 郧西县辣椒烟青虫发生特点与综合防冶[J]. 长江蔬菜（7）：49-51.

姜辉，林荣华，刘亮，等，2005. 稻飞虱的危害及再猖獗机制[J]. 昆虫知识，42（6）：612-615.

蒋明华，涂鸣丽，郑晓芳，等，2009. 稻飞虱捕食性天敌种类及其捕食能力研究[J]. 安徽农学通报，15（12）：161.

蒋文丽，冯万祖，胡宗伟，等，2022. 环斑猛猎蝽对斜纹夜蛾低龄幼虫的捕食功能反应[J]. 烟草科技，55（6）：27-34.

金瑞华，周密，吴平，2001. 美洲棉铃虫、棉铃虫、烟青虫及其成虫的鉴别[J]. 植物检疫，15（1）：24-27.

金永玲，王丽艳，高玉刚，2010. 几种生物源农药对菜青虫的防治效果评价[J]. 安徽农业科学，38（14）：7407-7408.

孔琳，李玉艳，王孟卿，等，2019a. 七星瓢虫对草地贪夜蛾低龄幼虫的捕食能力评价[J]. 中国生物防治学报，35（5）：715-720.

孔晓霞，蒙冰冰，郭鹏飞，等，2018. 温度对多异瓢虫成虫捕食功能的影响[J]. 新疆农业科学，55（7）：1314-1318.

匡传富，谭琳，李林吉，2015. 烟青虫生态防治技术研究报告[J]. 农业开发与装备（7）：133-134.

邝中山，陈永明，邓海滨，等，2015. 广东南雄烟田主要害虫及天敌种群动态研究[J]. 中国农学通报，31（4）：208-212.

雷春媚，张俊杰，张天涛，等，2023. 田间不同波长诱虫灯对草地贪夜蛾和亚洲玉米螟的诱集效果研究[J]. 应用昆虫学报，60（4）：1187-1194.

冷春蒙，袁向群，周靖华，等，2020. 3种绿色防控技术对小菜蛾的防治效果[J]. 西北农业学报，29（8）：1278-1284.

黎坚，刘光华，梁广文，2003. 早稻田白背飞虱和褐飞虱种群发生新态势[J]. 植物保护，29（3）：25-28.

李冰，2022. 亚洲玉米螟对氯虫苯甲酰胺的抗性监测及抗性品系的选育[D]. 南京：南京农业大学.

李芳，陈家华，何榕宾，2001. 小地老虎天敌应用研究概况[J]. 昆虫天敌（1）：43-48.

李桂亭，邹运鼎，周夏芝，等，2002. 干扰作用及空间异质性对大草蛉雄成虫捕食作用的影响[J]. 应用生态学报，13（4）：433-434.

李宏梦，刘凯强，何康来，等，2019. 腰带长体茧蜂对亚洲玉米螟幼虫的寄生功能反应[J]. 中国生物防治学报，35（3）：350-355.

李金磊，韩姗妮，周世豪，等，2022. 温度对海岛小花蝽5龄若虫捕食茶黄蓟马功能反应的影响[J]. 热带作物学报，43（8）：1671-1677.

李蕾，张雷，赵宗祥，等，2022. 黄绿绿僵菌与反式茴香脑的相容性及其对菜青虫的联合毒力[J]. 中国生物防治学报，38（2）：349-359.

李令蕊，2008. 烟盲蝽对多种害虫的捕食作用及其传播TMV可能性的研究[D]. 北京：中国农业科学院.

李芒，彭斌，刘鑫，等，2012. 小地老虎越冬习性及防治技术[J]. 长江蔬菜（3）：46-47.

李少卡，吴明月，林俊旭，等，2022. 南亚大眼长蝽和西沙大眼长蝽的捕食功能研究[J]. 应用昆虫学报，59（2）：318-325.

李姝，庄家祥，杭德龙，等，2020. 不同释放密度和高度对稻螟赤眼蜂防控两种水稻螟虫效果的影响[J]. 环境昆虫学报，42（2）：294-298.

李文静，陆宴辉，高希武，等，2012. 中黑盲蝽对小地老虎和甜菜夜蛾的捕食作用[J]. 应用昆虫学报，49（1）：205-212.

李锡宏，许汝冰，刘俊峰，等，2019. 螟黄赤眼蜂病毒集合体控制烟青虫效果初探[J]. 湖北植保（5）：16-17.

李显荣，张广学，朱弘复，1963. 烟蚜 Myzus persicae（Sulzer）的研究[J]. 植物保护学报，2（3）：297-308.

李鑫, 刘艳琪, 付婧萍, 等, 2022. 鲜食玉米生产中的亚洲玉米螟防控技术进展[J]. 草地学报, 30（4）: 825-834.

李仲惺, 2020. 草地贪夜蛾在温州地区的发生特点及防控对策[J]. 浙江农业科学, 61（3）: 405-407.

廖江花, 何浩锋, 张江, 2024. 蠋蝽对茄二十八星瓢虫的捕食功能反应[J]. 生物安全学报（中英文）, 33（2）: 177-181.

廖贤斌, 高平, 赵航, 等, 2020. 叉角厉蝽成虫对粘虫幼虫的捕食功能反应[J]. 南方农业学报, 51（8）: 1992-1997.

林兵, 2014. 生物防治在我国烟草病虫害防治上的应用[J]. 湖南农机, 41（12）: 62-64.

林克剑, 侯茂林, 韩兰芝, 等, 2008. 二化螟寄主选择行为与种群消长机制的研究进展[J]. 植物保护（1）: 22-28.

林清彩, 陈浩, 尹园园, 等, 2019. 不同温度对食蚜瘿蚊生长发育和幼虫捕食能力的影响[J]. 应用昆虫学报, 56（1）: 79-84.

林文彩, 章金明, 吕要斌, 等, 2006. 草间小黑蛛雌成蛛对小菜蛾和菜青虫幼虫的捕食效应[J]. 浙江农业学报（4）: 216-220.

刘爱萍, 王俊清, 徐林波, 等, 2008. 食虫齿爪盲蝽对枸杞木虱的捕食作用研究[J]. 植物保护（4）: 85-89.

刘波, SENGONCA C, 1994. 七星瓢虫对甜菜蚜及其寄主植物蚕豆利它素的反应[J]. 福建农科院学报, 9（3）: 56-60.

刘博, 李志红, 郭韶堃, 2022. 草地贪夜蛾入侵机制概述[J]. 植物保护学报, 49（5）: 1313-1328.

刘凤想, 焦彦成, 邓艳东, 等, 2007. 草间钻头蛛、大草蛉和中华通草蛉对茶尺蠖、小绿叶蝉的选择效应[J]. 四川动物（26）: 497-500.

刘凤想, 焦彦成, 邓艳东, 等, 2007. 草间钻头蛛、大草蛉和中华通草蛉对茶尺蠖、小绿叶蝉的选择效应[J]. 四川动物（3）: 497-500.

刘海涛, 2001. 小菜蛾主要捕食性天敌捕食功能系统及其助增机理研究[D]. 扬州: 扬州大学.

刘佳, 周勇, 朱航, 等, 2016. 斜纹夜蛾抗药性监测及茚虫威对其解毒代谢酶的影响[J]. 昆虫学报, 59（11）: 1254-1262.

刘娜丽, 肖正, 王锋, 等, 2012. 菜青虫发生特点与防治技术[J]. 西北园艺（蔬菜）（3）: 42-43.

刘其全, 邱良妙, 施龙清, 等, 2018. 饥饿对拟环纹豹蛛体内蛋白酶和脂肪酶活性的影响[J]. 福建农业学报, 33（12）: 1312-1316.

刘瑞涵, 瓮巧云, 2021. 天敌昆虫防治草地贪夜蛾的研究进展[J]. 农业与技术, 41（8）: 833-835.

刘爽，王甦，刘佰明，等，2011. 大草蛉幼虫对烟粉虱的捕食功能反应及捕食行为观察[J]. 中国农业科学（6）：1136-1145.

刘小虎，2007. SPSS12.0 for Windows 在农业试验统计中的应用[M]. 沈阳：东北大学出版社.

刘兴江，刘声国，潘和平，等，2018. 性诱剂诱芯对烤烟小地老虎诱捕效果的影响[J]. 农技服务，35（2）：87，90.

刘昭伟，于庆涛，黄智勇，等，2019. 性诱剂防治烟草夜蛾的效果评价[J]. 湖南农业科学（4）：76-79.

卢塘飞，陈俊谕，张方平，等，2021. 不同猎物及密度对巴氏新小绥螨和拉戈钝绥螨同类相残和集团内捕食作用的影响[J]. 环境昆虫学报，43（1）：214-223.

卢永宏，杨群芳，2011. 饥饿对微小花蝽成虫捕食作用的影响[J]. 中国农学通报，27（9）：400-402.

罗明磊，田小草，刘万学，等，2022. 重大入侵害虫番茄潜叶蛾在4个烟草品种上的适合度评估[J]. 植物保护，48（6）：162-168.

罗守进，2011. 稻飞虱的研究[J]. 农业灾害研究，1（1）：1-13.

罗涛涛，阎姝彦，曹梦宇，等，2024. 基于捕食性天敌资源的番茄潜叶蛾生物防控研究进展[J]. 中国生物防治学报，40（4）：727-738.

罗优，殷郑艳，赵如娜，等，2021. 温度对军配盲蝽耐饥力及捕食效能影响[J]. 植物保护，47（4）：118-121，147.

马江，何玉琳，刘小林，等，2002. 两种捕食性天敌对棉虫及卵的选择效应[J]. 新疆农业科学，39（3）：139-142.

马琳，李晓维，郭文超，等，2021. 基于COⅠ基因的新入侵害虫番茄潜叶蛾遗传多样性分析[J]. 应用昆虫学报，58（6）：1356-1364.

马敏，李生才，2006. 不同饥饿程度的星豹蛛成虫对菜蚜的捕食作用[J]. 山西农业大学学报（自然科学版）（2）：176-179.

马敏，张宾，李生才，2010. 不同饥饿程度的草间小黑蛛的成蛛对甘蓝蚜的捕食作用[J]. 吉林农业（11）：59-61.

孟建玉，李治模，董详立，等，2022. 蠋蝽若虫对草地贪夜蛾3~5龄幼虫的捕食能力[J]. 江苏农业科学，50（8）：1-5.

苗静，李绍建，邱宝利，等，2010. 烟粉虱天敌沙巴拟刀角瓢虫与越南斧瓢虫的捕食行为比较[J]. 昆虫知识（4）：700-704.

缪彩霞，沈颀，宋立立，等，2012. 天敌昆虫对信息化学物质的利用[J]. 河北林果研究，27（2）：165-170.

莫利锋，郅军锐，陈祥叶，2013. 温度对南方小花蝽捕食西花蓟马功能反应的影响[J]. 中国生物防治学报，29（2）：187-193.

宁格，张立敏，杜广祖，等，2013. 黄足肥螋成虫对亚洲玉米螟的捕食作用研究[J]. 环境昆虫学报，35（3）：305-310.

牛多邦，檀称龙，吴玉杰，等，2022. 安徽省草地贪夜蛾对杀虫剂的敏感性和靶标突变检测[J]. 植物保护，48（2）：201-207.

农业农村部，[2022-11-18]. 农业农村部关于印发《到2025年化肥减量化行动方案》和《到2025年化学农药减量在行动方案》的通知[EB/OL]. https//www. moa. gov. cn/govpublic/ZZYGLS/202212/t20221201_6416398. htm.

帕提玛·乌木尔汗，马召，阿卜力孜·塔伊尔，等，2024. 多异瓢虫对番茄潜叶蛾的捕食功能反应[J]. 中国生物防治学报，40（4）：787-792.

潘飞，秦双，严春雨，等，2014. 斜纹夜蛾对15种杀虫剂的抗药性监测[J]. 江西农业大学学报，36（5）：1042-1047.

潘明真，张毅，曹贺贺，等，2022. 我国主要农作物蚜虫生物防治的研究进展、应用与展望[J]. 植物保护学报，49（1）：146-72.

齐会会，2014. "湘桂走廊"水稻两迁害虫的迁飞行为及重要天敌种群的动态研究[D]. 北京：中国农业科学院.

乔飞，2014. 稻田生态系统捕食性天敌群内捕食作用研究[D]. 杭州：浙江大学.

全晓宇，2011. 蜘蛛对小菜蛾的捕食作用及其捕食效应的分子检测[D]. 武汉：湖北大学.

任广伟，申万鹏，马剑光，1998. 异色瓢虫对烟蚜捕食作用的研究[J]. 中国烟草科学（4）：15-17.

尚素琴，刘平，张新虎，2016. 不同温度下巴氏新小绥螨对西花蓟马初孵若虫的捕食功能[J]. 植物保护，42（3）：141-144.

沈斌斌，徐宇斌，邹一平，2006. 拟水狼蛛和食虫沟瘤蛛雌蛛对稻褐飞虱的捕食作用研究[J]. 江西农业大学学报（4）：191-193.

沈斌斌，徐宇斌，邹一平，2006. 棕管巢蛛和拟水狼蛛对稻纵卷叶螟和稻褐飞虱捕食作用研究[J]. 蛛形学报，15（2）：85-89.

施琳琳，李子园，林丹敏，等，2022. 黄玛草蛉幼虫对草地贪夜蛾卵和低龄幼虫的捕食能力[J]. 昆虫学报，65（10）：1324-1333.

舒迎花，刘志辉，张古忍，2005. 拟环纹豹蛛对白背飞虱的嗅觉反应[J]. 蛛形学报，14（2）：122-125.

宋南，罗梅浩，刘鹏，等，2008. 取食蜂蜜对棉铃虫齿唇姬蜂体内主要代谢物质的影响[J]. 昆虫知识，45（2）：204-210.

宋肖玲，李国霞，2005. 蜡蚧轮枝孢杀虫毒素对菜粉蝶生长发育的影响及其毒力[J]. 中国生物防治（2）：91-94.

苏文敏，徐丽，郁东航，等，2016. 小菜蛾抗性机理及可持续防抗对策[J]. 长江蔬菜

（8）：35-38.

苏湘宁，邓海滨，蔡青年，等，2016. 红彩真猎蝽对烟草重要害虫捕食选择性研究[J]. 中国农学通报，32（26）：43-47.

苏湘宁，邓海滨，朱丹荔，等，2016. 红彩真猎蝽对斜纹夜蛾幼虫捕食行为及室内扩散能力的研究[J]. 中国烟草学报，22（5）：111-119.

苏湘宁，林晓珠，余小强，等，2023. 草地贪夜蛾与甜菜夜蛾种内和种间的竞争行为[J]. 环境昆虫学报（1）：243-252.

孙贝贝，李金萍，尹哲，等，2023. 释放蠋蝽防治白菜斜纹夜蛾[J]. 中南农业科技，44（4）：247-248.

孙庚，刘少武，常秀辉，等，2015. 一种改进的斜纹夜蛾人工饲养技术的效果研究[J]. 山东农业科学，47（2）：104-106.

孙佳琦，王晨，王光华，等，2022. 再生稻田拟环纹豹蛛与青翅蚁形隐翅甲间的集团内捕食及其影响因素[J]. 浙江大学学报（农业与生命科学版），48（6）：807-822.

孙佳琦，王光华，任应党，等，2022. 温度变化对休耕期冬水田天敌捕食猎物的影响及天敌耐冷性分析[J]. 生态学报，42（7）：2943-2961.

孙婧婧，王孟卿，唐艺婷，等，2021. 蠋蝽对棉铃虫幼虫的捕食功能反应[J]. 植物保护学报，48（5）：1081-1087.

孙婧婧，王孟卿，张长华，等，2022. 蠋蝽对亚洲玉米螟幼虫的捕食作用[J]. 植物保护学报，49（4）：1187-1193.

孙丽娟，衣维贤，郑长英，2017. 微小花蝽对小菜蛾捕食控制的能力[J]. 应用生态学报，28（10）：3403-3408.

孙梅梅，柴伟纲，谌江华，等，2015. 人工释放异色瓢虫对甘蓝蚜的控制效果[J]. 浙江农业科学，56（9）：1452-1453，1456.

孙文鹏，韩岚岚，戴长春，等，2015. 大豆田三种捕食性天敌对大豆蚜种群的控制作用[J]. 中国生物防治学报，31（2）：193-201.

孙雪遂，乔阳，周士秀，等，1992. 利用普通怯寄蝇防治菜粉蝶初探[J]. 应用生态学报（1）：96-98.

孙郑，游梓翊，陈德鑫，等，2024. 红彩瑞猎蝽对斜纹夜蛾幼虫的捕食能力评价[J]. 烟草科技，57（6）：55-63.

汤历，徐树兰，易敏，等，2009. 广东香芋主产区斜纹夜蛾发生危害及综合防治[J]. 广东农业科学（7）：116-118.

唐艺婷，郭义，何国玮，等，2018. 不同龄期的益蝽对粘虫的捕食功能反应[J]. 中国生物防治学报，34（6）：825-830，817.

唐艺婷，郭义，潘明真，等，2020. 蠋蝽对小菜蛾幼虫的捕食作用[J]. 植物保护，46

（4）：155-160.

唐艺婷，李玉艳，刘晨曦，等，2019. 蠋蝽对草地贪夜蛾的捕食能力评价和捕食行为观察[J]. 植物保护，45（4）：65-68.

唐艺婷，王孟卿，李玉艳，等，2019. 捕食性蝽防治草地贪夜蛾的研究进展[J]. 中国生物防治学报，35（5）：682-690.

唐艺婷，王孟卿，李玉艳，等，2020. 蠋蝽对斜纹夜蛾幼虫的捕食作用[J]. 中国烟草科学，41（1）：62-66.

田宇，2018. 外来种斯氏钝绥螨和黄瓜新小绥螨间的集团内捕食及联合防治效果评价[D]. 呼和浩特：内蒙古农业大学.

万方浩，郭建英，王德辉，2002. 中国外来入侵生物的危害与管理对策[J]. 生物多样性，10（1）：119-125.

万方浩，侯有明，蒋明星，2015. 入侵生物学[M]. 北京：科学出版社.

汪洁，母银林，杨灿，等，2023. 温度对蠋蝽成虫捕食草地贪夜蛾功能反应的影响[J]. 应用昆虫学报，60（4）：1195-1206.

汪世泽，夏楚贵，1988. Holling-Ⅲ型功能反应新模型[J]. 生态学杂志，7（1）：1-3，44.

汪洋洲，张云月，李启云，等，2017. 新疆亚洲玉米螟和欧洲玉米螟种群遗传结构研究[C]// 绿色生态可持续发展与植物保护——中国植物保护学会第十二次全国会员代表大会暨学术年会论文集. 长沙：中国植物保护学会.

王春义，雷朝亮，朱心军，1996. 黄足隘步甲对小菜蛾幼虫的捕食作用观察[J]. 湖北植保（2）：4-5.

王凤龙，周义和，任广伟，2019. 中国烟草病害图鉴[M]. 北京：中国农业出版社.

王福莲，侯茂林，张帆，等，2005. 不同品系赤眼蜂对烟青虫卵的寄生力比较[J]. 中国生物防治，21（2）：80-84.

王洪全，颜亨梅，杨海明，1996. 中国稻田蜘蛛生态利用与研究[J]. 中国农业科学，29（5）：68-75.

王洪全，周家友，刘贵匀，1982. 拟环纹狼蛛的生物学研究[J]. 动物学报，28（3）：69-79.

王进忠，缪昆，孙淑玲，等，2001. 3种瓢虫对蚜虫及其寄主植物的嗅觉反应[J]. 北京农学院学报（16）：22-26.

王磊，陈科伟，钟国华，等，2019. 重大入侵害虫草地贪夜蛾发生危害、防控研究进展及防控策略探讨[J]. 环境昆虫学报，41（3）：479-487.

王连霞，李敦松，罗宝君，等，2019. 释放不同种类赤眼蜂对亚洲玉米螟的防治效果比较[J]. 应用昆虫学报，56（2）：214-219.

王芹芹，崔丽，王立，等，2019. 草地贪夜蛾对杀虫剂的抗性研究进展[J]. 农药学学报，21（4）：401-408.

王瑞娟，代晓彦，刘艳，等，2023. 东亚小花蝽成虫对番茄潜叶蛾卵的捕食能力[J]. 山东农业科学，55（11）：35-39.

王世伟，2002. 烟草夜蛾的发生与防治[J]. 植保土肥（12）：25-26.

王甦，谭晓玲，徐红星，等，2012. 三种捕食性瓢虫的种间竞争作用[J]. 中国农业科学，45（19）：3980-3987.

王维，2022. 温度对十斑大瓢虫发育、繁殖及捕食的影响[D]. 雅安：四川农业大学.

王亚南，李萍，贺玮玮，等，2022. 丽草蛉三龄幼虫对斜纹夜蛾卵及低龄幼虫的捕食作用[J]. 中国生物防治学报，38（2）：321-327.

王亚楠，赵胜园，何运转，等，2020. 黄带犀猎蝽对草地贪夜蛾幼虫的捕食作用[J]. 中国生物防治学报，36（4）：525-529.

王亚楠，赵胜园，何运转，等，2023. 不同温度下黄带犀猎蝽对草地贪夜蛾的捕食能力[J]. 应用昆虫学报，60（4）：1207-1214.

王燕，王孟卿，张红梅，等，2019. 益蝽成虫对草地贪夜蛾不同龄期幼虫的捕食能力[J]. 中国生物防治学报，35（5）：691-697.

王燕，张红梅，李向永，尹等，2020. 益蝽不同龄期若虫对草地贪夜蛾幼虫的捕食能力[J]. 中国生物防治学报，36（4）：520-524.

王燕，张红梅，尹艳琼，等，2019. 蠋蝽成虫对草地贪夜蛾不同龄期幼虫的捕食能力[J]. 植物保护，45（5）：42-46.

王宇，刘兴龙，王克勤，2022. 松毛虫赤眼蜂防治玉米田亚洲玉米螟技术优化[J]. 黑龙江农业科学（4）：39-43.

王宇，王克勤，王晓曦，等，2023. 哈尔滨地区不同亚洲玉米螟性诱剂诱捕效果研究[J]. 植物保护，49（6）：338-342，349.

王玉雪，张浩然，夏鹏亮，等，2023. 耶气步甲对斜纹夜蛾的捕食功能及其扩散能力研究[J]. 南方农业学报，54（12）：3610-3618.

王智，2007. 拟环纹豹蛛的生物生态学研究[J]，昆虫学报，50（9）：927-932.

魏鸿钧，黄文琴，1989. 黄淮海平原小麦害虫的发生与防治[J]. 农业现代化研究（2）：51-53.

魏开炬，詹祖仁，林滨，等，2015. 大突肩瓢虫对居竹伪角蚜捕食行为的观察[J]. 中国森林病虫，34（4）：26-29.

巫厚长，程遐年，邹运鼎，等，2000. 不同饥饿程度的异色瓢虫成虫对烟蚜的捕食作用[J]. 安徽农业大学学报（4）：348-351.

吴迪，2008. 异色瓢虫法国种群飞行能力及捕食效应研究[D]. 兰州：甘肃农业大学.

吴红波，2006. 生物防治在我国烟草病虫害防治上的应用[J]. 贵州农业科学，34（增刊）：103-105.

吴进才，2011. 农药诱导害虫再猖獗机制[J]. 应用昆虫学报，48（4）：799-803.

吴钜文，彩万志，侯陶谦，2003. 中国烟草昆虫种类及害虫综合治理[M]. 北京：中国农业科学技术出版社.

吴钜文，陈红印，2013. 蔬菜害虫及其天敌昆虫名录[M]. 北京：中国农业科学技术出版社.

吴铭忻，高小文，孙剑华，等，2016. 短稳杆菌防控烟青虫效果综述[J]. 农药科学与管理，37（5）：50-55.

吴青君，张文吉，朱国仁，等，2001. 小菜蛾的发生为害特点及抗药性现状[J]. 中国蔬菜（5）：49-51.

吴秋琳，姜玉英，吴孔明，2019. 草地贪夜蛾缅甸虫源迁入中国的路径分析[J]. 植物保护，45（2）：1-6，18.

吴兴富，邓建华，黄江梅，等，2003. 烟蚜茧蜂对烟蚜的选择性寄生及雌蜂年龄对后代性别的影响[J]. 中国烟草学报，9（2）：31-34.

吴玉新，闫三强，吕宝乾，等，2024. 麦蛾柔茧蜂防控二化螟潜能评估[J]. 中国植保导刊，44（6）：51-55.

伍绍龙，邓婉，蔡海林，等，2020. 饥饿情况下蠋蝽种内互残行为发生时期及影响[J]. 中国生物防治学报，36（2）：169-174.

武鸿鹄，2014. 温室环境因子对大草蛉和丽草蛉成虫扩散行为的影响研究[D]. 北京：中国农业科学院.

夏敬源，2010. 公共植保、绿色植保的发展与展望[J]. 中国植保导刊，1（30）：5-9.

肖峰，田翔，肖德波，等，2021. 益蝽对斜纹夜蛾3龄幼虫的捕食作用研究[J]. 山地农业生物学报，40（6）：66-70.

肖海军，何海敏，薛芳森，2012. 二化螟滞育生物学特性的研究进展[J]. 生物灾害科学，35（1）：1-6.

谢永辉，王春娅，陈雅琼，等，2021. 利用斜纹夜蛾规模化繁育夜蛾黑卵蜂的初步研究[J]. 中国生物防治学报，37（6）：1146-1151.

新华社，2014. 日本将瓢虫改良成飞不走的"生物农药"[J]. 农业技术与装备（11）：80.

徐世才，廖良坤，潘小花，等，2013. 东亚钳蝎对小菜蛾的捕食效应[J]. 西北农业学报，22（9）：188-191.

徐翔，杨淞杰，李维强，等，2020. 绿僵菌油悬浮剂与减量化学农药联用对冬玉米草地贪夜蛾的防控效果[J]. 中国生物防治学报，36（4）：530-533.

许乐园，刘韶业，于金凤，等，2019. 温度对中华通草蛉捕食麦长管蚜的影响[J]. 环境昆虫学报，41（3）：605-611.

许庆辉，孟玲，李保平，2014. 烟盲蝽对不同密度斜纹夜蛾初龄幼虫的捕食和搜寻行为[J]. 中国生物防治学报，30（2）：178-182.

杨灿，母银林，汪洁，等，2021. 适宜温度与低温下蠋蝽在不同环境中的耐饥饿研究[J]. 山地农业生物学报，40（2）：84-87.

杨灿，母银林，汪洁，等，2022. 蠋蝽成虫对两种烟草害虫卵及3龄幼虫的捕食功能反应[J]. 植物保护，48（1）：158-162，172.

杨德雁，卢辉，吕宝乾，等，2024. 天敌保护利用对海南玉米害虫的防治效果[J/OL]. 热带生物学报（9）：20240108. DOI：10. 15886/j. cnki. rdswxb.20240108.

杨帆，陆宴辉，徐建祥，2016. 棉蚜密度对瓢虫集团内捕食作用的影响[J]. 中国生物防治学报，32（3）：299-304.

杨桂群，范苇，张倩，等，2022. 异色瓢虫和龟纹瓢虫幼虫对番茄潜叶蛾低龄幼虫的捕食功能反应[J]. 中国生物防治学报，38（4）：959-966.

杨建全，陈乾锦，陈家骅，等，2000. 几种杀虫剂对小地老虎的毒力测定[J]. 华东昆虫学报（1）：53-56.

杨录明，普耀芳，黄继梅，等，2000. 农用不育剂防治烟青虫的研究[J]. 中国烟草学报（3）：33-37.

杨青青，陈岗，方亮，等，2022. 益蝽对烟草斜纹夜蛾幼虫的捕食能力评价[J]. 安徽农业科学，50（9）：140-142.

杨琰云，董慧琴，梁来荣，1995. 朱砂叶螨利他素对拟长毛钝绥螨定位反应的影响[J]. 蛛形学报，4（2）：111-116.

杨琰云，董慧琴，梁来荣，1997. 朱砂叶螨挥发性利他素的提取研究[J]. 蛛形学报，6（2）：150-154.

杨韵，孙淦琳，王文倩，等，2023. 益蝽对番茄潜叶蛾的捕食行为及捕食能力研究[J]. 环境昆虫学报，45（1）：179-188.

杨芷，路杨，毛刚，等，2020. 松毛虫赤眼蜂携带球孢白僵菌防治亚洲玉米螟技术研究与应用[J]. 中国生物防治学报，36（1）：52-57.

姚丽娟，1996. 几株真菌代谢产物对小菜蛾和菜青虫的杀虫效果[J]. 中国生物防治（3）：6.

姚松林，任顺祥，黄振，2005. 烟粉虱天敌日本刀角瓢虫的捕食行为[J]. 应用生态学报（3）：509-513.

殷永昇，常金玉，1982. 菜粉蝶绒茧蜂生物学特性初步观察[J]. 昆虫天敌（4）：13-15.

尹云飞，2016. 外来种斯氏钝绥螨与本地种巴氏新小绥螨的集团内捕食作用[D]. 呼和浩特：内蒙古农业大学.

游梓翊，曾涛，刘平平，等，2023. 红彩瑞猎蝽对草地贪夜蛾幼虫的控害能力[J]. 环境昆虫学报，45（6）：1653-1664.

游梓翊，刘平平，蒲小明，等，2023. 红彩瑞猎蝽对小地老虎捕食功能反应研究[J]. 天津农业科学，29（8）：49-55.

游梓翊，蒲小明，刘平平，等，2023. 不同虫态叉角厉蝽对烟青虫捕食功能反应的分析[J]. 江西农业学报，35（2）：110-115.

游梓翊，孙郑，夏长剑，等，2023. 不同产卵基质对红彩瑞猎蝽产卵生物学的影响[J]. 天津农业科学，29（3）：53-56.

于洪春，孙艺峰，侯月敏，等，2017. 甘蓝夜蛾核型多角体病毒对主要夜蛾科害虫生物活性的测定[J]. 东北农业大学学报，48（4）：15-21.

于伟丽，2012. 防治小地老虎高效药剂筛选及对土壤生物安全性评价[D]. 泰安：山东农业大学.

余帆，2019. 叉角厉蝽联合生物农药对烟草斜纹夜蛾种群的控制作用[D]. 广州：华南农业大学.

袁曦，邓伟丽，郭义，等，2022. 螟黄赤眼蜂对草地贪夜蛾卵寄生效果评价[J]. 环境昆虫学报，44（2）：290-296.

张东旭，孟瑞霞，张鹏飞，等，2013. 巴氏新小绥螨对猎物搜寻能力的研究[J]. 应用昆虫学报，50（1）：203-209.

张桂芬，刘万学，万方浩，等，2018. 世界毁灭性检疫害虫番茄潜叶蛾的生物生态学及危害与控制[J]. 生物安全学报，27（3）：155-163.

张桂芬，马德英，刘万学，等，2019. 中国新发现外来入侵害虫——南美番茄潜叶蛾（鳞翅目：麦蛾科）[J]. 生物安全学报，28（3）：200-203.

张桂芬，张毅波，冼晓青，等，2022. 新发重大农业入侵害虫番茄潜叶蛾的发生为害与防控对策[J]. 植物保护，48（4）：51-58.

张海玲，张玉波，周正湘，2017. 核型多角体病毒对烟青虫血淋巴的影响[J]. 江苏农业学报，33（4）：788-793.

张海平，潘明真，易忠经，等，2017. 短期饥饿处理对蠋蝽寿命、繁殖力及捕食量的影响[J]. 中国生物防治学报，33（2）：159-164.

张浩，王金彦，陈义娟，等，2023. 温度对不同虫态异色瓢虫捕食桃蚜功能反应的影响[J]. 上海农业学报，39（4）：90-95.

张宏瑞，李正跃，2001. 媒介昆虫与烟草病毒病关系的研究[J]. 云南农业大学学报，16（3）：231-235.

张晓滢，彭之琦，陆永跃，等，2022. 不同温度条件下叉角厉蝽对草地贪夜蛾幼虫的捕食作用[J]. 环境昆虫学报，44（2）：273-280.

张欣，李修炼，梁宗锁，等，2012. 不同环境温度下大草蛉对黄精主要害虫二斑叶螨的控害潜能评估[J]. 环境昆虫学报，34（2）：214-219.

张鑫，2017. 红彩真猎蝽的饲养及其对褐飞虱的捕食作用研究[D]. 广州：仲恺农业工程学院.

张毅，谢影平，薛皎亮，等，2014. 红环瓢虫对草履蚧及相关气味的趋性[J]. 安徽农业科学，42（13）：3892-3894.

张永春，周杜浪，杨晓刚，等，2012. 烟青虫生物防治药剂的筛选[J]. 贵州农业科学，40（6）：124-127.

张勇，2006. 我国南部烟区烟青虫 *Helicoverpa Assulta*（Guenée）抗药性检测及寄主植物对其生长发育的影响[D]. 泰安：山东农业大学.

张勇，王开运，王刚，等，2006. 烟青虫对三种食料植物的选择性及适应性[J]. 昆虫知识，43（6）：781-784.

张云月，汪洋洲，高月波，等，2022. 微生物农药联合防治亚洲玉米螟的研究[J]. 东北农业科学，47（4）：70-73，141.

张治科，周银迪，吴小梅，2023. 温度对东亚小花蝽捕食西花蓟马效果的影响[J]. 中国瓜菜，36（9）：123-127.

章士美，汪广，1959. 斜纹夜蛾 *Prodenia litura* Fab. 的初步考察[J]. 昆虫知识（3）：83-84.

赵航，廖贤斌，高平，等，2022. 叉角厉蝽对亚洲玉米螟幼虫的捕食功能反应[J]. 环境昆虫学报，44（2）：422-429.

赵鸿飞，沈阳，雷利斌，2005. 捕食性天敌（蜘蛛类）对菜青虫的捕食作用研究[J]. 安徽农学通报（6）：65-66.

赵静，肖达，张帆，等，2016. 三种捕食性瓢虫成虫对卵的种内自残及其集团内捕食作用[J]. 环境昆虫学报，38（2）：299-304.

赵钧，李琦，王雪芬，等，2021. 释放辐射不育雄虫防治烟青虫的效果研究[J]. 中国烟草科学，42（4）：31-35.

赵萍，袁继林，2011. 贵州真猎蝽亚科昆虫名录及区系分析[J]. 贵州农业科学，39（7）：99-102.

赵锐，程保山，2006. 大田烟叶团棵期虫害调查[J]. 西南农业学报，19（1）：63-65.

赵晓英，王川，刘德芬，等，2024. 螟黄赤眼蜂对水稻二化螟的防治效果[J]. 中国植保导刊，44（2）：58-60.

赵秀芝，刘玉升，张帆，2010. 龟纹瓢虫不同飞行力种群的扩散及控害能力研究[C]// 公共植保与绿色防控——中国植物保护学会2010年学术年会论文集. 鹤壁：中国植物保护学会.

赵雪晴，刘莹，石旺鹏，等，2019. 东亚小花蝽对草地贪夜蛾幼虫的捕食效应[J]. 植物保护，45（5）：79-83.

赵宇，姜媛媛，田艺帆，等，2023. 4株虫生真菌对亚洲玉米螟致病力评价及其与松毛虫赤眼蜂的相容性[J]. 玉米科学，31（6）：135-142.

浙江省农业改进所，1939. 铁甲虫、浮尘子、稻飞虱、丝椿象防治浅说[M]. 松阳：浙江省农业改进所.

郑旭川，曾宪立，张帅，等，2020. 不同药剂对重庆烟区小地老虎防效及烟叶质量的影响

[J]. 现代农业科技（21）: 127-128, 130.

支昊宇, 2020. 新疆亚洲玉米螟对氯虫苯甲酰胺抗性机制的研究[D]. 南京: 南京农业大学.

钟平生, 曾玲, 2008. 小菜蛾寄生性天敌的动态调查与作用分析[J]. 江西农业大学学报, 149（3）: 471-475.

周传波, 陈安福, 1981. 黑肩绿盲蝽捕食大螟卵[J]. 昆虫天敌（4）: 25.

周建云, 刘明科, 肖丽娜, 等, 2017. 烟青虫高毒力白僵菌菌株筛选及其感菌后体内保护酶活性的变化[J]. 安徽农业大学学报, 44（6）: 1119-1123.

周琼, 梁广文, 2001. 小菜蛾的天敌类群及其利用现状[J]. 昆虫天敌（1）: 35-42.

周淑香, 李丽娟, 鲁新, 等, 2020. 诱捕器类型和悬挂高度对二化螟诱集效果的影响[J]. 东北农业科学, 45（2）: 32-35.

周忠实, 陈泽鹏, 邓海滨, 等, 2007. 不同干扰因素对斜纹猫蛛（*Oxyopes sertatus*）和红彩瑞猎蝽（*Harpactor fuscipes*）捕食作用的影响[J]. 生态学报, 27（8）: 3341-3347.

朱安迪, 王映山, 方晨, 等, 2022. 不同温度下双尾新小绥螨对西花蓟马的捕食功能反应[J]. 环境昆虫学报, 44（2）: 430-439.

朱涤芳, 1990. 叉角厉蝽生物学特性研究[J]. 昆虫天敌, 12（2）: 71-74.

朱亮, 葛振泰, 宫亚军, 等, 2015. 温度对东亚小花蝽捕食美洲棘蓟马的影响[J]. 植物保护学报, 42（2）: 229-236.

朱艳娟, 王孟卿, 李玉艳, 等, 2020. 不同温度下不同龄期蠋蝽对榆黄毛萤叶甲的捕食功能的影响[M]//陈万全. 植物健康与病虫害防控. 北京: 中国农业科学技术出版社.

邹运鼎, 耿继光, 陈高潮, 等, 1996. 异色瓢虫若虫对麦三叉蚜的捕食作用[J]. 应用生态学报（2）: 197-200.

ALIMA MA, LIMB UT, 2011. Interspecific larval competition between two egg parasitoids in refrigerated host eggs of *Riptortus pedestris*（Hemiptera: Alydidae）[J]. Bi Control Science and Technology, 21（4）: 395-407.

AAMBROSE D P, CLAVER M A, 1997. Functional and numerical responses of the reduviid predator, *Rhynocoris fuscipes* F.（Het., Reduviidae）to cotton leafworm *Spodoptera litura* F.（Lep., Noctuidae）[J]. Journal of Applied Entomology, 121: 331-336.

AMBROSE D P, NAGARAJAN K, 2010. Functional Response of *Rhynocoris fuscipes*（Fabricius）（Hemiptera: Reduviidae）to Teak Skeletonizer Eutectona machaeralis Walker（Lepidoptera: Pyralidae）[J]. Journal of Biological Control, 24（2）: 175-178.

AMBROSE D P, LIVINGSTONE D, 1986. Bioecology of *Rhinocoris fuscipes* Fabr.（Reduviidae）a potential predator on insect pests[J]. Uttar Pradesh Journal of Zoology, 6（1）: 36-39.

BACCI L, SILVA É M, SILVA G A, et al., 2019. Natural mortality factors of tomato leafminer Tuta absoluta in open-field tomato crops in South America[J]. Pest Management Science, 75（3）: 736-743.

BALLAL C R, GUPTA A, MOHAN M, et al., 2016. The new invasive pest *Tuta absoluta*（Meyrick）（Lepidoptera: Gelechiidae）in India and its natural enemies along with evaluation of Trichogrammatids for its biological control[J]. Current science, 110（11）: 2155-2159.

BERTSCHY C, TURLINGS T C J, BELLOTTI A C, et al. , 1997. Chemically-mediated attraction of three parasitoid species to mealybug-infested cassava leaves[J]. Florida Entomologist, 80（3）: 383-395.

BIONDI A, CHAILLEUX A, LAMBION J, et al., 2013. Indigenous natural enemies attacking Tuta absoluta（Lepidoptera: Gelechiidae）in southern France[J]. Egyptian Journal of Biological Pest Control, 23（1）: 117-121.

BIONDI A, GUEDES R N C, WAN F H, et al., 2018. Ecology, worldwide spread, and management of the invasive South American tomato pinworm, *Tuta absoluta*: past, present, and future[J]. Annual review of entomology, 63（1）: 239-258.

BODINO N, FERRACINI C, TAVELLA L, 2019. Functional response and age-specific foraging behaviour of *Necremnus tutae* and *N. cosmopterix*, native natural enemies of the invasive pest *Tuta absoluta* in Mediterranean area[J]. Journal of Pest Science, 92: 1467-1478.

BRADSHAW C, LEROY B, BELLARD C, et al., 2016. Massive yet grossly underestimated global costs of invasive insects[J]. Nat. Commun, 7: 12986.

CABELLO T, GALLEGO J R, VILA E, et al., 2009. Biological control of the South American tomato pinworm, Tuta absoluta（Lep. : Gelechiidae）, with releases of Trichogramma achaeae（Hym. : Trichogrammatidae）in tomato greenhouses of Spain[J]. IOBC/WPRS Bull, 49: 225-230.

CALVO F J, SORIANO J D, BOLCKMANS K, et al., 2013. Host instar suitability and life-history parameters under different temperature regimes of Necremnus artynes on Tuta absoluta[J]. Biocontrol Science and Technology, 23（7）: 803-815.

CAMPOS M R, BIONDI A, ADIGA A, et al., 2017. From the Western Palaearctic region to beyond: Tuta absoluta 10 years after invading Europe[J]. J Pest Sci, 90: 787-796.

CARLETTO J, LOMBAERT E, CHAVIGNY P, et al., 2009. Ecological specialization of the aphid Aphis gossypii Glover on cultivated host plants[J]. Mol Ecol, 18（10）: 2198-2212.

CHESSON, P, 2014. Species Competition and Predation. In: Meyers, R.（eds）Encyclopedia of Sustainability Science and Technology[M]. New York: Springer.

CORK A, BOO K S, DUNKELBLUM E, et al., 1992. Female sex pheromone of oriental tobacco budworm, *Helicoverpa assulta* (Guenee) (Lepidoptera: Noctuidae)[J]. Identification and field testing, 18 (3): 403-418.

DESNEUX N, LUNA M G, GUILLEMAUD T, et al., 2011. The invasive South American tomato pinworm, *Tuta absoluta*, continues to spread in Afro-Eurasia and beyond: the new threat to tomato world production[J]. Journal of Pest Science, 84: 403-408.

DESNEUX N, WAJNBERG E, WYCKHUYS K A G, et al., 2010. Biological invasion of European tomato crops by Tuta absoluta: ecology, geographic expansion and prospects for biological control[J]. Journal of Pest Science, 83: 197-215.

DICKE M, VAN LOON J J A, 2000. Multitrophic effects of herbivore-induced plant volatiles in an evolutionary context[J]. Entomologia Experimentalis et Applicata, 97 (3): 237-249.

DIXON A F C, 1959. An Experimental study of the searching behavior of the predatory coccinellid beetle *Adalia decempunctata* (L.) [J]. Anim Ecol, 28 (2): 259-281.

DIXON A F C, 1970. Factors limiting the effectiveness of the coccinellid beetle, *Adalia bipunctata* (L.), as a predator of Sycamore aphid, *Drepanosiphum platanoides* (scher) [J]. Anim Ecol, 39: 739-751.

DOO-HYUNG LEE, ANNE L. NIELSEN, TRACY C. LESKEY, 2014. Dispersal Capacity and Behavior of Nymphal Stages of Halyomorpha halys (Hemiptera: Pentatomidae) Evaluated Under Laboratory and Field Conditions[J]. Journal of Insect Behavior, 27 (5): 639-651.

FARHADI R, ALLAHYARI H, JULIANO S A, 2010. Functional response of larval and adult stages of *Hippodamia variegata* (Coleoptera: Coccinellidae) to different densities of *Aphis fabae* (Hemipera: Aphididae) [J]. Environmental Entomology, 39 (5): 1586-1592.

FENG M X, ZHANG Y Y, COATES B S, et al., 2023. Assessment of *Beauveria bassiana* for the biological control of corn borer, *Ostrinia furnacalis*, in sweet maize by irrigation application[J]. Bio Control, 68 (1): 49-60.

FERRACINI C, BUENO V H P, DINDO M L, et al., 2019. Natural enemies of Tuta absoluta in the Mediterranean basin, Europe and South America[J]. Biocontrol Science and Technology, 29 (6): 578-609.

GANJISAFFAR F, PERRING T M, 2015. Prey stage preference and function response of the predatory mite *Galendromus flumenis* to *Oligonychus pratensis*[J]. Biological Control, 82: 40-45.

GEBIOLA M, BERNARDO U, RIBES A, et al., 2015. An integrative study of *Necremnus* Thomson (Hymenoptera: Eulophidae) associated with invasive pests in Europe and North America: taxonomic and ecological implications[J]. Zoological Journal of the Linnean

Society, 173（2）：352-423.

GOGGIN F L, 2007. Plant-aphid interactions: Molecular and ecological perspectives[J]. Curr Opin Plant Biol, 10（4）：399-408.

GUO J F, QI J F, HE K L, et al., 2019. The Asian corn borer *Ostrinia furnacalis* feeding increases the direct and indirect defence of mid-whorl stage commercial maize in the field[J]. Plant Biotechnology Journal, 17（1）：88-102.

GUO J F, ZHANG Y J, WANG Z Y, 2022. Research progress in managing the invasive fall armyworm, *Spodoptera frugiperda* in China [J]. Plant Protection, 48（4）：79-87.

HAN P, BAYRAM Y, SHALTIEL-HARPAZ L, et al., 2019a. *Tuta absoluta* continues to disperse in Asia: damage, ongoing management and future challenges[J]. J Pest Sci, 92：1317-1327.

HARDWICK D F, 1965. The corn earworm complex[J]. Memoirs of the Entomological Society of Canada, 97（40）：9-20.

HASSELL M P, VARLEY G C, 1969. New induction population model for insect parasites and its bearing on biological control [J]. Nature, 223（5211）：1113-1137.

HASSELL M P, 1969. A population model for the interaction between *Cyzenis albicans* and *Operophtera brumata* at Wytham Bershire[J]. J. Anim. Ecol., 38：567-576.

HENEIDY A E, HASSANEIN F A, 1987. Survey of the parasitoids of the greasy cutworm *Agrotis ipsilon*（Rott）in Egypt[J]. Anieiger fur Schad Lingskunde Pflanzenschutz umveltschutz, 60（8）：155-157.

HOELMER K A, OSBORNE L S, YOKOMI P K, 1993. Reproduction and feeding behavior of *Delphastus pusillus*（Coleoptera：Coccinellidae）, Predator of Bemisia *argentifolii*（Homoptera：Aleyrodidae）[J]. Econ Ent（86）：322-329.

HOLLING C S, 1959. Some characteristics of simple types of predation and parasitism[J]. The Canadian Entomologist, 91（7）：385-398.

HOLLING C S, 1959. The components of predation as revealed by a study of small-mammal predation of the European pine sawfly [J]. The Canadian Entomologist, 91（5）：293-320.

IBRAHIM H M, 2020. Seasonal fluctuations of the cabbage white butterfly, *Pieris rapae*（L.）and its natural enemies on cabbage in middle Egypt [J]. Middle East Journal of Applied Sciences, 10（4）：693-697.

INBAR M, DOOSTDAR H, MAYER R T, 1999. Effects of sessile whitefly nymphs（Homptera：Aleyrodidae）on leaf-chewing larvae（Lepidoptera：NCtuidae）[J]. Environmental Entomology, 28（3）：353-357.

JIANG Z X, ZHOU S W, SUN Y, et al., 2024. Assessment of the suitability of three native

Trichogramma species for biological control of Tuta absoluta in China[J]. Entomologia Generalis, 44（2）: 367-375.

JOSEPH S V, BRAMAN S K, 2009. Predatory potential of *Geocoris* spp. and *Orius insidiosus* on fall armyworm in resistant and susceptible Turf[J]. J. Econ. Entomol., 102（3）: 1151-1156.

JULIANO S A, 2001. Non-linear curve fitting: predation and functional response curves [M]// SCHNEIDER S M, GUREVITCH J, （eds. Design and analysis of ecological experiments. New York: Oxford University Press.

KAJITA Y, TAKANO F, YASUDA H, et al., 2006. Interactions between introduced and native predatory ladybirds（Coleoptera, Coccinellidae）: factors influencing the success of species introductions[J]. Ecological Entomology, 31（1）: 58-67.

LAMINE K, LAMBIN M, ALAUZET C, 2005. Effect of starvation on the searching path of the predatory bug *Deraeocoris lutescens*[J]. Biocontrol, 50: 717-727.

LI F, LI W, LIN Y, et al., 2018. Expression of lima bean terpene synthases in rice enhances recruitment of a beneficial enemy of a major rice pest[J]. Plant Cell & Environment, 41（1）: 111-120.

LIN W, CHENG X, XU R, 2011. Impact of different economic factors on biological invasions on the global scale[J]. PLoS One, 6（4）: e18797.

LUNA M G, WADA V I, LA SALLE J, et al., 2011. Neochrysocharis formosa（Westwood）（Hymenoptera: Eulophidae）, a newly recorded parasitoid of the tomato moth, *Tuta absoluta*（Meyrick）（Lepidoptera: Gelechiidae）, in Argentina[J]. Neotropical Entomology, 40: 412-414.

MANSOUR R, BIONDI A, 2021. Releasing natural enemies and applying microbial and botanical pesticides for managing *Tuta absoluta* in the MENA region[J]. Phytoparasitica, 49（2）: 179-194.

MANSOUR R, BREVAULT T, CHAILLEUX A, et al., 2018. Occurrence, biology, natural enemies and management of *Tuta absoluta* in Africa[J]. Entomologia Generalis, 38（2）: 83-112.

MASELOU D, PERDIKIS D, FANTINOU A, 2015. Effect of hunger level on prey consumption and functional response of the predator *Macrolophus pygmaeus*[J]. B. Insectol, 68: 211-218.

MATSUDA H, ABRAMS P A, 2004. Effects of predator—prey interactions and adaptive change on sustainable yield[J]. Canadian Journal of Fisheries and Aquati Sciences, 61（2）: 175-184.

MAYER R T, INBAR M, MCKENZIE C L, et al., 2002. Multitrophic interactions of the silverleaf whitefly, host plants, competing herbivores, and phytopathogens[J]. Archives of Insect Bi Chemistry Physiology, 51 (4): 151-169.

MEDAL, J, CRUZ A S, SMITH T, 2017. Feeding responses of *Euthyrhinchus floridanus* (Heteroptera: Pentatomidae) to *Megacopta cribraria* (Heteroptera: Plataspidae) with *Spodoptera frugiperda* and *Anticarsia gemmatalis* (Lepidoptera: Noctuidae) larvae as alternative prey [J]. J. Entomol. Sci., 52 (1): 87-91.

MILLS N, 2006. Interspecific Competition among Natural Enemies and Single Versus Multiple Introductions in Biological Control[C]//In: Brodeur, J., Boivin, G. (eds) Trophic and Guild in Biological Interactions Control. Progress in Biological Control. Dordrecht: Springer.

MONTEZANO, D G, SPECHT A, SOSA-GÓMEZ DR, et al., 2018. Host plants of *spodoptera frugiperda* (lepidoptera: noctuidae) in the Americas [J]. Afr. Entomol., 26 (2): 286-300.

NG J C, PERRY K L, 2004. Transmission of plant viruses by aphid vectors[J]. Mol Plant Pathol, 5 (5): 505-511.

OBATA S, 1997. The influence of aphids on the behavior of adults of the ladybird beetle, *Harmonia axyridis* (COL.: Coiccinellidae) [J]. Entomophaga, 42 (1-2): 103-106.

PAN M Z, ZHANG H, ZHANG L, et al., 2019. Effects of Starvation and Prey Availability on Predation and Dispersal of an Omnivorous Predator *Arma chinensis* Fallou [J]. Journal of Insect Behavior, 32: 134-144.

PÉREZ-HEDO M, RIAHI C, URBANEJA A, 2021. Use of zoophytophagous mirid bugs in horticultural crops: current challenges and future perspectives[J]. Pest Management Science, 77 (1): 33-42.

PIMENTEL D, 2005. Environmental consequences and economic costs of alien species Inderjit S (ed.) [C]//Invasive Plants: Ecological and Agricultural Aspects. Basel: Birkhäuser Basel.

POLIS G A, MYERS C A, HOLT R D, 1989. The ecology and evolution of intraguild predation: potential competitors that eat each other[J]. Annual Review of Ecology and Systematics, 20: 297-330.

PUNYA NACHAPPA, BRAMAN S K, GUILLEBEAU L P, et al., 2006. Functional Response of the Tiger Beetle *Megacephala carolina carolina* (Coleoptera: Carabidae) on Twolined Spittlebug (Hemiptera: Cercopidae) and Fall Armyworm (Lepidoptera: Noctuidae) [J]. Journal of Economic Entomology, 99 (5): 1583-1589.

QURESHI S R, QUAN W L, ZHOU R Q, et al., 2015. Morphology and development immature stage of Chelonus murakatae (Hymenoptera: Braconidae), an endoparasitoid of Chilo suppressalis[J]. Entomological News, 125 (4): 252-259.

RAAK-VAN DEN BERG C L, DE LANGE H J, VAN LENTEREN J C, 2012. Intraguild predation behaviour of ladybirds in semi-field experiments explains invasion success of *Harmonia axyridis*[J]. PLoS One, 7 (7): e40681.

RANJBAR F, MICHAUD J P, JALALI M A, et al., 2020. Intraguild predation between two lady beetle predators is more sensitive to density than species of extraguild prey[J]. Bio Control, 65 (6): 713-725.

RASEKH A, OSAWA N, 2020. Direct and indirect effect of cannibalism and intraguild predation in the two sibling *Harmonia* ladybird beetles[J]. Ecology and Evolution, 10 (3): 5899-5912.

ROSENHEIM J A, KAYA H K, EHLER L E, et al., 1995. Intraguild predation among biological-control agents: theory and evidence[J]. Biological Control, 5 (3): 303-335.

SAHAYARAJ K, SELVARAJ P, 2003. Life Table characteristics of *Rhynocoris fuscipes* Fabricius in relation to sex ratios[J]. Ecology, Environment and Conservation, 9 (2): 115-119.

SALAMA H S, FODA M S, 1984. Studies on the susceptibiloty of some cotton pests to various struins of Bacillus thuringiensis[J]. Zeitchrift fur Pflanzenkrankheiten und ptlanzen Schutz, 91 (1): 65-70.

SARA MAES, XAVIER MASSART, JEAN-CLAUDE GRE´GOIRE, et al., 2014. Dispersal potential of native and exotic predatory ladybirds as measured by a computer-monitored flight mill[J]. BioControl, 59 (4): 415-425.

SARHAN A A, OSMAN M A M, MANDOUR N S, et al., 2015. Parasitization capability of four Trichogrammatid species against the tomato leaf miner, Tuta absoluta (Meyrick) (Lepidoptera: Gelechiidae) under different releasing regimes[J]. Egyptian Journal of Biological Pest Control, 25 (1): 107-112.

SATO S A, DIXON A F G, YASUDA H, 2003. Effect of emigration on cannibalism and intraguild predation in aphidophagous ladybirds[J]. Ecological Entomology, 28 (5): 628-633.

SENGONCA C, LOCHTE C, 1997. Development of a spray and atomizer technique for applying eggs of *Chrysoperla carnea* (Stephens) in the field for biological control of aphids [J]. Zeitschrift Für Pflanzenkrankheiten und Pflanzenschutz, 104 (3): 214-221.

SHANKER C, 2018. Biology, Predatory Potential and Functional Response of Rhynocoris fuscipes (Fabricius) (Hemiptera: Reduviidae) on rice brown planthopper, Nilaparvata lugens (Stal) (Homoptera: Delphacidae)[J]. J. Exp. Zool. India, 21 (1): 259-263.

SHAYARAJ K, SELVARAJ P, 2003. Life Table characteristics of *Rhynocoris fuscipes* Fabricius in relation to sex ratios[J]. Ecology, Environment and Conservation, 9 (2):

115-119.

SIEGWART M, THIBORD J B, OLIVARES J, et al., 2017. Biochemical and molecular mechanisms associated with the resistance of the european corn borer (Lepidoptera: Crambidae) to lambda-cyhalothrin and first monitoring tool[J]. Journal of Economic Entomology, 110(2): 598-606.

SIQUEIRA H A A, GUEDES R N C, FRAGOSO D B, et al., 2001. Abamectin resistance and synergism in Brazilian populations of Tuta absoluta (Meyrick) (Lepidoptera: Gelechiidae) [J]. International Journal of Pest Management, 47(4): 247-251.

SOLOMON M E, 1949. The natural control of animal populations [J]. J anim Ecol, 18: 1-35.

SOUFBAF M, FATHIPOUR Y, HUI C, et al., 2012. Effects of plant availability and habitat size on the coexistence of two competing parasitoids in a tri-trophic food web of canola, diamondback moth and parasitic wasps[J]. Ecological Modelling, 244(2012): 49-56.

SPARKS A N, 1979. Fall Armyworm Symposium: A review of the biology of the fall armyworm[J]. Flo. Entomol, 62(2): 82-87.

SU J Y, LAI T C, LI J, 2012. Susceptibility of field populations of *Spodoptera litura* (Fabricius) (Lepidoptera: Noctuidae) in China to chlorantraniliprole and the activities of detoxification enzymes[J]. Crop Protection, 42: 217-222.

SUNIL V, SAMPATHKUMAR M, LYDIA C, et al., 2018. Biology, predatory potential and functional response of *Rhynocoris fuscipes* (Fabricius) (Hemiptera: Reduviidae) on rice brown planthopper, Nilaparvata lugens (Stål) (Homoptera: Delphacidae) [J]. Journal of Experimental Zoology India, 21(1): 259-263.

SUNIL V M, 2018. Biology, predatory potential and functional response of *Rhynocoris fuscipes* (Fabricius) (Hemiptera: Reduvhdae) on rice brown planthopper, *Nilaparvata lugens* (Stål) (Homoptera: Delphacidae) [J]. Journal of Experimental Zoology India, 21(1): 259-263.

TOMSON M, SAHAYARAJ K, KUMAR V, et al., 2017. Mass rearing and augmentative biological control evaluation of *Rhynocoris fuscipes* (Hemiptera: Reduviidae) against multiple pests of cotton[J]. Pest Manag Sci. Aug, 73(8): 1743-1752.

ULYSHEN M D, DUAN J J, BAUERA L S, 2010. Interactions between *Spathius agrili* (Hymenoptera: Braconidae) and *Tetrastichus planipennisi* (Hymenoptera: Eulophidae), larval parasitoids of *Agrilus planipennis* (Coleoptera: Buprestidae) [J]. Biological Control, 52(2): 188-193.

URBANEJA A, LLÁCER E, GARRIDO A, et al., 2003. Interspecific competition between two ectoparasitoids of *Phyllo cnistis citrella* (Lepidoptera: Gracillariidae): Cirrospilus brevis and the exotic *Quadrastichus* sp.（Hymenoptera：Eulophidae）[J]. Biological Control, 28（2）：243-250.

VAN DRIESCHE R G, 2008. Biological control of *Pieris rapae* in New England：host suppression and displacement of *Cotesia glomerata* by *Cotesia rubecula*（Hymenoptera：Braconidae）[J]. Florida Entomologist, 91（1）：22-25.

VAN DRIESCHE R G, 2022. Better control of imported cabbageworm, *Pieris rapae*, in organic brassicas in the eastern United States [M]//VAN DRIESCHE R G, WINSTON R L, PERRING T M, et al. Contributions of classical biological control to the U. S. food security, forestry, and biodiversity. Morgantown, West Virginia：USA, USDA Forest Service.

VIRGALA M B R, BOTTO E N, 2010. Biological studies on Trichogrammatoidea bactrae Nagaraja（Hymenoptera：Trichogrammatidae）, egg parasitoid of Tuta absoluta Meyrick （Lepidoptera：Gelechiidae）[J]. Neotropical Entomology, 39：612-617.

WANG M H, ISMOILOV K, LIU W X, et al., 2024. Tuta absoluta management in China：progress and prospects[J]. Entomologia Generalis, 44：269-278.

WATT K E F, 1959. A mathematical model for the effect of densities of attacked and attacking species on the number attacked[J]. The Canadian Entomologist, 91（3）：129-144.

WESTBROOK J K, NAGOSHI R N, MEAGHER RL, et al., 2016. Modeling seasonal migration of fall armyworm moths[J]. Int. J. Biometeorol. , 60：255-267.

XIAO L, HE H M, HUANG L L, et al., 2016. Variation of life-history traits of the Asian corn borer, *Ostrinia furnacalis* in relation to temperature and geographical latitude[J]. Ecology and Evolution, 6（15）：5129-5143.

XUE W, XU P, WANG X, et al., 2023. Natural-enemy-based biocontrol of tobacco arthropod pests in China[J]. Agronomy, 13：1972.

ZAHIRUL ISLAM K L, HEONG DAVID CATLING, et al., 2012. Invertebrates in rice production systems：status and trends[J]. Background study paper, novermber , 62：15-73.

ZAKI E N, AWADALLAH K J, GESRAHA M A, 1995. Attractiveness of the parasitoid *Meteorus rubens*（Nees）to hexane extract of Aghrotis ipsilon（Hafo）[J]. Anzeiger Fur Schadlingskunde Pflanzehschutz Umveltschutz, 68（6）：140-141.

ZALUCKI M P, SHABBIR A, SILVA R, et al., 2012. Estimating the economic cost of one of the world's major insect pests, *Plutella xylostella*（Lepidoptera：Plutellidae）：just how long is a piece of string?[J]. Journal of Economic Entomology, 105（4）：1115-1129.

ZANUNCIO J C, SILVA C A, LIMA E R, et al., 2008. Predation rate of *Spodoptera frugiperda*（Lepidoptera：Noctuidae）larvae with and without defense by *Podisus nigrispinus*（Heteroptera：Pentatomidae）[J]. Braz. Arch. Bio. Techn, 51（1）：121-125.

ZAPPALA L, BIONDI A, ALMA A, et al., 2013. Natural enemies of the South American moth, *Tuta absoluta*, in Europe, North Africa and Middle East, and their potential use in pest control strategies[J]. Journal of Pest Science, 86: 635-647.

ZENG R Z, JIAAN C, MING X J, et al., 2004. Complex influence of rice variety, fertilization timing, and insecticide on population dynamics of *Sogatella furcifera* (Horvath), *Nilaparvata lugens* (Staol) (Homoptera: Delphacidae) and their natural enemies in rice in Hangzhou, China[J]. J Pest Sci., 77: 65-74.

ZHANG Q Q, HUANG J, ZHU J, et al., 2012. Parasitism of *Pieris rapae* (Lepidoptera: Pieridae) by the endoparasitic wasp *Pteromalus puparum* (Hymenoptera: Pteromalidae): Effects of parasitism on differential hemocyte counts, micro-and ultra-structures of host hemocytes [J]. Insect Science, 19 (4): 485-497.

# 第四章

# 红彩瑞猎蝽在害虫防治上的应用

## 第一节 红彩瑞猎蝽田间释放技术

### 一、天敌昆虫田间释放研究进展

利用天敌昆虫防治害虫在生物防治中占有重要地位，随着天敌昆虫人工饲养技术日渐成熟，关于田间释放天敌昆虫防治害虫的研究报道也日益增多，这些研究为天敌昆虫在田间大规模应用于害虫防治提供了理论依据。

#### 1. 寄生性天敌

现今生物防治中比较成熟的防治方法是寄生性天敌中利用人工卵大量繁殖赤眼蜂等寄生蜂和田间释放，释放赤眼蜂所取得的良好效果表明了利用天敌防治害虫的可行性（苏晓丹等，2008；曹秀芬，2012；郑思宁等，2013）。在广西农垦北部湾总场蔗区大面积连片释放螟黄赤眼蜂防治甘蔗螟虫，螟害节率处理区比对照区降低10个百分点以上，平均达16.87个百分点；处理区3年平均断尾率比对照区降低50%左右（陈星富，2018）。张烨等（2021）通过比较不同保护释放策略下赤眼蜂在田间的寄生和出蜂情况，探讨能否在释放过程中通过补给中间寄主卵的方式来缩减释放次数。研究结果表明，理论上在释放过程中补给中间寄主卵的方式可适当缩减释放次数及数量。但保护释放3次后田间赤眼蜂的寄生量最高，补给中间寄主卵释放2次次之，未释放区最低。在山西闻喜县、曲沃县、夏县开展的螟黄赤眼蜂防治向日葵螟虫试验，螟黄赤眼蜂防治向日葵螟虫卵粒寄生率达到81.9%，卵粒校正寄生率达到80.5%，平均防效为70.26%（张峰，2022）。高芃（2023）对筛选出的螟黄赤眼蜂品系3进行田间防效试验，结果表明，在春茬西兰花田释放赤眼蜂，赤眼蜂对小菜蛾卵寄生率为65%，校正寄生率为53.33%，平均防治效果达83.91%。在烟草蚜虫防治中应用比较广泛的天敌昆虫是烟蚜茧蜂，烟蚜茧蜂是自然界烟蚜的优势天敌种群，随着烟蚜茧蜂繁育技术瓶颈的突破，利用烟蚜茧蜂来控制烟蚜无疑是未来的一大发展趋势。近年来，烟蚜茧蜂田间释放技术也获得了越来越多的关注。舒建超等（2018）

对比了烟蚜茧蜂自动持续释放法和成蜂释放法对田间烟蚜的控制效果，结果表明，成蜂释放法在前期油菜田的相对防效为53.12%，烟田为52.81%，防治效果均优于自动持续释放法，但后期自动持续释放方式对烟田的烟蚜防治效果高达76.76%，且防治的持续性较强。闫芳芳等（2020）的烟蚜茧蜂不同释放次数研究结果表明，释放3次的处理对烟蚜的防效最佳，最高防效为75.4%，且后续防治效果稳定持久，与药剂防治的防效对比，烟蚜茧蜂的防治效果在稳定性和长期性方面均表现最好。李青超等（2021）研究了1∶5、1∶10、1∶15、1∶20和1∶25 5个茧蜂和烟蚜比例条件下的单株蚜量、寄生率和相对防效，结果表明，蜂蚜比1∶5和1∶10条件下可有效控制烟蚜数量，同时有较高的寄生率和相对防效。另外，试验证明1~2次放蜂对控制烟蚜数量效果差，持效期短，3~4次放蜂能够有效并持久控制烟蚜数量，且虫口减退率明显高于1~2次放蜂（李青超等，2021）。另外，释放烟蚜茧蜂对非烟作物上的蚜虫防治研究也取得一定进展，邱睿等（2021）在麦田中释放单位面积不同数量的烟蚜茧蜂，结果显示，在麦田中麦蚜平均数量达到300头/百株时，烟蚜茧蜂释放量90 000头/hm²时，可较好地控制麦蚜为害；释放烟蚜茧蜂20 d后对麦蚜的寄生率达73.94%，对麦蚜的防治效果达86%以上。张巧玲等（2022）报道了烟蚜茧蜂对玉米蚜的防治效果，释放2次烟蚜茧蜂的玉米亩产量为718.6 kg，1次化学防治及释放2次烟蚜茧蜂的玉米亩产量为725.3 kg，高于常规化学防治的玉米亩产量（698.6 kg）。其他寄生蜂方面，郑雅楠等（2022）在室内将云杉花墨天牛幼虫接入红松木段来模拟天牛生长的自然条件，设置了不同的益害比（4∶1、2∶1、1∶1和1∶2）来释放肿腿蜂，测定了3种肿腿蜂（管氏肿腿蜂、松褐天牛肿腿蜂和白蜡吉丁肿腿蜂）对云杉花墨天牛的寄生效果。结果表明，室内条件下相同益害比的3种肿腿蜂对云杉花墨天牛寄生率差异不显著；当3种肿腿蜂的益害比为4∶1时，云杉花墨天牛的校正死亡率最高；其中管氏肿腿蜂对云杉花墨天牛的平均校正死亡率为95.65%，松褐天牛肿腿蜂对云杉花墨天牛的平均校正死亡率为71.43%，白蜡吉丁肿腿蜂对云杉花墨天牛的平均校正死亡率为61.90%；林间释放管氏肿腿蜂的益害比为2∶1时，云杉花墨天牛的校正死亡率最高，平均为39.20%。罗淑萍等（2016）开展了应用红颈常室茧蜂控制绿盲蝽若虫的田间释放技术研究，结果表明，田间单株罩笼以蜂虫比1∶50、1∶100和1∶200连续3次释放红颈常室茧蜂成蜂，2年对绿盲蝽的平均寄生率分别为77.8%、63.8%和39.5%；2年3种放蜂比例连续3次放蜂对绿盲蝽的平均寄生率达60.4%，显著高于单次放蜂的寄生效果；大田3次释放红颈常室茧蜂蛹，按蜂虫比1∶20连续3次放蜂，后续3个月调查结果表明放蜂园的平均寄生率为32.2%，是对照枣园的9.5倍。

### 2. 捕食性天敌

捕食性天敌昆虫由于其捕食谱更广，控害能力强，捕食性天敌昆虫的人工饲养和田间释放也越来越受到重视。其中捕食性瓢虫的研究报道较多，应用较多的瓢虫包括异色瓢虫、龟纹瓢虫和七星瓢虫等。自20世纪初，欧美国家就开始大规模引进并释放异色瓢虫于田间进行蚜虫的防治。国内袁荣才等（1994）连续2年在大豆种植试验田中释放异色瓢虫防治蚜虫，在不额外施用农药的条件下，大豆田上的蚜虫得到了较好地控制，取得了很好的效果；孙兴全等（1994，1996）将异色瓢虫释放于草莓种植大棚中，使害虫的发生量减少；孟国玲等（2002）也在大豆田中分别释放3种虫，其中异色瓢虫的控蚜效果最好；除此以外，还有许多释放异色瓢虫于果园、菜园、棉田、烟田等地以防治苹果蚜（马菲等，2005；李向永等，2008）、棉蚜（董友根，1984）、烟蚜等的研究；孙丽娟（2012）还针对蚜虫密度和异色瓢虫密度对异色瓢虫控蚜效果的影响进行了田间释放实验，为异色瓢虫的田间释放奠定了理论基础。雒珺瑜等（2014）研究了不同频率释放异色瓢虫对棉田蚜虫的控制作用，每2 d、3 d和4 d释放1次异色瓢虫幼虫，对棉田自然蚜虫种群的控制作用随着释放频率的增大呈现上升的趋势，但前期控制效果表现缓慢，后期效果良好。各释放频率相比较，每3 d释放1次在第9天时效果最好，但是从短期蚜虫控制效果来看，每2 d释放1次效果较好，每4 d释放1次短期和长期效果均较差。邓全等（2022）的研究表明，释放七星瓢虫后第1天的校正防效可达62.88%，之后第2天、第3天逐步下降，分别为50.77%和39.42%。定殖扩散试验结果表明，七星瓢虫成虫在烟田释放后扩散能力较强，释放后第1 d调查时，在目标烟株上的定殖率仅为50.00%，而第2天、第3天调查时在目标烟株上的定殖率均成为0。确定释放瓢虫的多少主要采取两种方式：第一种根据益害比例释放。马菲等（2005）研究表明在果园蚜虫发生早期，选择1∶80的瓢蚜比，释放2～3 d，若瓢蚜比达到1∶100，蚜虫量没有继续上升，则说明控制情况良好。张立功（1997）的观点是瓢蚜比在1∶150以下就达到防治目的，不必再助迁，这可能与具体的释放环境有关。然而，许多研究结果显示，随着瓢蚜比例的增大，防治效果逐渐增强，但从经济角度考虑瓢蚜比为1∶100时较为适宜，据此比例释放异色瓢虫防治草莓上的蚜虫，茄子、辣椒上的桃蚜及茶蚜等均取得较好的效果（孙兴全，1994，2002；夏英三，1989）。第二种方式是参考蚜虫的数量和以往经验释放。Katsoyannos等（1997）防治柑橘蚜虫的方法是在每个释放点选1～3株柑橘树，每株树释放异色瓢虫成虫30～40头。防治黄瓜上的棉蚜时，罗希成等（1965）认为可在每个叶片释放4头瓢虫，每个中心虫株释放20～30头，蚜虫密度较高时，可增至每株释放30～50头。Ferran等（2013）发现如果每株玫瑰上的蚜虫超过30头时，每4株（约1 m²）释放50头异色瓢虫；当蚜虫繁殖较快时，每株释放30～50头瓢虫可达到防治目的。

　　捕食蝽类的田间释放研究方面，Shipp和Wang（2003）研究了在大棚种植番茄的温室中人工释放天敌小花蝽的控害效果，结果表明，人工每2周释放1次小花蝽成虫，每次释放10头/株的数量还不足以有效控制蓟马的为害水平在经济阈值范围内，第一次释放后8周的果实损失率仍超过了8%，在连续3次释放后，小花蝽的单株最大种群数量为7头。而经过5次释放后，单株最大种群数量可累积到50头。小花蝽的低种群数量表明，可能是生殖潜能过低，或是小花蝽在温室中建立种群的能力过低。在释放小花蝽的大棚里，第一次释放9周后蓟马的种群数量才显著减少，为对照大棚的52%（Funderburk er al., 2000; Sansone and Smith, 2001; Shipp and Wang, 2003; Kakimoto et al., 2007）。因此，小花蝽的田间释放应用尚存在诸多问题有待解决。陈岗等（2022）开展了不同龄期（虫卵、3~4龄若虫，成虫）叉角厉蝽在不同释放方式下（网罩释放、无网罩释放）对烤烟斜纹夜蛾防治的大田试验，结果表明，相同虫龄的叉角厉蝽网罩释放防治效果优于无网罩释放的，叉角厉蝽3~4龄若虫和成虫对斜纹夜蛾有明显的捕食能力，防治效果依次为3~4龄若虫>成虫>虫卵；网罩释放叉角厉蝽3~4龄若虫后斜纹夜蛾虫口减退率为83.75%，对烤烟斜纹夜蛾的防治效果达到87.13%。孙贝贝等（2023）研究了不同益害比释放蠋蝽对斜纹夜蛾的防治效果。结果表明，在斜纹夜蛾发生初期，释放蠋蝽3龄若虫可有效控制斜纹夜蛾为害。3种益害比（1：5、1：10、1：15）释放后10 d，按照益害比1：5释放蠋蝽若虫后10 d防效达到86.24%，按照益害比1：10释放蠋蝽若虫后10 d防效达到68.21%，按照益害比1：15释放蠋蝽若虫后15 d防效达到70.33%，防效与氯虫苯甲酰胺处理相当。高卓等（2012）的研究表明，蠋蝽与甜菜夜蛾幼虫以1：15的比例释放，释放后20 d的防治效果达83.3%。

### 3. 天敌集成技术研究

随着天敌昆虫防治害虫技术的进一步发展，单一的某种天敌昆虫防治害虫已经不能满足当下害虫防控的需求。武琳琳等（2018）的研究结果表明，将中华草蛉和异色瓢虫分别释放单一的天敌昆虫以及不同虫态天敌昆虫组合作用于黄瓜蚜中，华草蛉成虫+异色瓢虫成虫的组合防治效果最好，且优于单独的中华草蛉成虫防治。于兴林（2020）研究了异色瓢虫与烟蚜茧蜂共同防治温室桃蚜的效果，结果表明，在两种天敌共同使用20~45 d时，共同使用两种天敌处理的蚜虫数量显著低于单独使用一种天敌处理。在20~60 d时，异色瓢虫都降低了烟蚜茧蜂的僵蚜数量。然而，在20~45 d时，共同使用两种天敌不影响烟蚜茧蜂寄生率。此外，烟蚜茧蜂并不影响异色瓢虫的种群数量。张庭发等（2023）采用化学防治、生物防治（释放蠋蝽）及组合方法防治，研究不同方法对草地贪夜蛾的防治效果，试验结果表明，用生物和化学相结合的方法防治草地贪夜蛾与单纯使用化学防治未对玉米产量和产值产生显著影响，但减少了化学农药的使用次数和数量。贾世平等（2022）研究了斜纹夜蛾核型多角体病毒（SpltNPV-KY）与松毛虫赤眼蜂和螟黄赤眼蜂联用对斜纹夜蛾卵和幼虫的防治效果，结果表明，松毛虫赤眼蜂、螟黄赤眼蜂与核型多角体病毒联用对斜纹夜蛾卵和幼虫均有良好的防治效果，SpltNPV-KY单独处理，或与赤眼蜂联用时幼虫的校正致死率均大于60%，卵和幼虫的总死亡率均大于80%，且SpltNPV-KY对赤眼蜂无不良影响，但对幼虫死亡率及正常发育至成虫的概率有显著的影响。李青超等（2022）评估了烟盲蝽和丽蚜小蜂协同防治设施蔬菜温室白粉虱的效果，当烟盲蝽释放量为2 000头/棚，丽蚜小蜂释放量为10 000头/棚时，分2次释放，放蜂点30个，可有效控制温室白粉虱数量，且天敌昆虫数量总体增加，相对防效高达90.8%。

## 二、红彩瑞猎蝽田间释放控害研究

捕食性天敌人工大量繁殖后的田间释放是实现害虫生物防治的关键环节，研究天敌昆虫在田间释放后的生态学效应是评价该捕食性天敌在田间对目标害虫控制效应的重要内容。

红彩瑞猎蝽对目标害虫的捕食作用是评价其田间控害功能的基础（游梓翊，2023；孙郑，2024），田间自然种群对目标害虫的控制作用可通过室内模拟条件进行研究，本节通过小范围的人工释放评价红彩瑞猎蝽田间释放后对斜纹夜蛾的控制作用，为进一步明确红彩瑞猎蝽的最佳释放虫态、释放时间及释放密度、与其他天敌昆虫联合释放等提供参考。本研究可为红彩瑞猎蝽人工大量繁殖后的田间规模化释放提供参考。

## （一）材料与方法

### 1. 供试材料

供试天敌红彩瑞猎蝽、蠋蝽和叉角厉蝽均在室内饲养多代，猎物为斜纹夜蛾，采自广东省南雄市古市镇烟田。斜纹夜蛾用人工饲料饲养3代以上，所有供试昆虫均饲养于人工气候培养箱（ARMA-580，宁波江南仪器厂）中，温度为（26±1）℃，相对湿度为（65±5）%。

### 2. 试验方法

（1）红彩瑞猎蝽不同密度及不同释放方法对斜纹夜蛾防治效果：试验采用随机区组排列，释放红彩瑞猎蝽虫龄选取雌成虫、雄成虫、4龄若虫和5龄若虫；释放密度为红彩瑞猎蝽：斜纹夜蛾数量分别为1∶5、1∶10、1∶15和1∶20；释放方法为网罩枝条、网罩整个烟株、没有网罩3种方式，每个处理3次重复。每种释放方法的试验地相距150 m以上，释放前每株烟株上投放50头斜纹夜蛾2～3龄幼虫，释放2 d后调查烤烟斜纹夜蛾幼虫数量，调查采用五点法取样，在田块东南西北中调查5个点，每点取10株，合计50株（定点定株挂牌标记）。

（2）红彩瑞猎蝽与蠋蝽、叉角厉蝽对斜纹夜蛾的联合控制作用：大田试验在广东南雄市古市镇溪口管理区斜纹夜蛾常年发生的烟田进行。共设8个处理，T1：红彩瑞猎蝽+叉角厉蝽（各2头）；T2：红彩瑞猎蝽+蠋蝽（各2头）；T3：红彩瑞猎蝽+叉角厉蝽（各1头）；T4：红彩瑞猎蝽+蠋蝽（各1头）；T5：红彩瑞猎蝽；T6：叉角厉蝽；T7：蠋蝽；CK为不释放任何天敌昆虫不做任何防治措施的处理。释放前在每株烟株上投放50头斜纹夜蛾2～3龄幼虫，各处理天敌昆虫释放于烟叶叶面后，并立即用高2.0 m、长1.5 m、宽1.5 m、孔径0.2 mm的网罩套住烟株。每个处理重复3次。释放后5 d、10 d、15 d调查各小区斜纹夜蛾虫口数量，计算各处理虫口减退率和防治效果，计算公式如下：

虫口减退率（%）=（防治前斜纹夜蛾存活数−防治后存活数）/防治前斜纹夜蛾存活数×100
防治效果（%）=（处理区虫口减退率−对照虫口减退率）/（1−对照虫口减退率）×100

试验结束后，对各处理烟株单独采收烘烤，测算产量和上等烟比例。

## （二）结果与分析

### 1. 红彩瑞猎蝽不同密度及不同释放方法对斜纹夜蛾日均捕食量

红彩瑞猎蝽不同虫态不同释放方式对斜纹夜蛾日均捕食量见表4-1和表4-2。从表4-1

可知，释放红彩瑞猎蝽后2 d，相同虫龄不同密度下的红彩瑞猎蝽网罩枝条、网罩全株和无网罩条件下释放，对斜纹夜蛾幼虫的日均捕食量有明显差异。红彩瑞猎蝽雌成虫对斜纹夜蛾3龄幼虫的日均捕食量大于雄成虫，随着益害比逐渐减小，各处理中红彩瑞猎蝽对斜纹夜蛾幼虫的日均捕食量也逐渐减小，益害比为1∶5时对斜纹夜蛾的日均捕食量最大，益害比为1∶20时，对斜纹夜蛾的日均捕食量最小；有无网罩的处理中对斜纹夜蛾幼虫日均捕食量从大到小依次为：套枝>网罩整株>无网罩。

表4-1　套枝与笼罩条件下红彩瑞猎蝽成虫对斜纹夜蛾3龄幼虫的日均捕食量　　单位：头

| 处理 | 雌成虫捕食量 | | | | 雄成虫捕食量 | | | |
| --- | --- | --- | --- | --- | --- | --- | --- | --- |
| | 益害比 1∶5 | 益害比 1∶10 | 益害比 1∶15 | 益害比 1∶20 | 益害比 1∶5 | 益害比 1∶10 | 益害比 1∶15 | 益害比 1∶20 |
| 网罩枝条 | 4.75 | 9.23 | 13.53 | 15.32 | 4.52 | 8.95 | 13.17 | 14.85 |
| 网罩整株 | 4.27 | 8.51 | 12.65 | 14.25 | 4.27 | 8.75 | 12.24 | 14.12 |
| 无网罩 | 3.38 | 6.24 | 9.43 | 12.54 | 3.38 | 6.15 | 8.97 | 8.53 |

从表4-2可知，不同虫龄不同密度下的红彩瑞猎蝽网罩枝条、网罩整株和无网罩条件下释放，对斜纹夜蛾幼虫的日均捕食量有明显差异。在各密度条件下，网罩枝条、网罩整株和无网罩条件下红彩瑞猎蝽5龄若虫对斜纹夜蛾3龄幼虫的日均捕食量均大于4龄若虫，与表4-1相比，5龄若虫和4龄若虫对斜纹夜蛾3龄幼虫的日均捕食量明显小于雌雄成虫，这可能是成虫扩散能力比若虫更强的缘故。

表4-2　套枝与笼罩条件下红彩瑞猎蝽若虫对斜纹夜蛾3龄幼虫的日均捕食量　　单位：头

| 处理 | 5龄若虫 | | | | 4龄若虫 | | | |
| --- | --- | --- | --- | --- | --- | --- | --- | --- |
| | 益害比 1∶5 | 益害比 1∶10 | 益害比 1∶15 | 益害比 1∶20 | 益害比 1∶5 | 益害比 1∶10 | 益害比 1∶15 | 益害比 1∶20 |
| 网罩枝条 | 4.55 | 8.93 | 12.68 | 14.17 | 3.22 | 7.13 | 11.54 | 12.53 |
| 网罩整株 | 4.17 | 8.41 | 12.15 | 13.85 | 3.15 | 7.05 | 10.08 | 11.87 |
| 无网罩 | 3.12 | 5.74 | 8.75 | 11.14 | 2.51 | 5.27 | 7.13 | 6.79 |

**2. 红彩瑞猎蝽与蠋蝽、叉角厉蝽对斜纹夜蛾的联合控制作用**

红彩瑞猎蝽与蠋蝽、叉角厉蝽对斜纹夜蛾不同组合释放对斜纹夜蛾幼虫的防治效果见表4-3。从表4-3中可知，单独释放一种天敌对斜纹夜蛾幼虫的防治效果明显低于两种天敌组合释放，两种天敌组合释放时，释放密度大的处理对斜纹夜蛾幼虫的防治效果要高于释放密度小的处理。单独释放一种天敌处理中，对斜纹夜蛾幼虫防治效果由高到低依次为释放红彩瑞猎蝽>叉角厉蝽>蠋蝽，释放15 d后，对斜纹夜蛾幼虫的防治效果依次为80.98%、74.75%和59.15%。联合释放两种天敌15 d后，对斜纹夜蛾幼虫的防治效果最高为红彩瑞猎蝽+蠋蝽处理，为93.26%，其次为红彩瑞猎蝽+叉角厉蝽处理，防治效果为92.07%。

表4-3 红彩瑞猎蝽与蠋蝽、叉角厉蝽对斜纹夜蛾联合控制作用　　　　　单位：%

| 处理 | 释放后5 d | | 释放后10 d | | 释放后15 d | |
| --- | --- | --- | --- | --- | --- | --- |
| | 虫口减退率 | 防治效果 | 虫口减退率 | 防治效果 | 虫口减退率 | 防治效果 |
| T1 | 75.85 | 74.41 ± 4.26a | 86.36 | 85.14 ± 4.12a | 93.45 | 92.07 ± 5.25a |
| T2 | 73.57 | 73.35 ± 4.73a | 85.81 | 84.53 ± 4.46a | 94.57 | 93.26 ± 5.18a |
| T3 | 65.63 | 64.65 ± 3.35b | 81.13 | 80.79 ± 3.58a | 90.69 | 91.13 ± 5.95a |
| T4 | 66.42 | 66.15 ± 3.24b | 82.35 | 81.73 ± 3.39a | 90.19 | 90.72 ± 5.32a |
| T5 | 55.81 | 55.56 ± 2.91c | 71.12 | 70.59 ± 2.73b | 80.51 | 80.98 ± 2.25b |
| T6 | 54.42 | 52.15 ± 2.24c | 64.53 | 62.95 ± 2.24b | 75.73 | 74.75 ± 2.29bc |
| T7 | 50.81 | 49.56 ± 2.91c | 55.32 | 54.15 ± 2.24bc | 60.13 | 59.15 ± 2.14c |
| CK | 1.55 | | 2.59 | | 4.54 | |

注：表中数据为平均值±标准误，同列数据后不同小写字母表示不同处理的防治效果间差异达显著（$P<0.05$）水平。

红彩瑞猎蝽不同释放方式对烤烟产质量的影响结果见表4-4。从表4-4中可知，联合释放两种天敌防治斜纹夜蛾的处理，烟叶产量明显高于单独释放天敌昆虫的处理，释放密度大的处理，烤烟产量明显高于释放密度小的处理。红彩瑞猎蝽+蠋蝽防治斜纹夜蛾处理的烤烟最大产量为2 825.0kg/hm²，产值为91 500元/hm²，上等烟比例达75.2%，与单独释放一种天敌处理的产质量间差异显著。

表4-4 红彩瑞猎蝽不同释放方式防治斜纹夜蛾对烤烟产质量的影响

| 处理 | 产量/（kg/hm²） | 产值/（元/hm²） | 上等烟比例/% |
| --- | --- | --- | --- |
| T1 | 2 820.0a | 91 200a | 74.5a |
| T2 | 2 825.0a | 91 500a | 75.2a |
| T3 | 2 675.0b | 87 230a | 67.1a |
| T4 | 2 662.0b | 87 250a | 68.4a |
| T5 | 2 475.5b | 85 300b | 61.6b |
| T6 | 2 510.5b | 85 630b | 60.2b |
| T7 | 2 385.0b | 82 650b | 58.5b |
| CK | 2 115.0c | 7 545.0c | 45.5c |

注：表中同列数字后不同小写字母表示差异达到显著水平（$P<0.05$）。

## (三)结论与讨论

本试验结果表明,网罩释放和无网罩释放红彩瑞猎蝽对斜纹夜蛾的防治效果之间差异明显,网罩空间越小,红彩瑞猎蝽对斜纹夜蛾幼虫的捕食量越大,说明空间大小对红彩瑞猎蝽捕食能力有明显影响,红彩瑞猎蝽成虫活动能力明显强于若虫,因此对斜纹夜蛾捕食量也高于若虫。杨志浩等研究虫龄对蠋蝽捕食斜纹夜蛾幼虫行为参数的影响时发现,蠋蝽若虫随着自身龄期的增长,对斜纹夜蛾的捕食量表现为直线上升的趋势;高强等报道了蠋蝽成虫和5龄若虫捕食量大于3龄若虫,蠋蝽成虫对斜纹夜蛾1~2龄幼虫的捕食能力最强;唐艺婷等在研究不同龄期益蝽对黏虫的捕食功能反应时发现,在瞬时攻击率、日最大捕食量上,益蝽5龄若虫表现最强,这些与本试验研究结果相似。

本试验结果表明,红彩瑞猎蝽与蠋蝽或叉角厉蝽联合释放,对斜纹夜蛾幼虫的防治效果要好于单独释放红彩瑞猎蝽或蠋蝽和叉角厉蝽,这或为日后斜纹夜蛾的天敌防治提供了一个新方向,即可以研究将2种或多种天敌昆虫用于害虫防治,以提高防治效果。自然界中存在着大量的天敌昆虫,当两种天敌昆虫共同作用于害虫的时候,特别是当两种天敌昆虫处于不同虫态的时候,对害虫的控制效果是增加还是削弱,天敌之间是否存在相互竞争,天敌昆虫之间的种间共同控制作用机理,需要更多的试验研究。

## 三、烟田红彩瑞猎蝽肠道eDNA多样性及食物谱分析

### (一)材料与方法

#### 1. 猎蝽采集与饲养

红彩瑞猎蝽采集自广东韶关市南雄市烟田,采集后分成雌、雄成虫,在25℃,相对湿度70%条件下使用蚜虫与黄粉虫进行饲喂与繁殖。饲养1年待种群稳定后,使用其后代进行试验。

#### 2. 释放与回收猎蝽

将红彩瑞猎蝽成虫饥饿处理48 h,然后在广东南雄市(25°12′N,114°29′E)采收后的烟田中进行释放,释放时间为2023年9月,释放密度为每亩地20头猎蝽,5亩地内共释放100头,15 d后进行抓捕回收,在抓到虫后立即放入装有乙醇的管中,4℃保存,并在5 d内进行解剖。

#### 3. 制备肠道样品

将红彩瑞猎蝽自乙醇中取出,剪去翅、足、口针与触角,再使用无菌超纯水反复冲洗,确保冲洗掉表面酒精。在蜡盘中倒入生理盐水,固定虫体后解剖取出猎蝽肠道,立即放入加入了预冷后的TE缓冲液的1.5 mL离心管,-80℃冷冻保存,等待检测。

### 4. 检测样品

将样品进行基因组DNA抽提后进行PCR验证，引物见表4-5。

**表4-5 用于PCR检测的引物**

| 测序区域 | 引物名称 | 引物序列 |
| --- | --- | --- |
| mlCOlintF-jgHCO2198 | mlCOlintF | 5′-GGWACWGGWTGAACWGTWTAYCCYCC-3′ |
|  | jgHCO2198 | 5′-TAIACYTCIGGRTGICCRAARAAYCA-3′ |

PCR采用TransStart Fastpfu DNA Polymerase，20 μL反应体系。PCR仪为ABI GeneAmp®9700型。

PCR反应参数：

1×（5 min at 95℃）

35cycles×（30s at 95℃；30s at 55℃；45s at 72℃）

10 min at 72℃，10℃ until halted by user

将PCR产物利用2%琼脂糖凝胶电泳检测PCR产物，验证是否可以进行下一步试验。进行Illumina PE250文库构建，并进行测序。将结果进行OTU聚类及物种注释，进行物种组成分析。

## （二）试验结果

### 1. PCR验证结果

2%琼脂糖凝胶电泳检测纯化后PCR产物，结果如图4-1所示。

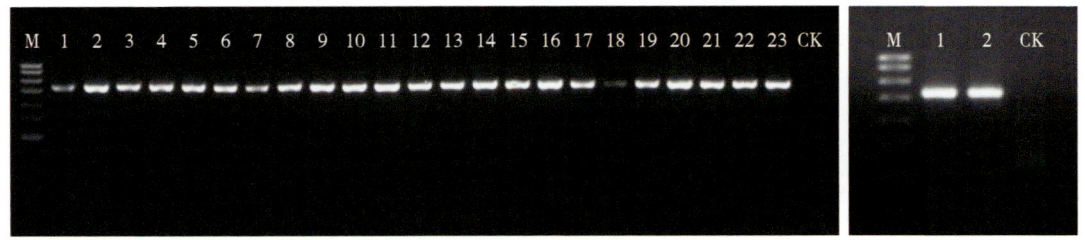

**图4-1 琼脂糖凝胶电泳检测PCR产物结果**

结果表明，25个样品的PCR产物目的条带正确，可进行后续试验。

### 2. 物种组成分析（属水平）

共分析了25个样本（其中由于去除*Rhynocoris*和*Homo*两个属后一个样本丰度为0，所以移除了该样本）的eDNA属水平分布，top30相对丰度结果如图4-2所示。

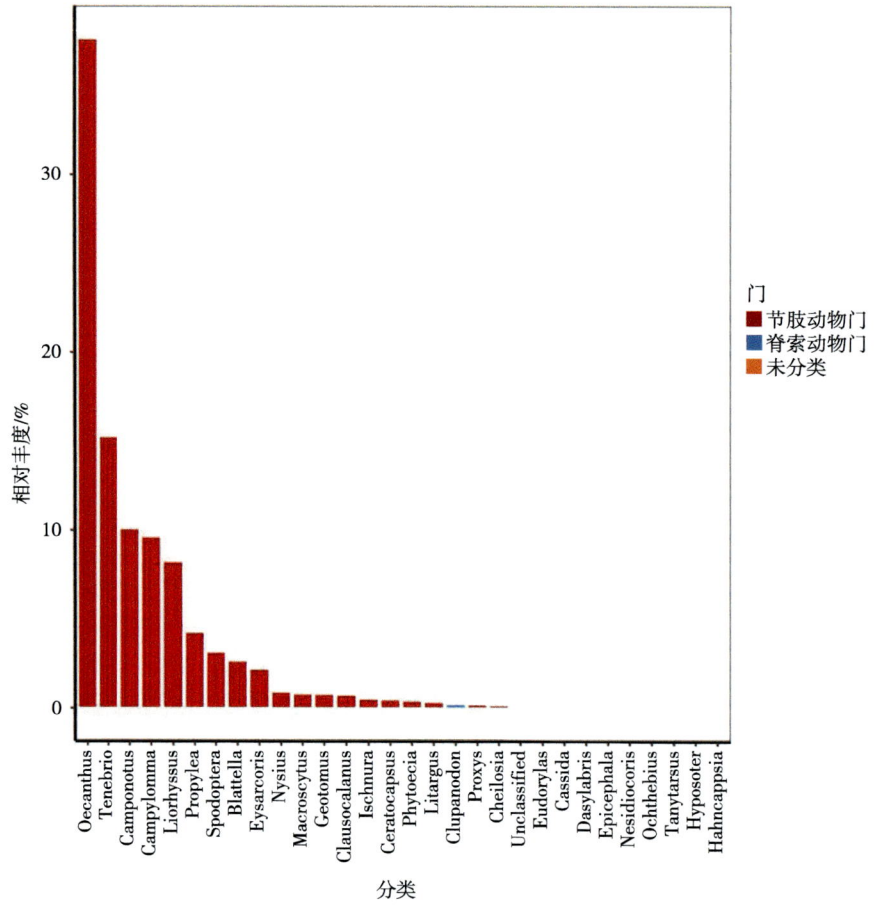

**图4-2 物种组成分析中属水平top30相对丰度的OTU**

对OTU的属水平进行了分类学检索，按丰度大小排列如表4-6所示。

**表4-6 样品中OTU的相对丰度及属水平分析**

| 序号 | OTU ID/（属） | 丰度 | 分类 |
| --- | --- | --- | --- |
| 1 | Oecanthus | 37.637 393 68 | 直翅目蟋蟀科树蟋属 |
| 2 | Tenebrio | 15.246 057 75 | 鞘翅目拟步甲科粉甲属 |
| 3 | Camponotus | 10.068 273 16 | 膜翅目蚁科弓背蚁属 |
| 4 | Campylomma | 9.617 960 844 | 半翅目盲蝽科微刺盲蝽属 |
| 5 | Liorhyssus | 8.221 831 27 | 半翅目姬缘蝽科粟缘蝽属 |
| 6 | Propylea | 4.240 037 445 | 鞘翅目瓢虫科龟纹瓢虫属 |
| 7 | Spodoptera | 3.135 238 956 | 鳞翅目夜蛾科灰翅夜蛾属 |
| 8 | Blattella | 2.635 698 952 | 蜚蠊目蜚蠊科小蠊属 |

（续表）

| 序号 | OTU ID/（属） | 丰度 | 分类 |
|---|---|---|---|
| 9 | *Eysarcoris* | 2.178 123 537 | 半翅目蝽科二星蝽属 |
| 10 | *Nysius* | 0.901 431 638 | 半翅目长蝽科小长蝽属 |
| 11 | *Macroscytus* | 0.803 783 269 | 半翅目土蝽科革土蝽属 |
| 12 | *Geotomus* | 0.786 836 031 | 半翅目土蝽科土蝽属 |
| 13 | *Clausocalanus* | 0.743 257 42 | 甲壳纲水蚤属 |
| 14 | *Ischnura* | 0.511 645 173 | 蜻蜓目蟌科异痣蟌属 |
| 15 | *Ceratocapsus* | 0.471 294 608 | 半翅目盲蝽科*Ceratocapsus*属 |
| 16 | *Phytoecia* | 0.412 382 782 | 鞘翅目天牛科小筒天牛属 |
| 17 | *Litargus* | 0.334 102 684 | 鞘翅目小蕈甲科小蕈甲属 |
| 18 | *Clupanodon* | 0.229 998 225 | 鲱形目鲱科鲦属 |
| 19 | *Proxys* | 0.200 138 806 | 半翅目蝽科*Proxys*属 |
| 20 | *Cheilosia* | 0.171 086 399 | 双翅目食蚜蝇科黑蚜蝇属 |
| 21 | Unclassified | 0.093 613 312 | 未分类 |
| 22 | *Eudorylas* | 0.083 929 177 | 双翅目头蝇科优头蝇属 |
| 23 | *Cassida* | 0.079 087 109 | 鞘翅目龟甲科龟甲属 |
| 24 | *Dasylabris* | 0.077 473 086 | 膜翅目蚁蜂科毛唇蚁蜂属 |
| 25 | *Epicephala* | 0.067 788 95 | 鳞翅目细蛾科细蛾属 |
| 26 | *Nesidiocoris* | 0.058 911 826 | 半翅目盲蝽科*Nesidiocoris*属 |
| 27 | *Ochthebius* | 0.052 455 735 | 鞘翅目平唇水龟科*Ochthebius*属 |
| 28 | *Tanytarsus* | 0.046 806 656 | 双翅目摇蚊科跗摇蚊属 |
| 29 | *Hyposoter* | 0.040 350 566 | 膜翅目姬蜂科镶颚姬蜂属 |
| 30 | *Hahncappsia* | 0.039 543 554 | 鳞翅目草螟科*Hahncappsia*属 |

从结果中可以看到，红彩瑞猎蝽的食物谱较为丰富，主要集中在直翅目、鞘翅目、膜翅目、半翅目、鳞翅目、蜚蠊目等昆虫，其中在烟草上的主要害虫斜纹夜蛾*Spodoptera litura*所在的*Spodoptera*属、烟盲蝽*Nesidiocoris tenuis*所在的*Nesidiocoris*属也包含在内。

*Tenebrio*属的丰度较高，可能原因是在日常饲养中使用黄粉虫*Tenebrio molitor*进行饲喂，猎蝽的肠道中仍有较多DNA残留。此外还有部分水生昆虫、水蚤和鱼类的存在，这可能是部分田块附近有水沟存在，红彩瑞猎蝽直接捕食水生猎物导致的，也有可能是某些猎物中含有该类物种的DNA被红彩瑞猎蝽取食后吸入。

## 第二节　红彩瑞猎蝽应用情况

### 一、开展了红彩瑞猎蝽+性诱+昆虫病毒3种技术联用对斜纹夜蛾的防治效果试验

为探索高效、经济、环保的烟田斜纹夜蛾综合防控模式，在烟田开展了性诱携带昆虫病毒与红彩瑞猎蝽联合防控斜纹夜蛾的田间试验，试验结果表明，集成性诱、昆虫病毒和红彩瑞猎蝽3种绿色防控技术，对烟田斜纹夜蛾的联合防治效果为90.18%，高于分别单独使用性诱剂（64.32%）、昆虫病毒（71.96%）和释放红彩瑞猎蝽（65.85%）的方法，防治效果与化学防治相比，差异不显著，防治成本与常规化学药剂防治处理相当（图4-3）。

图4-3　悬挂卵卡释放红彩瑞猎蝽

### 二、形成了红彩瑞猎蝽+蠋蝽防控烟青虫/斜纹夜蛾、性诱+红彩瑞猎蝽+昆虫病毒防控斜纹夜蛾/烟青虫集成技术体系

*1. 红彩瑞猎蝽+蠋蝽防控烟青虫/斜纹夜蛾集成技术体系*

根据害虫监测结果，在斜纹夜蛾/烟青虫成虫诱集第一个高峰期，幼虫零星初发期，释放红彩瑞猎蝽50～100头/亩进行防控，在斜纹夜蛾/烟青虫成虫诱集第二个高峰期，幼虫始发期，释放蠋蝽50～100头/亩进行防控，烟叶采收期再次释放红彩瑞猎蝽50～100头/亩进行防控，根据田间害虫发生情况可适当增加天敌每亩释放数量。

*2. 红彩瑞猎蝽+性诱+昆虫病毒防控斜纹夜蛾/烟青虫集成技术体系*

在烟草进入团棵期时悬挂斜纹夜蛾/烟青虫性诱捕器，诱捕器携带有托盘，托盘内放置一块吸水海绵，托盘内加入了斜纹夜蛾核型多角体病毒溶液，每30 d更换1次诱芯，诱捕器托盘内每10 d添加1次病毒溶液。在斜纹夜蛾/烟青虫成虫诱集第一个高峰期，幼虫零星初发期，释放红彩瑞猎蝽50～100头/亩进行防控，在斜纹夜蛾/烟青虫成虫诱集第二个高峰期，幼虫始发期，继续释放红彩瑞猎蝽50～100头/亩进行防控。

## 三、应用效果

2021—2023年推广利用红彩瑞猎蝽防治斜纹夜蛾/烟青虫技术，累计应用面积27.686万亩，其中广东烟区推广18.5万亩、海南在雪茄烟上推广0.386万亩、湖南郴州烟区和长沙烟区推广5.7万亩、福建龙岩烟区2.0万亩、江西赣州烟区1.1万亩（图4-4至图4-13）。

图4-4　释放红彩瑞猎蝽成虫

图4-5　在贵州遵义烟田示范应用红彩瑞猎蝽防治斜纹夜蛾技术

图4-6　在江西信丰烟田示范应用红彩瑞猎蝽防治斜纹夜蛾技术

图4-7　在福建武平烟田示范应用红彩瑞猎蝽防治斜纹夜蛾技术

图4-8　在湖南长沙烟田示范应用红彩瑞猎蝽防治斜纹夜蛾技术

图4-9 在湖南长沙烟田示范应用红彩瑞猎蝽防治斜纹夜蛾技术

图4-10 在湖南郴州烟田示范应用红彩瑞猎蝽防治斜纹夜蛾技术

图4-11 在广东梅州烟田示范应用红彩瑞猎蝽防治斜纹夜蛾技术

图4-12 在广东韶关烟区释放示范"红彩瑞猎蝽+性诱"防治斜纹夜蛾技术

图4-13 在海南烟田示范应用红彩瑞猎蝽防治斜纹夜蛾技术

## 第三节 红彩瑞猎蝽为主的综合防治措施

红彩瑞猎蝽（*Eocanthecona furcellata*）是烟田常见的害虫天敌，对多种烟草害虫（如烟青虫、蚜虫、烟粉虱等）具有良好的捕食作用。以红彩瑞猎蝽为核心的烟田害虫综合防治措施（IPM）能够有效控制害虫数量，减少化学农药的使用，提升生态效益和烟叶质量。

## 一、生态调控

### 1. 优化农田生态环境

生态环境优化是红彩瑞猎蝽稳定种群的基础，可通过以下措施吸引并支持其在田间的繁殖和活动。在烟田种植过程中间作或套种如香根草、金盏花等植物波斯菊等植物，间作比例为烟草行间每隔3~5行种植1行蜜源植物，形成多样化生态体系。这些植物分泌的花蜜和花粉可为红彩瑞猎蝽提供补充营养，并吸引红彩瑞猎蝽捕食害虫，并提供良好的栖息环境。

保留生物多样性，避免清除田间的杂草和野生植物，如牛筋草、灰菜等能提供红彩瑞猎蝽潜在的栖息地和替代捕食对象，在不影响烟草生长的情况下可保留田间部分杂草，以增加天敌的食物来源和繁殖空间。

### 2. 构建有利的农田气候

调控土壤湿度，红彩瑞猎蝽活跃于适度湿润的环境。通过合理灌溉保持土壤湿度在60%~80%，既可抑制害虫如烟粉虱的繁殖，又能为红彩瑞猎蝽创造适宜的活动环境。田间林网建设，在烟田周围种植行道树或防风林（如松树、柏树），为红彩瑞猎蝽提供庇护，减少农田风蚀和不利气候的影响。

## 二、红彩瑞猎蝽释放策略

### 1. 释放前的准备

害虫的种群监测是决定释放时机的关键，通过系统化的监测数据评估害虫种群密度和阶段，从而确定释放的最佳窗口期。

（1）使用性信息素诱捕器、黄板等诱捕烟粉虱或直接观察烟青虫卵的分布情况，结合田间调查数据，评估害虫种群是否达到经济危害水平。如果每株烟草有超过3粒卵或2条幼虫，说明虫害已达到释放红彩瑞猎蝽的适宜时机。当每天每诱捕器捕获的成虫数量超过5头时，害虫种群可能会在接下来的7~10 d内显著增长。

（2）红彩瑞猎蝽的繁育需要从专业昆虫养殖机构订购或田间人工培育红彩瑞猎蝽种群，确保个体健康且数量充足。

（3）红彩瑞猎蝽适宜的活动温度范围为20~30℃，相对湿度为60%~80%。在释放前一周需要关注天气变化，避免高温、干旱或暴雨天气影响释放效果。

（4）烟草叶片过于稀疏可能限制红彩瑞猎蝽的活动范围，植被过于密集则可能影响其对害虫的捕食效率，可通过合理修剪烟草叶片，优化植被结构。

（5）技术培训，对基层农技人员和种植户进行红彩瑞猎蝽释放技术的培训，内容包括释放时间选择、释放方法及田间管理等。

### 2. 释放策略

（1）害虫的孵化期是释放红彩瑞猎蝽的关键时机，例如在烟青虫卵孵化后1~2 d或幼虫低龄阶段释放，能有效控制其种群扩展。烟粉虱成虫出现高峰后一周内进行释放，可显著减少卵和若虫数量。

（2）选择清晨或傍晚温度较低、湿度较高的时间释放，此时温度较低、湿度较高，有利于红彩瑞猎蝽的活动和扩散。避免在风速超过5级或烈日下释放，防止天敌被吹离目标区域或因高温脱水而死亡。

（3）可将红彩瑞猎蝽的若虫或成虫直接放置于害虫密集的烟草植株上，特别是烟草的中下层叶片处，每隔3~5株放置1~2头天敌，优先覆盖田间边缘区和虫害高发区域，也可在第一次释放后间隔7~10 d进行第二次补充释放，尤其在害虫持续高发时保持田间红彩瑞猎蝽种群密度。

（4）每亩田地释放1 500~2 000头红彩瑞猎蝽，确保能够捕食主要害虫群体并维持田间种群稳定，并根据虫害严重程度适当调整数量，对于虫害严重的田块（如每百株烟草上有30头烟青虫），可加大释放量至每亩3 000头以上。

### 3. 释放后的管理

（1）定期进行田间跟踪调查：在1~2 d开始监测红彩瑞猎蝽的分布情况和捕食行为，记录其在烟草植株上的活动范围、捕食痕迹（如害虫残骸）以及卵的减少率。例如，用网捕法监测红彩瑞猎蝽的活动范围；同时记录害虫种群数量的变化，确认其是否在田间顺利适应以及其捕食效果。

（2）捕食效率及补充释放，每隔3 d调查害虫种群的变化情况，分析红彩瑞猎蝽的捕食效果。如果害虫密度在释放后7 d内未显著下降50%，需要补充释放1次，每亩增加500~1 000头红彩瑞猎蝽。在虫害高发期，每隔7 d补充释放1次，确保田间天敌种群密度维持在高水平。连续释放2~3次后，结合害虫种群变化适当减少释放频率。

（3）优化湿度与植被，在干旱天气定期灌溉，避免田间湿度过低影响红彩瑞猎蝽的活动能力，维护植株的良好生长状态，提供足够的遮蔽空间和栖息地。

（4）避免农药干扰，在释放期间避免使用广谱性杀虫剂，必要时选择对红彩瑞猎蝽无害或低毒的农药，如生物源农药或植物提取物。

## 三、生物防治

红彩瑞猎蝽作为捕食性天敌的核心，搭配其他天敌和绿色防控措施使用可以形成多层次、多目标的害虫控制体系。通过科学释放红彩瑞猎蝽和协同使用多种天敌，可以构建一个高效、稳定的生物防治体系，从根本上降低烟田害虫的种群密度，保护烟叶生产的生态环境和可持续性。如使用红彩瑞猎蝽+性诱组合、红彩瑞猎蝽+瓢虫组合、红彩瑞猎蝽+草蛉组合、红彩瑞猎蝽+赤眼蜂，对蚜虫、烟粉虱、烟青虫形成地面与植株双层次的害虫控制网，同时以减少害虫迁飞流失的可能性，实现从卵到成虫全面控制。

微生物农药是生物防治的重要补充，结合红彩瑞猎蝽和其他天敌使用时，可进一步增强害虫防治效果。如在害虫幼龄阶段喷施苏云金杆菌Bt制剂，每亩用量100～150 g，间隔7～10 d重复施用，也可在早晨或傍晚低温高湿时施用绿僵菌，均可有效降低害虫数量。

## 四、农业防控措施

### 1. 合理轮作与间作

合理的种植模式能有效调控农田生态环境，减少害虫适生环境，达到长效防控的目的。如在烟草中间作大豆或玉米可以显著抑制害虫，如玉米释放的挥发物对烟青虫具有驱避作用；与非茄科作物（如水稻、小麦）进行轮作，可有效切断害虫的食物链，显著降低虫害发生风险，保护天敌种群的多样性。

### 2. 田间管理

清除虫卵和残株，及时清除害虫虫卵、受害烟草残株和杂草，切断害虫生命周期。通过合理灌溉调节田间湿度，抑制烟粉虱等害虫的繁殖条件，提高红彩瑞猎蝽的存活率。烟田积水或高湿环境容易滋生烟粉虱等害虫，通过合理排水和控湿可抑制虫害扩散。合理密植，过密种植容易引起烟株郁闭，为害虫提供隐蔽环境。适当增加行距和株距可改善通风透光条件，抑制害虫繁殖。及时打顶与掐花，打顶后促进烟株侧枝生长，有助于集中营养，提高抗虫能力。

### 3. 土壤改良

深翻土壤可破坏害虫蛹和卵的越冬场所。如烟青虫的蛹常在土壤表层越冬，通过秋季深耕可显著降低其种群基数。通过施用腐熟有机肥或绿肥作物（如豆科作物），提高土壤肥力，有助于增强烟草植株的抗逆性。

### 4. 种植抗病品种

针对不同生态区的主要害虫种类，推广适宜的抗虫品种。例如，在烟青虫高发的地区种植耐虫性强的"云烟系列"品种。

## 五、化学防控措施

选择高效、低毒且对天敌影响较小的农药是化学防治的核心原则。如针对烟青虫推荐使用苏云金杆菌（Bt）制剂或阿维菌素，这类农药对害虫特异性较强，对红彩瑞猎蝽等天敌的影响较小。针对烟粉虱和蚜虫推荐使用螺虫乙酯、噻虫嗪等新型低毒农药，其对非靶标生物的安全性较高；优先选择具有选择性的杀虫剂，如烟碱类或昆虫生长调节剂；当害虫种类复杂或交替发生时，可选择具有广谱作用的农药，如啶虫脒或氟虫腈；选择环境降解较快的农药，避免对土壤、水体和植被造成长期污染。例如，拟除虫菊酯类农药（如氯氟氰菊酯）具有较短的半衰期，适合在烟田中使用；针对抗药性问题，应根据害虫种群的抗性监测结果，轮换使用不同作用机制的农药。

根据害虫的生长阶段和抗性水平，轮换使用不同作用机制的农药，在保证安全性的前提下，可将不同类型的农药（如昆虫生长调节剂与内吸性农药）混配使用，以扩大防治范围和延缓抗药性发展。同时，应结合虫情监测数据和田间害虫分布情况，精准确定施药范围和浓度，避免全田大面积盲目用药。此外，针对害虫的不同发生期，分阶段少量多次施药，提高防治效果的同时减少药剂使用总量。

## 主要参考文献

陈岗，曹敬东，付国润，等，2022. 叉角厉蝽不同龄期和不同释放方式对烤烟斜纹夜蛾防治效果研究初报[J]. 江西农业学报，34（9）：135-139，145.

邓全，刘东阳，陈娟，等，2022. 烟田释放七星瓢虫对烟蚜的防治效果[J]. 植物医学，1（2）：47-52.

高芃，2023. 高效寄生小菜蛾赤眼蜂蜂种筛选与田间释放技术研究[D]. 长春：吉林农业大学.

高卓，王晢玮，张李香，等，2012. 蠋蝽人工繁殖技术及田间释放控制研究[J]. 黑龙江大学工程学报，3（1）：65-73.

贾世平，曾维爱，吴小森，等，2022. 斜纹夜蛾核型多角体病毒与赤眼蜂联用对斜纹夜蛾的室内防治效果[J]. 植物保护，48（6）：307-312，361.

李宏，马小洁，杨林林，等，2024. 释放烟蚜茧蜂防治烟田烟蚜的生态效应评估技术[J]. 云南农业大学学报（自然科学），39（3）：46-55.

李青超，王立达，刘悦，等，2021. 烟蚜茧蜂不同释放次数对烟蚜的控制效果[J]. 黑龙江农业科学（2）：53-55，60.

李青超，王立达，赵秀梅，2021，等. 不同蜂蚜比对烟蚜的控制效果[J]. 黑龙江农业科学（5）：27-30.

李青超，王立达，赵秀梅，等，2022. 烟盲蝽和丽蚜小蜂协同防治设施蔬菜温室白粉虱技术研究[J]. 安徽农业科学，50（4）：144-145，152.

罗淑萍，陆宴辉，门兴元，等，2016. 不同释放密度下红颈常室茧蜂对冬枣园绿盲蝽的寄生效果[J]. 中国生物防治学报，32（6）：698-702.

罗希成，李井茹，1965. 人工释放异色瓢虫防治黄瓜蚜虫的初步研究[J]. 昆虫知识（2）：99.

马菲，杨瑞生，高德三，2005. 果园蚜虫的发生及应用异色瓢虫控蚜[J]. 辽宁农业科学（2）：37-39.

邱睿, 张昭, 李成军, 等, 2021. 烟蚜茧蜂对麦田蚜虫的防治效果[J]. 烟草科技, 54 (7): 35-40.

舒建超, 陈文龙, 何应琴, 等, 2018. 两种放蜂方式对田间烟蚜的防治效果研究[J]. 山地农业生物学报, 37 (4): 25-29.

孙贝贝, 李金萍, 尹哲, 等, 2023. 释放蠋蝽防治白菜斜纹夜蛾[J]. 中南农业科技, 44 (4): 247-248.

孙丽娟, 衣维贤, 顾耘, 等, 2012. 异色瓢虫对两种苹果蚜虫的捕食作用[J]. 西北农业学报, 21 (7): 39-43.

孙兴全, 仇红柳, 褚可龙, 等, 2002. 异色瓢虫的过冷却点测定及其对棚栽蔬菜蚜虫的防治效果[J]. 上海交通大学学报 (农业科学版) (4): 346-347, 351.

覃韧, 李戎, 潘应拿, 等, 2020. 烟蚜茧蜂对草莓蚜虫的控制效果[J]. 西南师范大学学报 (自然科学版), 45 (10): 49-54.

王雄, 2023. 食蚜瘿蚊与烟蚜茧蜂对烟蚜的联合防控潜力评价[D]. 贵阳: 贵州大学.

武琳琳, 王立达, 李青超, 等, 2018. 中华草蛉与异色瓢虫对温室蚜虫共同控制效果[J]. 黑龙江农业科学 (10): 79-81.

武琳琳, 王立达, 李青超, 等, 2019. 丽蚜小蜂对大棚甜瓜防治温室粉虱的防治效果[J]. 黑龙江农业科学 (4): 40-41.

闫芳芳, 张瑞平, 杨青青, 等, 2020. 释放次数对烟蚜茧蜂防治田间烟蚜效果的影响[J]. 安徽农业科学, 48 (11): 153-155.

于兴林, 2020. 异色瓢虫与烟蚜茧蜂集团内捕食作用及协同防控桃蚜潜能评价[D]. 杨凌: 西北农林科技大学.

张立功, 李鑫, 1997. 果园蚜虫的发生与瓢虫的助迁利用[J]. 山西果树 (1): 28-29.

张巧玲, 曹锡芝, 杨丽霞, 等, 2022. 烟蚜茧蜂对玉米蚜的防治效果[J]. 云南农业 (7): 66-68.

张烨, 朱文雅, 李唐, 2022. 不同保护释放策略对螟黄赤眼蜂田间寄生和出蜂的影响[J]. 东北农业科学, 47 (1): 91-94.

郑雅楠, 王珏, 王伟韬, 等, 2022. 花绒寄甲松褐天牛生物型对云杉花墨天牛的寄生效果[J]. 中国生物防治学报, 38 (3): 587-594.

CHEN Z, et al., 2018. Climate influence on predator activity: a study on reduviid bugs[J]. Ecological Research, 23 (4): 558-567.

FANG Y, et al., 2022. Establishing ecological corridors for biological pest control[J]. Agroecology and Sustainable Systems, 33 (8): 512-526.

FERRAN A, NIKNAM H, KABIRI F, et al., 2013. The use of *Harmonia axyridis* larvae (Coleoptera: Coccinellidae) against *Macrosiphum rosae* (Hemiptera: Sternorrhyncha:

Aphididae ) on rose bushes[J]. EJE, 93（1）: 59-67.

GUO R, et al., 2021. Optimizing tobacco field vegetation for biological control[J]. Journal of Sustainable Agriculture, 15（2）: 125-135.

KATSOYANNOS P, KONTODIMAS D C, STATHAS G J, et al., 1997. Establishment of Harmonia axyridis on citrus and some data on its phenology in Greece[J]. Phytoparasitica, 25: 183-191.

LIU J, et al., 2021. Weed control as a strategy for pest suppression[J]. Weed Research, 61（2）: 95-104.

LIU M, et al., 2020. Life cycle and ecological adaptability of *Eocanthecona furcellata*[J]. Journal of Insect Ecology, 38（4）: 145-152.

LIU W, et al., 2019. Monitoring Techniques for *Helicoverpa armigera* in Tobacco Fields[J]. Plant Protection, 45（6）: 22-30.

SUN P, et al., 2022. Alternative prey for mass rearing of predatory bugs[J]. Insect Science, 33（2）: 123-132.

SUN R, et al., 2019. Benefits of intercropping maize and tobacco in pest management[J]. Crop Protection, 47（7）: 177-183.

WANG J, et al., 2019. Temperature tolerance of *Eocanthecona furcellata*[J]. Ecological Entomology, 29（5）: 412-418.

WANG X, et al., 2022. Molecular breeding of pest-resistant tobacco varieties[J]. Plant Genomics, 15（3）: 124-136.

XU P, et al., 2021. Remote sensing technologies for pest monitoring in tobacco fields[J]. Precision Agriculture, 23（5）: 233-245.

ZHANG X, et al., 2020. Field application of eocanthecona furcellata in pest management[J]. Journal of Agricultural Entomology, 37（3）: 345-355.

ZHANG Y, et al., 2021. Predation efficiency of *Eocanthecona furcellata* in tobacco pest management[J]. Biological Control, 56（3）: 289-295.

ZHAO L, et al., 2020. Seed treatment techniques for pest prevention in tobacco cultivation[J]. Journal of Agricultural Science, 54（1）: 67-74.

ZHAO Y, et al., 2020. Laboratory rearing techniques for *Eocanthecona Furcellata*[J]. Entomological Studies, 12（5）: 98-106.

ZHOU H, et al., 2020. Effect of deep plowing on pest reduction in tobacco fields[J]. Soil and Crop Management, 32（4）: 189-195.

ZHOU H, et al., 2022. Interactions among natural enemies in tobacco ecosystems[J]. Biological Control, 59（7）: 112-119.

# 第五章

# 农药对红彩瑞猎蝽的安全性评价

## 农药对天敌昆虫的影响

在当前的病虫草害虫防治策略中,化学农药的使用依然是最常用、最有效的防治措施(Moises et al., 2013)。化学农药进入农田生态系统后,除了直接杀死靶标病虫草害外,其毒力会随着时间的推移及环境的差异逐渐减弱至亚致死剂量(Boina et al., 2009; Cutler et al., 2009; Rix et al., 2016)。杀虫剂的亚致死剂量一般是一个不高于致死中浓度的剂量区间,基本分布在LC1~LC50,对害虫种群往往具有抑制或延缓作用(Gao et al., 2008; 李锦钰等, 2014; 段辛乐等, 2015)。作为非目标昆虫的捕食性天敌同样也会受到杀虫剂亚致死剂量的影响。部分个体接触到的杀虫剂剂量不足以致死,但可能造成昆虫生态行为、生长发育、生殖力的改变以及抗药性的发展等,从而产生亚致死效应(王小艺, 2004; 韩文素等, 2011; 全林发等, 2016)。不同的杀虫剂对不同的昆虫作用方式不同,不同昆虫应对杀虫剂胁迫产生的响应也不尽相同(谢佳燕等, 2022)。一些研究表明,杀虫剂的亚致死剂量会对昆虫产生消极的影响,如生长发育延缓、繁殖率降低、搜寻行为降低、捕食能力降低等(杨桦等, 2013; 王坤等, 2014; 刘中芳等, 2016; 王佳佳, 2020)。也有研究表明,杀虫剂的亚致死效应会对部分昆虫产生积极影响,如提高生殖力、刺激捕食等(沈慧敏和张新虎, 2002; 王智等, 2006; 李锐等, 2014; Guedes and Cutler, 2014; Rix et al., 2016; Cao et al., 2019)。

部分杀菌剂会对天敌昆虫的生长发育造成不利影响。黑卵蜂 Telenomus podisi 寄生田间推荐浓度的农用氯氧化铜浸泡过的卵后,雌虫寿命降低了8.82%(Battisti et al., 2020)。田间推荐剂量的腈苯唑处理多异瓢虫和七星瓢虫后,幼虫发育历期延长了2.72%和10.08%。相反,两倍田间推荐浓度的嘧菌酯处理多异瓢虫和七星瓢虫后,两种瓢虫幼虫发育速度加快,发育历期与对照相比缩短了8.7%和7%。两倍田间推荐浓度的苯唑处理七星瓢虫后,幼虫发育历期缩短了11.02%(Michaud, 2001)。嘧霉胺和氟硅唑处理美洲斑潜蝇寄生蜂 Liriomyza sativae 后,与对照相比,寄生蜂羽化率分别下降了27%和11.58%(白义川等, 2009)。相反地,杀菌剂也可以延长寄生性天敌的发育历期。杀菌剂氢氧化铜和代锰锌混合处理寄生蜂 Trioxys pallidus 后,子代寄生蜂从幼虫到成虫的发育历期与对照相比延长了2.7%（Amarasekare et al.，2016）。此外，杀菌剂也可能对天敌昆虫的寿命无影响。寄生蜂P. elaeisis取食了戊唑醇处理过的饲料后，雌雄蜂寿命与对照无显著变化（Alcántara-de la Cruz et al.，2017）。不同浓度的氢氧化铜和代锰锌的混合剂处理寄生蜂雌蜂后对雌蜂寿命无影响（Amarasekare et al.，2016）。因此，杀菌剂对天敌昆虫生长发育的影响因杀菌剂和寄生性天敌的不同种类而产生不同的影响。

目前除草剂对寄生性天敌生长发育影响的研究较少，部分除草剂可能对寄生性天敌的寿命无影响。例如以草甘膦处理过的人工饲料供给寄生蜂取食后对寄生蜂雌雄蜂寿命无影响（Alcántara-de la Cruz et al.，2017）。除草剂对寄生性天敌的生殖可以表现为刺激效应。以草甘膦处理的人工饲料饲喂寄生蜂后羽化出的寄生蜂数量以及每只雌蜂产出的拟寄生雌蜂数量分别为164只和25只，与对照相比显著增高25.19%和24.62%（Alcántara-de la Cruz et al.，2017）。除草剂可能对寄生性天敌的生殖无影响。田间推荐浓度的氟氯禾灵处理寄生蜂P. concolorh后对寄生蜂生育率和繁殖率无影响（Saber et al.，2019）。但是除草剂可以对捕食性天敌幼虫发育历期和成虫寿命造成一定影响。例如田间推荐浓度的2,4-D处理斑食蚜瓢虫Coleomegilla maculata幼虫后幼虫的发育历期与对照相比显著延长4.52%（Michaud and Vargas，2010）。与之相反，草甘膦处理过的猎物饲喂草蛉3龄幼虫后，3龄幼虫到成虫的整个发育历期与对照相比显著缩短了10.82%，并且羽化为成虫后，雌雄成虫寿命与对照相比也降低了42.76%和59.76%（Schneider et al.，2009）。田间推荐浓度的2,4-D处理聚长足瓢虫Hippodamia convergens幼虫后幼虫的发育历期与对照无差异（Michaud and Vargas，2010）。异色瓢虫在取食了草甘膦处理过的蚜虫后成虫寿命未受到影响（Saska et al.，2017）。由此可见，由于除草剂种类处理浓度、施用方法以及昆虫虫态、种类的不同等原因可以对昆虫的整个生长发育造成不同程度的影响。

天敌昆虫作为生物防治中的重要手段，在虫害综合治理中的作用举足轻重。然而多数农药会对天敌昆虫产生负面影响，只有部分农药对天敌是有利的，因此在进行化学防治时，需要明确天敌和害虫种群数量的消长规律，规范用药、适期防治，减少对天敌昆虫的伤害，发挥其作为自然控制因子，对害虫生物防治时的作用，充分提高天敌昆虫控害价值，保证农业生态环境的安全性。红彩瑞猎蝽作为烟草和水稻害虫的重要经济性和生态性天敌，在农业生态系统害虫种群数量控制中发挥着关键作用。目前农药对该天敌的影响仍不明确。因此研究常用杀虫剂、杀菌剂和除草剂对红彩瑞猎蝽若虫期、成虫寿命、寄主搜寻行为和捕食能力等的影响具有重要意义。研究结果将为天敌昆虫的保护和农田药剂的合理使用提供指导，促进大田有害生物的综合治理。

# 第一节 斜纹夜蛾多角体病毒对红彩瑞猎蝽的安全性评价

天敌昆虫和生物农药均为绿色防控策略的关键组成部分。探索如何有效地结合这两种方法进行病虫害管理，同时确保生物农药不会对天敌昆虫产生负面影响，是亟待解决的科学问题。微生物农药是生物农药的重要组成部分，目前应用较多且获批登记的微生物杀虫剂主要有真菌类的球孢白僵菌 Beauveria bassiana、金龟子绿僵菌 Metarhizium anisopliae、淡紫拟青霉 Paecilomyces lilacinus，细菌类的苏云金杆菌以及病毒类的核型多角体病毒（Nuclear polyhedrosis virus，NPV）、质型多角体病毒（Cytoplasmic polyhedrosis virus，CPV）等（张慧等，2023）。

细菌类杀虫剂苏云金杆菌是使用最广泛的微生物农药，我国登记的Bt制剂多达246种。Bt对草地贪夜蛾 Spodoptera frugiperda、二化螟 Chilo suppressalis、稻纵卷叶螟 Cnaphalocrocis medinalis、斜纹夜蛾 Spodoptera litura、甜菜夜蛾 Spodoptera exigua、棉铃虫 Helicoverpa armigera 等重要的鳞翅目害虫均有良好的防治效果（陈文瑞，2001；韩光杰等，2020；胡虓等，2020）。

真菌类的球孢白僵菌、金龟子绿僵菌、淡紫拟青霉等具有很强的侵染性，能够通过菌丝对虫体的入侵和酶类水解作用、抑制昆虫免疫等途径达到杀虫效果，主要用于防治小菜蛾 Plutella xylostella、草地贪夜蛾、松毛虫 Dendrolimus spp.、玉米螟 Pyrausta nubilalis 和茶小绿叶蝉 Empoasca pirisuga 等多种害虫，其中部分产品可防治多种害虫，如金龟子绿僵菌CQMa421高毒力菌株对多种害虫均有致病性，可以高效侵染鳞翅目、鞘翅目、直翅目、双翅目、膜翅目、半翅目和缨翅目的30多种重要农业害虫（彭国雄等，2020），球孢白僵菌在防治蓟马、蝗虫、灰茶尺蠖 Ectropis grisescens、稻纵卷叶螟和褐飞虱 Nilaparvata lugens 等害虫上具有良好的效果（王海鸿等，2020；王逸帆，2020）。

病毒性杀虫剂主要为杆状病毒科的核型多角体病毒NPV、颗粒体病毒（Granulosis virus）以及呼肠孤病毒科的质型多角体病毒CPV。我国已登记有效成分中含有核型多角体病毒的杀虫剂目前共65种，包括棉铃虫核型多角体病毒 Helicoverpa armigera NPV、甜菜夜蛾核型多角体病毒 Spodoptera exigua NPV、斜纹夜蛾核型多角体病毒 Spodoptera litura NPV、苜蓿银纹夜蛾核型多角体病毒 Autographa californica NPV、甘蓝夜蛾核型多角体病毒 Mamestra brassicae NPV等，是种类最多的病毒杀虫剂类型，可防治甜菜夜蛾、棉铃虫、烟青虫、稻纵卷叶螟、玉米螟和地老虎 Agrotis spp.等多种农业害虫（贾世平等，2022；类承凤等，2019；占军平等，2020；郑静君等，2016）；而以颗粒体病毒和质型多角体病毒为有效成分的杀虫剂分别有6种和3种，主要防治对象为小菜蛾、菜青虫 Pieris rapae、稻纵卷叶螟及松毛虫等（张慧等，2023）。

部分微生物杀虫剂对于天敌昆虫较为安全，而另一部分则具有一定的直接或间接毒性，因此在同时使用之前需要验证微生物杀虫剂与天敌昆虫的相容性（尹园园等，2018）。潘悦等发现，斜纹夜蛾核型多角体病毒对于松毛虫赤眼蜂 Trichogramma dendrolimi 具有一定毒性，而苏云金杆菌的安全性则更高（尹园园等，2018）。而杨芷发现球孢白僵菌对松毛虫赤眼蜂安全性高，并据此建立了松毛虫赤眼蜂携带球孢白僵菌防治亚洲玉米螟 Ostrinia furnacalis 的技术（杨芷，2020）。

捕食性天敌由于会直接摄入功能微生物，受到的影响更大（杨慧等，2020）。目前微生物农药对于捕食性天敌的安全性研究主要集中在杀虫真菌与苏云金杆菌方面。申修贤等发现苏云金杆菌对于食蚜瘿蚊 Aphidoletes aphidimyza 的高龄幼虫与成虫属于中等风险，相对安全（申修贤，2020）。钱晓澍发现苏云金杆菌对异色瓢虫 Harmonia axyridis 的致死率低，对天敌瓢虫相对安全（钱晓澍，2019）。左广胜等发现在田间使用苏云金杆菌后，东亚小花蝽 Orius sauteri 和中华草蛉 Chrysoperla sinica 种群数量增加，而龟纹瓢虫 Propylea japonica 种群数量一直处于较低水平（左广胜等，1994）。严森研究了球孢白僵菌 Beauveria bassiana 对东亚小花蝽的影响，发现 20 个菌株中有 5 株对东亚小花蝽具有 15% 以上的致死率，2 株没有直接影响（严森，2023）。李郭雨等研究了金龟子绿僵菌、苏云金杆菌、球孢白僵菌 3 种微生物杀虫剂对微小花蝽 Orius minuius、南方小花蝽 Orius similis 及东亚小花蝽的毒力，发现球孢白僵菌对东亚小花蝽无害，但对其他 2 种小花蝽轻度有害，金龟子绿僵菌和苏云金杆菌对 3 种小花蝽均为轻度有害（李郭雨等，2023）。而庄文欣发现球孢白僵菌对于天牛的天敌昆虫花绒寄甲 Dastarcus helophoroides 的致病率极低，具有较好的相容性（庄文欣，2018）。李文红等研究了 14 种杀虫剂对蠋蝽的安全性，其中 3 种微生物杀虫剂——苏云金杆菌、短稳杆菌 Empedobacter brevis 及草地贪夜蛾核型多角体病毒 Spodoptera frugiperda NPV 对蠋蝽的室内毒力最低，对蠋蝽安全（李文红等，2021）。

红彩瑞猎蝽 Rhynocoris fuscipes 是一种捕食性昆虫，属于半翅目猎蝽科。它是橡胶树上的佛川龟蜡蚧 Ceroplastes floridensis 的天敌（Deng et al.，2014）也是烟草害虫的天敌（Broufas et al.，2007）。红彩瑞猎蝽的取食范围很广，包括斜纹夜蛾、烟蚜和烟青虫（Huang，2007）。这些害虫是常见的烟草害虫。核多角体病毒（NPV）属杆状病毒科，可感染昆虫和其他节肢动物（Jing et al.，2020）。当目标昆虫摄入 NPV 后，病毒在碱性消化液的作用下侵入中肠细胞，在细胞核内复制，并通过血淋巴循环进入体内其他组织。宿主死亡后，尸体会释放出含有包涵体（PIBs）的液体。健康的鳞翅目害虫通过摄入这些 PIBs 而被感染（Li et al.，2021）。NPV 是一种生物杀虫剂，用于控制农业和林业生产中的鳞翅目害虫。NPV 的宿主谱通常很窄，大多数 NPV 只对少数宿主物种致病（Kusumah et al.，2023）。

斜纹夜蛾核多角体病毒（SpltNPV）是斜纹夜蛾的重要病原体。SpltNPV 的多个株系已被报道，包括广州株系、武汉株系、日本株系、菲律宾株系、以色列株系、巴基斯坦株系等（Lavi et al.，2001；Laviña et al.，2001；Zwart et al.，2019）。SpltNPV 能很好地控制斜纹夜蛾，并具有宿主抗性小、对人类和动物安全、环境持久性短等优点。SpltNPV 对易感宿主的毒性很强，可导致田间害虫种群大流行。这可能导致害虫种群的长期有效管理（Zou et al.，2016）。SpltNPV 通常用于防控斜纹夜蛾，红彩瑞猎蝽也具有控制斜纹夜蛾种群的潜力（Ali et al.，2018；Kaur et al.，2021）。在本试验中，我们确定了 SpltNPV 对红彩瑞猎蝽的影响，并评估了它们对斜纹夜蛾生物防治的综合潜力，为烟草生产中红彩瑞猎蝽与 NPV 联合防控斜纹夜蛾、烟青虫等鳞翅目害虫提供理论依据。

# 一、材料和方法

## （一）供试材料

从广东韶关市（25°12′N，114°29′E）的烟田中采集红彩瑞猎蝽，并在28℃、70%相对湿度（RH）和光周期（12L：12D）下饲养。在实验室连续培养多代红腹锦鸡超过2年，在其第1体期和第2体期喂食烟蚜，第3体期后喂食黄粉虫。收集卵并孵化，孵化出子代若虫用于后续试验。

未感染NPV的斜纹夜蛾由华南农业大学提供。卵在25℃、70%相对湿度和光周期（12L：12D）下孵化。斜纹夜蛾幼虫在1~2龄用人工饲料喂养（Zhang et al., 2016），并在3龄后喂食烟叶。

SpltNPV（武汉株）由江西新龙生物科技有限公司提供。接种NPV时，将新鲜烟叶切成边长为8 cm的正方形，浸泡在$1 \times 10^7$ PIBs/mL NPV悬浮液中，然后在洁净的工作台上风干。在接种了NPV的烟叶上取食24 h后，将斜纹夜蛾幼虫用于后续试验。

## （二）NPV对红彩瑞猎蝽的猎物选择的影响

将感染和未感染NPV的斜纹夜蛾3龄幼虫在-20℃下冷冻30 s，然后放入直径为9 cm的培养皿中，两只幼虫之间的距离为4 cm。将红彩瑞猎蝽成虫饥饿处理48 h，然后放在培养皿中心，盖上盖子。共准备40组对照，观察6个小时，记录红彩瑞猎蝽在两种昆虫上的取食次数。

## （三）NPV对红彩瑞猎蝽死亡率和生长发育的影响

每隔48 h用感染NPV的斜纹夜蛾3龄幼虫喂养红彩瑞猎蝽3龄若虫，用无病毒的斜纹夜蛾3龄若虫喂养红彩瑞猎蝽3龄若虫作为空白对照CK。每组处理20只雄性和20只雌性红彩瑞猎蝽，直到两组红彩瑞猎蝽都发育成成虫。记录每次蜕皮与上一次蜕皮之间的时间间隔，并计算红彩瑞猎蝽若虫的死亡率。测量右胫骨长度和两复眼间的头宽。

## （四）NPV对红彩瑞猎蝽繁殖能力的影响

使用干净的长方形透明塑料盒（16.8 cm × 11.4 cm × 6.5 cm），将烟叶剪成10 cm × 12 cm的长方形放入盒中。在28℃、70%相对湿度和光周期（12L：12D）条件下，将未携带NPV和携带NPV的雌雄红彩瑞猎蝽分别配对并放入箱中，使用无病毒的斜纹夜蛾4龄幼虫喂食红彩瑞猎蝽。共分为四组：第一组为无NPV雌虫与无NPV雄虫配对（即空白对照），第二组为无NPV雌虫与携带NPV雄虫配对，第三组为携带NPV雌虫与无NPV雄虫配对，第四组为携带NPV雌虫与携带NPV雄虫配对。每组20个重复，并测定产卵数。收集卵并将其置于28℃恒温培养箱中等待孵化，计算卵孵化率。

## （五）制备红彩瑞猎蝽的中肠样本

将20头红彩瑞猎蝽3龄若虫分为两组，在28℃、70%相对湿度和光周期（12L：12D）条件下，分别用感染NPV和未感染NPV的斜纹夜蛾3龄幼虫喂养，一直到红彩瑞猎蝽蜕皮成虫后3 d。将成虫在-20℃冷冻后，切下翅、腿、口针和触角，用无水乙醇对昆虫角质层进行1 min消毒，然后用无菌超纯水冲洗掉表面残留的酒精，剪开腹部，将TE缓冲液倒入蜡盘，将昆虫从前胸背板处固定在蜡盘上，解剖中肠并将其转移到装有4℃预冷TE缓冲液的1.5 mL离心管中，然后放至-80℃保存等待检测。

### （六）16S rRNA基因测序

红彩瑞猎蝽中肠的总DNA样本按照生产商的说明使用CTAB提取，并在-80℃下保存，直至进一步分析。使用正向引物341F（5′-GTGCCAGCMGCC GCGG-3′）和反向引物805R（5′-CCGTCAATTCMT TTRAGTTT-3′）扩增V3～V4区域的细菌16S rRNA基因（Logue et al.，2016）。为测序制备了扩增子池，分别在Agilent 2100生物分析仪（Agilent，Santa Clara，CA，USA）和Illumina文库定量试剂盒（Kapa Biosciences，Woburn，MA，USA）上评估了扩增子文库的大小和数量。文库在NovaSeq PE250平台（Illumina Inc.）进行测序。

利用QIIME2的两个指数（Chao1和Shannon）分析每个样本物种多样性的复杂性。利用QIIME2，通过加权UniFrac距离和Bray-Curtis距离计算Beta多样性。这些距离通过主坐标分析（PCoA）和非度量多维尺度（NMDS）进行可视化。利用Blast进行序列比对，并利用SILVA数据库对每个代表性序列的特征序列进行注释。在预测功能分析中，使用了PICRUSt2软件包来识别预测的基因家族和相关通路。预测的功能基因被分为KO群组，并通过分类和功能谱统计分析（STAMP）对不同群组进行比较（Yang et al.，2022）。图表使用R软件包（v3.5.2）绘制。

### （七）统计分析

统计分析使用IBM SPSS Statistics 25软件（IBM，Armonk，NY，USA）进行。结果以均数±标准误差表示，$P<0.05$时具有统计学意义。两组不同16s rRNA基因分析之间的统计比较采用Wilcoxon符号秩检验。

## 二、结果与分析

### （一）SpltNPV对红彩瑞猎蝽食物选择性的影响

表5-1显示，红彩瑞猎蝽喜欢取食受NPV感染的斜纹夜蛾，2 h和6 h的取食频率明显高于取食健康斜纹夜蛾的频率。

表5-1　红彩瑞猎蝽对不同斜纹夜蛾的取食偏好

| 病毒处理 | 与猎物接触的小时数 | |
|---|---|---|
| | 2 h | 6 h |
| H | 0.80 ± 0.71 | 1.03 ± 0.67 |
| V | 2.93 ± 1.60** | 3.43 ± 1.28** |

注：H=健康的斜纹夜蛾幼虫，V=带有SpltNPV的斜纹夜蛾幼虫。

所有数据均为平均值±标准误。同一时间同一列中的平均值后加**表示差异极显著（$t$检验，$P<0.01$）。

### (二) SpltNPV对红彩瑞猎蝽死亡率和生长发育的影响

饲喂受NPV感染或健康的斜纹夜蛾幼虫后，红彩瑞猎蝽在24 h、3 d和7 d的死亡率均未超过10%。3 d时，无NPV组和NPV感染组的死亡率分别为8%和4%。7 d后，死亡率分别为10%和8%。生长发育情况通过右胫骨长度和头部宽度（两复眼之间的宽度）进行测量（图5-1）。两组雄性和雌性的右胫骨长度和头部宽度均没有明显差异。

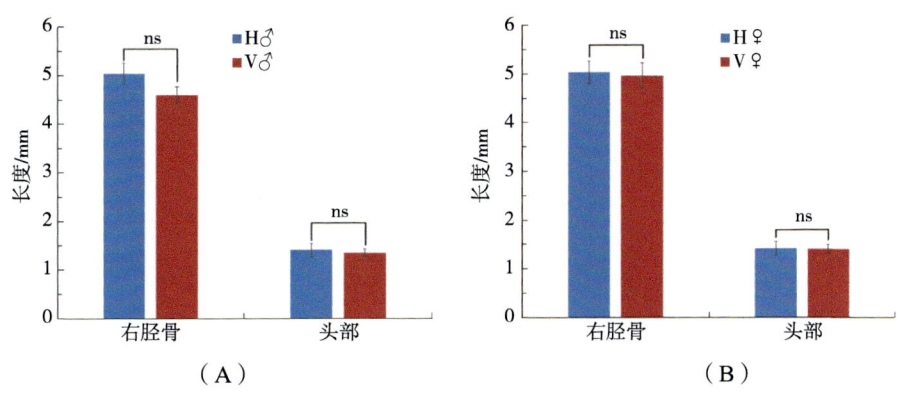

**图5-1　不同性别和处理的红彩瑞猎蝽的右胫骨长度和头部宽度**

注：雌雄数据分别见（A）和（B）。ns表示两组之间无显著差异（$t$检验，$P>0.05$）。

无NPV组的第3龄、第4龄、第5龄时长分别为（6.55±0.89）d、（6.90±1.02）d和（15.2±1.24）d，NPV感染组的第3龄、第4龄和第5龄的时长分别为（6.75±0.85）d、（7.05±1.10）d和（14.95±1.79）d。两组的第3龄、第4龄和第5龄时长无明显差异。根据这些结果，NPV对红彩瑞猎蝽没有明显的致病作用，对红彩瑞猎蝽的生长发育也没有显著影响。

### (三) SpltNPV对红彩瑞猎蝽繁殖能力的影响

表5-2显示，4组红彩瑞猎蝽的雌虫产卵数和卵孵化率没有显著差异。这些数据表明，NPV并没有显著影响红彩瑞猎蝽的繁殖能力。

**表5-2　NPV对红彩瑞猎蝽繁殖能力的影响**

| 组别 | 病毒处理 ♂ | 病毒处理 ♀ | 产卵量 | 卵孵化率/% |
|---|---|---|---|---|
| T1 | H | H | 20.30±5.06a | 89.10±9.51a |
| T2 | H | V | 17.20±4.62a | 88.94±8.57a |
| T3 | V | H | 16.85±5.18a | 90.73±7.22a |
| T4 | V | V | 21.15±6.24a | 92.27±7.60a |

注：H=无NPV的红彩瑞猎蝽成虫，V=受NPV感染的红彩瑞猎蝽成虫。

数字后的字母相同表示同一列中的处理之间无显著差异（Tukey多重比较，$P<0.05$）。

### （四）不同处理的红彩瑞猎蝽中肠微生物区系的结构变化

通过16S rRNA基因序列分析了饲喂无NPV与被NPV感染的斜纹夜蛾幼虫的红彩瑞猎蝽的中肠微生物区系的结构变化。Venn图直观地显示了两组中常见和独特的ASV（扩增子序列变异）的数量（图5-2A）。两组中肠微生物区系的α多样性用小提琴图表示。两组的Chao1指数差异显著（图5-2B），而香农指数差异不显著（图5-2C）。这些结果表明，无NPV组的中肠微生物区系丰富度明显高于NPV组。然而，在考虑均匀度时，两组之间的多样性没有明显差异。

Beta多样性通过PCoA和NMDS进行测量。通过3D-Unifrac PCoA可以将两组区分开来（图5-2D），加权-Unifrac和Bray-Curtis距离分析中NMDS的压力值均小于0.2（图5-2E、图5-2F）。

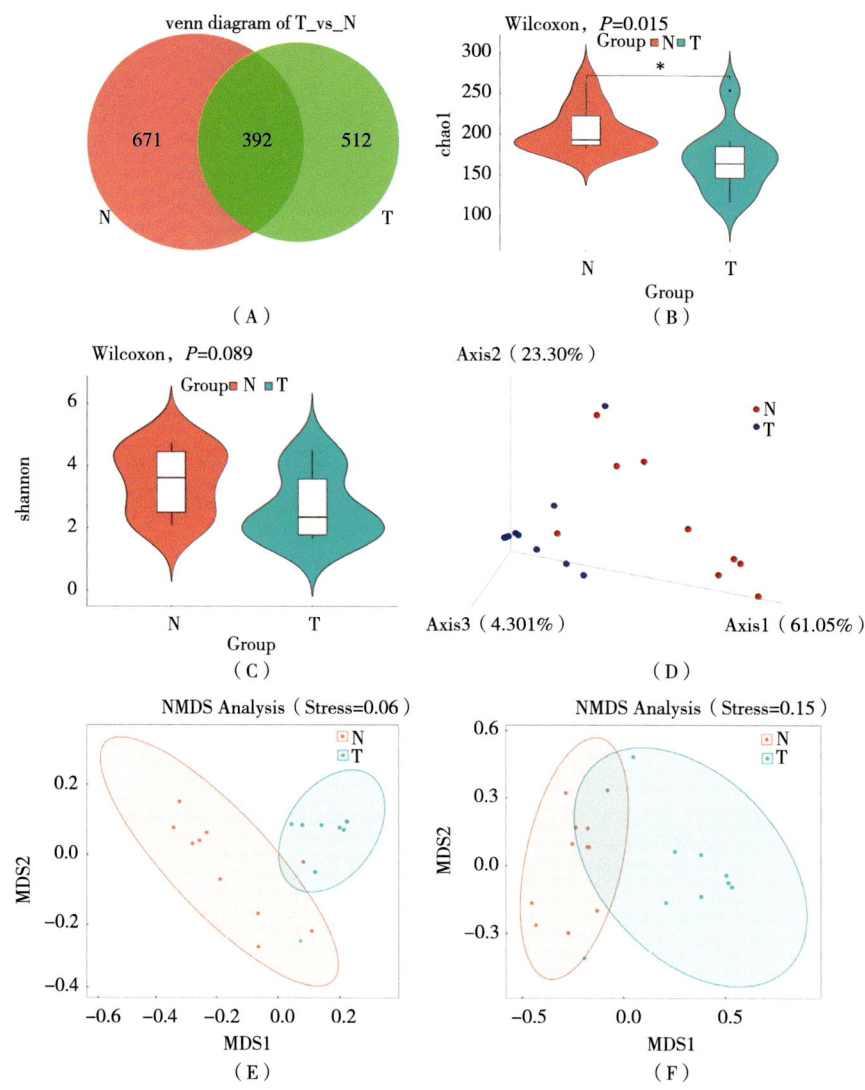

图5-2　Venn图（A）、用Chao1指数（B）和香农指数（C）测量的中肠微生物群的α多样性；用三维Unifrac PCoA（D）、加权Unifrac NMDS（E）和Bray-Curtis NMDS（F）测量中肠微生物群的β多样性

注：PCoA，主坐标分析；NMDS，非度量多维尺度。

在门水平分析中（图5-3A和5-3C），细菌总丰度约99%被划分为7个门，其中绝大多数属于Proteobacteria和Firmicutes。在NPV组和非NPV组中，Proteobacteria的相对丰度分别为86.44%和35.91%，而Firmicutes的丰度分别为11.89%和52.97%。6个门的丰度在两组之间

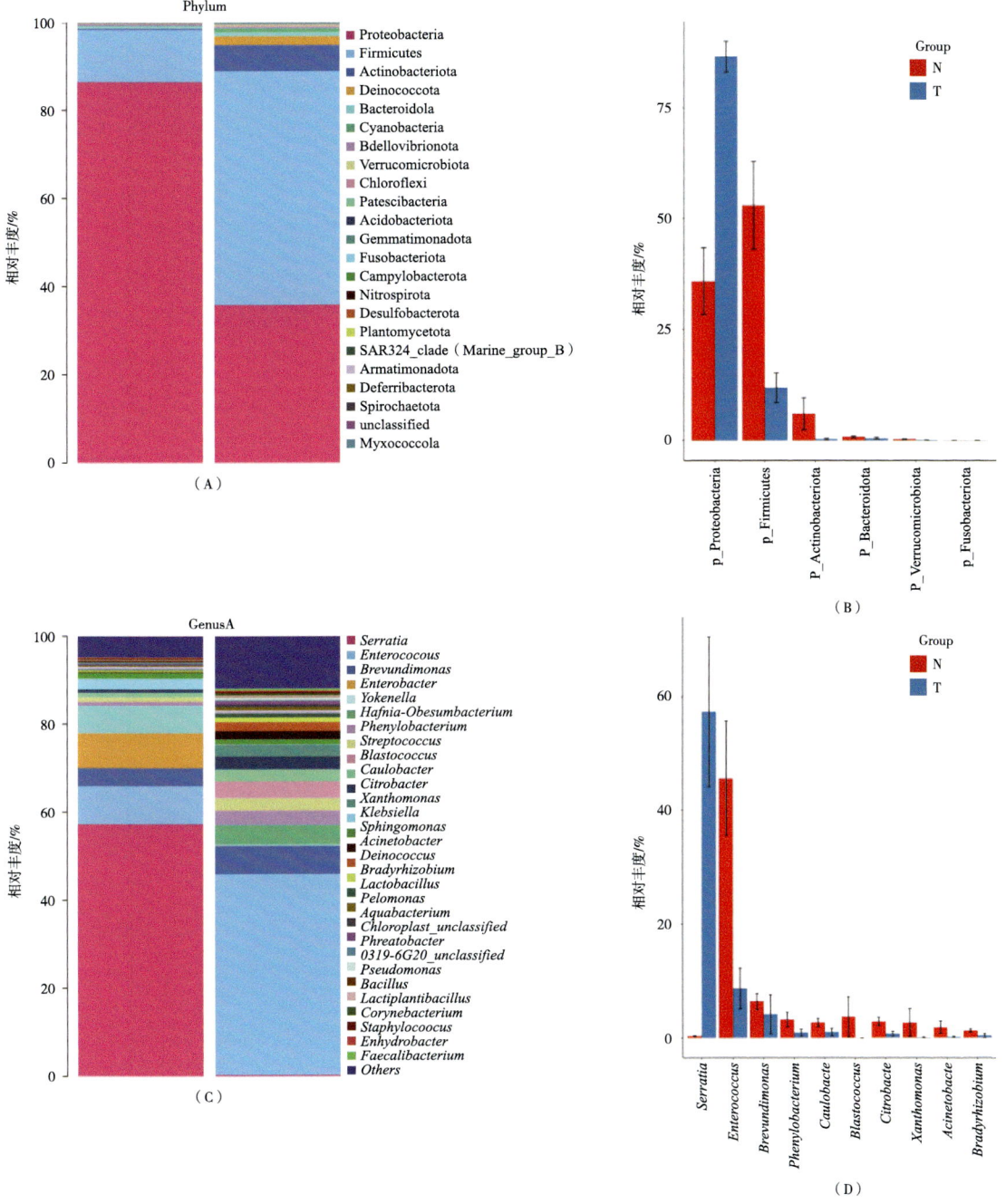

**图5-3 中肠菌群在门和属水平的分类差异**

注：左侧为中肠菌群在门水平（A）和属水平（C）上的物种相对丰度堆叠柱状图，右侧为差异显著的门（B）和属（D）的柱状图。

存在明显差异，它们分别是Proteobacteria、Firmicutes、Actinobacteriota、Verrucomicrobiota、Fusobacteriota和Bacteroidota。

在属一级对群落丰度进行了评估分析（图5-3B、图5-3D）。含量最高的前10个菌属分别是*Serratia*、*Enterococcus*、*Brevundimonas*、*Phenylobacterium*、*Blastococcus*、*Caulobacter*、*Citrobacter*、*Xanthomonas*、*Acinetobacter*和*Bradyrhizobium*。在这些菌属中，只有NPV组的沙雷氏菌属*Serratia*高于无NPV组。*Serratia*在NPV组和无NPV组的相对丰度分别为57.24%和0.34%，而*Enterococcus*在NPV组为8.69%，在无NPV组为45.63%。

### （五）基于PICRUSt2的预测性功能分析

使用PICRUSt2根据KO功能簇对中肠微生物区系进行了功能预测（图5-4）。无NPV组的翻译、复制、修复、碳水化合物代谢、核苷酸、脂质、能量、萜类化合物和多酮类化合物的代谢通路功能显著高于NPV组。然而，无NPV组的信号转导、酶家族、糖的生物合成和代谢、细胞过程和信号转导通路功能显著低于NPV组。

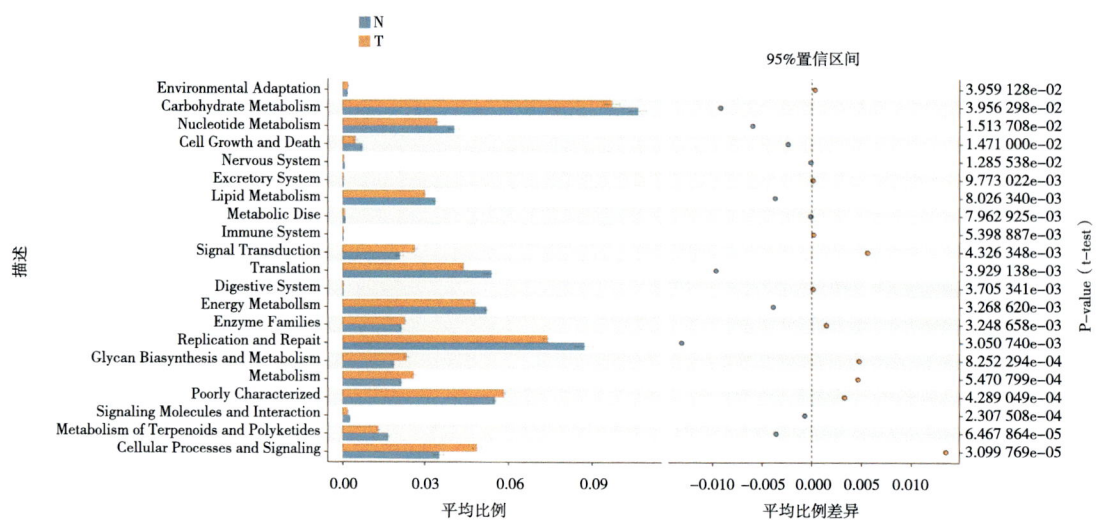

**图5-4　16S代谢通路的预测功能（KO2级显著差异的代谢通路）**

注：柱的长度代表各样本组中代谢途径的平均相对丰度，不同颜色代表不同组别。中间区域为置信区间，表示两组物种丰度百分比的差异。最右侧为$P$值，$P<0.05$为具有统计学意义。

## 三、结论与讨论

### （一）NPV对红彩瑞猎蝽的生长、繁殖和捕食行为的影响

曾有部分研究对NPV与半翅目捕食性昆虫之间的关系进行过评估。Cooper（1981）发现，在*Oechalia schellenbergii*捕食感染了NPV的棉铃虫后，其粪便中含有NPV，这增加了NPV的传播。Abba（1984）研究表明，*Podisus maculiventris*取食受AgNPV感染的食物对消耗量和生长没有显著影响，AgNPV并未在*P. maculiventris*的消化道中复制。Young和

Kring（1987）发现，*Nabis roseipennis*在取食受NPV感染的*Anticarsia gemmatalis*后，几天内就会排出含有NPV的PIB。这些排泄物对*A. gammatalis*具有传染性。*N. roseipennis*也偏好以感染NPV的*A. gammatalis*为食（Young and Kring，1991）。Sajap（1999）发现，在取食感染了NPV的斜纹夜蛾后，*Sycanus leucomesus* Walk的头部大小和胫骨长度显著下降，寿命和繁殖能力也显著下降。

在本试验中，NPV对红彩瑞猎蝽的生长、发育和繁殖没有显著影响。红彩瑞猎蝽喜欢取食感染了NPV的斜纹夜蛾，这与Young的观察结果相似。这种取食偏好可能是由于感染NPV后猎物的防御反应减弱，也可能是NPV感染导致组织液化，从而促进了红彩瑞猎蝽刺吸式口器的吸食。

### （二）NPV对红彩瑞猎蝽中肠微生物区系的影响

虽然NPV对红彩瑞猎蝽的生长和繁殖没有明显影响，但它显著改变了红彩瑞猎蝽中肠微生物群落结构，沙雷氏菌属的丰度明显增加。沙雷氏菌中的一些致病菌种可引起昆虫疾病，但沙雷氏菌中的大多数菌种在消化道中并不致病。它们需要进入昆虫血腔破坏血细胞并导致感染（Petersen and Tisa，2013）。然而，黏质沙雷氏菌和其他沙雷氏菌的代谢产物对NPV的DNA复制和RNA转录有显著的抑制作用，并能减少PIB的形成（Jiang et al.，2021；Petersen and Tisa，2013）。红彩瑞猎蝽可能会通过促进沙雷氏菌的丰度来减少NPV的影响。

NPV降低了中肠中碳水化合物、核苷酸、脂类、能量、萜类化合物和多酮类化合物的新陈代谢的功能通路，然而也会导致信号转导、酶家族、细胞过程和信号转导、糖类生物合成和新陈代谢的代谢通路上调。这种现象可能是由于中肠微生物菌群接收到了中肠环境变化的细胞外信号。然后，各种物质的新陈代谢可能通过信号转导进行了调整，加强了酶和聚糖的合成，以减少NPV的影响。虽然NPV能明显改变红彩瑞猎蝽的中肠微生物区系结构，但对其生长和繁殖没有明显影响。因此，NPV对红彩瑞猎蝽是安全的。不过，还需要进一步地研究以调查中肠微生物群落结构的变化对红彩瑞猎蝽的影响。

本试验验证了SpltNPV对捕食性天敌昆虫红彩瑞猎蝽的影响。使用感染SpltNPV的斜纹夜蛾幼虫喂养红彩瑞猎蝽后，对其生长（右胫长、头宽、蜕皮期）和繁殖（产卵能力和卵孵化率）均没有显著影响。红彩瑞猎蝽表现出对SpltNPV感染的斜纹夜蛾的取食偏好，在2 h和6 h内对SpltNPV感染的斜纹夜蛾幼虫的取食频率明显高于对健康幼虫的取食频率。红彩瑞猎蝽取食SpltNPV感染的斜纹夜蛾幼虫后，中肠微生物区系结构在门和属水平上发生了明显变化，沙雷氏菌属的水平明显升高。基于KEGG的PICRUSt2分析表明，SpltNPV降低了红彩瑞猎蝽中肠细菌群落中碳水化合物、核苷酸、脂类、能量、萜类和多酮类的代谢。同时，它还导致信号转导、酶家族、细胞过程和信号转导、糖类生物合成和新陈代谢的上调。

## 第二节 氯虫苯甲酰胺对红彩瑞猎蝽的安全性评价

使用杀虫剂作为"送嫁药"在移栽前对幼苗进行处理，是近年来预防害虫破坏作物的积极方法，目前在水稻、绿叶蔬菜、烟草种植等方面得到了广泛应用。与用于管理早期叶部害虫的喷洒相比，移栽前使用"送嫁药"更实用、更有效、更经济。氯虫苯甲酰胺（CAP）属于邻氨基苯甲酰胺类杀虫剂，可通过消化或接触杀死靶标昆虫。通过激活控制肌肉细胞钙释放的昆虫的鱼尼丁受体而起作用，导致昆虫停止进食、瘫痪和死亡。利用其木质部转运特性和内吸性，CAP已被用作防控一些鳞翅目害虫的移栽处理剂，例如在烟草田中用于小地老虎和烟芽夜蛾，在稻田中用于二化螟和稻纵卷叶螟等。当害虫在受威胁的植物上取食时，内吸性杀虫剂仅会与害虫接触，从而减少暴露于杀虫剂的非目标生物的数量。然而，为了延长对害虫的防控时间，移栽处理中对幼苗施用了高剂量的CAP杀虫剂（例如，水稻秧苗参考用量的20倍），这引发了对杀虫剂对作物、非目标生物和环境造成不良影响的担忧。即使是非致死剂量的杀虫剂，也可能阻断某些生理或生化过程，从而影响天敌昆虫的生存、生长发育和繁殖等行为。尽管氯虫苯甲酰胺（CAP）被报道对某些寄生性和捕食性天敌昆虫具有较低的毒性，但也有一些研究表明，这种杀虫剂会增加捕食性天敌昆虫，例如膜翅目普通草蛉，鞘翅目的异色瓢虫、七星瓢虫和黄胸青腰隐翅虫及半翅目黑肩绿盲蝽等捕食性天敌昆虫的死亡率。

红彩瑞猎蝽是一种分布广泛的捕食性天敌，在亚热带和热带地区的烟草、棉花和稻田中种群数量丰富。据报道，它能够捕食超过42种害虫，并且已被用作生物防治手段，以抑制烟田斜纹夜蛾、烟青虫和烟蚜等害虫的种群数量。由于氯虫苯甲酰胺（CAP）在烟草和稻田中得到广泛应用，为了保护田间天敌昆虫的多样性，需要进一步研究红彩瑞猎蝽与CAP的相容性。

有关杀虫剂尤其CAP对红彩瑞猎蝽的影响研究报道甚少，因此，本试验在实验室条件下评估了CAP对红彩瑞猎蝽的急性毒性和生态毒理学风险。通过测定不同生命周期、两性生命表以及对小地老虎的功能反应，确定了CAP田间推荐用量对红彩瑞猎蝽的生长发育、存活、寿命、繁殖力和种群参数的影响。最后，测试了红彩瑞猎蝽3种解毒酶（GST、P450和CaeE）的活性。这些结果提供了CAP和红彩瑞猎蝽的生态系统相容性的信息，并评估了CAP在移栽操作中用于农田生态系统的安全性。

### 一、材料和方法

#### （一）供试昆虫

试验所用红彩瑞猎蝽和小地老虎种群采自广东韶关市南雄市烟田。红彩瑞猎蝽在室内用烟蚜和面包虫混合饲养，小地老虎用人工饲料饲养。所用人工气候培养箱（QX-256，宁波江南仪器厂）温度设置为（28±1）℃、相对湿度（70±5）%，光照周期为（12L∶12D）。

### （二）CAP对红彩瑞猎蝽若虫的急性毒性

CAP对红彩瑞猎蝽若虫的触杀毒性采用药膜法，将CAP原药（99.3%，上海农药研究所有限公司）溶解在丙酮中，以获得5个浓度梯度。将1 mL的上述溶液转移到一个玻璃管（直径2.7 cm×4.2 cm，用棉花塞住）中，旋转玻璃管直到溶剂蒸发形成均匀的薄膜。每个玻璃管的标定用量为3.87 g AI/hm$^2$、19.36 g AI/hm$^2$、96.78 g AI/hm$^2$、483.91 g AI/hm$^2$和2 419.53 g AI/hm$^2$。使用丙酮作为对照。在24 h内蜕皮的2龄若虫被随机选择并引入处理过的玻璃管中。72 h后，若虫被转移到新的玻璃管中，每天喂食足够的面包虫幼虫。

对于CAP对红彩瑞猎蝽若虫的胃毒毒性，将CAP原药溶解在丙酮中配制至2 g/mL，并将溶液使用60%蔗糖水和0.2%吐温X-100（$v∶v=1∶1$）的混合液稀释，得到5个浓度梯度。将30 μL的溶液放置在一块Parafilm封口膜（1 cm×1 cm）上，然后将封口膜放置在培养皿（直径6 cm）的底部。处理包括6.25 mg AI/L、12.5 mg AI/L、25.0 mg AI/L、50.0 mg AI/L、100.0 mg AI/L、200.0 mg AI/L，以加入了丙酮的稀释溶剂作为对照（$v∶v=1∶9$）。随机选择24 h内蜕皮的2龄若虫单独饥饿处理72 h，然后接入含有蔗糖溶液的培养皿中。每天更换含有溶液的封口膜，72 h后，喂食足够的面包虫幼虫，并移除封口膜。

CAP对红彩瑞猎蝽卵的毒性使用浸渍表面试验进行评估。将CAP溶解在丙酮中至2 g/mL，并用0.1%吐温X-100稀释，以制备一系列溶液。每个含有9～20个卵的红彩瑞猎蝽卵块被浸入溶液中10 s。孵化后，记录若虫的数量，并在2周内记录它们的死亡率。

每个浓度有3个重复，每个重复有10个若虫或25～32个卵。急性毒性试验的条件与饲养条件相同。每天记录2周的死亡率。如果若虫用细画笔戳时仍不动，则认为已死亡。

### （三）暴露于15 g AI/hm$^2$和75 g AI/hm$^2$的CAP时红彩瑞猎蝽的生命表

急性毒性试验的结果表明，CAP没有影响红彩瑞猎蝽若虫的死亡率，我们调查了当2龄若虫暴露于15 g AI/hm$^2$和75 g AI/hm$^2$的CAP时，该杀虫剂是否对红彩瑞猎蝽具有亚致死效应。这两个浓度是在烟草上的推荐剂量和移栽处理的推荐剂量（用于保护烟草幼苗免受小地老虎的侵害）。考虑到捕食性天敌可能会通过与喷洒移栽幼苗的局部接触而在田间接触杀虫剂，我们将2龄若虫暴露于CAP，方法与接触毒性试验所述方法相同，但若虫在玻璃管中饲养直至成虫。每个玻璃管的用量为15 g AI/hm$^2$和75 g AI/hm$^2$，使用丙酮作为对照。每个处理有60只若虫。随机选择24 h内蜕皮的2龄若虫引入每个玻璃管中。根据不同的生长阶段，为红彩瑞猎蝽若虫提供足够的面包虫幼虫，直到成虫阶段，每天记录红彩瑞猎蝽若虫的死亡率和生长阶段，然后记录性别比例。每个处理的红彩瑞猎蝽成虫被随机配对，转移到容器中并按饲养程序饲养。每天记录成虫的存活率和卵的数量。将带有红彩瑞猎蝽卵的烟叶保存在饲养箱中，记录孵化率。

### （四）红彩瑞猎蝽捕食功能反应测试

红彩瑞猎蝽2龄若虫对小地老虎2龄幼虫捕食功能反应：将蜕皮24 h内的红彩瑞猎蝽2

龄若虫饲喂足量的小地老虎2龄幼虫24 h后，用15 g AI/hm² 和75 g AI/hm² 的氯虫苯甲酰胺处理，然后进行饥饿处理72 h。随后将若虫分别单头接入含有10头、20头、40头、60头、80头、100头小地老虎2龄幼虫的塑料培养皿中（直径18 cm）。

红彩瑞猎蝽成虫对3龄小地老虎的功能捕食反应：将蜕皮24 h内的红彩瑞猎蝽2龄若虫用15 g AI/hm² 和75 g AI/hm² 的氯虫苯甲酰胺处理，饲养至成虫后，饲喂足量的小地老虎3龄幼虫24 h，并进行饥饿处理72 h，随后将成虫分别单头接入含有5头、10头、15头、30头、50头、70头小地老虎3龄幼虫的塑料培养皿中（直径18 cm）。

两组功能捕食反应测试记录捕食者在24 h后消耗的猎物数量。所有捕食者只用于一次测试。同时，进行了没有捕食者的对照处理。每个处理包括5个重复。

### （五）红彩瑞猎蝽解毒酶活性测定

采用上节中描述的处理2龄红彩瑞猎蝽若虫的方法，经过3 d处理后，将活着的红彩瑞猎蝽收集起来，在液氮中冷冻，并在-80℃的冰箱中储存。每个生物学重复有5只若虫，在长期处理中，将单个成虫视为生物学重复。每种处理包含7个生物学重复，每个生物学重复包含2个技术重复。每种酶的活性测定程序遵循相关试剂盒制造商的说明。总蛋白的定量使用检测试剂盒（产品ID：BL521A，Biosharp®，中国安徽）测定，解毒酶活性使用从京美生物技术有限公司购买的CYP450s ELISA试剂盒（商品ID：JM-12141O1）、GSTs酶联免疫吸附试剂盒（产品ID：JM-00073O1）和CarE酶联免疫试剂盒（产品ID：JM-00067O1）进行检测。使用微孔板读数器（Thermo Varioskan Flash，美国）记录光密度。所有酶的活性均以nmol/（min·mg蛋白）为单位进行分析和呈现。

### （六）数据分析

对CAP短期毒性的数据分析基于SAS中的log-rank检验，比较Kaplan-Meier生存曲线。生命表参数根据两性生命表理论使用TWOSEX-MSChart程序计算。

功能捕食反应数据分两步分析：第一步确定功能捕食反应的类型。为了区分类型Ⅱ和类型Ⅲ的功能捕食反应，在已消耗猎物比例（$N_e/N_0$）和初始猎物密度（$N_0$）之间进行多项逻辑回归：

$$N_e/N_0 = a + bN_0 + cN_0^2 + dN_0^3 + e$$

式中，$N_e$ 为已消耗猎物数量；$N_0$ 为初始猎物数量；$a$ 为截距；$b$ 为线性系数；$c$ 为二次系数；$d$ 为三次系数。线性系数的符号（$b$）可用于区分功能响应的类型：如果$b<0$，功能响应为类型Ⅱ；如果$b>0$且$c<0$，功能响应为类型Ⅲ。确定功能响应的类型后，使用非线性最小二乘回归估计处理时间和攻击率。由于试验期间未更换猎物，Rogers的随机捕食者方程适合描述类型Ⅱ功能响应参数（2）：

$$N_a = N_0\{1 - \exp[\alpha(T_h N_a - T)]\}$$

式中，$\alpha$ 为攻击率；$T_h$ 为处理时间；$T$ 为试验时间。

首先对特定年龄的生命表参数、红彩瑞猎蝽成虫的体重以及红彩瑞猎蝽代谢酶活性的数据进行了正态性检验。对于呈正态分布的数据，使用单因素方差分析（ANOVA）来确定处理的影响，并通过Duncan's多重范围检验比较处理间的均值。对于非正态分布的数据集，使用非参数方法，即Kruskal-Wallis检验，并使用Bonferroni corrections进行多重分析。

## 二、结果与分析

### （一）CAP对红彩瑞猎蝽的急性毒性

在触杀毒性试验中，通过直接接触暴露于不同浓度的CAP 3 d的2龄红彩瑞猎蝽，其累积生存曲线无统计学显著差异（$df=1$，$\chi^2=0.6619$，$P=0.4159$，图5-5）。最高的死亡率发生在400 mg/L和2 g/L浓度下，总体而言，在两周的观察期内死亡率达到6.67%。同样，在胃毒毒性试验中，CAP对2龄红彩瑞猎蝽若虫的存活率没有影响（$df=1$，$\chi^2=0.0348$，$P=0.8519$，图5-6）。在控制处理中没有若虫死亡，而在饥饿处理中有2只若虫死亡。杀虫剂处理的死亡率在3.33%~6.67%。暴露于杀虫剂溶液后红彩瑞猎蝽卵的孵化率在89.00%~91.40%。暴露于CAP对红彩瑞猎蝽卵的孵化率没有影响（$F_{5,12}=0.095$，$P=0.991$，图5-7）或孵化后两周的若虫存活率（$df=1$，$\chi^2=0.4525$，$P=0.5012$，图5-7）。

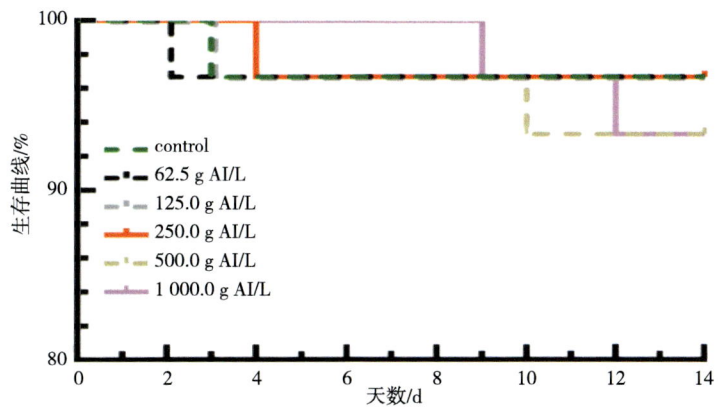

图5-5 红彩瑞猎蝽2龄若虫在接触不同剂量的CAP 3 d的生存曲线（$n=30$）

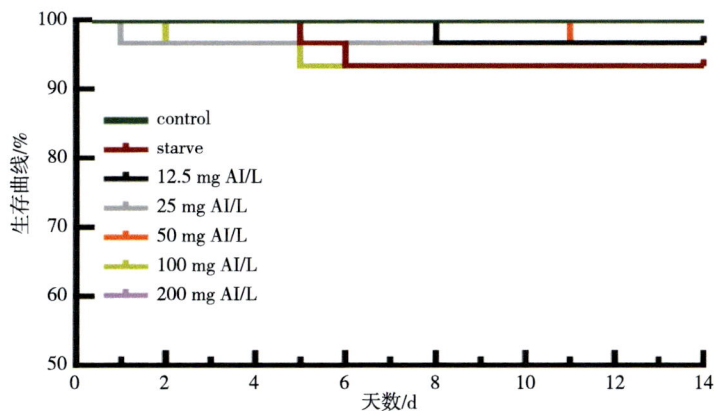

图5-6 红彩瑞猎蝽2龄若虫在CAP胃毒毒性试验3 d后生存曲线（$n=30$）

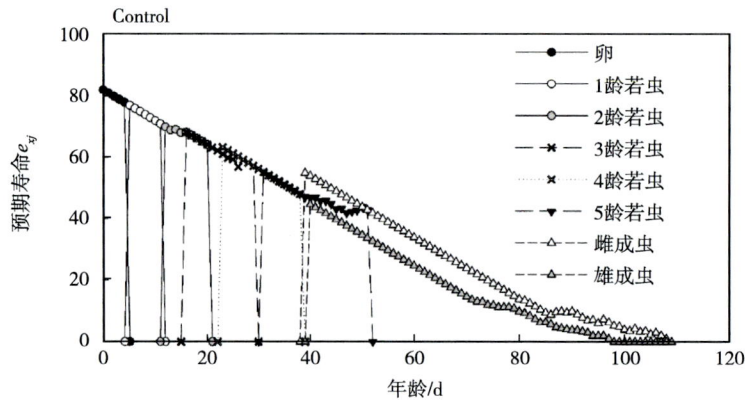

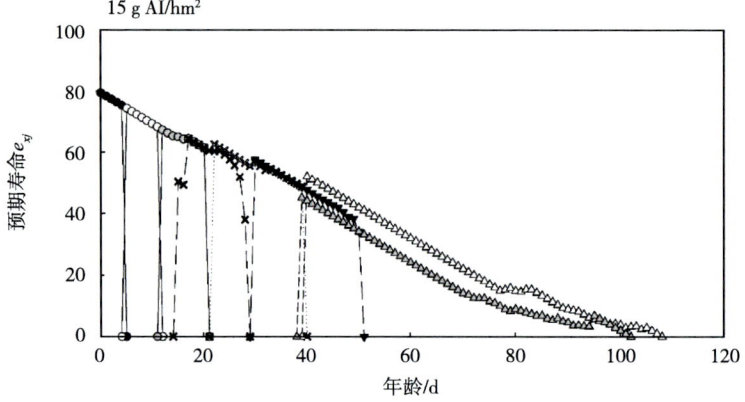

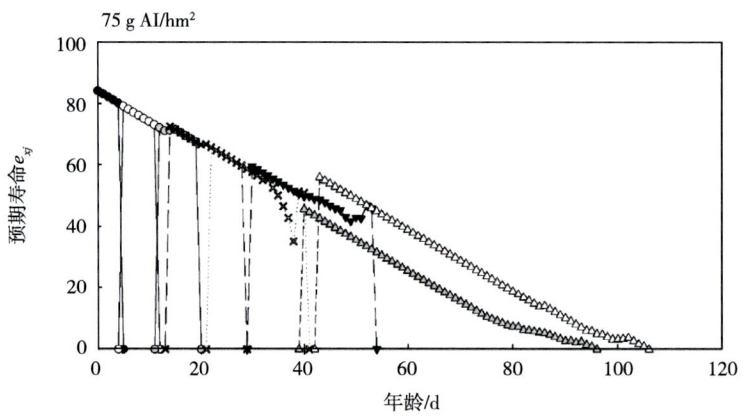

图5-7 暴露于CAP两种推荐浓度下的红彩瑞猎蝽特定年龄-阶段寿命期望值

## （二）长期暴露于CAP的红彩瑞猎蝽的不同生命阶段、两性生命表

当红彩瑞猎蝽2龄若虫暴露于两种田间推荐剂量的CAP直至成虫时，杀虫剂处理对4龄若虫、5龄若虫、雌成虫的产卵前期和繁殖力产生了影响（表5-3，4龄若虫：U=28.706，$P$=0.009；5龄若虫：U=28.706，$P$=0.009；产卵前期：$F_{2,66}$=8.784，$P$<0.000 1；繁殖力：

$F_{2,66}=5.867$,$P=0.005$）。特别是75 g AI/hm²的处理使5龄若虫的持续时间和产卵前期分别延长了2.8 d和1.7 d（图5-8）。若虫阶段的持续时间和繁殖力在对照组和杀虫剂处理组之间存在显著差异（图5-9）。然而，杀虫剂处理对早期发育阶段（2龄若虫、3龄若虫）和成虫的体重、雌成虫和雄成虫的寿命没有显著影响（表5-3，$P>0.05$）。对照组、15 g AI/hm²和75 g AI/hm²处理的雌性比例分别为0.43~0.44，后代孵化率分别为95.92%、95.66%和96.48%。

表5-3 从2龄阶段暴露于两种田间推荐浓度的CAP的红彩瑞猎蝽的生命表

| 参数 | 对照 | | 15 g AI/hm² | | 75 g AI/hm² | |
|---|---|---|---|---|---|---|
| | N | Mean ± SE | N | Mean ± SE | N | Mean ± SE |
| 卵历期/d | 60 | 5.00 ± 0.00a | 60 | 5.00 ± 0.00a | 60 | 5.00 ± 0.00a |
| 1龄若虫历期/d | 60 | 7.00 ± 0.00a | 60 | 7.00 ± 0.00a | 60 | 7.00 ± 0.00a |
| 2龄若虫历期/d | 58 | 6.60 ± 0.14a | 59 | 6.25 ± 0.15a | 58 | 6.07 ± 0.16a |
| 3龄若虫历期/d | 56 | 7.25 ± 0.17a | 55 | 7.55 ± 0.18a | 57 | 7.30 ± 0.16a |
| 4龄若虫历期/d | 56 | 7.91 ± 0.17b | 52 | 8.83 ± 0.25a | 55 | 8.58 ± 0.24a |
| 5龄若虫历期/d | 56 | 10.70 ± 0.27b | 52 | 10.48 ± 0.35b | 53 | 13.45 ± 0.37a |
| 产卵前期/d | 23 | 6.65 ± 0.31b | 23 | 8.65 ± 0.29a | 24 | 8.30 ± 0.46a |
| 雌性比/% | 23 | 0.43 | 23 | 0.44 | 24 | 0.44 |
| 成虫体重/mg | 53 | 53.70 ± 0.82a | 52 | 55.01 ± 0.89a | 54 | 54.62 ± 0.05a |
| 每雌产卵量/粒 | 23 | 113.48 ± 3.55a | 23 | 97.70 ± 3.73b | 24 | 102.48 ± 2.64b |
| 孵化率/% | 1 130 | 95.92 | 967 | 95.66 | 1 023 | 96.48 |
| 雌成虫历期/d | 23 | 49.22 ± 1.37a | 23 | 47.09 ± 1.72a | 24 | 50.91 ± 0.89a |
| 雄成虫历期/d | 30 | 40.40 ± 1.27a | 29 | 39.17 ± 1.72a | 30 | 38.60 ± 0.93a |

注：数值=平均值± SE。同一行的不同字母表示处理组之间的统计学差异（$P<0.05$）。

长期暴露于CAP对净繁殖率（$R_0$）、平均世代时间（$T$）、内禀增长率（$r$）和有限增长率（$\lambda$）产生了影响（表5-4，$R_0$：$F_{2,299\,997}=21\,690.4$，$P<0.000\,1$；T：$F_{2,299\,997}=860\,131.9$，$P<0.000\,1$；$r$：$F_{2,299\,997}=109\,573.9$，$P<0.000\,1$；$\lambda$：$F_{2,299\,997}=109\,741.5$，$P<0.000\,1$）。对照组的净繁殖率（$R_0$）高于杀虫剂处理组，但最低的$R_0$值出现在15 g AI/hm²的处理中。当杀虫剂剂量增加时，平均世代时间（$T$）延长，分别在15 g AI/hm²和75 g AI/hm²处理下延长了1.18 d和5.15 d。内禀增长率（$r$）从0.057 5 d$^{-1}$下降到0.051 9 d$^{-1}$，有限增长率（$\lambda$）从1.059 2 d$^{-1}$下降到1.053 3 d$^{-1}$。

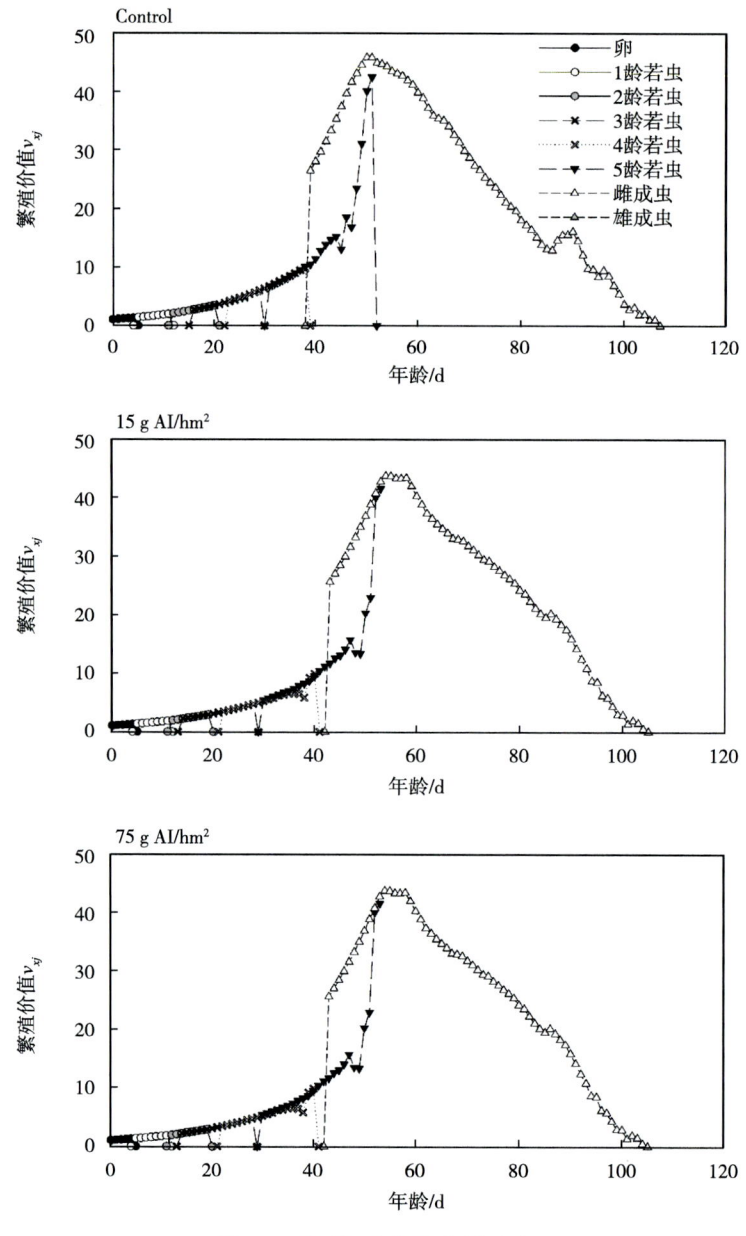

图5-8 年龄-阶段特定繁殖力

表5-4 从2龄阶段暴露于两种田间推荐浓度的CAP的红彩瑞猎蝽的虫口参数

| 参数 | 对照 | 15 g AI/hm² | 75 g AI/hm² |
| --- | --- | --- | --- |
| $R_0$ (offspring/individual) | 43.50 ± 7.23a | 37.45 ± 6.29c | 39.28 ± 6.49b |
| $T$ (d) | 65.60 ± 0.78c | 66.78 ± 1.19b | 70.75 ± 0.73a |
| $r$ (d$^{-1}$) | 0.057 5 ± 0.002 8a | 0.054 3 ± 0.002 7b | 0.051 9 ± 0.002 6c |
| $\lambda$ (d$^{-1}$) | 1.059 2 ± 0.002 9a | 1.055 8 ± 0.002 9b | 1.053 3 ± 0.002 7c |

注：数值=平均值±SE。同一行的不同字母表示处理组之间的统计学差异（$P<0.05$）。

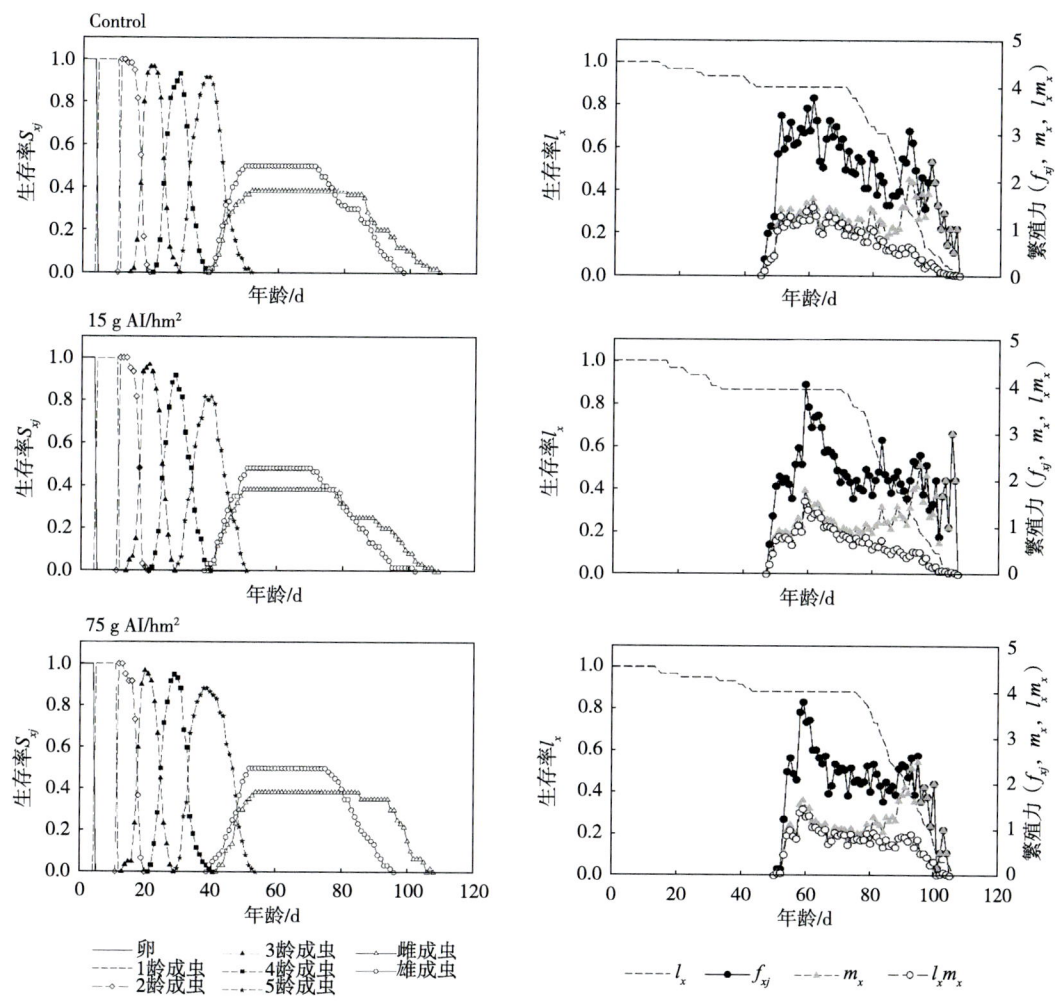

图5-9 从2龄阶段暴露于两种田间推荐浓度的CAP的红彩瑞猎蝽的年龄-阶段存活率、存活率、雌性繁殖力和年龄特异性繁殖力

### （三）红彩瑞猎蝽对小地老虎的功能捕食反应

对红彩瑞猎蝽在特定条件下对小地老虎的捕食量进行了Type Ⅱ捕食功能反应拟合，并且暴露于CAP并未改变功能捕食反应的形状，这由线性参数的负值（所有$b<0$，$P>0.05$，表5-5）所证实。红彩瑞猎蝽的捕食能力随着小地老虎密度的增加而增加（图5-10）。基于重叠的95%置信区间，不同暴露持续时间和不同剂量的CAP处理与对照组之间的红彩瑞猎蝽的瞬时攻击率（$a$）和猎物处理时间（$T_h$）没有显著差异。当2龄红彩瑞猎蝽暴露于CAP 3 d并取食小地老虎2龄幼虫时，对照组、15 g AI/hm²和75 g AI/hm²处理的最大捕食量（$T/T_h$）分别为89.29头、74.07头和67.11头（表5-6）。从2龄开始暴露于CAP的红彩瑞猎蝽成虫（48 h内蜕皮）取食小地老虎4龄幼虫，对照组、15 g AI/hm²和75 g AI/hm²处理的最大捕食量为18.98头、33.90头和21.98头。随着小地老虎密度的增加，捕食者的搜索率下降（图5-11），表明捕食者需要花费更多时间寻找猎物。

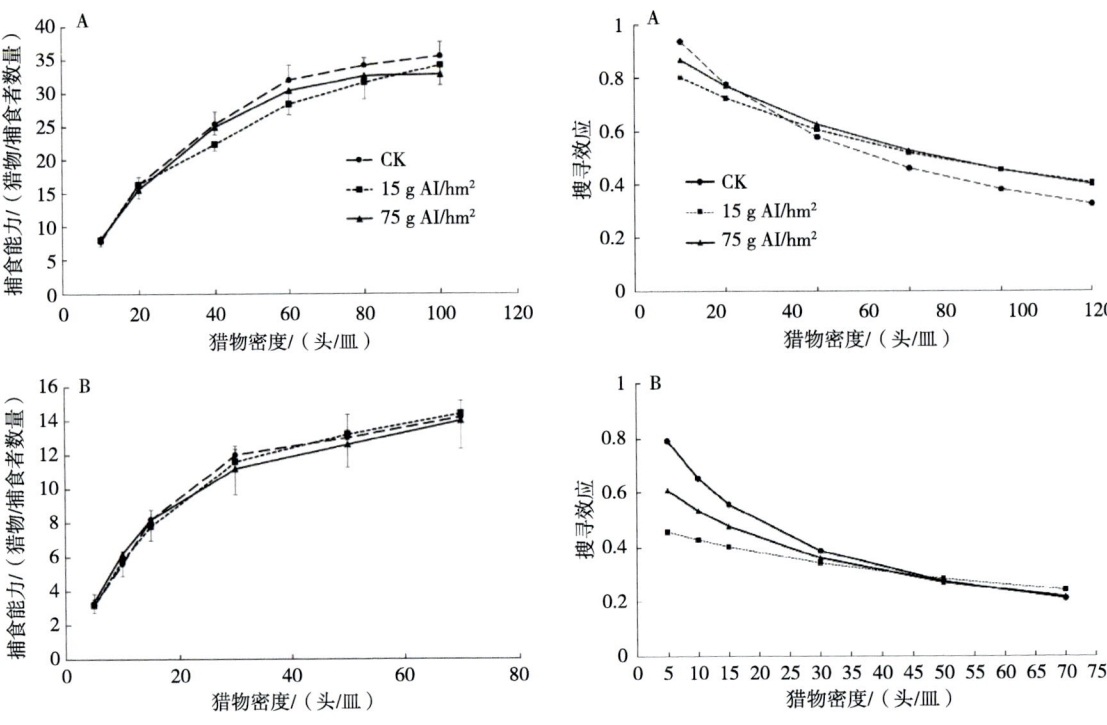

**图5-10 红彩瑞猎蝽对小地老虎幼虫的捕食能力**　　**图5-11 红彩瑞猎蝽对小地老虎幼虫的搜寻效应**

注：（A）2龄的红彩瑞猎蝽暴露于CAP 3 d并取食2龄的小地老虎幼虫。（B）红彩瑞猎蝽成虫（48 h内蜕皮）暴露于从2龄开始并取食4龄的小地老虎幼虫（数值=平均值±SE，$n$=5）。

表5-5　经CAP处理的红彩瑞猎蝽对小地老虎2龄幼虫捕食功能回归分析（$n$=5）

| 处理/（g AI/hm²） | 类型 | 参数 | 估值 | SE | $t$ | $P$值 |
|---|---|---|---|---|---|---|
| | | 2龄若虫处理3 d后 | | | | |
| 对照 | Ⅱ | Intercept（a） | 2.421 4 | 1.303 8 | 3.45 | 0.063 3 |
| | | Linear（b） | -0.194 9 | 0.152 4 | 1.63 | 0.201 1 |
| | | Quadratic（c） | 0.008 52 | 0.005 3 | 2.59 | 0.107 5 |
| | | Cubic（d） | -0.000 11 | 0.000 056 | 3.65 | 0.056 2 |
| 15 | Ⅱ | Intercept（a） | 2.005 2 | 1.348 4 | 2.21 | 0.137 |
| | | Linear（b） | -0.054 9 | 0.152 6 | 0.13 | 0.719 |
| | | Quadratic（c） | 0.000 957 | 0.005 18 | 0.03 | 0.853 6 |
| | | Cubic（d） | -8.73E-06 | 0.000 054 | 0.03 | 0.871 3 |
| 75 | Ⅱ | Intercept（a） | 1.829 3 | 1.367 2 | 1.79 | 0.180 9 |
| | | Linear（b） | -0.066 6 | 0.158 7 | 0.18 | 0.674 8 |

(续表)

| 处理/(g AI/hm²) | 类型 | 参数 | 估值 | SE | $t$ | $P$值 |
|---|---|---|---|---|---|---|
| 75 | II | Quadratic (c) | 0.003 23 | 0.005 46 | 0.35 | 0.554 |
|  |  | Cubic (d) | −0.000 05 | 0.000 057 | 0.7 | 0.402 5 |
| 成虫 ||||||||
| 对照 | II | Intercept (a) | 1.810 8 | 1.587 2 | 1.3 | 0.253 9 |
|  |  | Linear (b) | −0.345 2 | 0.368 2 | 0.88 | 0.348 4 |
|  |  | Quadratic (c) | 0.023 | 0.025 5 | 0.82 | 0.366 2 |
|  |  | Cubic (d) | −0.000 47 | 0.000 536 | 0.76 | 0.384 7 |
| 15 | II | Intercept (a) | 1.486 1 | 1.588 7 | 0.87 | 0.349 6 |
|  |  | Linear (b) | −0.229 8 | 0.368 1 | 0.39 | 0.532 5 |
|  |  | Quadratic (c) | 0.012 4 | 0.025 4 | 0.24 | 0.624 8 |
|  |  | Cubic (d) | −0.000 2 | 0.000 535 | 0.14 | 0.710 7 |
| 75 | II | Intercept (a) | 1.630 8 | 1.621 1 | 1.01 | 0.314 4 |
|  |  | Linear (b) | −0.222 2 | 0.373 5 | 0.35 | 0.552 |
|  |  | Quadratic (c) | 0.012 4 | 0.025 7 | 0.23 | 0.629 3 |
|  |  | Cubic (d) | −0.000 24 | 0.000 539 | 0.2 | 0.651 4 |

表5-6  暴露于两种田间推荐浓度的CAP 3 d红彩瑞猎蝽2龄若虫或成虫功能反应参数

| 浓度处理/(g AI/hm²) | 攻击率$a$(95% CI) | 处理时间$T_h$(95% CI) | 最大攻击效率($T/T_h$) |
|---|---|---|---|
| 2龄若虫处理3 d后 ||||
| 对照 | 0.917 7 (0.408 6~1.426 7) | 0.011 2 (0.001 17~0.021 2) | 89.29 |
| 15 | 0.900 4 (0.501 5~1.299 4) | 0.013 5 (0.005 59~0.021 4) | 74.07 |
| 75 | 1.000 1 (0.459 7~1.540 4) | 0.014 9 (0.006 03~0.023 8) | 67.11 |
| 成虫 ||||
| 对照 | 0.998 9 (0.673 6~1.324 1) | 0.052 7 (0.045 7~0.059 7) | 18.98 |
| 15 | 0.489 0 (0.224 6~0.753 5) | 0.029 5 (0.005 88~0.053) | 33.90 |
| 75 | 0.706 2 (0.413 6~0.998 8) | 0.045 5 (0.033 0~0.058 1) | 21.98 |

## (四)红彩瑞猎蝽解毒酶的活性

为了确定解毒酶在耐受CAP方面的潜在作用,我们对红彩瑞猎蝽体内的P450、GST和

CarE活性进行了分析。结果显示，经过3 d的暴露，3种测试解毒酶活性在处理组中的平均值均低于对照组（表5-7）。然而，经过3 d的暴露后，两种田间推荐剂量与对照组之间3种解毒酶活性均无显著差异（P450：$F_{2,18}=0.552$，$P=0.585$；GST：$F_{2,18}=0.616$，$P=0.551$；CarE：$F_{2,18}=0.256$，$P=0.777$），长期暴露后同样如此（P450：$F_{2,18}=0.540$，$P=0.594$；GST：$F_{2,18}=0.127$，$P=0.882$；CarE：$F_{2,18}=0.407$，$P=0.673$）。

表5-7 红彩瑞猎蝽2龄若虫暴露于两种田间推荐浓度的CAP 3 d或成为成虫（48 h蜕皮）时的解毒酶活性

| 浓度处理/ (g AI/hm²) | P450活性/ [nmol×(min⁻¹× mg⁻¹ protein)] | 比率 | 谷胱甘肽s-转移酶活性/ [nmol/(min·mg protein)] | 比率 | 酯酶活性/ [nmol/(min·mg protein)] | 比率 |
|---|---|---|---|---|---|---|
| 2龄若虫处理3 d后 | | | | | | |
| control | 45.887 ± 10.439 | 1 | 0.352 ± 0.078 | 1 | 113.540 ± 22.479 | 1 |
| 15 | 34.561 ± 10.562 | 0.753 | 0.258 ± 0.064 | 0.732 | 92.205 ± 23.026 | 0.812 |
| 75 | 34.029 ± 4.818 | 0.742 | 0.347 ± 0.060 | 0.986 | 101.820 ± 17.321 | 0.897 |
| 成虫 | | | | | | |
| 对照 | 12.732 ± 2.932 | 1 | 0.060 ± 0.012 | 1 | 21.825 ± 4.176 | 1 |
| 15 | 12.732 ± 1.985 | 1 | 0.052 ± 0.010 | 0.878 | 17.730 ± 2.304 | 0.812 |
| 75 | 9.518 ± 2.196 | 0.748 | 0.056 ± 0.008 | 0.941 | 19.98 ± 3.051 | 0.916 |

注：数值=平均值±SE。同列中的平均活性值无显著差异（$P>0.05$）。

## 三、结论与讨论

农药对非靶标生物的危害已成为一个日益严重的全球性问题，杀虫剂对捕食性昆虫的暴露途径主要通过与残留物的接触。本研究的急性毒性试验结果显示，无论暴露途径（触杀、胃毒或卵毒性）和暴露时间长短，CAP都不会导致红彩瑞猎蝽死亡。本试验中，暴露于红彩瑞猎蝽的最大CAP浓度为2 g AI/L，而3种重要的烟草鳞翅目害虫的$LC_{50}$分别为小地老虎0.28 mg AI/L、斜纹夜蛾28.4～102.5 μg AI/L和棉铃虫33.121 μg AI/L，这远低于我们试验中的测试浓度。根据全球国际生物控制组织（IOBC）的协议，CAP对昆虫的危害程度可以被分类为无害［等级：1=无害（$E<30\%$），2=轻微有害（$30\%<E<79\%$），3=中度有害（$80\%<E<99\%$），4=有害（$E>99\%$）］，本试验结果表明，CAP与红彩瑞猎蝽具有潜在的相容性，对红彩瑞猎蝽的为害程度为无害。这与CAP不会对其他膜翅目昆虫东亚小花蝽、矮小长脊盲蝽、烟盲蝽和黑刺益蝽等造成死亡的研究结果一致。

当昆虫受到杀虫剂胁迫时，体内代谢能量会被转移到解毒过程中，净增殖率（$R_0$）、内在增长率（$r$）、周限增长率（$\lambda$）和平均世代周期（$T$）等种群参数也会被影响。对于半翅目捕食性昆虫，虽然CAP对其没有毒性，但在一定程度上会影响其发育、繁殖或行为。例如，当使用CAP处理种子（100 mL/100 kg种子，Dermacor®，x-100）后，对黑刺益螨的生存率没有影响，但延长了雌成虫的预期寿命。本试验结果表明，虽然短期内（3 d）以1倍和5倍推荐用量（15 g AI/hm$^2$和75 g AI/hm$^2$）施用杀虫剂对红彩瑞猎蝽若虫无明显影响，但长期暴露于CAP会对红彩瑞猎蝽种群水平产生不利影响。

杀虫剂在杀死害虫的同时，对捕食性天敌的捕食行为会造成一定的影响。有的杀虫剂为神经毒剂，会影响捕食性天敌的神经系统而改变其生态学行为。不同天敌对杀虫剂的敏感性不同，其行为活动改变程度也不同，有的杀虫剂则直接导致天敌产生拒食、忌避等行为。捕食者的功能反应可受到杀虫剂暴露等多种因素的影响。例如将矮小长脊盲蝽和烟盲蝽暴露于亚致死浓度的杀虫剂下，会影响捕食者的处理时间和攻击效率。本试验结果表明，CAP处理对红彩瑞猎蝽的功能反应类型及其攻击效率没有影响，其对小地老虎捕食功能反应类型依然是Holling Ⅱ型。

为了初步了解红彩瑞猎蝽对杀虫剂耐受性的原因，检测了由杀虫剂引起的解毒酶活性的变化。评价解毒酶的水平已被认为是杀虫剂代谢的重要指标。在对小菜蛾的研究中，谷胱甘肽S-转移酶（GST）可能是对杀虫剂产生抗性的主要解毒机制，细胞色素P450单氧化酶（P450）和羧酸酯酶（CarE）也参与其中。在暴露于CAP 24 h后，家蚕 Bombyx mori 体内的P450和GST酶活性均显著升高，其中P450酶的响应速度最快。本试验结果表明，解毒酶并不是红彩瑞猎蝽对杀虫剂耐受性的原因，相反，杀虫剂可能会抑制解毒酶的活性。此外，目标位点RyR的结构和功能差异以及杀虫剂穿透能力的降低也可能是红彩瑞猎蝽对杀虫剂产生耐受性的原因，有待进一步研究。

在害虫综合治理（IPM）计划中，只有当天敌不受所使用的杀虫剂影响时，才可能将其纳入其中。尽管我们的研究发现，在长期暴露下，杀虫剂对红彩瑞猎蝽的生命表参数产生了影响，但在72 h的暴露下，它对红彩瑞猎蝽是安全的，这些结果表明，使用氯虫苯甲酰胺作为移栽处理对红彩瑞猎蝽的影响最小。然而，应设定移栽处理的时间间隔以及将红彩瑞猎蝽释放到田间的时机，以最大程度地减少氯虫苯甲酰胺对红彩瑞猎蝽的影响。此外，由于使用高剂量的CAP可能会对环境和非靶标生物产生不利影响，应进行更多研究以评估氯虫苯甲酰胺与红彩瑞猎蝽和其他捕食者在田间条件下的兼容性及其对生态系统的影响。

# 第三节　烟田烟蚜防治药剂筛选及其对红彩瑞猎蝽的安全性评价

烟蚜是烟草重要害虫之一，广泛分布于我国各烟区。烟蚜对烟草的直接为害是以若蚜和成蚜刺吸植物营养汁液，造成植株长势缓慢，间接为害是其分泌蜜露引起烟叶煤污病和在刺吸同时传播烟草病毒造成烟叶品质下降。烟蚜的天敌主要有烟蚜茧蜂、七星瓢虫、异色瓢虫、南方小花蝽、红彩瑞猎蝽等。其中部分天敌已在烟田释放用以防治烟蚜，但目前有翅蚜防控除利用黄板诱杀以外，还主要使用杀虫剂防治。随着化学农药的多次使用，导致烟蚜抗药性增强，不仅破坏了烟田生态系统，也对人体健康、烤烟品质都带来严重的负面影响。因此，在烟叶生产上实现绿色防控烟蚜越来越受到重视，其中生物防治是烟蚜绿色防控的重要措施之一。

红彩瑞猎蝽属半翅目猎蝽科的捕食性昆虫，主要分布于海南、广东、广西、湖南和福建等南方地区。苏湘宁等对红彩瑞猎蝽的捕食行为的研究发现，红彩瑞猎蝽在雪茄烟田中不仅能捕食烟蚜若虫，还能捕食草地贪夜蛾、烟青虫、斜纹夜蛾、棉铃虫等鳞翅目害虫的幼虫。邓海滨等对红彩瑞猎蝽的生物学特性研究发现，红彩瑞猎蝽若虫虫龄越高对烟蚜的捕食量也越大，猎物达到一定密度时，同一龄期的红彩瑞猎蝽对烟蚜的捕食量增加速率逐渐趋于平稳。雪茄烟田中的烟蚜一般采用药剂防治，当烟田烟蚜密度达到红彩瑞猎蝽依靠捕食作用无法控制的密度时，这时则需要施用杀虫剂控制烟蚜密度，遏制其虫口数量暴增。烟田中的蚜虫和烟青虫、斜纹夜蛾等鳞翅目害虫常同时发生，在采用红彩瑞猎蝽防治烟蚜、烟青虫和斜纹夜蛾时，还需要使用少量农药来防止烟蚜虫口密度的暴增，因此需要筛选对烟蚜有较好防治效果但对红彩瑞猎蝽安全的药剂。目前烟田常用杀虫剂对南方小花蝽、异色瓢虫的安全性评价已有相关报道，曾广等进行杀了虫剂对南方小花蝽的毒力测定，发现吡虫啉、苦参碱、阿维菌素对南方小花蝽毒性较低；滕海媛等对杀虫剂安全性评价结果表明，氯虫苯甲酰胺和乙基多杀菌素对异色瓢虫的敏感性较低，可用于与异色瓢虫联合应用防治梨瘿蚊。目前能较好防控烟蚜且对红彩瑞猎蝽安全的药剂筛选相关研究尚鲜见报道。因此，采用实验室筛选和田间防效测定相结合的方法开展了烟蚜防治药剂对红彩瑞猎蝽的安全性评价，并筛选出与红彩瑞猎蝽联合应用对烟蚜有较好防治效果的药剂，旨在为有效控制烟蚜为害、降低农药使用量及提高红彩瑞猎蝽的生物安全性提供依据。

## 一、材料与方法

### （一）供试材料

烟蚜采自海南烟草屯昌试验站雪茄烟试验基地（海南省屯昌县坡心镇高朗村），在温室中以萝卜植株饲养繁殖多代后供试。红彩瑞猎蝽采自海南烟草屯昌试验站雪茄烟试验基地（海南省屯昌县坡心镇高朗村），于温室中饲养。

供试烟草品种为海研101，盆栽种植于海南大学植物保护学院生测中心温室内，待植株生长出6片真叶后备用。

### （二）供试药剂

$8.0 \times 10^8$ cfu/mL金龟子绿僵菌（CQMa421）悬浮剂（重庆聚立信生物工程有限公司）；5%桉油精水剂（北京亚戈农生物药业有限公司）；2.5%鱼藤酮乳油（广州制药有

限公司）；0.5%藜芦碱水剂（成都新朝阳生物有限公司）；25%吡蚜酮悬浮剂（河北中保绿农作物有限公司）；1.5%除虫菊素水乳剂（内蒙古清源保生物科技有限公司）；50%氟啶虫胺腈水分散粒剂（美国陶氏益农公司）；50 g/L双丙环虫酯颗粒剂（巴斯夫欧洲公司）；20%啶虫脒乳油（陕西上格之路科技生物有限公司）。

### （三）试验方法

#### 1. 对桃蚜的毒力测定

采用浸叶法进行试验。每种药剂设置5个浓度梯度，以清水为对照。用叶片打孔器打孔取得直径3.5 cm的烟叶圆片，浸入药液中10 s后取出置于室温中晾干待用。取3 mL 1%琼脂于直径3.5 cm、高3.5 cm的养虫杯中，待琼脂为半凝固状态时将晾干的叶片背面朝上紧贴于琼脂表面用于保湿，叶片四周与杯壁贴合，再挑取20头个体较大的4龄若蚜于杯中烟叶背面，盖上杯盖，开孔透气，重复4次。置于温度（25±1）℃、相对湿度（RH）60%、光周期为16L：8D的智能光照气候箱中，48 h后检查各处理的烟蚜死亡情况，以用镊子轻触烟蚜以虫体不动视为死亡，并统计死亡率。

#### 2. 对2龄红彩瑞猎蝽的毒力测定

采用药膜法测定2龄红彩瑞猎蝽的毒力。每种药剂设置5个浓度梯度，以清水为对照。用移液枪取3 mL处理药液滴入250 mL玻璃锥形瓶中，并通过水平转动锥形瓶使内壁形成均匀的药膜，待药液挥发后接入20头2龄红彩瑞猎蝽2龄若虫，让其爬行充分接触药膜3 h后分别再移至养虫杯中正常单独饲养，重复3次。饲养温度为（25±1）℃，RH保持为60%～70%，光周期为16L：8D，用黄粉虫饲喂以排除猎蝽因饥饿而死亡的影响，于48 h观察红彩瑞猎蝽的死亡情况，用镊子轻触红彩瑞猎蝽以虫体不动视为死亡，并统计死亡率。

#### 3. 对红彩瑞猎蝽的安全性评价

安全系数为药剂对红彩瑞猎蝽的致死中浓度与各药剂的田间推荐浓度的比值，用于评估供试药剂对红彩瑞猎蝽的安全程度。安全系数小于等于0.05为极高风险性农药，安全系数在0.05～0.50为高风险性农药，安全系数在0.50～5.0为中等风险性，安全系数大于5.00为低风险性农药。益害毒性比为药剂对红彩瑞猎蝽的致死中浓度与药剂对烟蚜致死中浓度的比值。计算公式：

$$安全系数 = \frac{天敌的 LC_{50}}{药剂田间推荐浓度}$$

$$益害毒性比 = \frac{天敌的 LC_{50}}{害虫的 LC_{50}}$$

#### 4. 田间试验

试验设置在海南屯昌县种植海研101雪茄烟的遮阳栽培地块，于植株上烟蚜发生初期进行。地块肥水等管理条件均匀一致，试验前和试验期间未曾施用其他药剂。设置20个处理，处理1~9：只施用9种药剂［桉油精、氟啶虫胺腈、藜芦碱、吡蚜酮、双丙环虫酯、啶虫脒、鱼藤酮、除虫菊素、金龟子绿僵菌（CQMa421）］，不释放红彩瑞猎蝽；处理10：只释放红彩瑞猎蝽，不施用药剂；处理11~19：释放红彩瑞猎蝽，并施用9种药剂；处理20：空白对照，不施药，不释放红彩瑞猎蝽。每处理112 $m^2$，重复3次，各药剂处理浓度见表5-8，释放3龄红彩瑞猎蝽密度为60头/亩。

表5-8 田间药剂使用浓度

| 杀虫剂 | 浓度 |
| --- | --- |
| 桉油精/（mg/L） | 77.5 |
| 氟啶虫胺腈/（mg/L） | 46.7 |
| 藜芦碱/（mg/L） | 427.6 |
| 吡蚜酮/（mg/L） | 322.9 |
| 双丙环虫脂/（mg/L） | 71.5 |
| 啶虫脒/（mg/L） | 175.1 |
| 鱼藤酮/（mg/L） | 139.7 |
| 除虫菊素/（mg/L） | 44.3 |
| 金龟子绿僵菌（CQMa421）/（cfu/mL） | 205.9 |

采用五点取样法，在每处理四周和中心选取5个点调查，第3天、第7天、第14天调查每点20株雪茄烟上的有翅蚜和无翅蚜的活虫量，并计算虫口退减率和防治效果（防效）。

虫口减退率（%）=（药前虫口基数-药后虫口数）/药前虫口基数×100

防治效果（%）=［1-（空白对照区药前虫数×药剂处理区药后虫数）/（空白对照区药后虫数×药剂处理区药前虫数）］×100

5. 数据处理

采用Excel 2019软件进行试验数据的统计分析，IBM SPSS statistics 26软件用Duncan新复极差法进行差异显著性检验，拟合回归毒力方程，并进行致死中浓度$LC_{50}$及95%置信区间分析。其中，对照组死亡率不高于20%。以$LC_{50}$值最小的药剂为标准药剂，相对毒力指数为1，其余药剂的毒力指数均等于测试药剂的$LC_{50}$值除以标准药剂的$LC_{50}$值，相对毒力指数越高，敏感性越低。

## 二、结果与分析

### (一) 杀虫剂对烟蚜的毒力分析

9种田间常用杀虫剂对烟蚜的毒力结果表明(表5-9),供试药剂毒力大小依次为啶虫脒>氟啶虫胺腈>鱼藤酮>桉油精>双丙环虫酯>吡蚜酮>金龟子绿僵菌(CQMa421)>藜芦碱>除虫菊素。其中啶虫脒对烟蚜的毒力最高,$LC_{50}$为44.311 mg/L;其次是氟啶虫胺腈,$LC_{50}$为46.696 mg/L;除虫菊素对烟蚜的毒力最低,$LC_{50}$为427.589 mg/L。烟蚜对9种杀虫剂均存在一定的敏感性。

表5-9 9种杀虫剂对烟蚜的毒力

| 杀虫剂 | 回归方程 | $LC_{50}$(95%置信限)/(mg/L,cfu/mL) | 卡方值/$\chi^2$ | 相对毒力指数 |
|---|---|---|---|---|
| 桉油精 | $y=-5.14+2.73x$ | 77.538(62.662~91.316) | 3.760 | 1.749 |
| 氟啶虫胺腈 | $y=-4.6+2.75x$ | 46.696(40.281~56.599) | 4.758 | 1.053 |
| 除虫菊素 | $y=-9.14+3.47x$ | 427.589(374.739~512.177) | 4.167 | 9.649 |
| 藜芦碱 | $y=-58.18+23.21x$ | 322.856(313.904~331.027) | 3.609 | 7.286 |
| 鱼藤酮 | $y=8.44+4.54x$ | 71.499(41.408~94.771) | 5.690 | 1.613 |
| 吡蚜酮 | $y=-7.61+3.39x$ | 175.142(151.796~198.671) | 0.387 | 3.953 |
| 双丙环虫酯 | $y=-9.07+4.22x$ | 139.697(125.826~157.359) | 2.370 | 3.155 |
| 啶虫脒 | $y=-7.63+4.66x$ | 44.311(40.201~48.859) | 4.826 | 1.000 |
| 金龟子绿僵菌(CQMa421) | $y=-15.64+6.78x$ | 205.921(186.026~228.082) | 4.435 | 4.647 |

注:桉油精、氟啶虫胺腈、除虫菊素、藜芦碱、鱼藤酮、吡蚜酮、双丙环虫酯、啶虫脒的$LC_{50}$单位为mg/L;金龟子绿僵菌(CQMa421)的$LC_{50}$单位为cfu/mL。下同。

### (二) 杀虫剂对红彩瑞猎蝽2龄若虫的毒力分析

红彩瑞猎蝽对9种杀虫剂的敏感性结果表明(表5-10),红彩瑞猎蝽对各药剂的敏感性存在一定的差异性。其中红彩瑞猎蝽对鱼藤酮的敏感性最高,$LC_{50}$为139.596 mg/L;红彩瑞猎蝽对藜芦碱敏感性最低,$LC_{50}$为986.339 mg/L,相对毒力指数为7.006。

表5-10 9种杀虫剂对2龄红彩瑞猎蝽的毒力

| 杀虫剂 | 回归方程 | $LC_{50}$(95%置信限)/(mg/L,cfu/mL) | 卡方值/$\chi^2$ | 相对毒力指数 |
|---|---|---|---|---|
| 桉油精 | $y=-41.6+14.16x$ | 969.633(840.268~1 009.028) | 2.428 | 6.946 |
| 氟啶虫胺腈 | $y=13.69+6.06x$ | 184.751(170.945~199.034) | 2.955 | 1.324 |
| 除虫菊素 | $y=-43.13+14.95x$ | 768.386(743.278~793.063) | 1.809 | 5.505 |

（续表）

| 杀虫剂 | 回归方程 | LC$_{50}$（95%置信限）/（mg/L，cfu/mL） | 卡方值/$\chi^2$ | 相对毒力指数 |
|---|---|---|---|---|
| 藜芦碱 | $y=45.15+15.08x$ | 986.339（956.330～1 016.665） | 0.778 | 7.066 |
| 鱼藤酮 | $y=9.35+4.39x$ | 139.596（125.686～154.725） | 5.145 | 1.000 |
| 吡蚜酮 | $y=35.53+12.29x$ | 781.088（751.905～801.518） | 1.932 | 5.596 |
| 双丙环虫酯 | $y=-22.38+8.34x$ | 454.471（428.095～480.417） | 2.729 | 3.256 |
| 啶虫脒 | $y=-11.59+4.85x$ | 253.162（228.406～278.605） | 4.751 | 1.814 |
| 金龟子绿僵菌（CQMa421） | $y=-81.23+25.36x$ | 1 599.419（1 570.419～1 628.659） | 0.705 | 11.457 |

### （三）杀虫剂对红彩瑞猎蝽2龄若虫的安全性评价

从9种药剂对红彩瑞猎蝽的安全性评价看（表5-11），藜芦碱、双丙环虫酯对红彩瑞猎蝽的安全系数较高，除虫菊素次之，氟啶虫胺腈的最低。其中低风险药剂有藜芦碱、双丙环虫酯、除虫菊素、啶虫脒、绿僵菌（CQMa421）和桉油精，其余药剂为中风险药剂。9种药剂益害毒性比依次为桉油精＞金龟子绿僵菌（CQMa421）＞啶虫脒＞吡蚜酮＞氟啶虫胺腈＞双丙环虫酯＞藜芦碱＞鱼藤酮＞除虫菊素。结合安全系数和益害毒性比发现，桉油精、绿僵菌（CQMa421）和啶虫脒对红彩瑞猎蝽较为安全。

表5-11 9种杀虫剂对红彩瑞猎蝽2龄幼虫的安全性评价

| 杀虫剂 | 田间推荐浓度/（mg/L，cfu/mL） | 安全系数/$t$ | 益害毒性比 |
|---|---|---|---|
| 桉油精 | 116.667～166.667 | 5.818～8.311 | 12.505 |
| 氟啶虫胺腈 | 33.334～83.334 | 2.216～5.542 | 3.956 |
| 除虫菊素 | 40.000～80.000 | 9.605～19.230 | 1.797 |
| 藜芦碱 | 20.000～23.000 | 42.884～49.316 | 3.055 |
| 鱼藤酮 | 33.333 | 4.188 | 1.952 |
| 吡蚜酮 | 200.000～233.333 | 3.348～3.905 | 4.459 |
| 双丙环虫酯 | 16.667～26.667 | 17.042～27.268 | 3.253 |
| 啶虫脒 | 29.999～40.000 | 6.329～14.855 | 5.713 |
| 金龟子绿僵菌（CQMa421） | 160.000～240.000 | 6.664～9.996 | 7.767 |

### （四）烟蚜的田间防效

选用对烟蚜敏感性较高且对红彩瑞猎蝽低毒的药剂进行田间试验。从各处理对烟蚜田间的防效可看出（表5-12），单独释放红彩瑞猎蝽第3天、第7天、第14天的防效为

19.60%、34.34%和47.75%。单独使用的药剂处理中，桉油精处理第3天、第7天、第14天的防效为53.47%、65.00%和71.89%，氟啶虫胺腈处理第3天、第7天、第14天的防效为68.66%、80.82%和89.00%，金龟子绿僵菌（CQMa421）处理第3天、第7天、第14天的防效为54.45%、71.16%和77.65%，均优于单独释放红彩瑞猎蝽的防效。释放红彩瑞猎蝽并施药的防效最佳，其中桉油精与红彩瑞猎蝽处理的第3天、第7天、第14天的防效为67.53%、87.68%和93.14%，金龟子绿僵菌（CQMa421）与红彩瑞猎蝽处理的第3天、第7天、第14天的防效为62.98%、75.31%和91.00%，吡蚜酮与红彩瑞猎蝽处理第3天、第7天、第14天的防效为60.33%、77.90%和91.22%。

表5-12 不同处理对烟蚜的田间防效

| 处理 | 施药前虫口基数/头 | 施药后3 d 虫口退减率/% | 防效/% | 施药后7 d 虫口退减率/% | 防效/% | 施药后14 d 虫口退减率/% | 防效/% |
| --- | --- | --- | --- | --- | --- | --- | --- |
| 桉油精 | 481 | 50.31 | 53.47fg | 60.71 | 65.00ghi | 65.49 | 71.89fg |
| 氟啶虫胺腈 | 511 | 66.54 | 68.66b | 78.47 | 80.82bc | 86.50 | 89.00abcd |
| 藜芦碱 | 374 | 30.48 | 34.90k | 39.04 | 45.69l | 48.13 | 57.74h |
| 吡蚜酮 | 479 | 53.86 | 56.79def | 65.34 | 69.13efgh | 78.91 | 82.82de |
| 双丙环虫酯 | 601 | 33.11 | 37.36jk | 48.59 | 54.20k | 59.90 | 67.33g |
| 啶虫脒 | 452 | 48.01 | 51.31fg | 63.50 | 67.48fghi | 71.68 | 76.93ef |
| 鱼藤酮 | 515 | 36.89 | 40.90ij | 51.26 | 56.58jk | 65.24 | 71.69fg |
| 除虫菊素 | 586 | 27.82 | 32.40k | 37.20 | 44.06l | 50.68 | 59.83h |
| 金龟子绿僵菌（CQMa421） | 627 | 51.36 | 54.45efg | 67.62 | 71.16efg | 72.57 | 77.65ef |
| 红彩瑞猎蝽 | 502 | 14.14 | 19.60l | 26.29 | 34.34m | 35.86 | 47.75i |
| 桉油精与红彩瑞猎蝽 | 499 | 65.33 | 67.53b | 86.17 | 87.68a | 91.58 | 93.14a |
| 氟啶虫胺腈与红彩瑞猎蝽 | 466 | 74.68 | 76.29a | 83.69 | 85.47ab | 90.13 | 91.96ab |
| 藜芦碱与红彩瑞猎蝽 | 503 | 46.12 | 49.55gh | 57.26 | 61.92ij | 68.59 | 74.41f |
| 吡蚜酮与红彩瑞猎蝽 | 399 | 57.64 | 60.33cde | 75.19 | 77.90cd | 89.22 | 91.22abc |
| 双丙环虫酯与红彩瑞猎蝽 | 477 | 45.91 | 49.35gh | 66.67 | 70.31efg | 81.34 | 84.80cd |
| 啶虫脒与红彩瑞猎蝽 | 727 | 58.18 | 60.84cd | 69.88 | 73.16def | 85.83 | 88.46abcd |
| 鱼藤酮与红彩瑞猎蝽 | 568 | 50.53 | 53.67fg | 65.32 | 69.10efgh | 82.22 | 85.51bcd |

（续表）

| 处理 | 施药前虫口基数/头 | 施药后3 d 虫口退减率/% | 防效/% | 施药后7 d 虫口退减率/% | 防效/% | 施药后14 d 虫口退减率/% | 防效/% |
| --- | --- | --- | --- | --- | --- | --- | --- |
| 除虫菊与红彩瑞猎蝽 | 469 | 41.58 | 45.29hi | 58.42 | 62.96hij | 71.43 | 76.73ef |
| 金龟子绿僵菌（CQMa421）与红彩瑞猎蝽 | 516 | 60.47 | 62.98bc | 72.29 | 75.31cde | 88.95 | 91.00abc |
| CK | 457 | −6.78 | | −12.25 | | −22.76 | |

注：同列数据后标不同小写字母表示处理间差异显著（$P<0.05$）。

## 三、结论与讨论

采用浸叶法和药膜法测定9种杀虫剂对烟蚜和红彩瑞猎蝽的毒力。筛选结果表明，化学药剂吡虫啉、氟啶虫胺腈对烟蚜的毒力效果最佳，植物源药剂桉油精、鱼藤酮对烟蚜也有较好的效果。本试验中筛选出的药剂对烟蚜的毒力与苏建东和宋唯虎等对桃蚜毒力的测定结果相比均明显偏高，可能是由于不同地区蚜虫的耐药性和抗药性不同所致。例如来自山东省6个不同市（县）的桃蚜对啶虫脒和吡虫啉存在不同的抗药性。

红彩瑞猎蝽对9种杀虫剂的敏感性存在一定的差异。在供试药剂中鱼藤酮对天敌红彩瑞猎蝽的毒性相对较高，可能是鱼藤酮属广谱性植物源杀虫剂，有强烈的触杀和胃毒作用，通过影响昆虫的呼吸起到较好的杀虫效果。红彩瑞猎蝽对氟啶虫胺腈也有较高的敏感性，与前人测定的氟啶虫胺腈对荔枝蝽毒力的研究结果一致。本试验中还发现，桉油精对烟蚜有较好的致死效果，但其对红彩瑞猎蝽的毒力较低。金龟子绿僵菌（CQMa421）对红彩瑞猎蝽的毒力较低，可能是由于试验时间较短，无法满足真菌侵染虫体的时间要求，以至于红彩瑞猎蝽对该药剂的敏感性降低，还需要进一步深入研究。

安全系数和益害毒性比是药剂对天敌安全性评价的重要指标。本试验中安全性评价结果显示，藜芦碱、双丙环虫酯、除虫菊素、啶虫脒、桉油精和金龟子绿僵菌（CQMa421）具有较高的安全系数，均为低风险性杀虫剂，鱼藤酮、氟啶虫胺腈和鱼藤酮为中风险杀虫剂，在实际应用中需要考虑对烟蚜的毒力。结合安全系数和益害毒性比认为，桉油精、绿僵菌、啶虫脒、吡蚜酮和金龟子绿僵菌（CQMa421）可作为对烟蚜防效较好且对红彩瑞猎蝽安全性较高的理想药剂。

将杀虫剂与昆虫天敌联合应用是综合治理的一个重要方面，能降低农药的使用量、减轻环境污染、延长对害虫防控的持效期。如白僵菌与赤眼蜂联合应用可提高对烟青虫种群的控制效果。本试验中红彩瑞猎蝽对烟蚜有一定的控制作用；单独使用桉油精对烟蚜的防效优于单独释放红彩瑞猎蝽的防效，体现出化学防治效果好、见效快的特点。9种杀虫剂中桉油精、氟啶虫胺腈、吡蚜酮、金龟子绿僵菌（CQMa421）与红彩瑞猎蝽联合应用的效果较好,第14天防效均高于90%,且均显著优于单独使用药剂和释放红彩瑞猎蝽的防效。藜芦碱与红彩瑞猎蝽、除虫菊素与红彩瑞猎蝽两个处理对烟蚜的防效相对较低,可能与该地区常用藜芦碱和除虫菊素药剂烟蚜已产生抗药性有关。结合药剂对红彩瑞猎蝽的田间试验和安全性评价结果,桉油精、吡蚜酮、金龟子绿僵菌(CQMa421)与红彩瑞猎蝽联合应用对烟蚜的防控效果较好。

桉油精、啶虫脒、吡蚜酮和金龟子绿僵菌(CQMa421)对烟蚜具有较好的控制作用和防效,且对红彩瑞猎蝽2龄若虫的毒性较小。红彩瑞猎蝽对烟蚜若蚜有较好的捕食作用,安全性评价和田间试验结果表明,桉油精、吡蚜酮、金龟子绿僵菌(CQMa421)与红彩瑞猎蝽联合应用对烟蚜的防效较好,均优于药剂和红彩瑞猎蝽单独使用的防效。桉油精、吡蚜酮、金龟子绿僵菌(CQMa421)对烟蚜具有良好的防控作用,在烟叶生产中可考虑将这些药剂与红彩瑞猎蝽联合应用于烟蚜的防治。

## 第四节 几种常用除草剂和杀菌剂对红彩瑞猎蝽的安全性评价

化学药剂对天敌昆虫的安全性是一直受到生物防治研究者关注的问题。巫厚长等研究了吡虫啉对烟田节肢动物群落的影响,结果发现施用吡虫啉一段时间后会使烟田节肢动物群落优势集中性下降。据报道,除了杀虫剂外,除草剂和杀菌剂对天敌昆虫生存也具有潜在威胁(Cloyd,2007)。徐锐等(2008)研究发现亚致死剂量百草枯对七星瓢虫幼虫具有显著杀伤作用,处理后七星瓢虫捕食速率降低,捕食范围缩小。对十三星瓢虫各龄期幼虫喷施2,4-D后,可导致其幼虫死亡率升高4倍(Adams and Jean,1960)。陈建明等(1999)研究表明,丙草胺和异稻瘟净对尖钩宽黾蝽、黑肩绿盲蝽成虫的杀伤作用显著,魏杰等(2020)报道了草甘膦异丙胺盐、乙羧氟草醚、乙氧氟草醚、草铵膦、敌草隆和敌草快对七星瓢虫的毒性较小,Haseeb等(2000)研究发现,杀菌剂春雷霉素降低了寄生蜂的寄生率,但是对后代寄生率无显著影响。金啸等(2011)研究发现三唑酮对玉米螟赤眼蜂具有较高的毒性。包含甲基硫菌灵在内的唑类杀菌剂可显著降低黑褐毛蚁蚁后的总产卵量,并导致农田昆虫多样性和丰富度下降(Heneberg et al.,2021)。研究表明,甲基硫菌灵不仅对昆虫有不利影响,还可能通过导半胱氨酸蛋白酶-3的激活和氧化应激导致斑马鱼严重的肝毒性(Jia et al.,2020);小鼠在甲基硫菌灵的暴露下会产生生殖毒性(Silva et al.,2020)。

不同类型的农药、农药种类、气候原因等,都可能对天敌有不同程度的影响,不同的天敌种类对农药的敏感性以及反应也不尽相同。为明确常用烟田和稻田杀菌剂对红彩瑞猎蝽的安全性,选择了常用的6种杀菌剂和除草剂,采用喷雾法对红彩瑞猎蝽进行了安全性测定,以期为天敌的应用和保护提供参考。

## 一、材料与方法

### (一) 供试材料

供试烟草品种为粤烟97，供试天敌昆虫红彩瑞猎蝽和烟蚜均由广东省烟草科学研究所天敌昆虫饲养中心提供。供试杀菌剂和除草剂均为市售，分别为10%精喹禾灵乳油、20%氯氟吡氧乙酸乳油、高效氟吡甲禾灵乳油、10%苯磺隆×可湿性粉剂、25%苯醚甲环唑、70%甲基硫菌灵，以处理A、处理B、处理C、处理D、处理E、处理F标记，药剂信息如表5-13所示。

**表5-13 供试杀菌剂和除草剂及用药浓度**

| 药剂名称 | 生产厂家 | 有效成分含量 | 推荐用量 | 本试验使用浓度 |
| --- | --- | --- | --- | --- |
| 精喹禾灵乳油 | 江苏丰山集团股份有限公司 | 15% | 20~25 mL/亩 | 0.11 mL/L |
| 氯氟吡氧乙酸乳油 | 江苏中旗作物保护股份有限公司 | 20% | 40~70 mL/亩 | 0.37 mL/L |
| 高效氟吡甲禾灵乳油 | 江苏东宝农化股份有限公司 | 108 g/L | 25~30 mL/亩 | 0.10 g/L |
| 苯磺隆×可湿性粉剂 | 江苏丰山集团股份有限公司 | 10% | 10~15 g/亩 | 0.04 g/L |
| 苯醚甲环唑 | 先正达作物保护有限公司 | 10% | 50~100 mL/亩 | 0.15 mL/L |
| 甲基硫菌灵 | 上海悦联化工 | 70% | 50~100 g/亩 | 0.50 g/L |

### (二) 试验方法

#### 1. 杀菌剂和除草剂处理对红彩瑞猎蝽存活的影响

试验共设7个处理，分别测试6种杀菌剂和除草剂药液及清水对红彩瑞猎蝽的卵、若虫和成虫存活率的影响，并设清水作为空白对照，其中若虫、成虫分别与猎物烟蚜一同处理，而卵则单独处理。选取当日新产的卵，用毛笔将饱满的卵转移到铺有一层滤纸的培养皿（直径3.5 cm）内，每皿放卵1粒。将培养皿放入喷雾塔内喷雾处理后移入人工气候箱[温度（26±1）℃，相对湿度（65±5）%，光周期（16L:8D）；下同]。3 d后调查卵的孵化情况，不孵化的卵视为死亡。选用3龄若虫、3日龄未交配成虫（雌雄各半）进行测试。将5%的琼脂倒入塑料杯（直径6 cm、高4 cm）至1/3刻度。选取定殖有烟蚜的烟草叶片，剪成圆形铺在琼脂上。用毛笔接入1头饥饿4 h的红彩瑞猎蝽，将塑料杯放入喷雾塔内进行喷雾处理。喷雾后盖上杯盖（盖打孔，直径5 cm，粘上100目纱网），放入人工气候箱内。48 h后调查试虫死亡情况，以毛笔轻触虫体不能正常行走视为死亡（张坤鹏等，2014）。在放置若虫、成虫的塑料杯中，每片烟叶上烟蚜数量分别为20~30头、30~50头。

#### 2. 杀菌剂和除草剂对红彩瑞猎蝽生长发育的影响

在上述试验基础上，选择安全性较好的高效氟吡甲禾灵、苯醚甲环唑开展进一步评价，对红彩瑞猎蝽卵、3龄若虫进行喷雾处理后，继续观察其生长发育情况。药剂的使用浓度和处理方式同上。对卵喷雾处理后，逐日观察卵的孵化进度，孵化24 h内将若虫移入培养皿（直径9 cm）内用足量烟蚜进行饲养。3龄若虫进行药剂处理48 h后，将存活个体同样移入培养皿内饲喂，每皿内1头若虫，并提供足量的烟蚜。逐日记录红彩瑞猎蝽若虫发育、羽化和死亡情况，同时每天更换新鲜的烟蚜食物。

### （三）安全性评价标准

杀菌剂和除草剂对红彩瑞猎蝽安全性评价参照孙定炜（2007）提出的标准分为4个等级。Ⅰ级：安全（孵化率或存活率>80%）；Ⅱ级：比较安全（孵化率或存活率50%~80%）；Ⅲ级：较不安全（孵化率或存活率20%~50%）；Ⅳ级不安全（孵化率或存活率<20%）。

### （四）数据分析方法

数据处理和分析采用Excel 2016和SPSS 24.0软件进行。对红彩瑞猎蝽卵孵化率、若虫和成虫存活率、各虫态发育历期均采用单因素方差分析（One-way ANOVA），并采用Duncan法进行多重比较。

## 二、结果与分析

### （一）杀菌剂和除草剂处理对红彩瑞猎蝽存活的影响

由表5-14可知，红彩瑞猎蝽卵经杀菌剂和除草剂喷施处理后，孵化率与清水对照没有显著差异（$P>0.05$）。其中，高效氟吡甲禾灵、苯醚甲环唑对红彩瑞猎蝽卵安全（Ⅰ级），精喹禾灵乳油、氯氟吡氧乙酸乳油、苯磺隆×可湿性粉剂、甲基硫菌灵，这几种药剂对卵较为安全（Ⅱ级）。杀菌剂和除草剂处理后，红彩瑞猎蝽3龄若虫存活率存在明显差异（$P<0.05$）。甲基硫菌灵、苯磺隆×可湿性粉剂、氯氟吡氧乙酸乳油处理组若虫存活率显著低于清水对照，而其余3种药剂对若虫存活率没有显著影响。根据安全性评估，高效氟吡甲禾灵、精喹禾灵乳油、苯醚甲环唑对红彩瑞猎蝽3龄若虫安全（Ⅰ级），其余3种较为安全（Ⅱ级）。红彩瑞猎蝽成虫经杀菌剂和除草剂存活率与清水对照没有显著差异（$P>0.05$），供试杀菌剂和除草剂对成虫均安全（Ⅰ级）。

表5-14 药剂处理后红彩瑞猎蝽不同虫态的存活率

| 处理 | 卵 | | 3龄若虫 | | 成虫 | |
| --- | --- | --- | --- | --- | --- | --- |
| | 孵化率/% | 安全性 | 存活率/% | 安全性 | 存活率/% | 安全性 |
| A | 78.89 ± 2.93b | Ⅱ | 82.56 ± 2.89b | Ⅰ | 98.33 ± 1.60ab | Ⅰ |
| B | 74.44 ± 6.76b | Ⅱ | 71.67 ± 4.41c | Ⅱ | 95.00 ± 0.00ab | Ⅰ |
| C | 86.67 ± 3.33a | Ⅰ | 91.67 ± 6.00a | Ⅰ | 100 ± 0.00a | Ⅰ |

（续表）

| 处理 | 卵 | | 3龄若虫 | | 成虫 | |
|---|---|---|---|---|---|---|
| | 孵化率/% | 安全性 | 存活率/% | 安全性 | 存活率/% | 安全性 |
| D | 78.89 ± 6.76b | Ⅱ | 75.00 ± 7.63c | Ⅱ | 93.33 ± 1.67a | Ⅰ |
| E | 85.56 ± 2.94a | Ⅰ | 90.00 ± 2.89a | Ⅰ | 98.33 ± 1.60ab | Ⅰ |
| F | 74.44 ± 7.78b | Ⅱ | 78.33 ± 2.89c | Ⅱ | 100 ± 0.00a | Ⅰ |
| CK | 86.67 ± 3.33a | Ⅰ | 95.00 ± 2.89a | Ⅰ | 100 ± 0.00a | Ⅰ |

## （二）杀菌剂和除草剂处理对红彩瑞猎蝽生长发育的影响

### 1. 处理卵对后期生长发育的影响

由表5-15可知，利用高效氟吡甲禾灵、苯醚甲环唑药液处理红彩瑞猎蝽卵后，对卵、若虫的发育历期，以及羽化率均没有显著影响（$P>0.05$）。高效吡甲禾灵喷雾处理后，若虫羽化率平均为85.45%，显著低于苯醚甲环唑药液处理（91.87%）和清水对照（93.05%）（$P<0.05$）。

表5-15　药剂处理后红彩瑞猎蝽卵及后期虫态的生长发育

| 处理 | 卵期/d | 若虫期/d | 羽化率/% |
|---|---|---|---|
| 高效氟吡甲禾灵 | 7.25 ± 2.13a | 31.63 ± 5.26a | 85.45 ± 4.33a |
| 苯醚甲环唑 | 7.38 ± 2.13a | 32.06 ± 5.72a | 91.87 ± 4.15a |
| 清水对照 | 7.21 ± 2.01a | 31.33 ± 5.26a | 93.05 ± 4.77a |

### 2. 处理3龄若虫对红彩瑞猎蝽后期生长发育的影响

由表5-16可知，高效氟吡甲禾灵和苯醚甲环唑处理红彩瑞猎蝽3龄若虫后，处理组与清水对照组的3龄若虫各龄期发育历期、羽化率均没有显著差异（$P>0.05$）。

表5-16　药剂处理红彩瑞猎蝽3龄若虫后生长发育情况

| 处理 | 3龄历期/d | 4龄历期/d | 5龄历期/d | 羽化率/% |
|---|---|---|---|---|
| 高效氟吡甲禾灵 | 7.15 ± 3.12a | 7.43 ± 2.78a | 7.15 ± 2.34a | 89.25 ± 7.21a |
| 苯醚甲环唑 | 7.08 ± 3.33a | 7.28 ± 3.04a | 7.08 ± 2.16a | 90.74 ± 6.78a |
| 清水对照 | 7.13 ± 3.12a | 7.33 ± 3.04a | 7.13 ± 2.23a | 92.68 ± 6.54a |

## 三、结论与讨论

本试验结果表明，在供试药剂中，高效氟吡甲禾灵、精喹禾灵乳油和苯醚甲环唑农药对红彩瑞猎蝽生长发育无明显影响，相对安全，但甲基硫菌灵、氯氟吡氧乙酸乳油和苯磺隆×可湿性粉剂对红彩瑞猎蝽的存活率、卵孵化率、羽化率等均有一定影响，表明杀菌剂和除草剂对红彩瑞猎蝽还是具有一定毒性。

本试验采用模拟喷雾方法研究了杀菌剂和除草剂对红彩瑞猎蝽不同虫态的直接影响，而在农田生态系统中杀菌剂和除草剂作用于植物后可能对天敌昆虫产生间接影响。Agnello等采用吡氟禾草灵、稀禾定、氟磺酰草胺处理大豆、利马豆，发现稀禾定处理的大豆植株上墨西哥豆瓢虫 *Epilachna varivestis*（Mulsant）幼虫发育历期更长，吡氟禾草灵处理的利马豆植株上幼虫化蛹重量高于对照，这可能是由于除草剂通过改变植物的营养成分含量而对墨西哥豆瓢虫产生了间接影响（Agnello et al.，1986）。Xin等研究表明水稻被喷施低剂量的2, 4-D后，胰蛋白酶抑制剂活性和挥发性物质的产生显著增加，诱导水稻植株对二化螟的抗性增强，对褐飞虱及其天敌稻虱缨小蜂更具吸引力（Xin et al.，2012）。长期进行化学除草，不仅会改变农田植物群落中的物种组成和结构，降低植物多样性，致使杂草生物量长期维持在较低水平，从而引起植食性昆虫的种类和数量也相应地发生变化，进而改变天敌种类和数量（黄顶成等，2005）。如何使农业生产中农药的使用对天敌产生的影响最小，从而保护天敌，充分发挥天敌的控害作用，让化学防治与生物防治的矛盾达到协调和统一，是亟须解决的关键问题。同时，在农业生产中，应使用相对安全的农药，也应尽量避免农药对天敌产生的负面影响，如喷施农药应避开天敌发生和繁殖高峰期。杀菌剂的使用也同样需要考虑天敌等有益生物，还应考虑温度、降雨等其他因素的综合影响。

目前，杀菌剂和除草剂对红彩瑞猎蝽以及其他天敌等有益生物的研究有限，关于杀菌剂和除草剂影响天敌的作用机理以及不同时期杀菌剂对天敌影响的差异，仍需要在今后的研究中去探索和发现。本试验主要考虑田间应用方向，研究了杀菌剂和除草剂对红彩瑞猎蝽直接触杀的影响，可为这些杀菌剂和除草剂的使用提供一定的科学依据，有关杀菌剂和除草剂对红彩瑞猎蝽抗性的影响以及接触或取食后对红彩瑞猎蝽种群长期的影响等还需要更广泛和深入地研究。

## 主要参考文献

陈吉祥，于伟丽，王广友，等，2022. 氯虫苯甲酰胺对环境生物的急性毒性与安全性评价[J]. 生态毒理学报，17（6）：452-461.

陈建明，俞晓平，吕仲贤，等，1999. 除草剂和杀菌剂对褐飞虱及其天敌的影响[J]. 植物保护学报（2）：162-166.

陈琪，王睿，魏亚娟，等，2020. 12种杀虫剂及5种天敌昆虫对梧桐木虱的田间控害评价

[J]. 应用生态学报, 31（10）: 3241-3247.

陈文瑞, 2001. 5种生物农药防治小菜蛾效果比较[J]. 植物保护（6）: 33-34.

谌江华, 任少鹏, 陈若霞, 等. 高剂量送嫁药在甬优水稻上的应用试验[J]. 浙江农业科学, 62（9）: 1813-1815.

池艳艳, 全林发, 陈炳旭, 等, 2022. 几种杀虫剂防治荔枝蝽的应用效果及其评价[J]. 环境昆虫学报, 44（5）: 1285-1292.

达先鹏, 赵金平, 张康康, 等, 2019. 6种杀虫剂对牧草盲蝽若虫的室内毒力测定[J]. 中国棉花, 46（9）: 4-6, 15.

邓海滨, 陈泽鹏, 田明义, 等, 2013. 取食烟蚜和斜纹夜蛾的红彩真猎蝽实验种群生命表比较[J]. 中国烟草学报, 19（6）: 92-96.

邓海滨, 吕永华, 邱妙文, 等, 2014. 捕食性天敌红彩真猎蝽的生物学特性研究[J]. 中国烟草科学, 35（2）: 109-112.

邓海滨, 吕永华, 田明义, 等, 2015. 红彩真猎蝽对烟蚜的捕食功能反应及寻找效应[J]. 中国烟草学报, 21（5）: 74-78.

高崇, 吴国贺, 安承荣, 等, 2021. 二甲戊灵防除烟田杂草的效果[J]. 中国植保导刊, 41（8）: 81-83.

郭贝娜, 2014. 稻飞虱捕食性天敌黑肩绿盲蝽烟碱型乙酰胆碱受体毒理学特性研究[D]. 南京: 南京农业大学.

郭雨, 王瑞娟, 陈浩, 等, 2023. 三种微生物杀虫剂对三种小花蝽的安全性评价[J]. 山东农业科学, 55（8）: 129-134.

韩光杰, 徐灵环, 李传明, 等, 2020. 苏云金杆菌Bt-59菌株Cry/Cyt毒素蛋白鉴定及杀虫活性[J]. 中国生物防治学报, 36（3）: 458-464.

胡虓, 伍淼, 张晓明, 等, 2020. 高效苏云金杆菌KN11杀虫剂产品开发及应用[J]. 中国生物防治学报, 36（6）: 842-846.

贾世平, 曾维爱, 吴小森, 等, 2022. 斜纹夜蛾核型多角体病毒与赤眼蜂联用对斜纹夜蛾的室内防治效果[J]. 植物保护, 48（6）: 307-312.

蒋立奔, 须秋静, 张普娟, 等, 2023. 3种除草剂对七星瓢虫的急性毒性与初级风险评估[J]. 环境昆虫学报, 45（1）: 196-203.

类承凤, 姜干明, 彭玲, 等, 2019. 亚洲玉米螟核型多角体病毒分离株鉴定及其对草地贪夜蛾的室内毒力测定[J]. 中国生物防治学报, 35（5）: 741-746.

李佳, 袁玲, 2017. 草甘膦与氰氟草酯对隆线溞的急性毒性研究[J]. 草业学报, 26（9）: 148-155.

李文红, 张长华, 覃微为, 等, 2021. 14种杀虫剂对蠋蝽的安全性评价[J]. 湖北农业科学, 60（16）: 89-92.

李雪玲，罗延亮，李辉，等，2019. 田埂碱蓬带对棉田多异瓢虫种群发生的调控作用[J]. 新疆农业科学，56（1）：13-22.

李杨，韩君，于春雷，等，2012. 七种杀虫剂对暗黑鳃金龟成虫和幼虫的毒力及田间防控效果[J]. 植物保护学报，39（2）：147-152.

廖永林，李燕芳，刘明津，等，2013. 水稻带药移栽对分蘖期白背飞虱和褐飞虱的防治效果[J]. 环境昆虫学报，35（3）：311-316.

陆玉荣，吕敏，张春梅，等，2013. 几种常用杀虫剂对蔬菜蚜虫的生物活性研究[J]. 安徽农业科学，41（18）：7818-7819.

罗延亮，李雪玲，李辉，等，2019. 苦豆子条带对棉田捕食性天敌发生的影响[J]. 新疆农业科学，56（1）：74-83.

罗育发，钟八莲，曾晨，等，2012. 8种除草剂对拟水狼蛛和拟环纹豹蛛的毒性测定[J]. 中国南方果树，41（6）：12-14.

门兴元，于毅，张安盛，等，2011. 试管药膜法测定10种杀虫剂对绿后丽盲蝽若虫的室内毒力[J]. 植物保护，37（4）：154-157.

牛芳，崔新倩，王开运，2011. 小菜蛾对氯虫苯甲酰胺抗性发展趋势及其种群生物适合度代价初步研究[J]. 农药学学报，13（5）：543-546.

潘明真，张毅，曹贺贺，等，2022. 我国主要农作物蚜虫生物防治的研究进展、应用与展望[J]. 植物保护学报，49（1）：146-172.

潘悦，常寿荣，毛春堂，等，2013. 五种生物农药对松毛虫赤眼蜂的毒性及安全性评价[J]. 湖北农业科学，52（22）：5476-5478.

彭国雄，张淑玲，夏玉先，2020. 金龟子绿僵菌CQMa421农药及应用情况[J]. 中国生物防治学报，36（6）：850-857.

钱晓澍，2019. 8种常用无公害农药对异色瓢虫毒力的测定[J]. 绿色科技（19）：229-269.

钱逸彬，2021. 球孢白僵菌与烟蚜茧蜂对桃蚜的联合防治效果初探[D]. 合肥：安徽农业大学.

宋维虎，林春燕，李叶，等，2020. 9种杀虫剂对马铃薯桃蚜的室内毒力测定[J]. 现代农药，19（2）：49-51，56.

苏建东，王志刚，宗浩，等，2017. 烟蚜防治药剂筛选及其对异色瓢虫的安全性评价[J]. 中国烟草科学，38（4）：76-79.

苏湘宁，邓海滨，蔡青年，等，2016. 红彩真猎蝽对烟草重要害虫捕食选择性研究[J]. 中国农学通报，32（26）：43-47.

苏湘宁，邓海滨，朱丹荔，等，2016. 红彩真猎蝽对斜纹夜蛾幼虫捕食行为及室内扩散能力的研究[J]. 中国烟草学报，22（5）：111-119.

滕海媛，张天澍，常晓丽，等，2021. 7种杀虫剂对梨瘿蚊的毒性及其对异色瓢虫的安全性评价[J]. 植物保护，47（3）：265-270.

王芳，刘畅，何嘉，等，2017. 宁夏地区枸杞蚜虫抗药性测定[J]. 西北农林科技大学学报（自然科学版），45（12）：61-67.

王峰，郑鹏飞，农向群，等，2017. 球孢白僵菌与三种农药对萝卜蚜的协同防治效果[J]. 中国生物防治学报，33（6）：752-759.

王海鸿，刘胜，王帅宇，等，2020. 150亿孢子/g球孢白僵菌可湿性粉剂的研发及对西花蓟马的防治应用[J]. 中国生物防治学报，36（6）：858-861.

王利平，柳蕴芬，张伟，2016. 山东省桃蚜（*Myzus persicae*）对啶虫脒、吡虫啉的抗药性[J]. 中国蔬菜（2）：48-51.

王小艺，沈佐锐，2002. 四种杀虫剂对桃蚜和异色瓢虫的选择毒性及害虫生物防治与化学防治的协调性评价[J]. 农药学学报（1）：34-38.

王逸帆，2020. 高致病力球孢白僵菌筛选及对灰茶尺蠖的生物学影响[D]. 合肥：安徽农业大学.

严森，2023. 球孢白僵菌对东亚小花蝽的致病性及捕食功能影响[D]. 北京：中国农业科学院.

杨洪，王召，金道超，2012. 氯虫苯甲酰胺对黑肩绿盲蝽实验种群的影响[J]. 生态学报，32（16）：5184-5190.

杨慧，蒋皓天，何恒果，2020. 农药对捕食性天敌的影响研究进展[J]. 生物安全学报，29（1）：1-7.

杨芷，2020. 松毛虫赤眼蜂携带球孢白僵菌防治亚洲玉米螟研究[D]. 长春：吉林农业大学.

尹园园，吕兵，林清彩，等，2018. 5种生物杀虫剂对4种天敌昆虫的安全性评价[J]. 生物安全学报，27（2）：128-132.

占军平，张安明，邓方坤，等，2020. 甘蓝夜蛾核型多角体病毒悬浮剂防治草地贪夜蛾的应用与推广[J]. 中国生物防治学报，36（6）：872-873.

张国超，2022. 白僵菌协同赤眼蜂、苦参碱对烟青虫控制作用及侵染机制研究[D]. 泰安：山东农业大学.

张慧，许宁，曹丽茹，等，2023. 我国微生物农药的研发与应用研究进展[J]. 农药学学报，25（4）：769-778.

张俊杰，杜文梅，金雪菲，等，2014. 松毛虫赤眼蜂对三种农田常用杀虫剂的敏感性[J]. 植物保护学报，41（5）：555-561.

张晓媛，王荸，查旭榕，等，2023. 南方小花蝽对为害蚕豆的三种蚜虫的捕食作用[J]. 中国生物防治学报，39（1）：29-37.

张翼翾，2011. 新烟碱类杀虫剂对温室和室内天敌的影响[J]. 世界农药，33（3）：25-28.

张征田，彭宇，梁子安，等，2008. 除草剂丁草胺对常见稻田蜘蛛毒性的测定及对其生长发育的影响[J]. 动物学杂志（5）：110-113.

张智健，2023. 除草剂对功能杂草及其上昆虫群落的影响研究[D]. 石河子：石河子大学.

曾广，郅军锐，张昌容，等，2018. 七种杀虫剂对烟蚜和南方小花蝽的毒力测定[J]. 中国烟草科学，39（3）：59-65.

曾涛，游梓翊，夏长剑，等，2023. 高温胁迫对红彩瑞猎蝽存活率及捕食作用的影响[J]. 中国烟草科学，44（3）：53-61.

郑静君，黄立胜，李国君，等，2016. 甘蓝夜蛾核型多角体病毒对水稻稻纵卷叶螟防治作用初探[J]. 中国植保导刊，36（11）：39-42.

周忠实，陈泽鹏，邓海滨，等，2007. 不同干扰因素对斜纹猫蛛（*Oxyopes sertatus*）和红彩真猎蝽（*Harpactor fuscipes*）捕食作用的影响[J]. 生态学报，27（8）：3341-3347.

庄文欣，2018. 松墨天牛昆虫病原真菌与天敌昆虫花绒寄甲的相容性研究[D]. 合肥：安徽农业大学.

左广胜，王念英，郭玉杰，1994. 苏云金素防治棉铃虫及对其主要天敌影响的研究[J]. 植物保护（2）：2-4.

ABBAS M S T，BOUCIAS D G，1984. Interaction between nuclear polyhedrosis virus-infected *Anticarsia gemmatalis*（Lepidoptera：Noctuidae）larvae and predator *Podisus maculiventris*（Say）（Hemiptera：Pentatomidae）[J]. Environmental Entomology，13（2）：599-602.

AFZA R，AFZAL A，RIAZ M A，et al.，2023. Sublethal and transgenerational effects of syntheticinsecticides on the biological parameters and functional response of *Coccinella septempunctata*（Coleoptera：Coccinellidae）under laboratory conditions[J]. Frontiers in Physiology，14：1088712.

AFZA R，RIAZ M A，AFZAL M，2020. Sublethal effect of six insecticides on predatory activityand survival of *Coccinella septempunctata*（Coleoptera：Coccinellidae）followingcontact with contaminated prey and residues [J]. Gesunde Pflanzen，72（1）：77-86.

AHN Y J，KIM Y J，YOO J K，2001. Toxicity of the herbicide glufosinate-ammonium to predatory insects and mites of *Tetranychus urticae*（Acari：Tetranychidae）under laboratory conditions[J]. Journal of Economic Entomology，94（1）：157-161.

ALI G，J M VLAK，et al.，2018. Biological activity of Pakistani isolate SpltNPV-Pak-BNG in second，third and fourth instar larvae of the leafworm *Spodoptera litura*[J]. Biocontrol Science and Technology，28（5）：521-527.

AMBROSE D P，1999. Impact of insecticides on the biochemical constituents in a non-target harpactorine reduviid[J]. Rhynocoris fuscipes，Shashpa，6（2）：167-172.

BARBOSA P，TORRES J B，MICHAUD J P，et al.，2017. High Concentrations of Chlorantraniliprole Reduce Its Compatibility with a Key Predator，*Hippodamia convergens*

（Coleoptera：Coccinellidae）[J]. J Econ Entomol, 110（5）：2039-2045.

BATTISTI L, WARMLING J V, VIEIRA C F, et al., 2020. Side effects of organic products on *Telenomus podisi*（Hymenoptera：Platygastridae）[J]. Journal of Economic Entomology, 113（4）：1694-1701.

BERNABÒ L, GUARDIA A, MACIRELLA R, et al., 2016. Effects of long-term exposure to twofungicides, pyrimethanil and tebuconazole, on survival and life history traits of Italian tree frog（*Hyla intermedia*）[J]. Aquatic Toxicology, 172：56-66.

BIONDI A, DESNEUX N, SISCARO G, et al., 2012. Using organic-certified rather than synthetic pesticides may not be safer for biological control agents：Selectivity and side effects of 14 pesticides on the predator *Orius laevigatus*[J]. Chemosphere（Oxford）, 87（7）：803-812.

BIONDI ANTONIO, ZAPPALÀ LUCIA, STARK JOHN D, et al., 2013. Do biopesticides affect thedemographic traits of a parasitoid wasp and its biocontrol services throughsublethal effects？[J]. PLoS ONE, 8（9）：e76548.

BROUFAS G D, PAPPAS M L, KOVEOS, D S, 2007. Development, survival, and reproduction of the predatory mite kampimodromus aberrans（Acari：Phytoseiidae）at different constant temperatures[J]. Environmental Entomology, 36（4）：657-665.

BRUGGER K E, COLE P G, NEWMAN I C, et al., 2010. Selectivity of chlorantraniliprole to parasitoid wasps[J]. Pest Manage Sci, 66：1075-1081.

CAMERON R A, WILLIAMS C J, PORTILLO, H E, et al., 2015. Systemic application of chlorantraniliprole to cabbage transplants for control of foliar-feeding lepidopteran pests[J]. Crop protection, 67：13-19.

CAO F, MARTYNIUK C J, WU P, et al., 2019. Long-term exposure to environmental concentrations of azoxystrobin delays sexual development and alters reproduction in zebrafish（Danio rerio）[J]. Environmental Science & Technology, 53（3）：1672-1679.

CAO F, ZHU L, LI H, et al., 2016. Reproductive toxicity of azoxystrobin to adult zebrafish（Danio rerio）[J]. Environmental Pollution, 219：1109-1121.

CAO G, JIA M, ZHAO X, et al., 2017. "Effects of chlorantraniliprole on detoxification enzymes activities in *Locusta migratoria* L [J]. Journal of Asia-Pacific Entomology, 20（3）：741-746.

CHENG Z, QIN Q, WANG D, et al., 2022. Sublethal and transgenerational effects of exposuresto the thiamethoxam on the seven-spotted ladybeetle, *Coccinella septempunctata* L.（Coleoptera：Coccinellidae）[J]. Ecotoxicology and Environmental Safety, 243：114002.

CHI H, 1988. Life-Table analysis incorporating both sexes and variable development rates among individuals[J]. Environmental Entomology, 17（1）: 26-34.

CHI H. TWOSEX-MSChart: a computer program for the age-stage, two-sex life table analysis [OL]. http: //140. 120. 197. 173/Ecology/Download/TWOSEX. zip.

COOPER D J, 1981. The role of predatory hemiptera in disseminating a nuclear polyhedrosis virus of *Heliothis punctiger*[J]. Australian Journal of Entomology, 20（2）: 145-150.

DAWAR F U, ZUBERI A, AZIZULLAH A, et al., 2016. Effects of cypermethrin on survival, morphological and biochemical aspects of rohu（*Labeo rohita*）during earlydevelopment [J]. Chemosphere, 144: 697-705.

DE CASTRO A A, CORRÊA A S, LEGASPI J C, et al., 2013. Survival and behavior of the insecticide-exposed predators *Podisus nigrispinus* and *Supputius cincticeps*（Heteroptera: Pentatomidae）[J]. Chemosphere, 93（6）: 1043-1050.

DENG H B, TIAN M Y, CHEN Z P, et al., 2014. Biological characteristics and effect of temperature on the development and reproduction of *Harpactor fuscipes*（Hemiptera: Reduviidae）reared on *Spodoptera litura*（Lepidoptera: Noctuidae）larvae[J]. Journal of the Entomological Research Society, 16（2）: 61-69.

DONG F, LI J, CHANKVETADZE B, et al., 2013. Chiral triazole fungicide difenoconazole: absolute stereochemistry, stereoselective bioactivity, aquatic toxicity, andenvironmental behavior in vegetables and soil [J]. Environmental Science &Technology, 47（7）: 3386-3394.

FANG LIU, BAO S W, SONG Y, et al., 2010. Effects of imidacloprid on the orientation behaviorand parasitizing capacity of *Anagrus nilaparvatae*, an egg parasitoid of *Nilaparvata lugens* [J]. Bio Control, 55（4）: 473-483.

FAROOQ M U, QADRI H F H, KHAN M A, 2017. Aphid species affect foraging behavior of *Coccinella septempunctata*（Coccinellidae: Coleoptera）[J]. Pakistan Journal of Biological Sciences, 20（3）: 160-164.

FERNANDES M E S, ALVES F M, PEREIRA R C, et al., 2016. Lethal and sublethal effects of seven insecticides on three beneficial insects in laboratory assays and field trials[J]. Chemosphere, 156: 45-55.

FISHER A, COLEMAN C, HOFIMANN C, et al., 2017. The synergistic effects of almond protectionfungicides on honey bee（Hymenoptera: Apidae）forager survival [J]. Journal of Economic Entomology, 110（3）: 802-808.

FRANCISCO S, HENK A T, KOICHI G, 2013. Impact of Systemic Insecticides on Organisms and Ecosystems, in STANISLAV, T.（Ed.）[R]. Insecticides. Intech Open, Rijeka.

GILL J K, SANGHA K S, SHERA P S, et al., 2022. Insecticidal toxicity to *Trichogramma chilonisIshii* (Hymenoptera: Trichogrammatidae) and subsequent effects on parasiticefficiency and adult emergence rate of descendant generation [J]. International Journal of Tropical Insect Science, 42 (5): 3489-3498.

GONTIJO P C, ABBADE NETO D O, OLIVEIRA R L, et al., 2018. Non-target impacts of soybean insecticidal seed treatments on the life history and behavior of *Podisus nigrispinus*, a predator of fall armyworm[J]. Chemosphere (191): 342-349.

GONTIJO P C, MOSCARDINI V F, MICHAUD J P, et al., 2014, Non-target effects of chlorantraniliprole and thiamethoxam on *Chrysoperla carnea* when employed as sunflower seed treatments[J]. Journal of Pest Science, 87 (4): 711-719.

GOPINATH K, RADHAKRISHNAN N V, JAYARAJ J, 2006. Effect of propiconazole and difenoconazole on the control of anthracnose of chilli fruitscaused by *Colletotrichum capsici* [J]. Crop Protection, 25 (9): 1024-1031.

HASSAN S A, BIGLER F, BLAISINGER P, et al., 2010. Standard methods to test the side-effects of pesticides on 476 natural enemies of insects and mites developed by the IOBC/WPRS Working Group [R]. Pesticides477 and Beneficial Organisms.

HE Y Q, ZHANG Y Q, CHEN J N, et al., 2018. Effects of *Aphidius gifuensis* on the feeding behavior and potato virus Y transmission ability of *Myzus persicae*[J]. Insect Science, 25 (6): 1025-1034.

HU Z, FENG X, LIN Q, et al., 2014. Biochemical Mechanism of Chlorantraniliprole Resistance in the Diamondback Moth, *Plutella xylostella* Linnaeus [J]. Journal of Integrative Agriculture, 13 (11): 2452-2459.

HUANG X, 2007. Systematic study on *Reduviidae* (*Heteroptera*) from Guangxi [M]. Master: Guangxi Normal University.

JALALI M A, REITZ S, MEHRNEJAD M R, et al., 2019. Food utilization, development, and reproductive performance of *Coccinella septempunctata* (Coleoptera: Coccinellidae) feeding on an aphid or psylla prey species[J]. Journal of Economic Entomology, 112 (2): 571-576.

JIANG L, GOLDSMITH M R, XIA Q Y, 2021. Advances in the arms race between silkworm and baculovirus[J]. Frontiers in Immunology, 12: 628151.

JING D P, GUO J F, JIANG Y Y, et al., 2020. Initial detections and spread of invasive *Spodoptera frugiperda* in China and comparisons with other noctuid larvae in cornfields using molecular techniques[J]. Insect Science, 27 (4): 780-790.

JULIANO S A, 2001. Nonlinear Curve Fitting: Predation and functional response curves. In:

Cheiner, S. M. and Gurven, J., Eds., Design and Analysis of Ecological Experiments[M]. 2nd Edition. London: Chapman and Hall.

KAUR M, N JOSHI, et al., 2021. Pathogenicity of Nucleopolyhedrovirus (NPV) against *Spodoptera litura* (Fabricius) [J]. Journal of Biological Control, 35 (4): 218-226.

KUSUMAH Y M, M ILHAMI, et al., 2023. Molecular characterization of *Spodoptera litura* Nucleopolyhedrovirus (SpltNPV) from Bogor using late expression factor-8 gene[J]. IOP Conference Series: Earth and Environmental Science, 1133 (1): 012039.

LAVI N, B A A-CAOILI, et al., 2001. Comparative In Vitro Analysis of Geographic Variants of Nucleopolyhedrovirus of Spodoptera litura Isolated from China and the Philippines[J]. Journal of Insect Biotechnology and Sericology, 70 (3): 199-209.

LAVIÑA B A, PADUA L E, WU F Q, et al., 2001. Biological characterization of a nucleopolyhedrovirus of Spodoptera litura (Lepidoptera: Noctuidae) isolated from the Philippines[J]. Biological Control, 20 (1): 39-47.

LAVIÑA-CAOILI B A, KAMIYA K, KAWAMURA S, et al., 2001. Comparative in vitro analysis of geographic variants of nucleopolyhedrovirus of Spodoptera litura isolated from China and the Philippines[J]. Journal of Insect Biotechnology and Sericology, 70: 199-209.

LI H, WANG Z Y, ROMEIS J, 2021. Managing the invasive fall armyworm through biotech crops: A Chinese perspective[J]. Trends in Biotechnology, 39 (2): 105-107.

LIN Q C, CHEN H, DAI X Y, et al., 2021. *Myzus persicae* management through combined use of beneficial insects and thiacloprid in pepper seedlings[J]. Insects, 12 (9): 791.

LIU P, ZHANG J, SHEN H, et al., 2023. Efficacy of transplant insecticides against black cutworm *Agrotis ipsilon* (Lepidoptera: Noctuidae) in tobacco[J]. Crop Protection, 171 (10): 62-83.

LIU Z, SU H, LYU B, et al., 2022. Safety evaluation of chemical insecticides to *Tetrastichus Howardi* (Hymenoptera: Eulophidae), apupal parasitoid of *Spodoptera Frugiperda* (Lepidoptera: Noctuidae) using three exposure routes [J]. Insects, 13 (5): 443.

LOGUE J B, STEDMON C A, KELLERMAN A M, et al., 2016. Experimental insights into the importance of aquatic bacterial community composition to the degradation of dissolved organic matter[J]. The ISME Journal, 10 (3): 533-545.

LU W, XU Q, ZHU J, et al., 2017. Inductions of reproduction and population growth in the generalist predator *Cyrtorhinus lividipennis* (Hemiptera: Miridae) exposed to sub-lethal concentrations of insecticides. [J]. Pest Management Science, 73 (8): 1709-1718.

MAO T, LI F, FANG Y, et al., 2019. Effects of chlorantraniliprole exposure on detoxification enzyme activities and detoxification-related gene expression in the fat body of the silkworm, *Bombyx mori*[J]. Ecotoxicol Environ Saf, 176: 58-63.

MARTINOU A F, SERAPHIDES N, STAVRINIDES M C, 2014. Lethal and behavioral effects of pesticides on the insect predator *Macrolophus pygmaeus*[J]. Chemosphere, 96: 167-173.

MICHAUD J P, GRANT A K, 2003. Sub-lethal effects of a copper sulfate fungicide ondevelopment and reproduction in three coccinellid species [J]. Journal of Insect Science, 3（16）: 16.

MOHAPATRA L N, NAYAK S K, 2015. Field evaluation of emamectin benzoate against bollworms of cotton and its safety to natural enemies[J]. Indian Journal of Entomology, 77（1）: 91-95.

NAWAZ M, CAI W, JING Z, et al., 2017. Toxicity and sublethal effects of chlorantraniliprole on the development and fecundity of a non-specific predator, the multicolored Asian lady beetle, *Harmonia axyridis*（Pallas）[J]. Chemosphere, 178: 496-503.

NOELIA FM, CLARA SA, GRACIELA M, et al., 2023. Toxicity assessment of two IGR insecticideson eggs and larvae of the ladybird *Eriopis Connexa* [J]. Pest Management Science, 79（4）: 1316-1323.

PAES SOUZA A C, MELO K M, CALANDRINI DE AZEVEDO L F, et al., 2020. Lethal and sublethalexposure of *Hemichromis bimaculatus*（Gill, 1862）to malachite green and possible implications for ornamental fish [J]. Environmental Science and Pollution Research, 27（26）: 33215-33225.

PAN L, LU L, WANG J, et al., 2017. The fungicide difenoconazole alters mRNA expressionlevels of human CYP3A4 in HepG2 cells [J]. Environmental Chemistry Letters, 15: 673-678.

PANG R, CHEN B, WANG S, et al., 2023. Decreased cuticular penetration minimizes the impact of the pyrethroid insecticide λ-cyhalothrin on the insect predator *Eocanthecona furcellata*[J]. Ecotoxicol Environ Saf, 249: 114369.

PETERSEN L M, TISA L S, 2013. Friend or foe? A review of the mechanisms that drive *Serratia* towards diverse lifestyles[J]. Canadian Journal of Microbiology, 59（9）: 627-640.

QI S, CASIDA J E, 2013. Species differences in chlorantraniliprole and flubendiamide insecticide binding sites in the ryanodine receptor[J]. Pestic Biochem Physiol, 107（3）: 321-326.

QIONG Y, LINFA Q, SHU X, et al., 2022. Detrimental Impact of λ Cyhalothrin on the Biocontrol Efficacy of *Eocanthecona furcellata* by Affecting Global Transcriptome and

Predatory Behavior[J]. Journal of agricultural and food chemistry, 70(4): 1037-1046.

ROGERS D, 1972. Random search and insect population models[J]. J Anim Ecol, 41: 369-383.

RUEDA A, SHELTON A M, 2003. Development of a bioassay system for monitoring susceptibility in *Thrips tabaci*[J]. Pest Management Science, 59(5): 553-558.

RYOKA YOSHIZAKI, MAKOTO DOI, CHION SAITO, 2022. Effects of insecticides and fungicides on *Neoseiulus barkeri* (Acari: Phytoseiidae) collected from melon and gerberagreenhouses [J]. Entomology and Zoology, 66(3): 75-85.

SABER M, 2011. Acute and population level toxicity of imidacloprid and fenpyroximate on an important egg parasitoid, *Trichogramma* (Hymenoptera: cacoeciae Trichogrammatidae) [J]. Ecotoxicology, 20(6): 1476-1484.

SABER M, VOJOUDI S, PARSAEYAN E, et al., 2019. Lethal and sublethal effects of propargite. benomyl, haloxyfop etotyl, imidacloprid and chlorpyrifos on life table parasitoid. *Trichogramma* (Hym: parameters of egg brassicae Trichogrammatidae) [J]. Journal of Entomological Society of Lran, 39(2): 111-124.

SAITO T, 1969. Selective toxicity of systemic insecticides[M]. New York: Springer.

SAJAP A S, KOTULAI J R, KADIR H A, et al., 1999. Impact of prey infected by nuclear polyhedrosis virus on a predator, *Sycanus leucomesus* Walk. (Hem., Reduviidae) [J]. Journal of Applied Entomology, 123(2): 93-97.

SASKA P, SKUHROVEC J, LUKÁŠ J, et al., 2017. Treating prey with glyphosate does not alter the demographic parameters and predation of the *Harmonia axyridis* (Coleoptera: Coccinellidae) [J]. Journal of economic entomology, 110(2): 392-399.

SIMELANE D O, STEINKRAUS D C, KRING T J, 2008. Predation rate and development of *Coccinella septempunctata* L. influenced by Neozygites fresenii-infected cotton aphid prey[J]. Biological Control, 44(1): 128-135.

STARK J D, VARGAS R, BANKS J E, 2007. Incorporating ecologically relevant measures of pesticide effect for estimating the compatibility of pesticides and biocontrol agents[J]. J Econ Entomol, 100(4): 1027-1032.

TAMBURINI G, PEREIRA-PEIXOTO M, BORTH J, et al., 2021a. Fungicide and insecticide exposure adversely impacts bumblebees and pollination services under semi-field conditions[J]. Environment International, 157: 106813.

TAMBURINI G, WINTERMANTEL D, ALLAN M J, et al., 2021b. Sulfoxaflor insecticide andazoxystrobin fungicide have no major impact on honeybees in a realistic exposure semi-field experiment [J]. Science of The Total Environment, 778: 146084.

TIMMS J E, OLIVER T H, STRAW N A, et al., 2008. The effects of host plant on the coccinellid functional response: Is the conifer specialist *Aphidecta obliterata*（L.）（Coleoptera: Coccinellidae）better adapted to spruce than the generalist *Adalia bipunctata*（L.）（Coleoptera: Coccinellidae）[J]. Biol Control, 47（3）: 273-281.

TOMSON M, SAHAYARAJ K, KUMAR V, et al., 2017. Mass rearing and augmentative biological control evaluation of *Rhynocoris fuscipe*s（Hemiptera: Reduviidae）against multiple pests of cotton[J]. Pest Management Science, 73（8）: 1743-1752.

WANG J, WANG W, WANG Y, et al., 2018. Response of detoxification and immune genes and of transcriptome expression in *Mythimna separata* following chlorantraniliprole exposure[J]. Comparative Biochemistry and Physiology Part D: Genomics and Proteomics, 28: 90-98.

WANG Y, XIE Y H, JIANG Q H, et al., 2023. Efficient polymer-mediated delivery system for thiocyclam: Nanometerization remarkably improves the bioactivity toward green peach aphids[J]. Insect Science, 30（1）: 2-14.

YANG L J, YU S T, QIN X M, et al., 2022. Analysis of inter-individual variability of antitussive effect of Farfarae Flos and its fecal metabolites based on gut microbiota[J]. Journal of Pharmaceutical and Biomedical Analysis, 217: 114836.

YOUNG S Y, KRING T J, 1991. Selection of healthy and nuclear polyhedrosis virus infected *Anticarsia gemmatalis* [Lep.: Noctuidae] as prey by nymphal *Nabis roseipennis* [Hemiptera: Nabidae] in laboratory and on soybean[J]. Entomophaga, 36（2）: 265-273.

YOUNG S Y, YEARIAN W C, 1987. Nabis roseipennis adults（Hemiptera: Nahidae）as disseminators of nuclear polyhedrosis virus *to Anticarsia gemmatalis*（Lepidoptera: Noctuidae）larvae1[J]. Environmental Entomology, 16（6）: 1330-1333.

YU X L, TANG R, XIA P L, et al., 2020. Effects of prey distribution and heterospecific interactions on the functional response of *Harmonia axyridis* and *Aphidius gifuensis* to *Myzus persicae*[J]. Insects, 11（6）: 325.

ZHANG N, CHENG J L, WU J X, 2016. Improvement of semi-artificial diet for *Spodoptera litura*[J]. Journal of Northwest A&F University（Natural Science Edition）, 44（4）: 109-113.

ZILNIK G, KRAUS D A, BURRACK H J. Translocation and persistence of soil applied chlorantraniliprole as a control measure for *Chloridea virescens* in tobacco plant Nicotiana tabacum[J]. Crop protection, 140（1）: 105413.

ZOU J C, YANG Y, YANG Y Z, et al., 2016. Research progresses on *Spodoptera litura* nucleopolyhedrovirus[J]. Chinese Journal of Biological Control, 32（6）: 800-806.

ZWART M P, G ALI, et al., 2019. Identification of loci associated with enhanced virulence in *Spodoptera litura* nucleopolyhedrovirus isolates using deep sequencing[J]. Viruses, 11(9): 872.

# 附 录

## 红彩瑞猎蝽人工饲养技术规程

### 一、范围

本标准规定了红彩瑞猎蝽（*Rhynocoris fuscipes*）室内人工繁育条件及设施、红彩瑞猎蝽繁育过程及管理、红彩瑞猎蝽田间释放技术等基本技术要求。本标准适用于我国南方地区红彩瑞猎蝽人工繁育及田间应用，其他地区可作为参考。

### 二、术语与定义

下列术语和定义适用于本文件。

#### （一）红彩瑞猎蝽 *Rhynocoris fuscipes* Fabricius

属半翅目Hemiptera猎蝽科Reduviidae。其形态特征、生物学特性参见附录A，其主要捕食对象参见附录B。

#### （二）自然猎物或人工饲料 alternative preys or artificial diets

室内人工饲养得到的替代猎物烟蚜、黄粉虫幼虫或人工配制的饲料，替代猎物饲养方法或人工饲料成分及具体配制过程参见附录C。

#### （三）种蝽 seed bugs

野外采集的个体强壮、繁殖力强的红彩瑞猎蝽，种蝽选择标准见附录D。

#### （四）复壮 rejuvenation

使人工繁育数代后发生退化的红彩瑞猎蝽各龄期存活率、发育历期、生殖力恢复到正常水平的过程。

### 三、红彩瑞猎蝽室内繁育条件及设施

#### （一）红彩瑞猎蝽繁育环境条件

繁育温度控制在28~32℃；相对湿度50%~70%；光周期（16L：8D）；饲养密度控

制在100 cm³/头左右。

### （二）红彩瑞猎蝽繁育设施

红彩瑞猎蝽繁育设施分为养虫温室、机械投喂室、储藏室和包装室4个功能区，其中养虫温室配备培养箱、多层饲养架、养虫盒、加湿器、冷暖空调等。机械投喂室配备自动投喂机器以及托盘、培养皿、毛笔、镊子、蒸馏水、消毒药剂等设备、工具和消耗品；储藏室配备冰箱和冷藏柜等，包装室配备超净工作台、紫外线杀菌灯等。

## 四、红彩瑞猎蝽室内繁育及管理

### （一）消毒措施

饲养前1 d将84消毒液用蒸馏水配制成10倍液后灌装于喷壶中，均匀喷洒于养虫室及养虫盒内部表面。养虫盒每饲养1代后清洗并消毒1次。

### （二）野外种群的采集及选择

每年夏天待田间烟叶采收结束后，在田间烟秆上采集红彩瑞猎蝽成虫，将采集后的种虫带回养虫室，挑选体型较大且活跃的个体，按雌雄1∶1比例放入长16.2 cm、宽11.5 cm、高6 cm的养虫盒内配对饲养，养虫盒内放置新鲜烟叶供成虫产卵。

### （三）卵至2龄若虫的培养

*1. 卵的收集*

待雌成虫产卵完成48 h内，将养虫盒内烟叶上的卵块用剪刀剪下，放入长29.4 cm、宽19.8 cm、高9.6 cm的饲养盒中，每个饲养盒放入200粒卵左右。

*2. 卵的保存*

如需要将卵冷藏保存，则将收集的卵块置于培养皿中一起放入11℃冰箱保存，待需要孵化时取出，最长可保存20 d。

*3. 卵的培养*

将盛有卵的饲养盒放入培养箱，培养箱温度（30±2）℃，相对湿度（60±5）%，光周期（16L∶8D）。并在饲养盒中放入用蒸馏水沾湿的直径为0.5 cm的脱脂棉球以保证湿度，脱脂棉球每天加湿润至卵全部孵化。

*4. 1~2龄若虫的饲养*

卵孵化后，1~2龄若虫用烟蚜喂养，在饲养盒内放入一块长22 cm、宽6 cm、网孔直径1.2 cm的塑料网，然后将繁有烟蚜的新鲜烟叶放在塑料网上，让红彩瑞猎蝽若虫在烟叶上取食烟蚜。

### (四)3龄若虫至成虫的饲养

待红彩瑞猎蝽若虫发育至3龄时单头移入塑料饲养穴盘中,每盘40穴,每穴放置1头红彩瑞猎蝽。每天用自动投喂机械往饲养穴盘投喂黄粉虫低龄幼虫,每穴投喂1~2头,3~4龄若虫投喂的面包虫幼虫体长长度小于0.8 cm/头,5龄若虫和成虫投喂的面包虫幼虫体长长度小于1.1 cm/头。

### (五)复壮

每年从野外采集田间红彩瑞猎蝽种群,将自然种群与室内种群进行雌雄配对,杂交后的$F_1$代成虫继续与室内饲养多代的红彩瑞猎蝽种群成虫配对复壮。

### (六)繁育质量评价

室内人工繁育的红彩瑞猎蝽质量应符合附录D规定的指标。

### (七)红彩瑞猎蝽包装

红彩瑞猎蝽的包装有两种,一是卵卡装置,二是成虫释放装置。卵卡装置使用时,先将要释放的卵块粘于卵卡内侧,每个卵卡30~50粒卵,然后按卵卡使用说明将卵卡折叠好;成虫释放装置为24孔的包装盒,每孔放入1头红彩瑞猎蝽成虫,每盒24头,然后盖上盒盖,放入长40 cm、宽30 cm、高8.5 cm的纸箱,纸箱顶部及四周具有通气孔,摆放整齐并封闭箱体。

### (八)红彩瑞猎蝽包装及运输注意事项

红彩瑞猎蝽卵卡装置为纸质包装,包装运输时需要注意不能过度挤压,以免卵块损坏,影响卵孵化率。成虫释放装置材料为带透气孔的塑料盒,运输过程中温度不能高于40℃,卵卡运输至释放间隔期不能大于3 d,成虫运输至释放间隔期不能大于7 d。

## 五、田间应用技术

### (一)防治对象

防治对象具体种类参见附录B。

### (二)释放适期及释放量

根据目标害虫的生物学习性,把握在害虫的低龄幼虫期释放。释放量根据目标害虫虫口密度确定,具体参见附录B。

### (三)释放方法

防治对象为烟蚜时,将卵卡悬挂在植株上方,卵孵化后即可捕食烟蚜。防治对象为斜纹夜蛾和烟青虫时,结合田间调查和害虫监测测报,在害虫初发期及低龄期释放,每亩释放50~100头成虫,释放时,打开成虫包装盒,在植株顶部,将盒孔向下轻拍包装盒,红彩瑞猎蝽即可飞向植株。

### （四）注意事项

释放时应注意：

（1）包装盒运输到释放现场后应尽快释放，避免被蚂蚁取食。

（2）应选择在晴朗或阴天的上午和傍晚释放，避免在雨天释放。

（3）释放区在释放前后7 d禁止进行化学防治。

（4）蚕场和养蜂场附近不能放蝽。

# 附录A（资料性附录）
# 红彩瑞猎蝽形态特征及生物学特性

## A.1 红彩瑞猎蝽形态特征（附图A.1）

**成虫**：成虫体长12.5～14.2 mm，头长2.5～2.8 mm，头宽1.11～1.25 mm，腹部宽3.6～4.8 mm，体重48～62 mg；触角4节，均为黑色，第1节、第4节等长，约等于第2节、第3节长度之和；喙为黑色，第1节达复眼的前缘；复眼黑色；头部背面与复眼后部有三角形黑色斑纹，单眼两个着生于黑斑内；前胸背板分成前、后叶，前胸背板长3.0 mm左右，前叶短于后叶，前叶前缘角呈锥形突出，后叶前半部黑色，后半部红色；小盾片基部黑色；前翅膜质区黑褐色；前、中、后足均为黑色，各腿节内、外侧间有不规则的黄褐色斑点；腹部红色，2～7节腹面各节两侧有白色椭圆斑1个，各斑之间相连处为黑色；雌虫体型较雄虫大，雄虫生殖节后缘中央呈舌状突起。

**卵**：多产于烟叶背面，刚产下时卵块呈浅黄色半透明状，卵粒呈柱形紧密竖立排列成卵块，每个卵块由25～65粒卵组成，单卵长约1.05 mm，宽约0.34 mm，卵上端有白色的圆形卵盖，后期卵块颜色变红褐色，孵化时，若虫刺破卵盖而出。

**1龄若虫**：刚孵化时，虫体颜色半透明或浅黄色，体长1.5～1.9 mm，头宽约0.25 mm，体最宽处约0.95 mm，头部和中间部位较窄，尾部稍大，腹部末端背部及足为暗褐色，头胸及腹中部和口器为淡红色。

**2龄若虫**：体长2.5～3.2 mm，体最宽处约1.02 mm，头部和中间部位较窄，尾部较宽大，腹部末端背部及足为暗褐色，头胸及腹中部和口器为暗红色。

**3龄若虫**：体长4.1～5.6 mm，体最宽处约2.15 mm，腹部较宽大，开始出现翅芽。

**4龄若虫**：体长6.5～8.1 mm，体最宽处约2.25 mm，有翅芽，但中胸芽不超过后胸末端。

**5龄若虫**：体长8.5～10.9 mm，体最宽处约2.55 mm，翅芽比4龄若虫的更长更大，中胸翅芽已显著过后胸末端。

A—卵；B—1龄若虫；C—2龄若虫；D—3龄若虫；E—4龄若虫；F—5龄若虫；G—成虫。

**附图A.1 红彩瑞猎蝽各虫态形态特征**

## A.2 红彩瑞猎蝽生物学特性

红彩瑞猎蝽的发生世代因地区不同而异，在广东粤北地区一年发生2～3代，越冬虫以成虫为主，冬季在落叶层、杂草堆或相对温暖的大棚附近越冬。翌年3月末4月初开始活动，4月下旬越冬成虫开始产卵，6月上中旬进入第一代成虫期，6月下旬产卵，7月上旬若虫孵化，8月上旬第二代成虫出现，10月下旬可见第三代成虫，至11月中旬开始越冬。在湛江和海南，红彩瑞猎蝽常年活跃，一年可发生4～5代，发生高峰期在7—8月，世代重叠现象明显。红彩瑞猎蝽成虫善飞翔，在烟田发生数量多。在温度为25～30℃、相对湿度70%左右时，成虫羽化后5～7 d即可交尾，一生可交尾多次。交尾后3～5 d开始产卵。卵多产于烟叶背面和茎秆上，多行排列。每个卵块有卵数粒至数十粒不等。每雌成虫一生产卵5～10次，每次产卵10～30粒，平均产卵量为120粒，最多可达180多粒。成虫平均寿命为65 d，在温度为28～32℃，相对湿度为65%下，卵5～7 d孵化，孵化率在90%左右。若虫共5龄。在28℃下若虫期38 d左右，而在32℃下30 d左右。1～2龄若虫有群栖性，3龄后开始出现自残现象。

# 附录B（资料性附录）
# 红彩瑞猎蝽主要捕食对象及释放益害比

红彩瑞猎蝽主要捕食对象及放蝽比例见附表B.1。

**附表B.1 红彩瑞猎蝽主要捕食对象及释放益害比**

| 目 | 科 | 种 | 捕食虫态 | 释放比例 |
|---|---|---|---|---|
| 鳞翅目 Coleoptera | 夜蛾科 Noctuidae | 烟青虫 Helicoverpa assulta | 幼虫 | 1∶20 |
| | 夜蛾科 Noctuidae | 斜纹夜蛾 Spodoptera litura | 幼虫 | 1∶20 |
| | 夜蛾科 Noctuidae | 小地老虎 Agrotis ypsilon | 幼虫 | 1∶20 |
| | 菜蛾科 Plutellidae | 小菜蛾 Plutella xylostella | 幼虫 | 1∶30 |
| | 粉蝶科 Pieridae | 菜青虫 Pieris rapae | 幼虫 | 1∶20 |
| | 夜蛾科 Noctuidae | 甜菜夜蛾 Spodoptera exigua | 幼虫 | 1∶20 |
| | 夜蛾科 Noctuidae | 棉铃虫 Helicoverpa armigera | 幼虫 | 1∶20 |
| | 螟蛾科 Pyralidae | 稻纵卷叶螟 Cnaphalocrocis medinalis | 幼虫 | 1∶20 |
| | 草螟科 Crambidae | 二化螟 Chilo suppressalis | 幼虫 | 1∶20 |
| 半翅目 Hemiptera | 盲蝽科 Miridae | 绿盲蝽 Lygocoris lucorum | 若虫、成虫 | 1∶30 |
| | 飞虱科 Delphacidae | 褐飞虱 Nilaparvata lugens | 若虫、成虫 | 1∶30 |
| | 红蝽科 Pyrrhocoridae | 棉二点红蝽 Dysdercus cingulatus | 若虫、成虫 | 1∶20 |
| 同翅目 Homoptera | 蚜科 Aphididae | 烟蚜 Myzus persicae | 有翅蚜、无翅蚜 | 1∶30 |
| | 叶蝉科 Cicadellidae | 桃叶蝉 Megymenum gracillicorne | 若虫、成虫 | 1∶30 |

# 附录C（资料性附录）
# 红彩瑞猎蝽自然猎物饲养方法

## C.1 烟蚜饲养方法

用盆栽烟苗接蚜，当烟株有8～10片真叶团棵期后，进行接蚜。接蚜选择3～4龄蚜虫，采用毛笔轻轻扫到盆栽的烟株叶片上，每株烟接3片对角叶，每片叶接蚜10头。当每片烟叶繁殖蚜虫数量达到200头以上时可以摘取用来投喂红彩瑞猎蝽低龄若虫。

烟蚜具体饲养方法参照《烟蚜茧蜂防治烟蚜技术规程》（GB/T 37506—2019）烟蚜饲养部分。

## C.2 面包虫饲养方法

虫源的获取：从网上购买面包虫虫卵。

面包虫饲养：卵孵化后，用麦麸和玉米粉（5∶1）饲养。

面包虫筛选：待面包虫幼虫生长至0.8 cm体长左右时，用40目网筛筛选后收集面包虫幼虫，用于机械投喂。

# 附录D（规范性附录）
# 人工繁育红彩瑞猎蝽质量指标参数

人工繁育红彩瑞猎蝽质量指标参数见附表D.1。

附表D.1 人工繁育红彩瑞猎蝽质量指标参数

| 指标 | 期望值 | 标准误差 | 置信范围 |
| --- | --- | --- | --- |
| 成虫体重/mg | 雌成虫62.52 | 2.54 | >58.91 |
| | 雄成虫51.61 | 2.51 | >46.35 |
| 成虫体长/mm | 雌成虫14.55 | 0.82 | >0.72 |
| | 雄成虫13.56 | 0.67 | >0.61 |
| 成虫寿命/d | 45.53 | 3.55 | >41.34 |
| 羽化率/% | 70.28 | 4.62 | >62.83 |
| 产卵前期/d | 7.51 | 2.38 | <11.52 |
| 产卵期/d | 30.56 | 3.53 | >20.45 |
| 产卵量/粒 | 120.63 | 20.54 | >81.41 |
| 孵化率/% | 85.45 | 5.23 | >71.93 |
| 卵储藏时间/d | 15.21 | 3.52 | >12.35 |
| 成虫储藏时间/d | 20.55 | 5.71 | >15.72 |